湖南省一流专业建设推荐教材
"十三五"综合改革试点专业建设和研究成果
精品在线开放课程教材

信息技术导论

周立前　刘　强　主编

袁　义　唐黎黎　李　欣
侯　俐　邓晓军　彭利红　编
唐柳春　陈芳勤

中南大学出版社
www.csupress.com.cn
·长沙·

内容简介

本书根据教育部高等学校教学指导委员会《普通高等学校本科专业类教学质量国家标准》及教育部高等学校计算机科学与技术教学指导委员会《高等学校计算机科学与技术专业核心课程教学实施方案》相关要求编写,反映了高等学校计算机课程教学改革的最新成果。

本书是应用型高校计算机相关专业本科学生的入门教材,从整体角度对信息技术作了全面、完整、系统的介绍,内容包括信息技术基础知识、信息数字化基础、计算机硬件、计算机软件、计算机网络、网络软件及应用、信息安全、计算机理论、算法和数据结构、软件工程、人工智能基础、计算机文化和职业道德等内容。为学生提供了计算机相关学科的整体性知识、为后续课程学习提供指导、并为专业选择提供思路。

本教材可以作为高等学校计算机相关专业本科生"信息技术导论""计算机导论"课程的教材,也可以作为计算机爱好者的参考用书。

总 序

当前，信息化深刻影响着社会的每一个角落，数字化、信息化已经成为 21 世纪的时代特征，各个学科也越来越多地呈现了与计算机相关的需求，物联网、云计算、大数据、人工智能等已经走入寻常百姓家。可以这么说，没有信息化就没有现代化，就没有创新能力，信息已经成为一个国家和民族重要的战略资源。作为信息时代建设的后备力量，计算机相关专业学生如何看待信息技术教育，是当前人才培养中不得不面对的一个问题。

信息技术导论课程是面向计算机相关专业学生开设的一门学科基础课程，以计算思维为主线，以网络化软件应用、互联网新技术、人工智能为主要内容，以打造混合式"金课"为目标的课程教学研究是当前的教学改革热点。目前急需紧跟技术发展前沿、以应用为核心，兼顾原理与应用的计算机类专业基础教材。

由湖南工业大学周立前教授组织编写的《信息技术导论》教材，以信息技术发展为主线，内容涵盖了信息技术基础知识、计算机系统、计算机网络、物联网、大数据、云计算、人工智能等目前的热点领域。教材力求从总体角度使学生对信息技术、计算机相关学科有一个整体的、系统的认识，对计算机学科中各主干课程的地位、作用有一个宏观的了解。本书从信息技术的角度既阐述了信息技术的基础知识，又讲解了计算机学科的基本理论及多种应用；既贯彻了计算机专业基础教育的培养目标，又展示了信息技术领域的前沿问题；全书将信息技术领域的各种理论和方法渗透到了知识点的教学中，内容全面而又不显累赘。

本书第1章从信息、数据开始引出信息技术的概念，接着重点讲解信息技术之基础——计算机的发展以及其对信息化社会的影响，最后对计算机学科及相关专业进行了简要介绍，并概述了信息化教育对计算机相关专业的要求。读者借此对信息技术、计算机、计算机学科、信息化教育有了基本的了解。这个开篇有一定的新意。

第2章从信息数字化的角度认识"数"和"码"，以此展示计算机中各种信息数字化的表示方法。第3、4、5章从硬件平台、软件平台、网络平台角度展现了计算机系统的基本原理和方法。在了解基本原理和方法的基础上，第6章、第7章分别介绍了网络软件及应用、信息安全技术，以此引导读者正确学习、正确使用信息技术。

在对计算机技术有了全面的了解之后，教材第8、9、10、11章分别介绍了计算机学科的相关理论、程序设计基础、算法和数据结构、软件工程、人工智能，从而引导学生学会使用信息技术知识解决问题，使学生进一步理解"计算思维"的概念及应用。最后一章讲解了计算机文化及信息道德，使学生进一步理解科学、技术和工程之外的社会科学内容。

本书定位明确、内容全面、重点突出。全书的写作风格新颖，提供的资源丰富，为打造"金课"提供了良好的基础，这既方便了教师教学，也有利于学生自主学习，不失为一种富有创新的教材编写思路。

计算机相关专业的基础教育不同于非计算机专业的通识教育，学生既要快速入门计算机学科、认识计算机，还要能够构建计算机、开发计算机、研究计算机、传播计算机文化、了解信息技术前沿知识。这是信息化社会对信息技术人才的需求，相应的课程教学改革和教材建设也都在不断发展，希望本书的作者团队不断研究、跟踪国内外前沿领域，为高校信息技术教育打造一本优秀教材，为课程教学改革作出更多贡献。

序作者：廖湘科，中国工程院院士，国防科学技术大学教授、博士生导师。

前　言

当前，信息技术已经融入社会生活的方方面面，信息技术成了推动产业升级和社会变革的重要推动力。"互联网＋""智能＋"等已经写入政府报告，一场前所未有的信息化浪潮正全面铺开。随着大数据时代的到来，不但云计算、物联网、数据挖掘、人工智能等新技术风起云涌，且伴随着信息技术的发展，出现了MOOC、SPOC、线上线下混合式教学等新的教学模式，所有这些，迫使我们不断更新教学内容，努力打造"金课"。

本书根据教育部高等学校教学指导委员会《普通高等学校本科专业类教学质量国家标准》及教育部高等学校计算机科学与技术教学指导委员会《高等学校计算机科学与技术专业核心课程教学实施方案》相关要求编写，反映了高等学校计算机课程教学改革的最新成果。全书以信息技术发展为主线，内容涵盖了信息技术的方方面面，且包括物联网、大数据、云计算、人工智能等目前的热点领域，旨在为计算机及相关专业的本科新生提供一个关于计算机类专业的入门介绍，使他们能对该类专业有一个整体的认识，提高他们学习本专业的兴趣，了解本专业的学生应具有的基础知识和技能、在本领域工作应有的职业道德和应遵守的法律准则。

全书共13章。第1章为概述，主要介绍信息技术的基础知识，重点介绍了计算机的发展，并简要介绍了计算机类相关专业；第2章介绍了信息数字化基础知识，包括信息的存储、进制、各类信息的表示以及数字化信息在计算机中的硬件实现；第3章介绍了计算机硬件知识，使读者了解信息技术的硬件平台；第4章介绍了计算机软件知识，重点介绍了操作系统及数据库基础；第5章介绍了计算机网络基础知识；第6章介绍了网络软件及最新的网络技术应用；第7章介绍了信息安全技术；第8章介绍了计算理论与计算模型；第9章介绍了算法及数据结构基础；第10章介绍了程序设计基础；第11章介绍了软件工程；第12章介绍了人工智能基础，使读者对人工智能有初步的认识；第13章介绍了计算机文化和信息道德，使读者了解信息技术中的人文知识。

本书是湖南省普通高校"十三五"专业综合改革试点项目"计算机科学与技术"建设与研究成果。全书以应用为核心，力求内容新颖、概念清楚、重点突出、技术实用、通俗易懂。通过对本书的学习，读者可掌握信息技术的基本知识和基本技能，培养计算思维能力，还可以为进一步学习计算机课程打下坚实的基础。

为方便教学与学习，本书免费提供作者精心制作的配套的电子教案(PPT版本)等教学资料，提供教材所有电子版素材与习题参考答案、配套精品在线开放课程及配套试题库。相关资源读者可以在网站 http://jsjjc.hut.edu.cn 下载，也可直接联系作者：hutjsj@163.com。

本书由周立前、刘强主编，袁义、唐黎黎、李欣、侯俐、邓晓军、彭利红、唐柳春、陈芳勤老师参与编写，全书由周立前、刘强统稿、定稿。在编写过程中，我们对书稿进行了反复修改，几易其稿，并得到了不少专家和任课教师的大力支持，在此表示衷心的感谢。

由于信息技术发展迅速加上编者水平有限，书中难免有错误和不妥之处，敬请读者批评指正。

编　者

2019 年 8 月

目　录

第1章

概 述

本章将对信息技术的基础知识进行介绍，内容包括信息、数据的基本概念，计算机的定义、分类、特点和应用领域，使学生对信息技术有一个全面的、宏观的了解，为后续章节的学习打好基础。

【学习目标】

1. 了解信息技术的基本概念。

2. 了解计算机的发展史以及计算机新技术。

3. 了解计算机的特点和分类。

4. 了解计算机应用、信息社会的特点。

5. 了解计算机学科及计算机类专业。

1.1 信息与信息技术

数字化、网络化与信息化是 21 世纪的重要特征。可以这样讲，没有信息化，一个国家和民族就没有现代化，从而也就没有创新能力。信息技术的广泛应用与普及，不仅改变了人类的生活方式，而且推动了经济与社会的发展进步。信息化以超出人类想象的程度改变着人们的思维与行为方式，强烈冲击着现有的产业结构与经济模式。在大数据时代，每个人在网络上的每一个动作都参与到历史中，都被记录在了信息中。因此，当代大学生应该了解信息技术发展的科学思想、主要内容及发展历程；了解我们所处的时代，掌握基本的技能，取其长、避其短，不断增强自身的信息素养，提高综合素质。

1.1.1 信息与数据

信息已经成为最活跃的生产要素和战略资源，信息技术正深刻影响着人类的生产方式、认知方式和社会生活方式，信息技术及其应用水平已经成为衡量一个国家综合竞争力的重要指标。今天，我们处在信息社会，人们可以通过种种方法获得各种各样的信息。然而，信息是什么？它对人类社会的各种活动有何影响？

1. 信息

什么是信息？香农认为信息是"用来消除不确定性的东西"，指的是有新内容或新知识的消息。维纳提出"信息就是信息，不是物质，也不是能量"，它是区别于物质和能量的第三类资源。钟义信认为信息是"事物运动的状态和方式，也就是事物内部结构和外部联系的状态和方式"。

总结来说，信息就是对各种事物的存在方式、运动状态和相互联系特征的一种表达和陈述；是自然界、人类社会和人类思维活动普遍存在的一切物质和事物的属性，它存在于人们的周围。信息是抽象的，必须借助(可被人感知的)媒介表达。

"信息"这一概念目前并没有一个严格的定义。它最开始源于通信技术研究中涉及的噪声干扰下正确接收信号的问题，从而产生了通信工程等学科，逐步形成了狭义信息论、广义信息论等研究领域。狭义信息论主要指基于通信范围内的研究，广义信息论则是指信息科学的研究。

信息通常指消息，对人有用的消息称为信息，信息应当被认为是一种资源。现实中的各类信息要进入计算机系统进行处理，首先必须将信息转换成能为计算机所识别的符号。信息表示必须符号化，而这些符号化的信息就是数据。

信息的特点是信息区别于其他事物的本质特征。信息具有如下特点：①依附性。物质是具体的、实在的资源；而信息是一种抽象的、无形的资源。信息必须依附于物质载体，而且只有具备一定能量的载体才能传递。信息不能脱离物质和能量而独立存在。②再生性。也称扩充性。物质和能量资源只要使用就会减少；而信息在使用中却不断扩充、不断再生，永远不会耗尽。当今世界，一方面是"能源危机""水源危机"，而另一方面却是"信息膨胀"，因而大数据技术也随之产生。③可传递性。没有传递，就无所谓有信息。信息传递的方式很多，如口头语言、肢体语言、手抄文字、印刷文字、电信号等。④可存储性。信息可以存储，以备它时或他人使用。储存信息的手段多种多样，如人脑、计算机的存储器、书写、印刷资料、图像、声音、视频等。⑤可缩性。人们对大量的信息进行归纳、综合，就是信息浓缩。⑥可共享性。信息不同于物质资源，它可以传播、共享。⑦可预测性。即通过现时信息推导未来信息形态。信息对实际有超前反映，反映出事物的发展趋势。这是信息对"下判断"以至"决策"的价值所在。⑧有效性和无效性。信息符合接受者需要为有效，反之则无效；此时需要为有效，彼时不需要为无效；对此人有效，对他人可能无效。⑨可处理性。信息如果经过人的分析和处理，往往会产生新的信息，使信息得到增值。⑩价值性。信息作为一种特殊的资源，具有相应的使用价值，它能够满足人们某些方面的需要。但信息的价值大小是相对的，它取决于接收信息者的需求及其对信息的理解、认识和利用的能力。

2. 数据

数据是指对客观事件进行记录并可以鉴别的符号，它是对客观事物的性质、状态以及相互关系等进行记载的物理符号或这些物理符号的组合。它是可识别的、抽象的符号。

数据可以是文字、数字或图像，是信息的载体和具体表现形式。它不仅指狭义上的数字，也指具有一定意义的文字、字母、数字符号的组合、图形、图像、视频、音频等，还可以指客观事物的属性、数量、位置及其相互关系的抽象表示。例如，"0，1，2，…""阴、雨、下降、气温""学生的档案记录""货物的运输情况"等都是数据。数据经过加工后就成了信息。

在计算机科学中，数据(data)是指所有能输入计算机并被计算机程序处理的符号的介质的总称，是用于输入电子计算机进行处理，具有一定意义的数字、字母、符号等的通称。可以这样说，在计算机系统中，信息是抽象的，而数据是具体的，信息必须通过数据来表征。

3. 信息处理

1)信息处理

信息处理，是用计算机对信息进行转换、传输、存储、分析等加工的科学。信息处理技术是一门与语言学、计算机科学、心理学、数学、控制论、信息论、声学、自动化技术等相联系的交叉性学科。随着科学技术的发展,信息处理技术已应用到社会生活的各个方面。

信息技术所要解决的主要问题是对信息的处理。计算机正是人们进行信息处理的工具,是信息社会的信息处理机。

2)计算机信息处理过程

计算机的硬件组成有点像人的大脑、眼睛、耳朵及笔、纸等,计算机处理信息的过程也类似于人脑处理信息的过程。

比如,要把一段文字用拼音输入法输入计算机中,我们首先应该用眼睛看这段文字,眼睛把看到的字传给大脑后,大脑要对这个字进行处理,看看认识不认识这个字,如果认识,大脑就可以产生这个字的拼音编码(不认识可以利用字典查出这个字的读音),然后指挥手利用键盘输入这个字。这样继续下去一段文字就输入进去了。在这一连串的动作中眼睛相当于输入设备,大脑相当于主机进行各种处理工作,手就相当于输出设备,把大脑的处理内容表现出来(利用键盘输入字)。

计算机的工作过程也像人一样,在输入字的这个过程中,首先通过输入设备键盘把这个字的编码信息输入主机,由主机对信息进行加工处理,再把加工处理后的信息通过输出设备输出(在屏幕上打出这个字)。

由此可见,计算机的信息处理过程可以用"输入、处理、输出"6个字来概括。

1.1.2 信息技术

信息技术(information technology)是在信息科学的基本原理和方法的指导下扩展人类信息功能的技术。一般来说,信息技术是以电子计算机和现代通信为主要手段实现信息的获取、加工、传递和利用等功能的技术的总和。人的信息功能包括感觉器官承担的信息获取功能、神经网络承担的信息传递功能、思维器官承担的信息认知功能和信息再生功能,效应器官承担的信息执行功能。按扩展人的信息器官功能,信息技术可分为以下几类技术。

(1)传感技术——信息的采集技术,对应于人的感觉器官。传感技术的作用是扩展人获取信息的感觉器官功能,包括信息识别、信息提取、信息检测等技术,它几乎可以扩展人类所有感觉器官的传感功能。信息识别包括文字识别、语音识别和图形识别等,通常是采用一种叫作"模式识别"的方法。传感技术、测量技术与通信技术相结合而产生的遥感技术,使人感知信息的能力得到了进一步的加强。

(2)通信技术——信息的传递技术,对应于人的神经系统的功能。通信技术的主要功能是实现信息快速、可靠、安全的转移。各种通信技术都属于这个范畴。广播技术也是一种传递信息的技术。由于存储、记录可以看成是从"现在"向"未来"或从"过去"向"现在"传递信息的一种活动,因而也可将它看成信息传递技术的一种。

(3)计算机技术——信息的处理和存储技术,对应于人的思维器官。计算机信息处理技术主要包括对信息的编码、压缩、加密和再生等技术。计算机存储技术主要包括着眼于计算机存储器的读写速度、存储容量及稳定性的内存储技术和外存储技术。

(4)控制技术——信息的使用技术,对应于人的效应器官。控制技术即信息使用技术是信息过程的最后环节,它包括调控技术、显示技术等。

由此可见,传感技术、通信技术、计算机技术和控制技术是信息技术的四大基本技术,其主要支柱是通信(communication)技术、计算机(computer)技术和控制(control)技术,即

"3C"技术。信息技术是实现信息化的核心手段。信息技术是一门多学科交叉综合的技术，计算机技术、通信技术、多媒体技术、网络技术互相渗透、互相作用、互相融合，将形成以智能多媒体信息服务为特征的时空大规模信息网。信息科学、生命科学和材料科学一起构成了当代三种前沿科学，信息技术是当代世界范围内新的技术革命的核心。信息科学和信息技术是现代科学技术的先导，是人类进行高效率、高效益、高速度社会活动的理论、方法与技术，是现代化的一个重要标志。

1.2 计算机的基本概念

电子计算机是20世纪人类最伟大的发明之一，也是促进信息技术快速发展的技术之一。从1946年第一台电子计算机诞生至今，经过了70多年的发展历程。随着信息化的发展，计算机得到广泛应用，人类社会生活的各个方面都发生了巨大的变化。特别是微型计算机技术和网络技术的高速发展，使计算机逐渐走进了千家万户，正改变着人们的生活方式。如今，计算机已经成为人们生活和工作不可缺少的工具，成为信息时代的主要标志。

1.2.1 计算机的含义

计算机应用已经深入社会生活的许多方面，从家用电器到航天飞机，从学校到工厂，计算机所带来的不仅仅是一种行为方式的变化，更是人类思维方式的革命。计算机(computer)和计算(computation)是密切相关的，但计算机不是一个单纯作为计算工具使用的"计算机器"，而是一台自动、可靠、能高速运算的机器，是一种能够按照事先存储的程序，自动、高速地进行大量数值计算和各种信息处理的现代化智能电子设备。只要人们给它一系列指令，它就能够自动地按照指令去完成被指定的工作。由于计算机能作为人脑的延伸和发展，可以用比人脑高得多的速度完成各种指令性甚至智能性的工作，所以人们又将它称为电脑。

1.2.2 计算机的概念及变迁

计算机的概念是与计算机的不同发展时代相关联的，它一般可以分为三个阶段。

第一阶段：计算机主要表现为计算机硬件。

在计算机发展初期，计算机的主要表现形式是计算机硬件(computer hardware)。所谓硬件，即是以电子元器件为主所组成的计算机实体，它看得见、摸得到，具有金属外壳，坚固、硬实，因此被称为计算机硬件，或简称硬件。计算机硬件是一个独立的计算装置，用户需作计算时，只要从输入装置输入相应的指令及数据，计算机即能按指令要求开始"计算"，最终将计算结果通过输出装置输出。

第二阶段：计算机主要表现为计算机硬件+计算机软件。

计算机软件这个术语是相对于计算机硬件而言的，计算机软件是看不见、摸不着的一些程序与数据。

计算机是一种机器，它不会自动工作，它的工作完全听从指令，也就是说，计算机是一种执行指令的机器。当人们需要求解应用中问题时，将它们编制成指令的序列交给计算机执行，这是人们使用计算机的最常用方式。这种"指令的序列"称为程序(program)；而"编制指令序列"则称为程序设计(programming)，或称编程。随着计算机硬件的发展，程序的复杂度逐步提高，需要管理的硬件数量也不断增加，除了传统的应用软件外，操作系统、数据库管理系统等系统软件也逐步发展起来。

有了计算机软件后，计算机硬件已不能构成一个独立的运行实体，它必须在软件的支撑与协助下才能完成计算。因此在20世纪60年代后期，人们所理解与认识的计算机就是计算机硬件与软件的结合体，它一般称为计算机系统(computer system)，有时也可简称为计算机。

第三阶段：计算机主要表现为计算机硬件＋计算机软件＋计算机网络(支撑)。

计算机网络是在计算机发展基础之上出现的，它是地理上分散的多台自主计算机互连的集合，是自主计算机与数据通信按一定协议要求所组成的实体。网络的出现使计算机打破了地域的限制，从而使计算机应用领域更为广泛。

计算机网络的出现使计算机的概念又一次发生改变。现在的计算机已不是单个的计算机而是与网络相连的计算机，全球范围内的计算机联在一体，便形成了互联网。当今时代是一个互联网的时代，每一台计算机都是互联网中的一个节点。

当前的计算机是以互联网为依托的计算机，这是目前人们所看到与使用的计算机。"网络即计算机"，强调的就是现代的计算机必定是在网络支撑下的计算机。

1.3 计算机的发展

1.3.1 计算工具的发展历史

在漫长的文明发展过程中，人类发明了许多计算工具，可以说计算的概念和人类文明的历史是同步的。自从有人类活动记载以来，人类对自动计算的追求就一直没有停止过。春秋战国时期，古代中国人发明的算筹是世界上最早的计算工具。晚唐时期我国发明了算盘，它是世界上第一种手动式计算器，一直沿用至今。随后欧洲相继出现了计算尺、加法器、电动机械计算机、手摇计算机等计算工具。

计算尺发明于17世纪初对数概念发表后不久。牛津的埃德蒙·甘特发明了一种使用单个对数刻度的计算工具，这种计算工具在和另外的测量工具配合使用时，可以用来做乘除法。

后来，剑桥的奥特雷德发明了圆算尺。1632年，他组合两把甘特式计算尺，形成了被视为现代计算尺的设备，利用它可以进行加、减、乘、除、指数、三角函数的运算。计算尺一直沿用到20世纪70年代才被计算器取代。

1642年，法国青年布莱斯·帕斯卡发明的滚轮式加法器(pascaline)被公认为人类历史上第一台自动计算机器。为了纪念这位自动计算的先驱，著名的程序设计语言pascal就是以他的名字命名的。德国著名数学家莱布尼兹于1673年改进了pascaline计算机的轮子和齿轮，造出了可以准确进行四则运算的机器，同时莱布尼兹还是二进制的发明人。

19世纪初，英国数学家、剑桥大学教授查尔斯·巴贝奇设想要设计一台机器完成大量的公式计算，这台机器后来被称为"差分机"。与巴贝奇一起进行研究的还有著名诗人拜伦的女儿奥古斯塔·拜伦，他们于1812年首先设计出了差分机。1834年，他们在研究过程中，发现了可以制造出比差分机性能更好的机器，他们把这台未来的机器称为"分析机"，随后分析机研制成功，这台机器的原理为IPOS(Input，Processing，Output and Storage)，即输入、处理、输出和存储。现代计算机的基本原理就是来自巴贝奇的发明，因此巴贝奇被公认为"计算机之父"。如图 1 - 1 所示,即是查尔斯·巴贝奇教授及他的差分机和分析机。

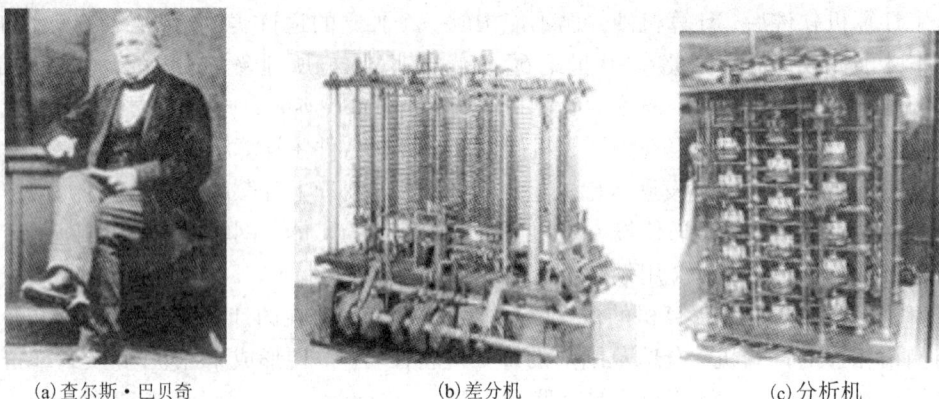

(a)查尔斯·巴贝奇　　　　　(b)差分机　　　　　(c)分析机

图 1 - 1　查尔斯·巴贝奇及他的差分机和分析机

　　19 世纪末,美国人口调查局的赫尔曼·霍勒里斯研制了一种穿孔卡片机用于人口统计。他和老汤马斯·沃尔森联合成立了一家公司,20 世纪 40 年代,这家公司更名为国际商业机器公司,即 IBM 公司。1925 年,美国麻省理工学院由布什领导的一个小组制造了第一台机械模拟式计算机。

　　1930 年之前的计算机主要是通过机械原理实现的。20 世纪初期,随着机电工业的发展,出现了一些具有控制功能的电器元件,并逐渐为计算工具所采用。1939 年美国艾奥瓦州立大学的阿塔纳索夫和他的助手克利福特·贝瑞建造了能求解议程的电子计算机。这台计算机后来被称为 ABC(Atanasoff Berry Computer)。ABC 没有投入实际使用,但它的一些思想却为今天的计算机所采用。1944 年,哈佛大学的霍华德·邓肯在 IBM 公司的资助下,成功研制了世界上第一台数字式自动计算机 Mark I,如图 1 - 2 所示。这台计算机使用了 3000 多个继电器,故有继电器计算机之称。

图 1 - 2　Mark I 计算机

此后,第二次世界大战期间,美国军方为了解决计算大量军用数据的难题,成立了由宾夕法尼亚大学的莫奇利和埃克特领导的研究小组,经过三年紧张的工作,世界上第一台电子计算机 ENIAC(Electronic Numerical Integrator And Calculator)终于在 1946 年 2 月 14 日问世,如图 1-3 所示。ABC、Mark I 和 ENIAC 开启了现代计算机的历史。

1.3.2 第一台电子计算机

有人认为 1939 年的 ABC 是世界上第一台电子计算机,但 ABC 没有投入实际使用,因此也有人认为世界第一台电子计算机是诞生于 1946 年的 ENIAC。现在部分教科书尤其是国内的书籍大多以后者为准(本教材也这样认为)。ENIAC 长 30.48 m,宽 1 m,占地面积 170 m^2,大约使用了 18800 个电子管、1500 多个继电器、6000 多个开关,重 30 t,功率达 150 kW,每秒能做 5000 次加、减运算。ENIAC 主要用来进行弹道计算的数值分析,它采用十进制进行计算,主频仅为 0.1 MHz,它计算炮弹弹道只需要 3 秒,而在此之前,则需要 200 人手工计算两个月。除了常规的弹道计算外,ENIAC 后来还涉及诸多的科研领域,它曾在第一颗原子弹的研制过程中发挥了重要作用。

之所以把 ENIAC 视为世界上第一台电子数字计算机,是因为它是第一台可以真正运行的并且全部采用电子装置的计算机,它的诞生是人类文明史上的一次飞跃,它宣告了现代计算机时代的到来。

我国研制电子计算机始于 1956 年。这一年,夏培肃完成了我国第一台电子计算机运算器和控制器的设计工作。1957 年,哈尔滨工业大学研制成功我国第一台模拟式电子计算机。1958 年 8 月 1 日,我国第一台数字电子计算机——103 机诞生(图 1-4),平均运算速度只有每秒几十次。后来安装了自行研制的磁心存储器,计算机的运算速度提高到每秒 3000 次。

图 1-3 世界第一台电子计算机

图 1-4 我国第一台数字电子计算机:103 机

1.3.3 电子计算机的发展历史

除 ABC 和 ENIAC 外,1946 年,美籍匈牙利科学家冯·诺依曼提出了程序存储式电子数字自动计算机(The Eletronic Discrete Variable Automatic Computer, EDVAC)的方案,由于各种原因,直到 1951 年 EDVAC 的设计才告完成,这台计算机中确定了计算机硬件的五个基本部件，即输入器、输出器、控制器、运算器、存储器，它采用二进制编码，把程序和数据存储在存储器中。

在 EDVAC 研制的同时，英国剑桥大学威尔克思教授在冯·诺依曼程序存储式思想的启发下，领导研制了电子延迟存储自动计算机(The Electronic Delay Storage Automatic Calculator, EDSAC)，且于 1949 年 5 月正式投入运行，这是世界上第一台存储程序式电子计算机。

在距今短短六七十年的时间内，根据电子计算机采用的物理器件(电子元器件)的不同，计算机的发展可分为 4 个阶段(或者说划分为四代，也有人把 1992 年以后的计算机划分为第五代)。计算机发展的 4 个阶段如表 1-1 所示。

表 1-1　计算机发展的 4 个阶段

	第一代	第二代	第三代	第四代
起止时间	1946—1957 年	1958—1964 年	1965—1970 年	1971 年至今
所用的电子元器件	电子管	晶体管	中、小规模集成电路	大规模、超大规模集成电路
数据处理方式	机器语言、汇编语言	高级程序设计语言	结构化、模块化程序设计、实时处理	实时、分时数据处理、网络操作系统
运算速度	0.5 万~3 万次/秒	几十万~几百万次/秒	几百万~几千万次/秒	上亿次/秒
主存储器	磁芯、磁鼓	磁芯、磁鼓	磁芯、磁鼓、半导体存储器	半导体存储器
外存储器	磁带、磁鼓	磁带、磁鼓、磁盘	磁带、磁鼓、磁盘	磁带、磁鼓、磁盘
主要应用领域	国防及高科技	工程设计、数据处理	工业控制、数据处理	工业、生活等各方面
典型机种	ENIAC、EDVAC、IBM 701、UNIVAC	IBM 7000、CDC 6600	IBM 360、PDP 11、NOVA 1200	IBM 370、VAX II IBM PC

20 世纪 60 年代中期到 70 年代初，也就是第三代计算机时期，出现了操作系统。

20 世纪 70 年代中期以后，集成电路技术更加成熟，集成度越来越高。这一时期的计算机，无论是在体系结构方面还是在软件技术方面，都有较大提高，我们把它称为微型计算机。自 1971 年世界第一台 4 位微型电子计算机——MCS-4 诞生以来，微型计算机系统不断升级换代，其发展经历了以下几个阶段。

第一阶段(1971—1972 年)，以 4 位微处理器为基础。典型产品有 Intel 公司生产的 Intel 4004、Intel 4040 以及 Intel 8008，它的芯片采用 MOS(Metal-Oxide-Semiconductor，金属氧化物半导体)工艺，集成度约为 2300 管/片，时钟频率为 1MHz，平均指令执行时间为 20 μs。第 1 代微处理器的指令系统简单，运算功能单一，但价格低廉，使用方便，主要是面向袖珍计算器、家电、交通灯控制等简单控制场合。

第二阶段(1973—1977 年)，以 8 位微处理器为基础。典型产品为 Intel 公司生产的 Intel

8080。Motorola 公司生产的 M6800 和 Zilog 公司生产的 Z80，其芯片采用 NMOS 工艺，集成度达 5000~9000 管/片；微处理器的性能技术指标有明显改进，时钟频率为 2~4MHz，运算速度加快，平均指令执行时间为 1~2 μs；指令系统较完善，具有多种寻址方式，基本指令达 100 多条。它在系统结构上已经具有典型计算机的体系结构，被广泛应用于信息处理、过程控制、辅助设计、智能仪器仪表和民用电器等领域。

第三阶段(1978—1984 年)，自 20 世纪 80 年代初开始，以 16 位微处理器为基础。典型产品为 Intel 公司生产的 Intel 8088/8086、Intel 80286、Motorola 公司生产的 M68000 和 Zilog 公司生产的 Z8000。CPU 字长为 16 位，集成度为 2 万~7 万个晶体管/片，时钟频率为 4~10 MHz。第三代微处理器具有丰富的指令系统和多种寻址方式、多种数据处理形式，采用多级中断，有较为完善的操作系统。由它们组成的微型计算机的性能指标已达到或超过当时的中档小型机的水平。

第四阶段(1985—1992 年)，自 20 世纪 80 年代中期进入 32 位微型计算机的发展阶段，以 32 位微处理器为基础。典型产品是 Intel 公司的 80386/80486、Motorola 公司的 M69030/68040 等。其特点是采用 HMOS 或 CMOS 工艺，集成度高达 100 万个晶体管/片，具有 32 位地址线和 32 位数据总线。每秒钟可完成 600 万条指令(Million Instructions Per Second, MIPS)。微型计算机的功能已经达到甚至超过超级小型计算机，完全可以胜任多任务、多用户的作业。同期，其他一些微处理器生产厂商(如 AMD、TEXAS 等)也推出了 80386/80486 系列的芯片。

第五阶段(1993—2005 年)，是奔腾(pentium)系列微处理器时代，通常称为第 5 代。典型产品是 Intel 公司的奔腾系列芯片及与之兼容的 AMD 的 K6、K7 系列微处理器芯片。内部采用超标量指令流水线结构，并具有相互独立的指令和数据高速缓存。随着 MMX(Multi Media eXtended)微处理器的出现，微机在网络化、多媒体化和智能化等方面的发展跨上了更高的台阶。2001 年，Intel 公司推出时钟频率达 2GHz 的 Pentium Ⅳ 处理器，其 CPU 的时钟频率达 3.8GHz 以上，该处理器可进行两组 64 位整数、双精度浮点 SIMD 操作，这意味着微处理器已拉开了 64 位时代的序曲篇章。2003 年 9 月，AMD 公司发布了 Athlon 64 位处理器。该处理器既可以确保 32 位应用程序能够发挥其卓越的性能，也支持 64 位软件，是可以同时支持 32 位和 64 位计算的个人电脑处理器。

第六阶段(2005 年至今)，是酷睿(core)系列微处理器时代，通常称为第 6 代。"酷睿"是一款领先节能的新型微架构，设计的出发点是提供卓越出众的性能和能效，提高每瓦特性能，也就是所谓的能效比。早期的酷睿是基于笔记本处理器的。酷睿 2 英文名称为 Core 2 Duo，是英特尔在 2006 年推出的新一代基于 Core 微架构的产品体系统称，于 2006 年 7 月 27 日发布。酷睿 2 是一个跨平台的构架体系，包括服务器版、桌面版、移动版三大领域。其中，服务器版的开发代号为 Woodcrest，桌面版的开发代号为 Conroe，移动版的开发代号为 Merom。

2005 年 5 月，Intel 发布了第一代双核处理器 Pentium D。2006 年 7 月，Intel 全球同步正式发布了代号为 Conroe 和 Merom 的新一代台式机和笔记本的双核处理器，包括 Core 2 Duo 和 Core 2 Extreme 两个品牌。2006 年 11 月，四核处理器面世，它采用强大的多核技术，能有效处理密集计算和虚拟化工作负载，典型产品有 Intel 的 Core 2 Quad 系列以及 Core i5、Core i7系列，AMD 的 AMD Athlon II X4 系列以及 AMD Phenom X4 系列。2009 年，AMD 发布了六核心的 Opteron E 系列处理器，这标志着 Highest performance – per watt 时代来临，提供高效能运算之余并有效将功耗进一步降低，得到了各大服务器及客户的青睐。紧接着，2010 年 3 月，Intel 的首款面向主流台式机市场的六核处理器——酷睿 i7 980X（至尊版）也问世，它的主频达到 3.33GHz，三级缓存容量为 12MB，开启 Turbo Boost 自动提频功能后，频率可提升至 3.6GHz。2011 年，AMD 的 AMD FX 8150 和 AMD FX 8120 甚至采用八核心，AMD FX 8150 处理器默认主频高达 3.6GHz，最大睿频可达 4.2GHz；该处理器拥有高达 8MB 的二级缓存和 8MB 的三级缓存，极大地提高了 CPU 处理数据时的命中率，缩短了软件加载时间。

总之，PC 使用的微处理器芯片的集成度几乎平均每 6 个月增加一倍，处理速度提高一倍。随着半导体工艺的飞速发展和芯片工作频率的提高，芯片的功耗迅速增加，而功耗增加又将导致芯片发热量的增大和可靠性的下降。因此，功耗已经成为集成电路设计中的一个重要考虑因素。为了使产品更具竞争力，工业界对芯片设计的要求已从单纯追求高性能、小面积转为对性能、面积、功耗的综合要求。而微处理器作为数字系统的核心部件，其低功耗设计对降低整个系统的功耗具有重要的意义。

1.3.4 计算机的发展趋势

随着计算机越来越普及，PC 将成为信息社会工作和日常生活的必备工具。计算机及其应用技术将得到更大的发展。然而，计算机的未来仍然充满了变数，性能将大幅度提高是毋庸置疑的，而实现性能的飞跃却有多种途径。单单 CPU 方面就有可能通过"量子计算机""DNA 计算机""光子计算机"等技术来实现。不过，性能的大幅度提升并不是计算机发展的唯一路线。计算机的发展趋势可以概括如下。

1. 巨型化

巨型化是指发展速度快、存储容量大、功能多和可靠性高的计算机。这是诸如天文、气象、地质、核反应堆等尖端科技和军事国防的需要，也是处理大量的知识信息以及使计算机具有类似人脑的学习和复杂推理的功能所必需的。巨型计算机的发展集中体现了计算机科学技术的发展水平。

2. 微型化

微型化就是进一步提高集成度，利用高性能的超大规模集成电路研制质量更加可靠、性能更加优良、价格更加低廉、整机更加小巧的微型计算机。

3. 多媒体化

多媒体技术是 20 世纪 80 年代中后期兴起的一门跨学科的新技术。采用这种技术，可以使计算机具有处理图、文、声、像等多种媒体能力（即成为多媒体计算机），从而使计算机的功能更加完善和提高计算机的应用能力。

4. 网络化

网络化就是按照约定的协议把各自独立的计算机用通信线路连接起来，形成各计算机用户之间可以相互通信并能使用公共资源的网络系统。网络化能够充分利用计算机的宝贵资源并扩大计算机的使用范围，为用户提供方便、及时、可靠、广泛、灵活的信息服务。

计算机已经越来越普及，各种家用电器也开始了智能化，这些现象将促进家电与计算机的网络化进程，家庭网络分布式系统将逐渐取代目前单机操作的模式，计算机可以通过网络控制各种家电的运行，并通过互联网下载各种新的家电应用程序，增加家电的功能、改善家电的性能，也可以通过互联网远程遥控家中的家电，在办公室的时候就可以提前让家中的电器做好饭、煮好菜、开空调等。

5. 环保化

随着计算机性能的提高，其能耗也将越来越大，而由于计算机在家庭生活中扮演的角色越来越重要，其运行的时间也将变长。为了不让计算机成为家中用电量最大的电器，技术人员也想尽各种方法让计算机的能耗降低，比如通过上面提到的专门化的计算机，让计算机的效率大幅提高，从而可以让低性能的硬件系统具备专业的功能，减少能耗。另外通过采用新的架构，比如采用"量子""光子""DNA"方式代替现有的硅架构的计算机，大幅降低计算机的能耗。耗电的第二大户——显示系统，也将因为 LCD、OLED 等显示器的普及，而不再成为用电大户。

6. 人性化

作为人类未来的工具和家中的控制中心，计算机需要和用户进行方便的交流，才能更好为用户服务。这就要求计算机和人之间的交流实现人性化，让使用人真正乐意使用计算机，为了实现这个目标，未来的计算机的交互方式将会更加多样化，不但可以通过书写控制，还可以通过语言控制，甚至可以通过眼睛进行控制。因为智能化的提高，多数工作计算机可以自动选择操作的流程，过程无须人们参与，所以软件的界面也越来越简单，使用起来就像操作家用电器或者手机一样简单，使用人无须再进行专门的学习，就连老人都能运用自如。

7. 智能化

人工智能的研究已进行了很多年，它是以模糊逻辑为基础。计算机可以主动分析执行过程中碰到的困难，自动选择最优的解决方案。其中最具代表的领域是专家系统和智能机器人。例如，用运算速度为每秒约 10 亿次的"力量 2 型"微处理器制成的"深蓝"计算机在 1997 年战胜国际象棋世界冠军卡斯帕罗夫。

现在绝大部分计算机只能按照人类给它编制的程序进行运算，其智能水平还较低。目前由世界各国 100 多位著名计算机专家联合研制的"下一代计算机"，拟在神经计算机和模糊计算机相结合的基础上实现，其主要特点表现在以下 4 个方面。

(1) 计算机应能从事"非意识"性的工作。

现在的计算机只能从事"有意识性"的工作，一切都是依照人们事先设计好的程序来进行有关操作。今后的计算机发展趋势应增强应付突发事件的能力，这种突发事件并不是像今天的计算机中断处理，因为今天的中断处理功能实际上也是人们事先设计好的。这里所讲的突发事件是事先根本无法预测的事件，人脑能对这类事件产生"非意识性"的思维，而目前的计算机则缺少这方面的能力。

(2) 计算机应提高形象思维和综合处理能力。

当今的计算机，无论是巨型机，还是高性能微型机，在图像识别上还只能按行、列对像素进行处理，采用分析的方法得出结论，其形象思维、综合处理水平很低。

而人脑却能进行形象思维，能在瞬间完成立体图像的识别，计算机的图像识别能力和判断速度目前远不如人脑，未来的计算机应提高这方面的能力。

(3) 计算机应增加直观处理问题的能力。

目前使用计算机解决问题，人们总是先要设计算法，画出框图，最后编写程序上机执行。这都是遵循一定规则的，这种规则相当于交通信号灯，依指挥而行动。然而在现实世界当中，在没有交通信号灯的情况下，人们照样也能横穿马路，这是因为人的大脑可以对周围的环境做出直观的判断。计算机目前缺少这种能力，现阶段它只能遵照程序的规则办事，它的直观处理能力还远不如人脑。

（4）计算机应进一步提高并行处理能力。

计算机的处理速度虽说已达到每秒千万亿次，但在许多方面它还是不如人脑，例如，判断一张照片中的人物图像是大人还是小孩，这个人是否见过，是否认识，人脑瞬间即可判断完成，而计算机却达不到人脑的速度，这是因为人脑的神经元并行处理能力很强，计算机的并行处理能力还比较低。

1.4　现代计算机

1.4.1　现代计算机的特点及分类

计算机的特点可以简单地归纳为强大的存储能力，高速、精确的运算能力，准确的逻辑判断能力，以及自动处理能力和网络与通信能力。

1. 强大的存储能力

计算机的工作步骤、原始数据、中间结果和最后结果都可以存入记忆装置（即计算机的存储器），因而具有强大的存储能力。

2. 高速、精确的运算能力

计算机的计算精度和处理速度是其他计算工具难以达到的，因此，计算机具有极强的处理能力，特别是能在地质、能源、气象、航天航空以及各种大型工程中能发挥重要的作用。

3. 逻辑判断能力

计算机不仅具有运算能力，还具有逻辑判断能力。计算机借助于逻辑运算，可以进行逻辑判断，并根据判断结果自动确定下一步该做什么。

4. 自动处理能力

计算机可以将预先编好的一组指令（称为程序）"记"下来，然后自动地逐条取出这些指令加以执行，工作过程完全自动化，不需要人的干预，而且可以反复进行。

5. 可靠性高

随着微电子技术和计算机技术的发展，现代电子计算机连续无故障运行时间可达到几十万小时以上，具有极高的可靠性。例如，安装在宇宙飞船上的计算机可以连续几年可靠地运行。又如，在一些场合，人很容易因疲劳而出错，但计算机却具有很高的可靠性。

6. 网络与通信能力

计算机技术发展到今天，不仅可以将几十台、几百台甚至更多的计算机连成一个网络，而且可以将一个个城市、一个个国家的计算机连在一个计算机网络上。目前最大、应用范围最广的国际互联网（Internet），连接了全世界150多个国家和地区数亿台的各种计算机。在网上的计算机用户可共享网上资料、交流信息、互相学习。

微型计算机除了具有上述特点外，还具有体积小、重量轻、耗电少、维护方便、可靠性高、易操作、功能强、使用灵活、价格便宜等特点。计算机还能代替人做许多复杂、繁重的工作。

1.4.2 现代计算机的分类

计算机种类很多,分类方法也很多。根据原理不同,计算机可分为模拟电子计算机和数字电子计算机。根据用途不同,又可分为通用计算机和专用计算机。人们平常使用的计算机是能解决各种问题、具有较强通用性的电子数字计算机。目前最常用的一种分类方法是按计算机的运算速度(MIPS——每秒百万条指令,是计算机处理能力的一个主要指标)、字长、存储容量等综合性能指标对计算机进行分类。

1. 超级计算机(又称巨型计算机)

超级计算机是计算机中功能最强、运算速度最快、存储容量最大的一类计算机,多用于国家高科技领域和尖端技术研究,是国家科技发展水平和综合国力的重要标志。随着超级计算机运算速度的迅猛发展,它也被越来越多地应用在工业、科研和学术等领域。作为高科技发展的要素,超级计算机早已成为世界各国经济和国防方面的竞争利器。经过我国科技工作者几十年不懈地努力,我国的高性能计算机研制水平显著提高,成为继美国、日本之后的第三大高性能计算机研制生产国。2010 年 10 月,天津的"天河一号"安装完毕,速度达每秒2.5 千万亿次运算,跃居当时全球第一,比第二名的美国国家实验室的计算机速度快 30%。2012 年 10 月,隶属于美国能源部的橡树岭国家实验室将"美洲虎"改装为"泰坦",重新成为当时世界上最快的超级计算机。Titan 搭载 Cray 公司的 XK7 系统,使用 560640 个 AMD 皓龙处理器核心和 261632 个英伟达 K20x 加速器,Titan 的运行速度为 17.59 千万亿次/秒。Titan是最节电的超级计算机,耗电 8.21MW,性能为 2143 Mflops/W。

2013 年 6 月 17 日在德国莱比锡开幕的 2013 年国际超级计算机大会上,中国国防科技大学研制的天河二号超级计算机(如图 1–5 所示),以每秒 33.86 千万亿次的浮点运算速度夺得头筹,成为全球最快的超级计算机,天河二号有 16000 个节点,每个节点部署了两个英特尔 Xeon IvyBridge 及三个 Xeon Phi 处理器,计算核心总数达 3120000 个,比第二名 Titan 快了近一倍,并于 2013 年年底部署在中国广州国家超级计算机中心。截至 2015 年 10 月 16 日,"天河二号"超级计算机连续 6 次称雄。

2016 年"神威·太湖之光"超级计算机系统(如图 1–6 所示)正式发布,并于 2016 年 6月、11 月,2017 年 6 月、11 月连续四次摘得世界高性能计算 Top500 排名第一。它是全球第一台性能超过十亿亿次的计算机,不仅速度比第二名"天河二号"快出近两倍,其效率也提高3 倍。神威·太湖之光超级计算机安装了 40960 个中国自主研发的"申威26010"众核处理器,该众核处理器采用 64 位自主申威指令系统,峰值性能为 12.5 亿亿次/秒,持续性能为 9.3 亿亿次/秒。其峰值运算性能、持续性能和系统能效比等三大技术指标同比大幅度领先,2016年 11 月 18 日,我国科研人员依托"神威·太湖之光"超级计算机的应用成果首次荣获"戈登·贝尔"奖,实现了我国高性能计算应用成果在该奖项上零的突破。

图1-5　"天河二号"超级计算机

图1-6　神威·太湖之光

2019 年 6 月发布的超级计算机 500 强榜单中，第一位和第二位分别是美国的"顶点"和"山脊"，第三位和第四位分别是中国的"神威·太湖之光"和"天河二号"。榜单上排名前十的超级计算机系统中，美国的超级计算机有 5 个，中国有 2 个，德国、日本、瑞士各 1 个，中国以 219 台上榜数继续位列第一位，这是 2017 年 11 月以来，中国超算上榜数量连续 4 次位居第一。美国以 116 台排第二位。不过，在总计算力上，美国仍以占据 38.4% 计算性能的表现继续保持优势，中国尽管占据 43.8% 的系统份额，但在计算力上的占比只有 29.9%。

2. 大、中型计算机

大型计算机通常使用多处理器结构，其特点是通用性强、综合处理能力强、性能覆盖面广等，它主要用于大公司、大银行、航空、国家级的科研机构等。目前只有少数国家从事大型机的研制与生产，美国的 IBM、DEC，日本的富士通、日立等公司是生产大型机的主要厂商。

中型计算机和大型计算机架构相似，它们并没有严格的类型区分，通常把处理能力稍弱的大型计算机称为中型计算机。

3. 小型计算机

小型机规模小、结构简单、可靠性高、成本较低，易于操作又便于维护，比大型机更具有吸引力。例如，DEC 公司推出的 PDP - 11、HP 的 1000、3000、9000 系列小型机和 VAX - 11 系列小型机。HP 的 9000 系列小型机几乎可与 IBM 的传统大型计算机相媲美。小型机广泛用于企业管理、工业自动控制、数据通信、计算机辅助设计等，也用作大型、巨型计算机系统的端口。

4. 工作站

工作站是具有很强功能和性能的单用户计算机，其性能高于一般微机，它通常主要用于图形图像处理、计算机辅助设计、软件工程以及大型控制中心等信息处理要求比较高的场合。

工作站不同于网络系统中的工作站。网络中的工作站泛指联网的用户结点，这里的工作站指的是一种高档微机，它配有大屏幕、高分辨率的显示器，大容量的内存储器，而且大都具有较强的联网功能。

5. 微型计算机

微型计算机也叫个人计算机(personal computer，PC)，或者微机。微型计算机因具有小、轻、价廉、易用等优势，其应用已渗透到社会生活的各个方面，成为目前发展最快的计算机。

6. 移动计算机

移动计算机(mobile computer, MC)，包括笔记本电脑、智能手机、PPC、PDA 等。移动计算机也是微机，只是它的体积更小，便于携带，因此又叫便携式计算机。

7. 嵌入式计算机

简单地说，如果把处理器和存储器以及接口电路直接嵌入设备当中，这种计算机就是嵌入式计算机。嵌入式系统中使用的"计算机"往往基于单个或少数几个芯片，芯片上处理器、存储器以及外设接口电路是集成在一起的。在通用计算机中使用的外部设备包含嵌入式微处理器，许多输入输出设备都是由嵌入式处理器控制的。在制造业、过程控制、通信、仪器仪表、汽车、船舶、航空航天、军事装备、消费类产品等许多领域，嵌入式计算机都有其广泛的应用。

1.5 信息化社会

1.5.1 计算机的应用领域

进入 20 世纪 90 年代以来，计算机技术作为科技的先导技术之一得到了飞跃式的发展，超级并行计算机技术、高速网络技术、多媒体技术、人工智能技术等相互渗透，改变了人们使用计算机的方式，从而使计算机几乎渗透到人类生产和生活的各个领域，按照计算机应用的特点，可以将其应用领域归纳为以下几个方面。

1. 科学计算

亦称数值计算，是指用计算机完成科学研究和工程技术中所提出的数学问题，使用计算机进行数学方法的实现和应用。在计算机发展的历史中，科学计算是计算机最早应用的领域，也是计算机最重要的应用之一。现代科学技术的发展，使得人们在各个领域中遇到的计算问题越来越大，也越来越复杂，而这些问题也都将由计算机来解决，如人类基因序列分析计划、人造卫星的轨道测量、气象卫星云图数据处理等。随着计算机技术的飞速发展，特别是网络技术的发展，计算机的应用领域将会越来越广泛，科学计算在计算机应用中所占比重将会逐渐减小。

2. 数据处理

数据处理又称信息处理，是信息的收集、分类、整理、加工、存储等一系列活动的总称。例如，完成数据的输入、分析、合并、分类、统计等方面的工作，以形成判断和决策的信息。信息处理是目前计算机使用最广泛的领域，随着计算机技术的发展，计算机在人口统计、办公自动化、企业管理、邮政业务、机票订购、情报检索、图书管理、医疗诊断等方面的应用将得到进一步推广。

3. 过程控制

计算机过程控制又称实时控制，是指用计算机即时采集检测数据、判断系统的状态，对控制对象进行实时自动控制或自动调节。过程控制广泛应用于冶金、机械、石油、化工水电、航天等领域。在工业生产中计算机对生产线进行过程控制，如产品的原料下料、加工、组装、成品质量检测。由于计算机的处理速度高和运算精确，使得生产效率和产品质量大大提高，并且降低了生产成本。

4.计算机辅助系统

(1)计算机辅助设计(computer aided design, CAD)。

就是用计算机帮助设计人员进行设计,如超大规模集成电路的版图设计。利用计算机的快速运算能力,可以任意改变产品的设计参数,从而可以得到多种设计方案,选出最佳设计。还可以进一步通过工程分析、模拟测试等方法,用计算机仿真模拟代替制造产品的模型(样品),借以降低产品的试制成本,缩短产品的设计、试制周期,增强市场竞争力。上述方法有时也称为计算机辅助工程(CAE),或与 CAD 合称 CAD – CAE。

(2)计算机辅助制造(computer aided manufacturing, CAM)。

计算机辅助制造包括用计算机对生产设备进行管理、控制和操作的过程。如 20 世纪 50 年代的数控机床,20 世纪 70 年代的柔性制造系统(flexible manufacturing system, FMS),20 世纪 80 年代的计算机集成制造系统(computer integrated manufacturing system, CIMS)。

(3)计算机辅助教学(computer aided instruction, CAI)。

计算机辅助教学就是利用计算机系统使用课件来进行教学,它改变了粉笔加黑板的教学方式。

计算机管理教学(computer managed instruction, CMI),包括教务管理、教学计划制订、课程安排、计算机题库及计算机考试评分系统等。

CAI 和 CMI 合称计算机辅助教育(computer based education, CBE)。

(4)计算机辅助测试(computer aided testing, CAT)。

计算机辅助测试是以计算机为工具,将计算机用于产品的设计、制造和测试等过程的技术。

5.人工智能(artificial intelligence, AI)

人工智能是指将人脑进行的演绎推理的思维过程、推理规则和选择策略集合存储在计算机中,然后让计算机根据所获得的信息去自动求解。人工智能主要包括专家系统、机器人、模式识别和智能检索等系统,其任务由能实现智能信息处理、模仿人类智能的计算机系统完成。

6.数据库应用

数据库是长期存储在计算机中的有组织、可共享的数据集合。当今社会从国民经济信息系统到银行、社会保险、图书馆等都与数据库有关。数据库是一种资源,通过计算机技术和网络通信技术,人们可以充分利用这种资源。

7.多媒体技术应用

多媒体技术是把数字、文字、声音、图像及动画等多种媒体有机组合起来,利用计算机、通信和广播电视技术,使它们建立起逻辑联系,并进行加工处理的技术。目前多媒体技术的应用正在不断拓展。

8.网络与通信

计算机网络是计算机技术与通信技术结合的产物。经过几十年的发展,网络已深刻地改变了人们的思维方式和生活方式,并在多媒体娱乐、3D 虚拟视频会议系统和云计算等领域得到广泛的应用。

1.5.2 信息化社会

信息化社会是脱离工业化社会以后，信息将起主要作用的社会。在农业社会和工业社会中，物质和能源是主要资源，人们所从事的是大规模的物质生产。而在信息社会中，信息成为比物质和能源更为重要的资源，以开发和利用信息资源为目的信息经济活动迅速扩大，逐渐取代工业生产活动而成为国民经济活动的主要内容。信息经济在国民经济中占据主导地位，并构成社会信息化的物质基础。以计算机、微电子和通信技术为主的信息技术革命是社会信息化的动力源泉。

由于信息技术在资料生产、科研教育、医疗保健、企业和政府管理以及家庭中的广泛应用，从而对经济和社会发展产生了巨大而深刻的影响，从根本上改变了人们的生活方式、行为方式和价值观念。信息社会具有如下特点。

1. 新型的社会组织管理结构

在不同的社会形态条件下，不同的生产力基础上形成了与之相适应的组织管理结构。农业社会的生产组织形式是以有血缘关系的家庭为基本的生产单元，金字塔型的集权式的权力结构是社会宏观管理的基本特征；工业社会的生产组织形式是以企业为单元的社会化大生产；在信息社会，信息技术极大地促进了文化、知识、信息的传播，为人们充分表达意愿提供了技术条件。同时，传统的管理层垄断信息的局面被打破，丧失了从垄断信息到垄断决策管理权力的优势，传统的科层制所固有的或衍生的理性化、部门分割的管理体制将受到冲击。在信息社会，社会组织管理由传统的金字塔型组织管理结构向网络型的组织管理结构转变。

2. 新型的社会生产方式

生产力的技术工艺性质的重大变化总会导致人们的生产活动方式的变化。正如机器的普遍采用将手工工场的生产方式改造成为机器大工业的生产方式一样，信息社会也形成了新的生产方式。它表现在：一是传统的机械化的生产方式被自动化的生产方式所取代，自动化的生产方式进一步把人类从繁重的体力劳动中解放出来；二是刚性生产方式正转变为柔性生产方式，它使得企业可以根据市场变化灵活而及时地在一个制造系统上生产各种产品；三是大规模集中性的生产方式正转变为规模适度的分散型生产方式；四是信息和知识生产成为社会生产的重要方式。

3. 新兴产业的兴起与产业结构的演进

信息社会将会形成一批新兴产业，并促进新的产业结构的形成。一是信息技术革命催生了一大批新兴产业，信息产业迅速发展壮大，信息部门产值在全社会总产值中的比重迅速上升，并成为整个社会最重要的支柱产业；二是传统产业普遍实行技术改造，降低生产成本、提高劳动效率，而通过信息技术对传统能量转换工具的改造，使传统产业与信息产业之间的边界越来越模糊，整个社会的产业结构处在不断地变化过程中；三是在信息社会，智能工具的广泛使用进一步提高了整个社会的劳动生产率，物质生产部门效率的提高进一步加快了整个产业结构向服务业的转型，信息社会将是一个服务型经济的社会。

4. 数字化的生产工具的普及和应用

数字化的生产工具在生产和服务领域广泛普及和应用。工业社会所形成的各种生产设备将会被信息技术所改造，成为一种智能化的设备，信息社会的农业生产和工业生产将建立在基于信息技术的智能化设备的基础之上。同样，信息社会的私人服务和公众服务将或多或少建立在智能化设备之上，电信、银行、物流、电视、医疗、商业、保险等服务将依赖于信息设备。由于信息技术的广泛应用、智能化设备的广泛普及，政府、企业组织结构进行了重组，行为模式也发生了新的变化。

5. 产生了新的交易方式

分工和专业化是经济增长的主要动力，分工扩大生产的可能性边界，推动了人类社会的发展。有分工就会有交易，信息社会中信息技术的扩散使得交易方式出现新的变化。一是信息技术的发展促进了市场交换客体的扩大，知识、信息、技术、人才市场迅速发展起来；二是信息技术的发展所带来的现代化运输工具和信息通信工具使人们冲破了地域上的障碍，世界市场开始真正形成；三是信息技术为人们提供了新的交易手段，电子商务成为实现交易的基本形态，这也拓展了市场交易的空间。

6. 数字化生活方式的形成

如同19世纪的工业化进程瓦解了农业社会的生活方式，建立了工业社会的生活形态，信息社会新的生活方式也正在形成。在信息社会，智能化的综合网络将遍布社会的各个角落，固定电话、移动电话、电视、计算机等各种信息化的终端设备将无处不在。无论何事、无论何时、无论何地，人们都可以获得文字、声音、图像信息。信息社会的数字化家庭中，易用、价廉、随身的消费类数字产品及各种基于网络的3C家电将广泛应用，人们将生活在一个被各种信息终端所包围的社会中。

1.6　计算机学科概述

计算机发展至今，已经形成了一门庞大的学科。因此，我们在理解信息技术的同时，不但要介绍计算机的概念，还要介绍以计算机为研究对象的计算机学科。

1.6.1　计算机学科

1. 计算机学科的含义

计算机学科是包含计算机科学、技术和工程在内的一门综合性的学科。它是以计算机为研究对象，研究计算机(包括计算机硬件、软件及网络)设计、制造和开发的理论、原则和方法的学科。

在计算机学科中，科学侧重于研究现象、揭示规律；技术侧重于研制、开发计算机的方法与手段；而工程侧重于将技术的方法与手段运用于计算机开发中的具体实现，计算机学科则是这三者的集成。近年来，计算机已广泛深入社会各领域，它还成了社会科学所研究的内容，称为计算机文化。

2. 计算机学科的内容

计算机学科可以包括计算机系统、计算机理论、计算机开发及计算机文化，下面分别进行简单介绍。

1) 计算机系统

计算机系统包括对它的设计、构建、制造的方法与手段，而这种计算机系统的研究内容则包括计算机硬件、软件及网络等。它也可以包括计算机的一些基础性研究以及计算机共享所带来的信息安全研究等内容。

对计算机系统的研究主要是以技术性研究为主，也包括部分的理论与工程性研究。此部分研究是计算学科中的主要研究内容。

2）计算机开发。

计算机开发主要是用计算机开发应用系统，这种应用系统往往是计算机硬件、软件及网络的集成系统。

对计算机开发的研究主要以工程性研究为主(如软件工程，数据库技术等)，也包括部分理论与技术性研究。计算机学科研究的最终目的就是为了应用于人类，解决人类生活的不便，造福于全球，计算机开发直接研究应用中的工程问题，因此计算机学科直接成为实际服务的前哨，故而极为重要。

3）计算机理论

理论是学科发展的基础，计算机学科的发展需要建立在坚实的理论基础上，计算机理论的研究主要是以科学性研究为主。计算机理论包括的内容主要有：可计算性理论、数学理论、算法理论、数据理论。

4）计算机文化

计算机文化主要探讨计算机进入社会后所产生的一些社会问题，它企图从道德、教育以及法规法律等方面规范计算机使用，在社会中形成文明、规范使用计算机的习惯与良好的作风。

1.6.2 计算机类专业简介

计算机类相关专业大类包括计算机、电子、通信、信息等相关学科。根据教育部最新发布的《普通高等学校本科专业目录》可知，计算机类包括计算机科学与技术、软件工程、网络工程等9个专业(T代表特设专业)，具体名单如表1-2所示。

表1-2 计算类专业一览表

0809 计算机类	080901	计算机科学与技术
	080902	软件工程
	080903	网络工程
	080904K	信息安全
	080905	物联网工程
	080906	数字媒体技术
	080907T	智能科学与技术
	080908T	空间信息与数字技术
	080909T	电子与计算机工程

本书主要介绍计算机科学与技术、软件工程、网络工程、物联网工程、信息安全、数字媒体技术等6个在全国布点较多的专业基本情况。

1.计算机科学与技术

计算机科学与技术专业是一个综合运用数学、物理、电子、计算机、工程技术与工程管理等学科知识进行计算机工程设计与开发的跨学科专业。该专业面向计算机系统设计与开发、系统运行、大数据应用等行业，培养理想信念坚定、专业基础扎实、综合能力强的创新型计算机高级人才。通过计算机软/硬件理论与应用、大数据系统及应用等专业知识的传授和计算机工程能力基础训练，使学生熟悉计算机硬件组成与工程应用领域知识，掌握系统设计与开发、大数据环境下的信息处理与分析等方法，具备较强的创新精神与实践应用能力。

1)培养目标

坚持立德树人，适应社会主义现代化建设和时代发展的需要，培养德智体美劳全面发展，具有坚定的理想信念、深厚的爱国情怀和人文底蕴，具备较强的创新意识与较高的职业素质，了解计算机发展的前沿和动态，系统掌握计算机软/硬件设计、大数据处理所需的系统设计基础、数据结构、算法、数据库、数据处理与分析、工程管理等方面知识，具备良好的科学文化素养和合作意识、较强的创新和设计实践能力，能够在企业、事业、科研、技术管理等单位从事工程设计、系统运行、技术开发和工程管理的应用型高级专门人才。

2)培养要求

本专业学生主要学习计算机科学与技术方面的基本理论和基本知识，接受从事研究与应用计算机的基本训练，本科毕业生应获得以下几方面的知识和能力：

(1)能够将数学、自然科学、工程基础和专业知识用于解决计算机领域复杂工程问题；能够应用数学、自然科学和工程科学的基本原理，识别、表达，并通过文献研究分析计算机领域复杂工程问题，以获得有效结论。

(2)能够设计针对计算机领域复杂工程问题的解决方案，设计满足特定需求的系统、单元(部件)或工艺流程，并能够在设计环节中体现创新意识，考虑社会、健康、安全、法律、文化以及环境等因素。

(3)能够基于计算机领域科学原理并采用科学方法对计算机软硬件及系统问题进行研究，包括设计实验、分析与解释数据，并通过信息综合得到合理有效的结论；能够针对计算机领域复杂工程问题，开发、选择与使用恰当的技术、软硬件及系统资源、现代工程工具和信息技术工具，包括对复杂工程问题的预测与模拟，并能够理解其局限性。

(4)能够基于计算机工程领域相关背景知识进行合理分析，评价计算机专业工程实践和复杂工程问题解决方案对社会、健康、安全、法律以及文化的影响，并理解应承担的责任。能够理解和评价针对计算机领域复杂工程问题的工程实践对环境、社会可持续发展的影响。

(5)具有良好的人文社会科学素养、较强的社会责任感，能够在工程实践中理解并遵守工程职业道德和规范，履行相关责任。能够在多学科背景下的团队中承担个体、团队成员以及负责人的角色。能够就计算机领域复杂工程问题与业界同行及社会公众进行有效沟通和交流，包括撰写报告和设计文稿、陈述发言、清晰表达或回应指令。具备一定的国际视野，能够在跨文化背景下进行沟通和交流。

3)核心课程

数据结构、计算机组成原理、程序设计语言、计算机操作系统、数据库原理、编译原理、计算机网络、软件工程、算法设计与分析、软件项目管理、大数据系统及应用等。

修业年限：4年。

授予学位：工学或理学学士学位。

4)就业方向

毕业后主要在新能源、计算机软件、互联网等行业工作,大致为:计算机软件、互联网/电子商务、电子技术/半导体/集成电路、技术支持(大数据系统的数据服务、维护)、大数据处理与分析。

2. 软件工程

软件工程专业是以计算机科学与技术学科为基础,强调软件开发的工程性,使学生在掌握计算机科学与技术方面知识和技能的基础上熟练掌握从事软件需求分析、软件设计、软件测试、软件维护和软件项目管理等工作所必需的基础知识、基本方法和基本技能,主要面向软件开发、测试与管理等行业,培养理想信念坚定、专业基础扎实、综合能力强的创新型应用人才。学生学习期间主要学习软件工程方面的基本理论和基本知识,通过软件开发与测试等方面的基本训练和软件维护与管理等方面的能力培养,具备较强的能够从事软件开发、测试、维护的能力和软件项目管理创新精神与实践应用能力。

1)培养目标

坚持立德树人,适应社会主义现代化建设和时代发展的需要,培养德智体美劳全面发展,具有坚定的理想信念、深厚的爱国情怀和人文底蕴,具备较强的创新意识与较高的职业素质,了解软件工程专业的前沿和动态,学习软件开发与测试基本理论及应用知识,系统掌握软件工程的基本理论、基本方法和基本技能,使学生成为具有较强的软件设计开发与测试能力,并具有一定的项目工程管理能力、交流与组织协调能力、竞争能力和创新潜能,能在科研部门、教育单位、企业、事业、技术和行政管理等部门从事教学、科学研究和应用的软件开发工作的应用型高级专门人才。

2)培养要求

本专业培养适应计算机应用学科的发展,特别是软件产业的发展,具备计算机软件的基础理论、基本知识和基本技能,能够使用软件工程的思想、方法和技术来分析、设计和、实现计算机软件系统的能力。毕业以后能够在 IT 行业、科研机构和企事业中从事计算机应用软件系统的开发和研制的高级软件工程技术人才。

软件工程是研究大规模软件开发方法、工具和管理的一门工程科学,其特点是按工程化的原则和方法来组织和规范软件开发过程,软件工程技术则主要研究与软件开发各个工作流程相关的、先进实用的软件开发方法、技术和工具;软件工程技术专业面向国民经济电子信息化建设和发展的需要,培养具有扎实的软件理论和知识基础,对整个软件过程有整体了解、掌握软件工程领域的前沿技术,具有国际竞争能力,能从事大型软件项目系统分析、设计、编程、测试和软件项目管理等工作的复合型、实用型的高层次软件工程技术人才;主要涵盖软件工程学科和计算机学科的基本理论、基础知识、基本技能的研究,软件的分析与开发,计算机应用系统、计算机网络系统的设计与开发等专业内容。

3)核心课程

数据结构、计算机组成原理、计算机操作系统、数据库原理、计算机网络原理、软件工程、程序设计语言、Java 程序设计、Java EE 软件开发、面向对象系统分析与设计、软件项目管理、软件测试等。

修业年限:4 年。

授予学位:工学学士学位。

4)就业方向

本专业学生毕业后可在软件企业、国家机关以及各个大中型企事业单位的信息技术部门、教育部门等单位从事软件工程领域的技术开发、教学、科研及管理等工作。毕业后主要从事软件工程师、项目经理、软件开发工程师等工作。

3. 网络工程

本专业主要面向"互联网＋"和云计算等国家战略新兴产业，培养理想信念坚定、专业基础扎实、综合能力强的应用型高级专门人才。学生学习期间主要学习计算机和网络通信专业知识，通过网络系统设计、网络运维和网络应用开发等专业技能训练，掌握网络系统设计与工程应用的方法，致力于互联网规划设计、互联网运维管理、移动互联网开发、网络空间安全的工程实践和创新能力培养。

1）培养目标

坚持立德树人，适应社会主义现代化建设和时代发展的需要，培养德智体美劳全面发展，适应科技进步与经济社会发展需要，具有良好的人文素养、职业道德和可持续发展观念，系统地掌握计算机和网络通信的基础理论知识，掌握网络工程的基本技术和技能，具备较强的网络工程实践能力和创新意识，能在信息技术企业和其他各行各业的信息技术部门，从事互联网工程、网络系统设计实施以及网络科学与技术研发工作的应用型高级专门人才。

2）培养要求

本专业主要学习计算机、通信以及网络方面的基础理论和设计原理，掌握计算机、通信和网络技术，接受网络工程实践的基本训练，具备从事计算机网络设备、系统的研究、设计、开发、工程应用和管理维护的基本能力，本专业本科毕业生要求获得以下专业知识和能力。

（1）能够将数学、自然科学、工程基础和专业知识用于解决网络工程领域中的复杂工程问题。能够运用数学、自然科学和工程科学的基本原理，识别、表达并通过文献研究分析网络工程领域中的复杂工程问题，以获得有效结论。

（2）能够设计针对网络工程领域中复杂工程问题的解决方案，设计与开发满足特定需求的网络应用系统或单元(模块)，并能够在设计环节中体现创新意识，考虑社会、健康、安全、法律、文化以及环境等因素。

（3）能够基于科学原理并采用科学方法对网络工程领域中的复杂工程问题进行研究，包括设计实验、分析与解释数据，并通过信息综合得到合理有效的结论。能够针对网络工程领域中的复杂工程问题，开发、选择与使用恰当的技术、资源、现代工程工具和信息技术工具，包括对复杂工程问题的预测与模拟，并能够理解其局限性。

（4）能够基于工程相关背景知识，合理分析和评价网络工程领域工程实践和复杂工程问题解决方案对社会、健康、安全、法律以及文化的影响，并理解应承担的责任。能够理解和评价针对网络工程领域复杂工程问题的工程实践对环境、社会可持续发展的影响。具有人文社会科学素养和社会责任感，能够在工程实践中理解并遵守工程职业道德和规范，履行相关责任。

（5）能够在多学科背景下的团队中承担个体、团队成员以及负责人的角色。能够就网络工程领域中的复杂工程问题与业界同行、用户及社会公众进行有效沟通和交流，包括撰写报告和设计文稿、陈述发言、清晰表达或回应指令，并具备一定的国际视野，能够在跨文化背景下进行沟通和交流业界同行及社会公众进行有效沟通和交流。

3）核心课程

程序设计语言、数据通信、计算机网络、Web 设计基础、计算机组成原理、计算机操作系统、数据库原理、Java 程序设计、Web 系统开发、网络协议分析、路由与交换技术、Linux 网络应用、网络编程、网络安全、网络管理、无线网络等。

修业年限：4 年。

授予学位：工学学士学位。

4）就业方向

本专业学生毕业后可在国家机关、科研机构、学校、工厂等企事业单位从事计算机应用软件及网络技术的研究、设计、制造、运营、开发及系统维护和教学、科研等工作。从事岗位大致为网络工程师、WEB 开发、运维工程师、网络管理员、系统运维工程师、网络运维工程师等。

4. 物联网工程

物联网工程专业是计算机科学与技术、网络工程、通信工程等学科交叉融合发展起来的新型工程应用型专业，本专业学习利用各类传感设备对物理世界进行感知以获取信息，采用移动网络、计算机网络等通信手段将感知信息进行可靠传输，以及利用各种智能处理算法对信息进行智能处理的技术和方法，培养理想信念坚定、专业基础扎实、综合能力强的创新型物联网工程专业技术人才。学生主要学习信息感知、信息传输、物联网产品与应用系统研发、运营支撑方面的基本理论和基本知识。通过对信息感知与处理、物联网软硬件系统开发基础的训练和沟通能力、协作能力、创新能力等方面能力培养，掌握物联网应用系统开发的流程和方法，着力培养社会紧缺的高素质信息网络人才。

1）培养目标

坚持立德树人，适应社会主义现代化建设和时代发展的需要，培养德智体美劳全面发展，具有坚定的理想信念、深厚的爱国情怀和人文底蕴，具备较强的创新意识与较高的职业素质，了解物联网专业的前沿和动态，学习物联网数据采集、传输和处理等在内的基本理论、技术和方法，使学生具备在物联网及相关领域进行系统设计、实施和维护的能力，能在企业、政府部门、教育及科研院所等单位从事物联网相关应用研究、设计开发和技术管理工作的应用型高级专门人才。

2）培养要求

本专业学生要具有较好的数学和物理基础，掌握物联网的相关理论和应用设计方法，具有较强的计算机技术和电子信息技术的能力，本科毕业生应获得以下几方面的知识和能力。

（1）掌握和计算机科学与技术相关的基本理论知识；能够将数学、自然科学、工程基础和专业知识用于解决物联网领域复杂工程问题。

（2）掌握物联网工程的分析和设计的基本方法；能够应用数学、自然科学和工程科学的基本原理，识别、表达并通过文献研究分析物联网领域复杂工程问题，以获得有效结论。能够设计针对物联网领域复杂工程问题的解决方案，设计满足特定需求的系统、单元（部件）或工艺流程，并能够在设计环节中体现创新意识，考虑社会、健康、安全、法律、文化以及环境等因素。

（3）能够基于科学原理并采用科学方法对物联网领域复杂工程问题进行研究，包括设计实验、分析与解释数据、并通过信息综合得到合理有效的结论。能够针对物联网领域复杂工程问题，开发、选择与使用恰当的技术、资源、现代工程工具和信息技术工具，包括对物联网领域复杂工程问题的预测与模拟，并能够理解其局限性。

（4）能够基于工程相关背景知识进行合理分析，评价专业工程实践和物联网领域复杂工程问题解决方案对社会、健康、安全、法律以及文化的影响，并理解应承担的责任。能够理解和评价针对物联网领域复杂工程问题的工程实践对环境、社会可持续发展的影响。

（5）能够在多学科背景下的团队中承担个体、团队成员以及负责人的角色。能够就物联网领域复杂工程问题与业界同行及社会公众进行有效沟通和交流，包括撰写报告和设计文稿、陈述发言、清晰表达或回应指令。具备一定的国际视野，能够在跨文化背景下进行沟通和交流。

3）核心课程

程序设计语言、数据结构、操作系统原理、数据库原理、计算机网络、计算机组成原理、传感器原理及应用、RFID 原理及应用、无线传感网原理及应用、数据通信技术、云计算与大数据技术等。

修业年限：4 年。

授予学位：工学学士学位。

4）就业方向

作为国家倡导的新兴战略性产业，物联网备受各界重视，并成为就业前景广阔的热门领域，使得物联网成为各家高校争相申请的一个新专业，主要就业于与物联网相关的企业、行业，从事物联网的通信架构、网络协议和标准、无线传感器、信息安全等的设计、开发、管理与维护等工作，也可在高校或科研机构从事科研和教学工作。

5. 信息安全

信息安全专业是计算机、通信、数学、法律、管理等学科的交叉学科，主要研究确保信息安全的科学与技术，培养能够从事计算机、通信、电子商务、电子政务、电子金融等领域的信息安全高级专门人才。本专业以信息、信息过程和信息系统的基本理论为基础，着重学习通信、编码、信息网络与系统、信息与安全保密、信息对抗等基本理论、基本原理和技术，学习在信息、信息过程和信息系统等方面进行信息安全与保密的关键技术的研究方法，典型设备、部件的分析、设计、研究、开发的方法和能力。

1）培养目标

本专业培养适应国家和地方经济社会发展，掌握自然科学、人文科学基础和信息科学基础知识，培养具有良好的科学技术与工程素养，系统地掌握信息安全的基本理论、专业知识、基本方法与基本技能，受到严格的工程训练和思维训练，并具备信息安全科学研究、技术开发和应用服务工作能力，能够从事安全网络系统设计、安全产品开发、产品集成、信息系统安全保卫的高素质专门人才。

2）培养要求

本专业学生主要学习信息安全的基本理论与技术，受到严格的工程训练和思维训练，具有安全系统设计、安全产品开发、安全产品集成、信息系统安全保卫的基本能力，具有较强的自学能力和知识更新能力。毕业生应获得以下几方面的知识和能力。

（1）具有从事信息安全相关工作所需的数学、自然科学以及管理知识；掌握扎实的信息安全理论基础与关键技术以及灵活的思维方法。

（2）掌握信息安全领域的基本理论和专业知识；掌握信息安全的基本方法与技能；具有

从事信息安全工作的基本能力；具有综合运用所学科学理论和技术手段分析并解决实际问题的基本能力；具有从事信息产业所必需的运算、实验、测试、信息安全应用等技能。

（3）了解信息安全技术发展的前沿，具有设计安全网络系统、从事安全产品集成与信息安全产品开发的基本能力，以及较强的知识更新能力；

（4）掌握文献检索、资料查询及应用现代信息技术获取相关信息的基本方法；了解相近专业的一般原理和知识；熟悉国家信息产业政策及国内外有关信息安全和知识产权的法律法规。

3）核心课程

本专业以数理为基础，以信息学科为平台，以信息安全为方向，以培养创新能力为重点，面向系统，兼顾应用。培养在保护信息安全和应用实施计算机安全技术，在安全系统的设计、评估和开发，在提升系统的安全性以及防御外来攻击等方面具有综合能力的复合型人才。

核心课程为：程序设计语言、汇编语言程序设计、数据结构、面向对象程序设计、数据通信原理、数据库原理、计算机网络、操作系统、计算机组成原理、离散数学、数字逻辑与数字电路、信息安全数学基础、密码学原理、软件安全、信息系统安全、计算机网络安全、信息论与编码技术、密码学基础、网络攻防技术。

修业年限：4 年。

授予学位：工学、理学或管理学学士学位。

4）就业方向

信息安全的社会需求和人才供需间存在着很大的差距，毕业后会面临着需求量大、就业面广等就业优势。信息安全专业的学生就业方向主要包括公安部门信息监查、网站、病毒杀毒公司等涉及信息安全的地方。例如电信，网通技术安全维护部门，政府各个部门的网络安全监测部门等。

6. 数字媒体技术

数字媒体技术专业培养具有扎实的自然科学和外语基础知识，掌握虚拟现实、计算机动画、互动媒体、影视编辑、网络游戏、手机游戏等数字媒体相关的基本理论与方法，具有一定的艺术修养，能综合运用所学知识与技能去分析、设计、制造数字媒体产品的复合型高级技术应用人才。

1）培养目标

本专业培养具备良好的技术素质和一定的艺术修养，掌握自然科学的基础知识和数字媒体技术的基本理论，具有计算机动画和计算机游戏等数字文化艺术作品的设计、制作和技术创新能力的复合型人才。毕业后可从事动画设计、游戏开发、虚拟现实、影视制作、广告传媒、网络媒体、多媒体教育等行业的相关工作。

2）培养要求

本专业学生主要学习和掌握数字媒体技术专业的基本理论、基础知识和基本技能。毕业生应获得以下几方面的知识和能力。

（1）掌握从事本专业工作所需的数学、自然科学知识以及一定的管理学知识；掌握计算机科学与技术、信息与通信工程等学科的专业知识和基本技能，理解数字媒体技术领域的基本概念、知识结构、典型方法，建立数字化、网络化、交互化等核心专业意识。

（2）掌握数字媒体领域的核心技术，了解数字媒体创作的基本方法，具有良好的科学素养和一定的艺术修养，能够为数字媒体内容的创作和传播提供基本的技术解决方案，具备设计、开发数字媒体系统的基本能力。

（3）具有良好的自学能力，终生学习意识强烈，具备用现代信息技术获取相关信息和新技术、新知识、新创意的能力；了解数字媒体技术领域的发展现状和趋势，具备良好的创新意识，具备技术创新和新产品创新的初步能力。

（4）了解与本专业相关的职业和行业的重要法律法规及方针与政策，理解工程技术、信息技术以及艺术创作相关的伦理基本要求，具有专利和版权的保护、利用、经营等创业意识；具备较强的组织管理能力、沟通表达能力、独立工作能力、人际交往能力和团队合作能力；具有初步的外语应用能力，能阅读本专业的外文材料，具有一定的国际视野和跨文化交流、竞争与合作能力。

3）核心课程

本专业根据当前及未来一段时间对计算机动画、影视制作、游戏开发与虚拟现实行业对人才的要求，培养市场急需的数字媒体技术人才。在课程设置上，一般按照计算机动画、影视制作、游戏开发与虚拟现实三个方向设置模块课程群，特别强调学生在具有一定艺术素养的基础上系统掌握动画和游戏开发的基本技能。

核心课程为：设计美学、数字媒体导论、程序设计语言（C#语言）、高等数学、计算机网络、数据结构、计算机图形学、计算机三维动画设计、计算机图像处理技术、游戏引擎基础、游戏架构与设计、界面设计、flash 动画设计、摄影摄像、影视后期合成、数字音频技术、互动媒体技术、移动应用开发、人机交互技术等课程。

修业年限：4 年。

授予学位：工学学士学位。

4）就业方向

数字媒体技术专业毕业生可到各类互动娱乐公司、网络公司、影视制作机构、电视台、动画公司、通信公司、广告公司、企事业单位等从事各类交互应用、数字媒体设计、影视特效、广告制作等相关工作。主要从事岗位有数字营销经理、新媒体运营、硬件工程师等。

1.7　信息技术教育

信息社会，国民是否具备相当的信息素养和掌握足够的信息技术，已成为影响一个国家竞争力的重要方面。信息素养已成为每个社会成员的基本生存能力，更是学习化社会"学会学习"及终身学习的必备素质。信息素养中的"知识""能力"与"素质"三者是贯通的，其中知识是基础、载体与表现形式，而能力则是技能化的知识，是知识应用的综合体现，素质是知识和能力的升华。一个信息技术人才是知识、能力与素质三者的综合表现。

1. 计算机学科知识

一个信息技术人才首先应熟练掌握计算机的知识，这是人才培养的首要的落脚点。在人才培养中知识具有基础性，同时是载体与表现形式。首先，能力与素质是在知识获取中潜移默化而实现的。因此，知识在能力与素质的培养中是基础的。其次，知识是载体，因为能力与素质的提高必须通过具体知识的传授来实施，否则就会成为空中楼阁。最后，在许多场合下，计算机的能力与素质都是通过知识表现出来的。

2. 计算机能力

能力是技能化的知识，是知识应用的综合体现。作为信息化时代的弄潮儿，一个计算机专业人才，他不但需拥有丰富的计算机学科知识，还需要有解决工作中所出现问题的能力。计算机的专业能力一般包括下面的四个方面：

（1）计算思维能力，即利用计算机进行问题求解的能力，将问题求解转变成模型。

（2）算法能力，即算法设计和算法分析的能力。

（3）程序设计能力，即将算法转换成计算机程序的能力。

（4）系统能力，即将整个计算机系统综合优化，使系统达到最优。

3. 素质

素质是知识和能力的升华。高素质可使知识和能力更好地发挥作用，同时还可促使知识和能力得到不断的扩展和增强。作为信息技术人才，应具有如下几种素质：

（1）品德素质。要想在日后的工作中有所作为，需要长期坚持不懈地努力，远大的理想和抱负才能为这种努力提供持久的动力。

（2）文化素质。成就一番事业，只注重专业素质培养是不够的，良好的文化素质是不可或缺的。

（3）心理素质。树立科学的世界观和人生观，面对顺境或逆境具有较强的自我调整能力，既不为一时的成功而沾沾自喜，也不为一时的挫折而灰心丧气。

（4）专业素质。掌握计算机学科的基本理论和方法，具备较强的实践能力和创新能力，注意培养计算思维。

（5）身体素质。具备一定的科学养生常识，生活有规律，生活方式文明，能够应对日常的学习与工作及一段时间内超强度学习与工作的需要。

1.8 本章小结

本章介绍了信息技术的基本概念、计算机的发展历史，阐述了计算机的定义、特点和分类，同时也介绍了计算机的应用领域以及计算机的发展方向；信息化社会；最后对计算机学科、计算机类专业、信息技术及教育进行了介绍。

思考题与习题

一、思考题

1. 信息的概念及信息的主要特征是什么？信息和数据有什么区别？

2. 信息技术的概念是怎样的？它包含哪些技术？

3. 计算机的主要应用领域有哪些？

4. 计算机的发展历程是怎样的？简述计算机发展的四个阶段。

5. 哪一种技术是推动信息技术不断向前发展的核心技术？

6. 信息化社会的未来将涉及一些什么技术？

7. 现代计算机是如何进行分类的？

8.信息社会具备哪些特点？

二、选择题

1.早期计算机的主要应用是＿＿＿＿。

A.科学计算 　　　　　　　　B.信息处理

C.实时控制 　　　　　　　　D.辅助设计

2.工业上的自动机床属于＿＿＿＿方面的应用。

A.科学计算 　　　　　　　　B.数据处理

C.过程控制 　　　　　　　　D.人工智能

3.最先实现存储程序的计算机是＿＿＿＿。

A.ENIAC 　　　　　　　　B.EDSAC

C.EDVAC 　　　　　　　　D.VNIVA

4.世界上首次提出存储程序计算机体系结构的是＿＿＿＿。

A.莫奇莱 　　　　　　　　B.艾仑·图灵

C.乔治·布尔 　　　　　　　D.冯·诺依曼

5.世界第一台电子计算机是＿＿＿＿。

A.ABC 　　　　　　　　B.Mark I

C.ENIAC 　　　　　　　　D.EDVAC

6.计算机的发展经历了从电子管到超大规模集成电路的几代变革，各代发展主要基于＿＿＿＿的变革。

A.存储器容量 　　　　　　　　B.操作系统

C.I/O 系统 　　　　　　　　D.处理器芯片

三、填空题

1.信息技术是研究信息的获取、传输和处理的技术，由＿＿＿、＿＿＿、＿＿＿、＿＿＿结合而成。

2.未来计算机将朝着微型化、巨型化、＿＿＿、智能化方向发展。

3.目前，人们把通信技术、计算机技术和控制技术合称为＿＿＿。

4.信息就是对各种事物的＿＿＿、＿＿＿和＿＿＿的一种表达和陈述。

第2章 信息数字化基础

计算机科学中，数据有着举足轻重的作用，数据是学习其他内容的基础。信息是如何编码并存储在计算机中的呢？在本章中，我们将学习有关计算机中数据表示和数据存储的内容，了解计算机中数值、字符、图像、音频和视频是如何实现数字化表示的。

【学习目标】

1. 掌握信息化数字技术中位和存储的概念。
2. 掌握二进制的概念及其基本运算。
3. 了解计算机中各种信息的数字化表示方法。
4. 了解计算和逻辑运算。

2.1 信息数字化基础

在如今的计算机中，所有信息都是以 0 和 1 的模式编码的，以 0 和 1 模式表示并存储在计算机中的信息称之为数字化信息。信息数字化技术是采用有限个状态(主要是用 0 和 1 两个数字)来表示、处理、存储和传输数据的技术。

2.1.1 数据处理的基本单位

1. 比特

数字技术的处理对象是"比特"，其英文为"bit"，它是 binary digit 的缩写，中文意译为"二进位数字"或"二进制位"，在不会引起混淆时也可以简称为"位"。比特只有两种状态(取值)，它或者是数字 0，或者是数字 1，我们把只有 0 和 1 表示的数制称之为二进制，关于二进制的知识将在 2.2 节作详细介绍。

比特既没有颜色，也没有大小和重量。比特是组成数字数据的最小单位。比特在不同的场合有不同的含义，可以用比特来表示数值，也可以用它来表示文字和符号，还可以用来表示声音、图像、视频等。

比特是计算机和其他所有数字系统处理、存储和传输数据的最小单位，如二进制数 0101 就是 4 比特。一般用小写的字母"b"表示。但是比特这个单位太小了，有时候用它来表示数据很不方便，所以计算机采取设置各种编码标准来表示不同类型的数据。如使用 7 个比特位来表示字符，16 个比特位来表示汉字。

表示一个比特(位)需要两种状态，如开关的开或关，继电器的接通或断开，电容器的充电或放电，电压的高低等。在当前计算机中，某些中央处理器用电压的高低来区分两种状态，如 2 V 左右为高电平，表示 1；0.4V 左右为低电平，表示 0。

数据信息必须首先在计算机内存储，然后才能被计算机处理，计算机表示数据的部件主要是存储设备，要了解在存储器中到底能够存储多少二进制数据，就要用到数据的长度单位。在计算机上数据的长度单位有位、字节和字等。

2. 字节

在计算机中，通常用 8 个二进制位来表示一个字节，字节是计算机中表示信息的基本单位，一般来说，用大写字母"B"表示 1 个"字节"（byte），用小写的"b"表示 1 个比特。如图 2-1 所示，存放在一个字节当中的信息可以从 8 个 0 变化到 8 个 1，即从 00000000 到 11111111，一个字节中二进制数值的变化最多有 256 种。

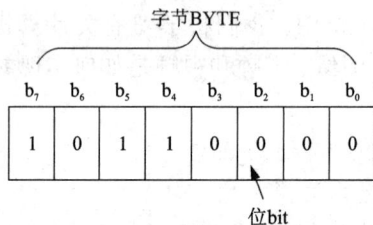

图 2-1　字节示意图

最低位称为第 0 位，记为 b_0，最高位称为第 7 位，记为 b_7。

除字节外，计算机中还规定了更大的存储单位，它们是千字节 KB、兆字节 MB、吉字节 GB、太字节 TB、拍字节 PB 和艾字节 EB。其大小关系为：

千字节（kilobyte，简写为 KB），$1\text{ KB} = 2^{10}\text{B} = 1024\text{B}$

兆字节（megabyte，简写为 MB），$1\text{MB} = 2^{20}\text{B} = 1024 \times 1024\text{B} = 1024\text{KB}$

吉字节（gigabyte，简写为 GB），$1\text{GB} = 2^{30}\text{B} = 1024 \times 1024 \times 1024\text{B} = 1024\text{MB}$

太字节（terabyte，简写为 TB），$1\text{TB} = 2^{40}\text{B} = 1024 \times 1024 \times 1024 \times 1024\text{B} = 1024\text{GB}$

拍字节（petabyte，简写为 PB），$1\text{PB} = 2^{50}\text{B} = 1024 \times 1024 \times 1024 \times 1024 \times 1024\text{B} = 1024\text{TB}$

艾字节（exabyte，简写为 EB），$1\text{EB} = 2^{60}\text{B} = = 1024 \times 1024 \times 1024 \times 1024 \times 1024 \times 1024\text{B} = 1024\text{PB}$

注意：磁盘、U 盘、光盘等外存储器制造商通常采用 $1\text{MB} = 1000\text{KB}$，$1\text{GB} = 1000000\text{KB}$ 来计算其存储容量。

3. 字

字（word），记为小写字母 w，字和计算机中字长的概念有关。字长是指计算机在进行处理时一次作为一个整体进行处理的二进制数的位数，具有这一长度的二进制数则被称为该计算机中的一个字。字通常取字节的整数倍，是计算机进行数据存储和处理的运算单位。

计算机按照字长进行分类，可以分为 8 位机、16 位机、32 位机和 64 位机等。字长越长，那么计算机所表示数的范围就越大，处理能力就越强，运算精度也就越高。在不同字长的计算机中，字的长度也不相同。例如，在 8 位机中，一个字含有 8 个二进制位，而在 64 位机中，一个字则含有 64 个二进制位。

4. 数据的传输

信息是可以传输的，信息只有通过传输和交流才能发挥它的作用。在数字通信技术中，信息的传输是通过比特的传输来实现的。近距离传输时，直接将用于表示"0/1"的电信号或光信号进行传输(称为基带传输)，例如：计算机读出或者写入移动硬盘中的文件、使用打印机打印某个文档的内容。远距离传输或者无线传输时，需要使用调制解调技术。

在数字通信技术中，传输速率的度量单位是每秒多少比特，经常使用的传输速率单位如下：

比特/秒(b/s)，也称"bps"，如2400 bps(2400b/s)、9600bps(9600b/s)等。

千比特/秒(kb/s)，lkb/s = 10^3 比特/秒 = 1000b/s(小写k表示1000)。

兆比特/秒(Mb/s)，1Mb/s = 10^6 比特/秒 = 1000kb/s

吉比特/秒(Gb/s)，1Gb/s = 10^9 比特/秒 = 1000Mb/s

太比特/秒(Tb/s)，1Tb/s = 10^{12} 比特/秒 = 1000Gb/s。

2.1.2　比特的存储

作为数字化信息存储的场所，整个宏伟的计算机大厦是由0和1铺砌而成。在计算机中，0和1可以有多种物理表示方法，目前常用的有四种。

1. 电信号表示

这是最常用的表示方法，可以用电压的高低，即高、低电平分别表示"1"、"0"；也可以用电脉冲的有、无分别表示"1"、"0"。

电信号表示有几个特点：

①电信号不但可以表示二进制数字，还可以用于对二进制数字的存储。

②电信号不但可以表示二进制数字，还可用于对电信号的处理(即操作)。

基于这两个特点，目前计算机中主要组成部分都是基于电信号的，它主要用寄存器以存储二进制数字，用数字电路以实现对二进制数字的处理或操作。

1) CPU内部比特的表示

在CPU中，比特使用一种称为"触发器"的双稳态电路来存储。触发器有两个状态，可分别用来记忆0和1，1个触发器可存储1个比特，关于触发器的概念，将在后续章节讲解。一组(例如8个或16个)触发器可以存储1组比特，称为"寄存器"，CPU中有几十个甚至上百个寄存器。

CPU内部通常使用高电平表示1，低电平表示0，其比特存储如图2-2所示。

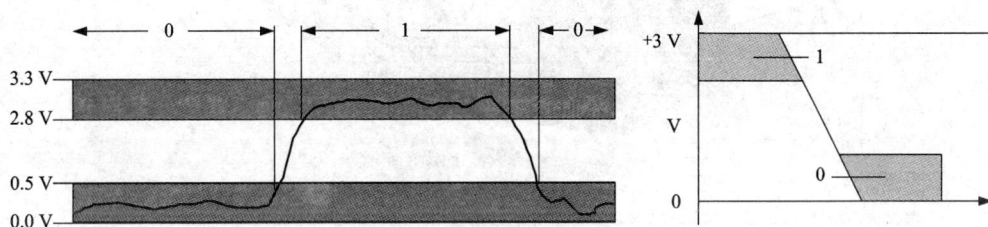

图2-2　CPU内部比特存储示意图

2) 内存储器中比特的存储

计算机内存储器也简称为内存，内存中用电容器来存储二进位信息：当电容的两极被加上电压，它就被充电，电压去掉后，充电状态仍可保持一段时间，因而1个电容可用来存储1个比特。

如图2-3所示，电容C处于充电状态时，表示1，电容C处于放电状态时，表示0。

集成电路技术可以在半导体芯片上制作出以亿计的微型电容器，从而构成了可存储大量二进制位信息的半导体存储器芯片。基于电信号的存储方式有一个显著的特点，断电后信息将不再保持。

2. 磁信号

图2-3 内存储器中比特的存储示意图

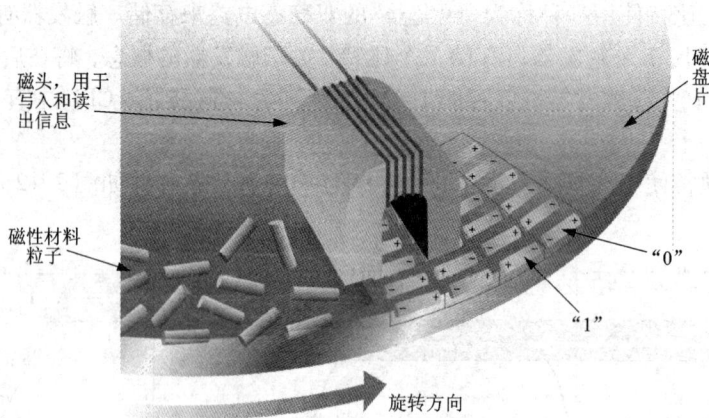

磁信号存储二进制位主要是利用电磁现象中的磁滞原理，对表面涂有磁性的材料施加电信号后所产生的剩磁以表示二进制数字。

磁信号表示有几个特点：

（1）磁信号不但可以表示与存储二进制数字，还可以对二进制数字进行持久性存储，即当断电后其信号仍能继续保持。

（2）磁信号的持久性存储具有容量大、密度高的特性。

基于这两点，磁信号表示目前在计算机中主要用于主存储器的补充与后援、大规模的持久性存储中，如磁盘存储及磁带存储。在磁盘表面微小区域中，磁性材料粒子的两种不同的磁化状态分别表示0和1，它们的存储原理如图2-4所示。

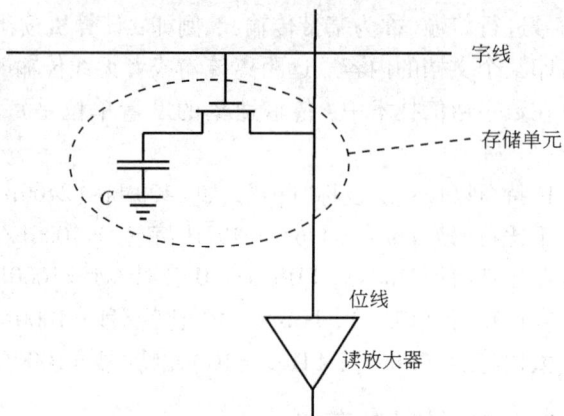

图2-4 磁盘中比特的表示

磁盘表面被分为许多同心圆，每个同心圆称为一个磁道。每个磁道都有一个编号，最外面的是 0 磁道。每个磁道被划分为若干段(段又叫扇区),每个扇区的存储容量均为 512 字节,如图 2-5 所示。

3. 光信号表示

在光信号表示中主要通过激光束改变塑料或金属盘片的表面来表示二进制数字。即通过片上的平坦区与不平坦区所产生的不同反射光偏差表示二进制数字。

光信号表示有几个特点:

(1)光信号不但可以表示与存储二进制数字,还可以作为持久性存储。

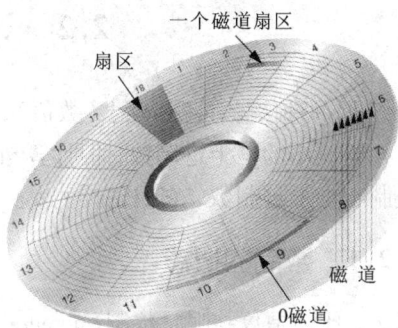

图 2-5　磁盘存储结构示意图

(2)光信号存储具有接口简单、操作方便且价格便宜、携带便利、存储时间长,易于保存等多种优点。

基于这两个特点,光信号表示目前在计算机中主要用于持久性存储中,如光盘存储。光盘则通过"刻"在盘片光滑表面上的微小凹坑来记录二进位数据。光盘上有凹凸不平的小坑,光照射到上面有不同的反射,根据反射的不同再转化为 0、1 的数字信号,图 2-6 即为光盘存储比特位的示意图。

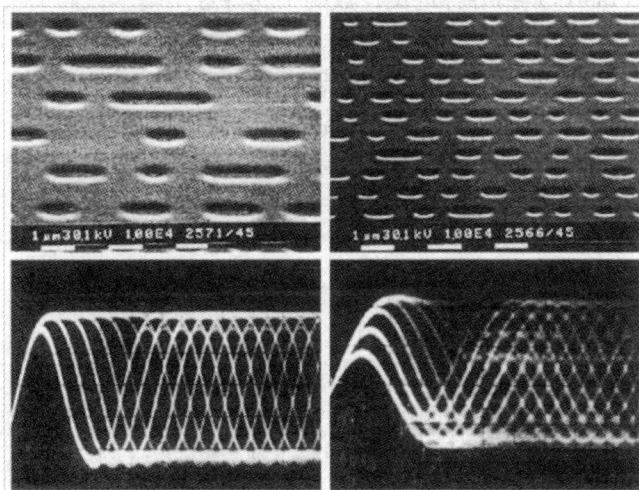

图 2-6　光盘存储比特位的示意图

4. 使用二氧化硅的微小晶格截获二进制电子信号

用二氧化硅的微小晶格截获二进制电子信号将它们长期保存,这是一种新的电信号表示与存储方法。它有几个特点:

(1)它能作持久性存储。

(2)它对物理震动不敏感。

基于这两个特点,它可以用于主存储器的补充与后援、持久性存储,且主要可用于便携式应用。目前常用的 U 盘、固态硬盘即属于此类存储。

2.2 计算机中的数制

"数"是一种信息，它有大小（数值），可以进行四则运算，"数"有不同的表示方法。日常生活中人们使用的是十进制数，但计算机内部一律采用二进制表示数据和信息，程序员还使用八进制和十六进制数，它们怎样表示？其数值如何计算？

2.2.1 数制的概念

那么，什么是数制呢？数制（numeral system）是用一组固定的数字（数码符号）和一套统一的规则来表示数目的方法。数制有进位计数制与非进位计数制之分。例如，罗马记数法即为一种非进位计数法，其包括七个符号[Ⅰ(1)、Ⅴ(5)、Ⅹ(10)、Ⅼ(50)、Ⅽ(100)、Ⅾ(500)、Ⅿ(1000)]，通过叠加方式进行计数。

按照进位方式计数的数制称为进位计数制（positional notation）。"进位计数制"在日常生活中经常遇到，人们有意无意地在和进位计数制打交道。例如：十毫米等于一厘米（即逢十进一，是十进制）、一小时等于六十分钟（即逢六十进一，六十进制），十二个月为一年（即逢十二进一，十二进制），等等。

无论使用何种进制，它们都包括两个要素：基数和位权。

（1）基数。基数（radix）是指各种进位计数制中允许选用基本数码的个数。例如，十进制的数码有0、1、2、3、4、5、6、7、8和9，因此，十进制的基数为10。

（2）位权。每个数码所表示的数值等于该数码乘以一个与数码所在位置相关的常数，这个常数称为位权（weigh）。位权的大小是以基数为底，数码所在位置的序号即为指数的整数次幂。例如，$268.9 = 2 \times 10^2 + 6 \times 10^1 + 8 \times 10^0 + 9 \times 10^{-1}$。

2.2.2 常用的数制

在计算机科学中，常用的进位计数制是十进制、二进制、八进制和十六进制。

进位计数制的特点如下。

（1）按基数进位或借位。

计数制中数码符号的总个数称为基数，记为 r，统一的进位或借位规则是"逢 r 进 1，借 1 当 r"。如表 2-1 所示。

表 2-1　按基数进位或借位的规则

计数制	数码符号	基数（r）	规则
二进制	0, 1	2	逢2进1，借1当2
八进制	0, 1, 2, 3, 4, 5, 6, 7	8	逢8进1，借1当8
十进制	0, 1, 2, 3, 4, 5, 6, 7, 8, 9	10	逢10进1，借1当10
十六进制	0, 1, 2, 3, 4, 5, 6, 7, 8, 9, A, B, C, D, E, F	16	逢16进1，借1当16

因此，十进制数 0 用二进制表示还是 0，十进制数 2，用二进制表示就是 10，因为逢 2 进

1 了,以此类推。为了区别不同的计数制,用符号( )ᵣ表示,括号中的数是 r 进制数。如十进制数 2 表示为 $(2)_{10}$,二进制数 10 写为 $(10)_2$,所以有 $(2)_{10} = (10)_2$,它们表示的数值是一样的,都是 2[指十进制数,是最常用的计数制,( )₁₀也可以不写]。

归纳总结起来,十进制数 0 到 16 用二进制、八进制、十六进制表示如表 2 - 2 所示。

表 2 - 2　数制转换示例

十进制	二进制	八进制	十六进制
0	0	0	0
1	1	1	1
2	10	2	2
3	11	3	3
4	100	4	4
5	101	5	5
6	110	6	6
7	111	7	7
8	1000	10	8
9	1001	11	9
10	1010	12	A
11	1011	13	B
12	1100	14	C
13	1101	15	D
14	1110	16	E
15	1111	17	F
16	10000	20	10

也有的教材用( )ᵦ、( )ₒ、( )ᴅ、( )ₕ分别表示二进制(binary)、八进制(octal)、十进制(decimal)、十六进制(hexadecimal),因此 ( )ᵦ与 ( )₂、( )ₒ与 ( )₈、( )ᴅ与( )₁₀、( )ₕ与( )₁₆表示的意义相同。有时数后面加 H 也表示这个数是十六进制数,如 34H 表示 34 是十六进制数。

(2)用位权值计数。

每一个数位都有一个基值与之相对应,称为权或权值。位权是指一个数字在某个固定位置所代表的值。不同位置上的数字代表的值不同。例如:一个二进制数的权,小数点左边的权是 2 的正次幂,依次为 $2^0, 2^1, 2^2, 2^3, \cdots, 2^{m-1}$;小数点右边的权是 2 的负次幂,依次为 $2^{-1}, 2^{-2}, 2^{-3}, \cdots, 2^{-k}$。

用任何一种记数制表示的数值都可以写成按位权展开的多项式之和。

$$N = \sum_{i=m-1}^{-k} D_i \times r^i$$

式中：D_i 为该数制采用的数码符号，r^i 是权，r 是基数，m 为整数的位数，k 为小数的位数。

例如$(55.5)_{10}$，虽然每位上都是 5，但它们代表的数值是不同的，个位 5 表示的数值是 5，十位 5 表示的数值是 50，可以表示为：

$$55.5 = 5 \times 10^1 + 5 \times 10^0 + 5 \times 10^{-1}$$

权值　　　权值　　　权值

又如：

$$(1011.101)_B = 1 \times 2^3 + 1 \times 2^1 + 1 \times 2^0 + 1 \times 2^{-1} + 1 \times 2^{-3}$$

权值　　权值　　权值　　权值　　权值

$$= (11.625)_D$$

表 2-3 为计算机中几种常用数制及其表示的一个总结。

表 2-3　计算机中几种常用数制及其表示

进位制	二进制	八进制	十进制	十六进制
规　则	逢二进一	逢八进一	逢十进一	逢十六进一
基　数	$r = 2$	$r = 8$	$r = 10$	$r = 16$
数　符	0, 1	0…7	0…9	0…9, A, B, C, D, E, F
权	2^i	8^i	10^i	16^i
字母表示	B	O	D	H

2.2.3　各种数制的转换

下面介绍几种主要的数制之间进行转换的方法。

1. r 进制转换成十进制

利用如下公式进行转换：

$$N = \sum_{i=m-1}^{-k} D_i \times r^i$$

例如：把二进制数 100110.101 转换成相应的十进制数。

$$(100110.101)_B = 1 \times 2^5 + 1 \times 2^2 + 1 \times 2^1 + 1 \times 2^{-1} + 1 \times 2^{-3}$$

$$= (38.625)_D$$

又如：

$$(157.6)_8 = 1 \times 8^2 + 5 \times 8^1 + 7 \times 8^0 + 6 \times 8^{-1}$$

$$= 64 + 40 + 7 + 0.75$$

$$= (111.75)_{10}$$

再如：

$$(5EA)_{16} = 5 \times 16^2 + 14 \times 16^1 + 10 \times 16^0$$
$$= (1514)_{10}$$

2. 十进制转换成 r 进制

需要分两个步骤，将整数部分和小数部分分别转换，再凑起来。

（1）整数部分的转换：称为除 r 取余法。

转换的口诀是："除 r 取余，由下往上。"

例如：把十进制数转换成二进制，只要将十进制数不断除以 2，并记下每次所得余数（余数总是 1 或 0），所有余数自下而上连起来即为相应的二进制数。

例如：把十进制数 25 转换成二进制数，如下所示：

```
2  │  25        余数
   2  │  12       1   ←── 最低位
      2  │  6      0       ↑
         2  │  3   0       ┊
            2  │ 1  1      ┊
               0  1   ←── 最高位
```

所以 $(25)_D = (11001)_B$

（2）小数部分的转换：称为乘 r 取整法。

转换的口诀是："乘 r 取整，由上往下。"

需要注意的是：在十进制小数转换过程中有时是转化不尽的，只能视情况转换到小数点后第几位。

例如：将十进制数 0.3125 转换成二进制数，如下所示：

```
       0.3125
        ×2      取整
     ─────────
       0.6250     0   ←── 最高位
        ×2                ┊
     ─────────            ┊
       1.250      1       ┊
        ×2                ┊
     ─────────            ┊
       0.500      0       ↓
        ×2
     ─────────
       1.000      1   ←── 最低位
```

所以，

$$(0.3125)_D = (0.0101)_B$$

将两次转换结果凑在一起，就可得到十进制数 25.3125 的二进制数：

$$(25.3125)_D = (11001.0101)_B$$

同样的方法，将十进制转换为八进制、十六进制，整数部分的转换用除 r 取余法，小数部分的转换用乘 r 取整法，再将结果凑起来。下面各举一个例子说明。

例如：$(193.12)_{10} = ($? $)_8$

```
                    0.12
                   ×  8      取整
  8 193    余数     0.96       0
  8 24      1  ↑   ×  8
  8  3      0  |    7.68       7      ↓
     0      3       ×  8
                    5.44       5
```

所以，$(193.12)_{10} = (301.075)_8$

3. 非十进制数间的转换

非十进制间的转换指的是二进制、八进制、十六进制进制之间的相互转换。一种做法是先将被转换数转换为十进制数，再将十进制数转换为其他进制数。但仔细分析一下，$8^1 = 2^3$，$16^1 = 2^4$，因此，二进制、八进制和十六进制之间转换可以用比较简单的方法来做，如表2-4所示。

表2-4　二进制、八进制和十六进制之间的关系

二进制	八进制	二进制	十六进制	二进制	十六进制
000	0	0000	0	1000	8
001	1	0001	1	1001	9
010	2	0010	2	1010	A
011	3	0011	3	1011	B
100	4	0100	4	1100	C
101	5	0101	5	1101	D
110	6	0110	6	1110	E
111	7	0111	7	1111	F

（1）二进制转换为八进制。

方法：以小数点为界，整数部分向左3位为一组，小数部分向右3位一组，不足3位补零，再根据上表进行转换；简称"三位分组法"。

例：将二进制数$(10100101.01011101)_B$转换成八进制数。

```
←————————  ————————→
010  100  101.010  111  010
 ↓    ↓    ↓   ↓    ↓    ↓
 2    4    5.  2    7    2
```

所以，$(10100101.01011101)_B = (245.272)_O$

（2）二进制转换为十六进制。

方法同二进制转换为八进制，只是每4位分为一组，简称"四位分组法"。

例：将 $(1111111000111.100101011)_B$ 转换成十六进制数。

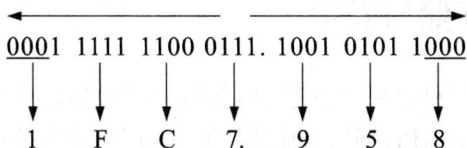

0001 1111 1100 0111. 1001 0101 1000

1　F　C　7. 9　5　8

所以，$(1111111000111.100101011)_B = (1FC7.958)_H$

（3）八进制或十六进制转换为二进制数。

可按上述方法的逆过程进行，但要记得把最前面和最后面多余的 0 去掉。

例：$(\ 3\ \ 5\ \ 7\ .\ 6\ )_8 = (11101111.11)_2$

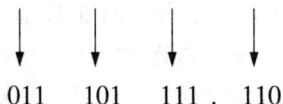

011　101　111. 110

思考：八进制与十六进制怎样转换最快捷？

例：$(165.42)_O = (\qquad)_H$

在 Windows 中有附带的计算器小程序，可以从 Windows 的"开始"菜单打开它。这个计算器有多种模式(标准型、科学型、程序员型等)，可以从打开的"计算器"界面的左上角" "中选择，如图 2-7 所示的就是科学型计算器。这个计算器可以完成简单的数制转换。只要选择相应的进制按钮，输入数据，然后选择需要转换的进制，就能实现相应的转换。

图 2-7　Windows 中的程序员型计算器

2.2.4　计算机为什么采用二进制

二进制并不符合人们的习惯，但是计算机内部仍采用二进制表示数值和信息，其主要原因有以下几点。

（1）电路简单，容易被物理器件所实现。计算机是由逻辑电路组成，逻辑电路通常只有两个状态。如：开关的"通"和"断"，电压的"高"和"低"，电容器的"充电"和"放电"。这两种状态正好可以用来表示二进制的"1"和"0"。

（2）工作可靠。只用两种状态表示两个数据，数字传输和处理不容易出错，因而电路更加可靠。

（3）简化运算。二进制数的运算规则简单，无论是算术运算还是逻辑运算都容易进行。十进制的运算规则相对烦琐，因而二进制简化了运算器等物理器件的设计。

（4）逻辑性强。计算机不仅能进行数值运算，而且能进行逻辑运算。逻辑运算的基础是逻辑代数，而逻辑代数是二值逻辑。二进制的两个数码 1 和 0，恰好可以代表逻辑代数中的"真"(True)和"假"(False)。

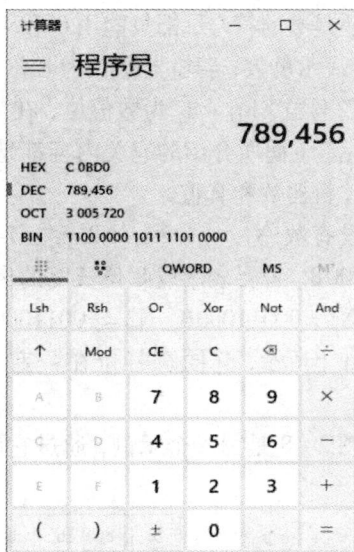

2.3 信息的存储与表示

计算机能够处理各种类型的数据，但由于计算机采用二进制，输入计算机中的所有数据都必须转换为二进制数码。那么，二进制数据究竟如何存储，如何用"0"和"1"表示各种风格迥异的数据，就是本节需要解决的问题。

2.3.1 数值的表示

计算机所能处理的数据可分为数值型和非数值型两种。数值型数据(numeric data)指数学中的代数值，具有量的含义，且有正负之分、整数和小数之分；而非数值型数据(non-numeric data)则指输入到计算机中的其他信息，没有量的含义，如英文字母、数字符号 $0 \sim 9$、汉字、声音和图像等。为简单起见，本节仅介绍带符号的数值数据。在现代计算机中，无论数值还是数的符号，都只能用 0 和 1 来表示，通常规定一个数的最高位为符号位：0 表示正数，1 表示负数，若机器字长为 8 位，则 b_7 为符号位，$b_6 \sim b_0$ 为数值位；若字长为 16 位，则 b_{15} 为符号位，$b_{14} \sim b_0$ 为数值位，在内存中这个 16 位字长的数占两个字节。为了分析问题方便起见，下面所介绍的有关内容都是针对 8 位字长的格式而言的。

1. 机器数和真值

设有数 N1 = + 24，N2 = − 24，写成二进制数表示形式为 N1 = + 11000B，N2 = − 11000B。若要表示成 8 位长度的格式，最高位为符号位($b_7 = 0$，表示正；$b_7 = 1$，表示负)，则有 N1 = 00011000B，N2 = 10011000B。

如上所示，连同符号位在一起数字化了的数称为机器数，而它的数值称为机器数的真值。

图 2 − 8 是另一个示例，通过它可以进一步理解机器数和真值的概念。

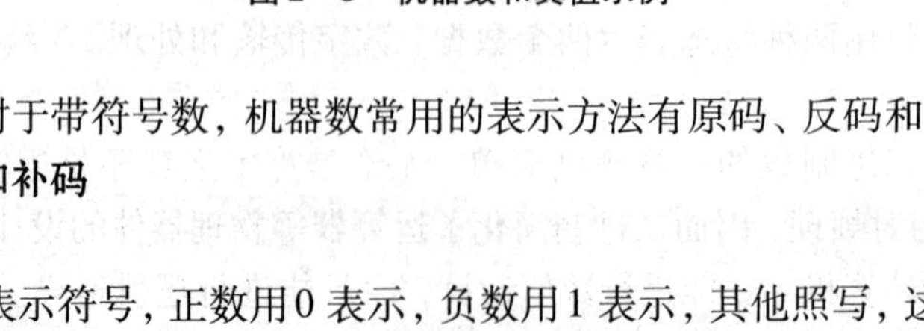

b_7	b_6	b_5	b_4	b_3	b_2	b_1	b_0	机器数	真值

		机器数	真值
01000011	正数	01000011	1000011
11000011	负数	11000011	−1000011

机器数：计算机内数的表示形式
真值：实际表示的数值

图 2 − 8 机器数和真值示例

在计算机中，对于带符号数，机器数常用的表示方法有原码、反码和补码三种。

2. 原码、反码和补码

1) 原码

将最高位用来表示符号，正数用 0 表示，负数用 1 表示，其他照写，这种表示法即称为该数的原码。如数 M = 3，N = − 3，用 8 位二进制表示，则：

M 的原码　　$[M]_原$ = 00000011

N 的原码　　$[N]_原$ = 10000011

需要注意的是，无符号数用 8 位二进制可以表示的数值的范围是 0 ~ 255，而有符号数的原码用 8 位二进制可以表示的数值范围是 – 127 ~ + 127。只因为它的最高位用来表示符号了。

2）反码

正数的反码与原码相同；负数的反码是将负数的原码除符号位以外，其余各数位按位取反，是 0 的变成 1，是 1 的变成 0。仍然以 M、N 为例：

M 的反码　　$[M]_反 = 00000011 = [M]_原$

N 的反码　　$[N]_反 = 11111100$

3）补码

正数的补码与原码相同；负数的补码是将负数的反码加 1。还是以 M、N 为例：

M 的补码　　$[M]_补 = 00000011 = [M]_原 = [M]_反$

N 的补码　　$[N]_补 = [N]_反 + 1 = 11111101$

归纳起来可知：正数的原码、补码、反码是相同的，不需要数码的转换；而负数在求原码、反码、补码时最高位的符号位 1 也不需要变化，只是数据位的变化。

3. 定点数和浮点数的表示

为了表示实数，引入了定点数和浮点数的概念。对于有小数点的实数来说，例如 1101.01，计算机怎样表示小数点？对于用科学计算法表示的数来说，如 110.011×2^{11}，计算机又该怎样表示它？

先分析一下极端的情形：对于整数来说，可以认为它有小数点，只不过小数点可以看成是在最低位的后面；对于纯小数如 0.110101 来说，可以只写成 01101010，注意最高位那个 0 不是小数点前面的那个 0，而是代表该数为正数，小数点可以认为隐藏在符号位之后、数值部分最高位的前面。

再分析一下普通的情形：对于用科学计算法表示的数来说，任何一个数都可以写成一个纯小数乘以指数的形式。如 110.011，可以写成 0.110011×2^{11}（注意：在这里 2^{11} 的 11 是二进制数，相当于十进制数 3），这种数称为规格化的数（规格化数的特点是小数点前为 0，小数点后为非 0 的数）。规格化数的纯小数部分称为尾数，指数部分称为阶码。

所以，计算机中的数一般有两种常用表示格式：定点数和浮点数。

1）定点数

定点数又分为定点整数和定点小数。

（1）定点整数。若一个数为整数，可以将小数点看作是固定在数的最低位之后，称为定点整数。

定点整数的表示形式为：

符号位	数值部分

　　　　　　　　　　　　　　　　　　　　→ 小数点位置

用公式形式表示为：

$$Y = N_s S_{n-1} S_{n-2} \cdots S_1 S_0 \quad (N_s —— 符号位)$$

小数点位置 ——

（2）定点小数。若一个数为纯小数，可以看作小数点隐含固定在数的最高位之前，称为定点小数。小数点之前为数的符号位，小数点不用明确表示出来，它隐含在符号位与最高数位之间。

定点小数的表示形式为：

符号位	数值部分

小数点位置

用公式形式表示为：

$$Y = N_s S_{n-1} S_{n-2} \cdots S_1 S_0 \quad (N_s \text{——符号位})$$

小数点位置

2）浮点数

又称浮点表示法，即小数点的位置是浮动的。首先浮点数必须是规格化数，其次浮点数由阶码和尾数两部分组成。阶码部分又分为阶符（占 1 位）和阶码，尾数部分又分为数符（占 1 位）和尾数。浮点数存储格式如下：

阶符	阶码	数符	尾数

其中：阶符和数符是符号位，分别代表阶码和尾数的符号，只占 1 位。阶码和尾数的长度是固定的，因此可以很容易地判断出它所表示的浮点数。

例如：假设阶码 2 位，尾数为 4 位，则给出一个浮点数 01101011 时，可以马上判断出：

0	11	0	1011

最高位 b_7 是阶符（0），接下来的两位 $b_6 b_5$ 是阶码（11），再下来一位 b_4 为数符（0），最低四位 $b_3 b_2 b_1 b_0$ 为尾数（1011），因而该浮点数 01101011 表示的是：$+0.1011 \times 2^{+11}$。

浮点数的表示范围主要取决于阶码，数的精确度则取决于尾数。

4. 数值数据的编码

在计算机中，数值数据的表示主要有两种形式，一种是纯二进制数，比如前面讲到的带符号整数、无符号整数、定点数、浮点数等；另一种是用二进制数编码表示的十进制数（称为压缩十进制数（BCD 数）），下面具体介绍 BCD 数的编码表示。

将一位十进制数用四位二进制编码来表示，这种编码方式叫十进制数的二进制编码，即 8421 BCD 码。以十进制数 0~14 为例，它们的 BCD 编码对应关系如表 2-5 所示。

表 2-5　十进制数——BCD 编码对应关系

十进制数	8421 BCD 码	十进制数	8421 BCD 码	十进制数	8421 BCD 码
0	0000	5	0101	10	0001　0000
1	0001	6	0110	11	0001　0001
2	0010	7	0111	12	0001　0010
3	0011	8	1000	13	0001　0011
4	0100	9	1001	14	0001　0100

8421 BCD 码具有 0～9 十个不同的数字符号，且它是逢"十"进位的，所以它是十进制数。但它的每一位又都是用四位二进制编码来表示的，因此称为二进制编码的十进制数。8421 BCD 码用四位二进制数来表示一位十进制数是十分方便的。如十进制数 568，写成 8421 BCD 编码为 0101 0110 1000。反之，一个 BCD 编码数也可以很容易读出，如（1001 0111 1000. 0110 0011）BCD 可方便地认出为 978.63。

2.3.2 字符的表示

计算机中用得最多的数据就是字符这种非数值数据。目前，在计算机中最普遍采用的是 ASCII 码以及 Unicode 编码。

1. ASCII 码

ASCII 码（American Standard Code for Information Interchange，美国标准信息交换码）编码如表 2－6 所示。

标准 ASCII 码是 7 位编码，一共可以表示 128 个字符，其中包括数码（0～9）以及英文字母等可打印的字符。通过查表可以知道字母 A 的 ASCII 码为 1000001，用十六进制表示为 41H，用十进制表示为 65。由于微型机一个字节长度为 8 位，通常会在前面加一位 0，凑成 8 位。有时这个最高位也用做奇偶校验位。在 ASCII 码 128 个字符组成的字符集中，其中编码值 0～31（0000000～0011111）不对应任何可印刷字符，通常称为控制符，用于计算机通信中的通信控制或用于对计算机设备的功能控制。编码值为 32（0100000）是空格字符 SP。编码值为 127（1111111）是删除控制 DEL 码……其余 94 个字符称为可印刷字符。

表 2－6 标准 ASCII 码表

$b_3b_2b_1b_0$ \ $b_6b_5b_4$		0 000	1 001	2 010	3 011	4 100	5 101	6 110	7 111
0	0000	NUL	DLE	SP	0	@	P	、	P
1	0001	SOH	DC1	!	1	A	Q	a	q
2	0010	STX	DC2	"	2	B	R	b	r
3	0011	ETX	DC3	#	3	C	S	c	s
4	0100	EOT	DC4	$	4	D	T	d	t
5	0101	ENQ	NAK	%	5	E	U	e	u
6	0110	ACK	SYN	&	6	F	V	f	v
7	0111	BEL	ETB	'	7	G	W	g	w
8	1000	BS	CAN	(	8	H	X	h	x
9	1001	HT	EM	)	9	I	Y	i	y
A	1010	LF	SUB	*	:	J	Z	j	z
B	1011	VT	ESC	+	;	K	[	k	{
C	1100	FF	FS	,	<	L	\	l	¦
D	1101	CR	GS	—	=	M	]	m	}
E	1110	SO	RS	·	>	N	↑	n	~
F	1111	SI	US	/	?	O	↓	o	DEL

2. Unicode 编码

ASCII 码只适合表示英文字符，而世界上的其他语言符号没有办法表示。1988 年，几个主要的计算机公司一起开始研究一种替换 ASCII 码的编码，称为 Unicode 编码。Unicode 采用 16 位编码，每一个字符需要 2 个字节。这意味着 Unicode 的字符编码范围从 0000H ~ FFFFH，可以表示 65536 个不同字符。

从原理上来说，Unicode 可以表示现在正在使用的或者已经没有使用的任何语言中的字符，如汉语、英语和日语等不同的文字。目前，Unicode 编码在 Internet 中有着较为广泛的使用，Microsoft 和 Apple 公司也已经在它们的操作系统中支持 Unicode 编码。

尽管 Unicode 对现有的字符编码做了明显改进，但并不能保证它能很快被人们接受。ASCII 码和无数的有缺陷的扩展 ASCII 码，已经在计算机世界中占有一席之地，要把它们逐出计算机世界并不是一件很容易的事。

2.3.3 汉字的表示

计算机在处理汉字信息时，要将其转化为二进制数码，即使用 0 和 1 对汉字进行编码。由于汉字比西文字符量多且复杂，因此给计算机处理带来许多困难。汉字处理技术首先要解决的是汉字输入、输出以及计算机内部的编码问题。

计算机处理汉字是这样进行的：

首先，用输入码将汉字输入计算机，输入码有很多，常用的有拼音输入法、五笔字型输入法等。

计算机系统自动将输入码转换为汉字的国标码（实质上是机内码，这样才能与 ASCII 码区别）进行储存、处理等。

当汉字需要显示和打印时，计算机系统自动将机内码转换成汉字的字形码，就得到了汉字的字形。

汉字信息系统处理模型如图 2 - 9 所示。

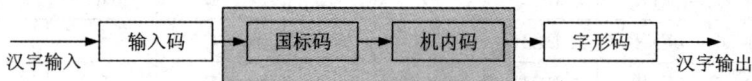

汉字输入 → 输入码 → 国标码 → 机内码 → 字形码 → 汉字输出

图 2 - 9 汉字信息系统处理模型

1）输入码

中文的字数繁多，在计算机系统中使用汉字，必须为汉字设计相应的输入编码方法。目前的汉字输入码主要分为：数字编码（如区位码）、拼音编码和字形编码（如五笔字型）。输入方法智能化也是一个热门的研究课题，目前主要的智能化输入方法有：语音识别输入、联机手写输入和扫描输入等。

2）GB2312 汉字国标码

GB2312 汉字国标码全称是《信息交换用汉字编码字符集——基本集》GB2312—80，1980 年发布，是中文信息处理的国家标准，也称汉字交换码，简称 GB 码。

我国国家标准局公布的常用汉字有 6763 个（一级汉字 3755 个，二级汉字 3008 个）。一级常用汉字 3755 个，按汉语拼音排列；二级常用汉字 3008 个，按偏旁部首排列；非汉字字符 682 个。每个汉字的编码占两个字节，使用每个字节的低 7 位。共计 14 位，最多可编码 2^{14} 个汉字及符号。为了避开 ASCII 中的控制码，国标码规定了 94×94 的矩阵，即 94 个区和 94 个位，由区号和位号(区中的位置)构成了区位码。

例如，汉字"啊"位于第 16 区 01 位，区位码为 16 01。区号和位号各加 32 就构成了国标码，这是为了与 ASCII 码兼容，保证每个字节值大于 32(0 ~ 32 为非图形字符码值)。所以，"啊"的国标码为 48 33，用十六进制表示为 3021H，即：00110000 00100001。

3)汉字机内码

一个国标码占两个字节，每个字节最高位仍为 0；英文字符的机内代码是 7 位 ASCII 码，最高位也为 0。为了在计算机内部能够区分是汉字编码还是 ASCII 码，将国标码的每个字节的最高位由 0 变为 1，变换后的国标码称为汉字机内码。由此可知，汉字机内码的每个字节都大于 128，而每个西文字符的 ASCII 码值均小于 128。

如：汉字"啊"，其国标码为 3021H，机内码为 B0A1(H)，即 10110000 10100001。

4)字形码

字形码又称为汉字字模，用于在显示器或打印机输出汉字。汉字字模用点阵来表示汉字字形。根据汉字输出的要求不同，点阵的多少也不同，简易型汉字为 16×16 点阵，此外还有 24×24 点阵、32×32 点阵，甚至更高。点阵划分得越密集，输出的汉字就越逼真、清晰、美观。

图 2-10 为汉字字模的编码方法示意图。

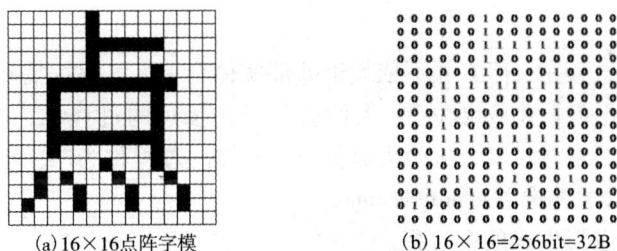

(a)16×16点阵字模　　　　　(b)16×16=256bit=32B

图 2-10　汉字字模编码方法示意图

以 16×16 点阵为例，行列交汇处称为一个像素，对显示而言，用 0 和 1 分别表示相应位置是发亮还是变暗。汉字字形就显示出来了。

要存储每个汉字的字形码，就要顺序将这些 0、1 数字存储起来。以 16×16 点阵为例，每个汉字占 (16×16)÷8 = 32 个字节，两级汉字约占 256KB。若为 24×24 点阵，则每个汉字占 (24×24)÷8 = 72 个字节，存储 10 个汉字约需要 720B。

汉字字库保存在硬盘上，其中存储了每个汉字的点阵代码，当某个汉字显示输出时才检索字库，输出字模点阵得到这个字的字形。

2.3.4　多媒体数据

图形、图像、声音、视频等多媒体信息虽然表现形式不同，但在计算机中的表示方式都是由 0、1 构成的二进制编码。

1. 图形图像的表示

在计算机中，图形和图像这两个概念是有区别的。图形一般是指用计算机绘制的画面，如直线、圆、圆弧、抛物线、任意曲线和图标等；图像则是指由输入设备捕捉的实际场景画面或以数字化形式存储的任意画面。

1) 图像的表示

图像的组成元素是一个个的点，称为像素(pixel)。如图 2-11 这张照片，是 1024×768 像素的，即由横向 1024 个像素、纵向 768 个像素构成的矩阵。将图像放大可以很清楚地看到图像由像素点组成。如果将每个像素用若干个二进制位来表示它的颜色、亮度(真彩色就用 24 位来表示)，所有像素的数据顺序存储就得到这张图像的编码，可以用计算机进行处理。每个像素所占用的二进制位越多则图像越逼真。

图 2-11　像素示意图

2) 图形的表示

图形也以图的形式展示，但它并不依赖于外部实体，它可以根据需要，用一种描述的方式给出景物的需求，称为模型(model)。人们进行景物描述的过程称为"建模"(modeling)，计算机则根据模型进行数学计算，从而生成相应的图像的过程称为"绘制"(rendering)，最终所产生的图像称为"合成图像"(synthetic image)。

图 2-12 给出了图形生成的全过程。

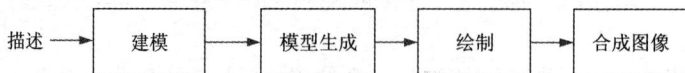

图 2-12　图形的生成过程示意图

图像以像素为单位组成，而图形则由几何元素或简称元素(element)以及相应的属性组成，由这种方法所表示的图形称矢量图形。

元素是组成图形的基本单位之一。所谓元素，即是一些基本几何元素，如点、直线以及圆、椭圆、双曲线及抛物线等二次曲线等，任何一个图形均可由一些元素按一定规则组成。

元素一般由一组数值表示，如点可以用笛卡尔坐标中的一个数字偶对 (x, y) 表示，直线段可用两个点 (x, y) 及 (x', y') 表示。由于元素都可以用数字表示，而数字则可用二进制数字表示，因此图形中的元素可以用二进制数字表示。

属性是元素的说明,如对一个几何线段除用元素表示它的几何形体外,还需要作一些外形性质上的说明,如曲线的宽度、色彩、方向以及曲线标识等。例如,对一段给定的圆弧,表示这个弧段标识号为 AB,宽度为 0.3 cm,颜色为红色,方向为顺时针。属性一般可用文字或符号表示,它属文本类型,因此它也可以用二进位数表示。

由上面两部分介绍可以看出,图形也可以用二进位数表示。

2. 声音的表示

声音是通过一定介质(如空气,水等)传播的连续的波,在物理学中称声波。声音的强弱体现在声波的振幅上,音调的高低体现在声音的周期或频率上。

声音是连续变化的量,称为模拟量,而计算机数据不是 0 就是 1,称为数字量,把模拟声音信号转变为数字声音信号的过程称为声音的数字化,通过对声音信号进行采样、量化和编码来实现,图 2 - 13 所示为声音数字化示意图。

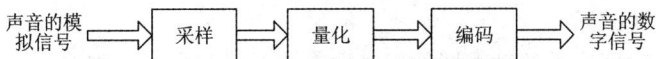

图 2 - 13　声音数字化示意图

采样是指每个相等的时间 T,从声音波形上提取当时的声音信号,这样做将本来连续的声波截取为一个个的独立声音信号。量化是指将提取的声音信号用一串二进制代码进行表示。所有的二进制代码顺序连起来就得到了声音的数字化编码。图 2 - 14 为声音波形采样和量化的示意图。

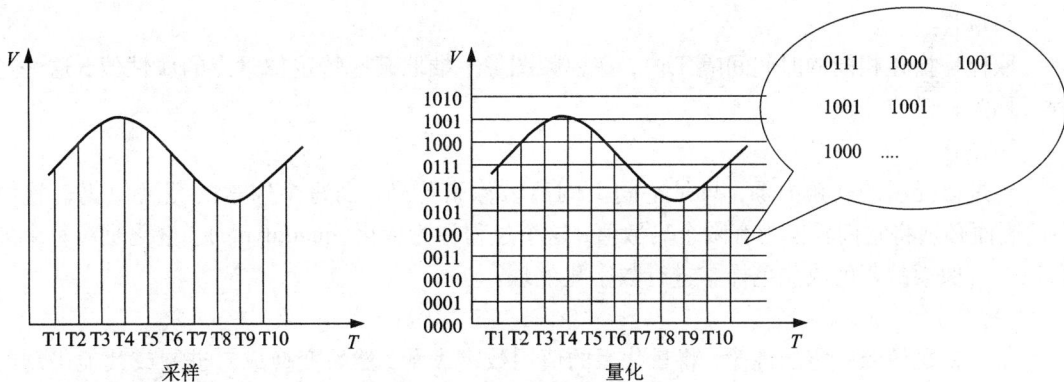

图 2 - 14　音频采样量化示意图

3. 颜色信息的数字化表示

现实世界是一个绚丽多彩、色彩缤纷的世界。如何把这个世界的颜色用 0 和 1 表示,计算机有自己独特的表达方式。

红(red)、绿(green)、蓝(blue)是颜色的三原色,以不同的比例将原色混合,就可以产生出其他的颜色,这便是颜色的 RGB 模型。计算机中的颜色采用的正是 RGB 颜色系统,也就是每种颜色采用红、绿、蓝三种分量。每个颜色分量的取值从 0 到 255,一共有 256 种可能。

则计算机中所能表示的颜色为 $256 \times 256 \times 256 = 16777216$ 种，这也是 16M 色的来由。

计算机中的颜色表示法有下面这几种：

（1）直接用分量表示，例如：(255，0，0)就表示红色，三个数字分别表示红、绿、蓝的三个颜色分量。

（2）用颜色的对应英文表示，例如：red 表示红色。这些英文必须是系统中承认的颜色，自己定义的不予认可。大约有 200 种不到。再比如 wheat 表示小麦色。它的颜色表示为(245，222，179)。

（3）三个分量用 16 进制表示，用 00 表示 0，用 FF 表示 255，这样，就可以用六位 16 进制的数表示一种颜色。例如：#FF0000 表示红色。

还有一些表示方法大同小异，基本上是上面几种方法的变换。

在有些图像处理软件中，还采用了其他的颜色模型，但基本上都应用于印刷行业，在显示器上显示的还是 RGB 颜色系统。

4. 视频的数字化表示

视频本质上是时间序列的动态图像，也是连续的模拟信号，需要经过采样、量化和编码形成 0 和 1 表示的序列，然后进行保存和处理。同时，视频还可能是由视频、声音、文字等经同步处理形成的。因此视频处理就相当于按照时间序列处理图像、声音、文字及其同步问题。

视频信号数字化包含扫描、取样、量化和编码等过程。

1）扫描

要想通过电信号来传输视频中的每一幅图像，必须对图像进行扫描，从而将二维平面图像转换为电信号表示。

2）取样

取样是指在相同的时间间隔 T 内，在视频图像上抽取某些特定像素点的属性值，这一过程又称为采样或抽样。

3）量化

经过取样后的视频图像，只是空间上的离散像素阵列，而每个像素的亮度值仍是连续的，因而必须将它们转换为有限个离散值，这个过程称为量化（quantifying）。量化是对每个离散点——像素的灰度或颜色样本进行数字化处理。

4）编码

编码就是按照一定的规律，将量化后的值用数字表示，然后变换成二进制或其他进制的数字信号，对一个模拟信号进行取样、量化后，编码就是对每一个量化电平分配一个二进制码。

2.4　计算与逻辑运算

二进制的运算分为算术运算和逻辑运算两种。算术运算也就是通常所说的四则运算，即加法、减法、乘法和除法，逻辑运算是指对因果关系进行分析的一种运算。

2.4.1　无符号二进制数的算术运算

1）加法

二进制加法运算法则与十进制加法类似，采用的规则是"按位相加，逢二进一"。

例：求 $(10010.01)_2 + (100010.11)_2$ 之和。计算过程如下：

```
      1 0 0 1 0 . 0 1
 +  1 0 0 0 1 0 . 1 1
    1 1 0 1 0 1 . 0 0
```

所以，$(10010.01)_2 + (100010.11)_2 = (110101.00)_2$

2）减法

二进制减法运算规则是"按位相减，借一当二"。

例：求 $(110011)_2 - (001100)_2$ 之差。计算过程如下：

```
      1 1 0 0 1 1
 -    0 0 1 1 0 0
      1 0 0 1 1 1
```

所以，$(110011)_2 - (001100)_2 = (100111)_2$

3）乘法

例：求 $(1110)_2 \times (1101)_2$ 之积。计算过程如下：

```
          1 1 1 0
     ×    1 1 0 1
          1 1 1 0
        0 0 0 0
      1 1 1 0
    1 1 1 0
    1 0 1 1 0 1 1 0
```

所以，$(1110)_2 \times (1101)_2 = (10110110)_2$。二进制乘法运算可归结为加法与移位。

4）除法

例：求 $(1101.1)_2 \div (110)_2$ 之商。计算过程如下：

```
            1 0 . 0 1
   1101 ) 1 0 1 . 1
          1 1 0
            1 1 0
            1 1 0
                0
```

所以，$(1101.1)_2 \div (110)_2 = (10.01)_2$。二进制除法运算可归结为减法与移位。

2.4.2　带符号数的计算

这里只讲解带符号数的加减法运算。例如要计算 $4-3$，可以把它看成是 $4+(-3)$，都变成做加法，但这个加法要用补码来相加，得到的结果也是补码，将它再求一次补码就可以得到结果的原码。

$[4]_\text{补} = 00000100$，$[-3]_\text{补} = 11111101$

则 $[4]_\text{补} + [-3]_\text{补}$：

$$
\begin{array}{r}
0\,0\,0\,0\,0\,1\,0\,0 \\
+\quad 1\,1\,1\,1\,1\,1\,0\,1 \\
\hline
0\,0\,0\,0\,0\,0\,0\,1
\end{array}
$$

按照逢 2 进 1 的原则，最后这 8 位二进制数为 00000001，是补码形式，最高位为 0，说明结果为正数，因此不需要再转换，4 - 3 的结果为 +1。

再举一个例子：$(-5) + 4 = ?$

$[-5]_\text{原} = 10000101$

$[-5]_\text{反} = 11111010$

$[-5]_\text{补} = 11111011$

$[4]_\text{原} = [4]_\text{反} = [4]_\text{补} = 00000100$

$$
\begin{array}{r}
1\,1\,1\,1\,1\,0\,1\,1 \\
+\quad 0\,0\,0\,0\,0\,1\,0\,0 \\
\hline
1\,1\,1\,1\,1\,1\,1\,1
\end{array}
$$

结果是补码，并且最高位为 1，说明是负数，要再求一次补码，可得原码为 10000001，所以结果是 -1。

思考题：

(1) 用补码计算 67 - 89 = ?

(2) $[x]_\text{补} = 11010101$，$[x]_\text{真值} = ?$

(3) $[x]_\text{原} = 10011011$，$[x]_\text{补} = ?$

2.4.3　逻辑运算

逻辑运算用来判定一件事情是"真"的还是"假"的，或者"成立"还是"不成立"，逻辑判定的结果只有两个值，要么是真（成立），要么是假（不成立），称这两个值为"逻辑值"，在计算机中用 1 表示"真"，用 0 表示"假"。例如"3 大于 2"这个判断是真的，我们说它的逻辑值为 1，而"5 小于 4"这个判断是假的，则它的逻辑值为 0。

有四种基本的逻辑运算：逻辑与、逻辑或、逻辑非和逻辑异或。逻辑运算按位进行，没有进位。

1）逻辑与运算

逻辑与运算也称为逻辑乘法，是二元运算（也就是说参加运算的操作数有两个），通常用符号"×"或"∧"或"·"来表示。"与"可以理解为汉语的"并且"，例如：A 为"3 大于 2"这个判断，B 为"5 小于 4"这个判断，$A \wedge B$ 判断的是"3 大于 2"并且"5 小于 4"的结果是真还是假，显然只有当 A、B 同时为真时 $A \wedge B$ 的结果才为真，其他情况都为假。逻辑与运算的值见表 2 - 7。

表2-7　逻辑与运算的值

A	B	$A \land B$
0	0	0
0	1	0
1	0	0
1	1	1

所以：$0 \land 0 = 0$　　　　$0 \land 1 = 0$　　　　$1 \land 0 = 0$　　　　$1 \land 1 = 1$

2）逻辑或运算

逻辑或也被称为逻辑加法，通常用符号"＋"或"∨"来表示，它也是二元运算，"或"可以理解为汉语的"或者"，参加或运算的两个操作数中，只要有一个值为1，结果就为1，否则为0，逻辑或运算的值见表2-8。

表2-8　逻辑或运算的值

A	B	$A \lor B$
0	0	0
0	1	1
1	0	1
1	1	1

所以：$0 \lor 0 = 0$　　　　$0 \lor 1 = 1$　　　　$1 \lor 0 = 1$　　　　$1 \lor 1 = 1$

3）逻辑非运算

逻辑非运算也称为逻辑否运算，是一元运算符（也就是说参加运算的操作数只有一个），通常是在逻辑变量上加上划线来表示。若操作数本身的值为0，则经过逻辑非运算后的结果为1（逻辑真）；当操作数值为非0时，逻辑非运算的结果为0。逻辑非运算的值见表2-9。

表2-9　逻辑非运算的值

A	$\overline{A}$
0	1
1	0

所以：$\overline{1} = 0$，$\overline{0} = 1$

4）逻辑异或运算

逻辑异或运算通常用符号⊕来表示，它的逻辑意义是指当A、B的值不同时，结果为1，而A、B的值相同时，结果为0。逻辑异或运算的值见表2-10。

表2-10　逻辑异或运算的值

A	B	$A \oplus B$
0	0	0
0	1	1
1	0	1
1	1	0

所以：$0 \oplus 0 = 0$　$1 \oplus 0 = 1$

逻辑运算也称为布尔运算，而研究与讨论逻辑运算的数学系统称布尔代数(Boolean alge-bra)，它由乔治·布尔(George Boole)于19世纪中叶提出，后来被计算机界所采用作为操作二进制数字的最基本数学理论。

逻辑代数一般可有下面一些概念：

(1)逻辑常量：逻辑代数有两个逻辑常量，它们分别是0与1。

(2)逻辑变量：在域$\{0,1\}$上变化的变量称逻辑变量，它一般可用$x, y, z, \cdots$表示。

(3)逻辑表达式：由逻辑常量、逻辑变量通过逻辑运算所组成的公式(包括括号)，称逻辑表达式。如：$(x + y) \times z$ 及 $x + (y \times z \times 1)$ 等均为逻辑表达式。

2.4.4　四则运算与逻辑运算

在逻辑代数中，有与、或、非三种基本逻辑运算。通过三种基本逻辑运算之间的组合运算，又可以构造出与非、或非、异或等常用运算。二进制算术运算规则很简单，通过加减乘除运算符就可以很容易地实现该基本运算，但是我们如何使用逻辑运算来实现算术加减乘除基本运算呢？

1. 加法运算

对于加法，相对比较简单，通过分析加法的运算特点就可以知道，我们只要考虑进位和借位问题即可。例如，5和7求和，转换为二进制求和为101和111的求和，其二进制结果为1100，即十进制数12。对于二进制的加法而言，$1 + 1 = 0, 0 + 1 = 1, 1 + 0 = 1, 0 + 0 = 0$，通过对比逻辑运算中的异或运算，不难发现，此方法与异或运算形式很类似，唯一不同是异或运算缺少了相应位置的进位。如果我们能够表示出进位，那么加法运算就可以转换成异或运算+进位运算。现在我们考虑如何表示出两位加数相应位置的进位，我们知道，只有$1 + 1 = 10$的时候会产生向高位的进位，其余三种情况进位都为0，那么该形式我们就可以用逻辑运算"与"来表示，为了表示出向高位进位的动作，我们需要将"与"出来的结果进行向左移位。

2. 减法运算

通过前面的有符号数计算可以知道，我们可以将减法转换为加法，如$7 - 5 = 7 + (-5)$，这样我们便可以通过加法的实现方法实现减法运算。

3. 乘法运算

对于二进制而言，左移一位，相当于乘以2，左移n位，相当于乘以2^n。对于乘法运算，可以转换为移位和加法运算。例如，1011×1010，因为二进制运算的特殊性，可以将该乘法运算表达式拆分为两个运算，1011×1000 与 1011×0010 的和，从而转换为两个左移运算。

4. 除法运算

对于二进制而言，右移一位，相当于除以 2，右移 n 位，相当于除以 2^n。所以，对于除法，一般可以采用减法操作或移位操作实现相结合来实现。减法操作就是循环用被除数减去除数，每减一次值商加 1，直到被除数小于除数为止。而移位操作相对更高效，但一般适宜除数是 2 的倍数，否则还是要配合减法来实现。

综上可以知道，加减乘除运算都可转换成加法来实现，加法又可由与、或、非、异或等逻辑运算来实现。因此，可以这么说，只要实现了基本逻辑运算，便可实现任何其他计算。

2.5　数字电路基础

在计算机中，信息的表示和存储最终要由硬件来实现。计算机的硬件中需要使用许多功能电路，例如触发器、寄存器、计数器、译码器、比较器、半加器、全加器等。这些功能电路都是使用基本的逻辑电路经过逻辑组合而成，再把这些功能电路有机地集成起来，就可以组成一个完整的计算机硬件系统。

2.5.1　逻辑门

基本的逻辑运算可以由开关及其电路连接来实现。可以使用数字电路实现逻辑运算的物理表示，用它可以实现对二进制数字及其操作作全面的电信号方式的仿真。实现基本逻辑运算和常用复合逻辑运算的单元电路称为逻辑门电路。例如：实现"与"运算的电路称为与逻辑门，简称与门；实现"与非"运算的电路称为与非门。逻辑门电路是设计数字系统的最小单元。

1. 三种逻辑运算的表示

三个基本逻辑运算：逻辑加、逻辑乘及取补运算分别可以用数字电路中的三个门电路表示，它们分别是："与门"、"或门"及"非门"。

1）与门

与门有两个输入端和一个输出端，其作用是当两个输入端均为高电平时，则在输出端会产生高电平，而在其他情况下则在输出端会产生低电平。与门的这个特性与逻辑乘运算具有一致性，因此可用它表示逻辑乘运算。与门的图示法可见图 2 - 15(a)。

2）或门

或门有两个输入端和一个输出端，其作用是当两个输入端均为低电平时，则在输出端会产生低电平，而在其他情况下则在输出端会产生高电平。或门的这个特性与逻辑加运算具有一致性。因此可用它表示逻辑加运算。或门的图示法可见图 2 - 15(b)。

3）非门

非门有一个输入端和一个输出端，其作用是当输入端为高电平时则输出端为产生低电平；而当输入端为低电平时则输出端为产生高电平。非门的这个特性与取补运算具有一致性，因此可用它表示取补运算。非门的图示法如图 2 - 15(c)所示。

2. 逻辑变量表示

在数字电路的线路中可以传送电信号(如高、低电平)，这些信号是变化的，因此可用带电信号的线路表示逻辑变量。线路的图示可用直线段或折线段表示。

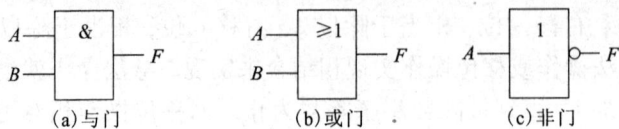

图 2-15 三种门电路的表示法

3. 逻辑表达式的表示

由线路将三种类型的门电路连接在一起可以构成一个电路,称数字逻辑电路或数字电路。一个数字电路可以表示一个逻辑表达式。

下面我们可以用两个例子来说明。

【例 2.1】 用数字电路表示 $(A+B)\times C$。

解:该逻辑表达式可用图 2-16 所示的数字电路表示。

【例 2.2】 用数字电路表示 $\overline{A}\times(\overline{B+C})$。

解:该逻辑表达式可用图 2-17 所示的数字电路表示。

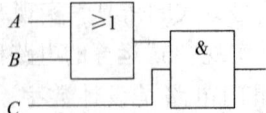

图 2-16 $(A+B)\times C$ 的数字电路表示

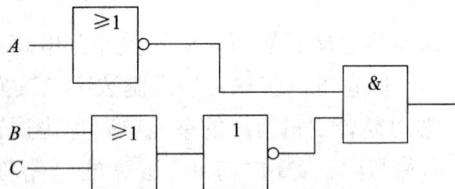

图 2-17 $A\times(\overline{B+C})$ 的数字电路表示

4. 逻辑代数另外运算的表示

逻辑代数中另外四种运算:谢弗运算、魏泊运算、异或运算和同或运算分别可以用数字电路中的三种门电路表示,它们分别是:与非门、或非门、异或门及同或门表示。

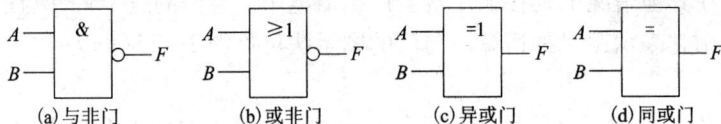

图 2-18 逻辑代数其他运算符号

1) 与非门

"与"运算后再进行"非"运算的复合运算称为"与非"运算,实现"与非"运算的逻辑电路称为与非门。一个与非门有两个或两个以上的输入端和一个输出端,两输入端与非门的逻辑符号如图 2-18(a) 所示。其输出与输入之间的逻辑关系表达式为:

$$F=\overline{A\times B}$$

2) 或非门

"或"运算后再进行"非"运算的复合运算称为"或非"运算,实现"或非"运算的逻辑电路称为或非门。或非门也是一种通用逻辑门。一个或非门有两个或两个以上的输入端和一个输出端，两输入端或非门的逻辑符号如图2-18(b)所示。输出与输入之间的逻辑关系表达式为：

$$F = \overline{A + B}$$

3)异或门

在集成逻辑门中，"异或"逻辑主要为二输入变量门，对三输入或更多输入变量的逻辑，都可以由二输入门导出。所以，常见的"异或"逻辑是二输入变量的情况。对于二输入变量的"异或"逻辑，当两个输入端取值不同时，输出为"1"；当两个输入端取值相同时，输出端为"0"。实现"异或"逻辑运算的逻辑电路称为异或门。如图2-18(c)所示为二输入异或门的逻辑符号。相应的逻辑表达式为：

$$F = A \oplus B = \overline{A}B + A\overline{B}$$

4)同或门。

"异或"运算之后再进行"非"运算，则称为"同或"运算。实现"同或"运算的电路 称为同或门。同或门的逻辑符号如图2-18(d)所示。二变量同或运算的逻辑表达式为：

$$F = A \odot B = \overline{A \oplus B} = \overline{A}\,\overline{B} + AB$$

2.5.2　电路

逻辑门为计算机各种功能电路提供了构件。电路是由多个逻辑门组合而成的，可以执行算术运算、逻辑运算、存储数据等各种复杂的操作。

1. 组合电路

组合逻辑电路(简称组合电路)，在逻辑功能上的特点是任意时刻的输出仅仅取决于该时刻的输入，与电路原来的状态无关。组合电路的输入值明确决定了输出值。也就是说，把一个逻辑门的输出作为另一个逻辑门的输入，就可以把门组合成组合电路。如图2-19所示，两个电路生成完全相同的输出。

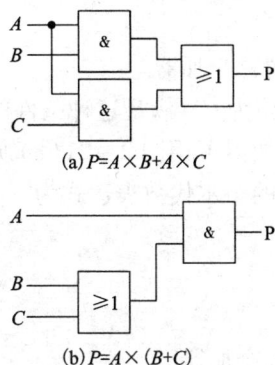

(a)$P = A \times B + A \times C$

(b)$P = A \times (B + C)$

A	B	C	A·B	A·C	P
0	0	0	0	0	0
0	0	1	0	0	0
0	1	0	0	0	0
0	1	1	0	0	0
1	0	0	0	0	0
1	0	1	0	1	1
1	1	0	1	0	1
1	1	1	1	1	1

(c)组合电路(a)和(b)的真值表

图2-19　组合电路示意图

2. 时序电路

虽然组合逻辑电路能够很好地处理像加、减等这样的操作，但是要单独使用组合逻辑电路，使操作按照一定的顺序执行，需要串联起许多组合逻辑电路，而要通过硬件实现这种电路代价是很大的，并且灵活性也很差。为了实现一种有效而且灵活的操作序列，我们需要构造一种能够存储各种操作之间的信息的电路，我们称这种电路为时序电路。时序电路，是由最基本的逻辑门电路加上反馈逻辑回路（输出到输入）或器件组合而成的电路，与组合电路最本质的区别在于时序电路具有记忆功能。

组合电路和存储元件互联后组成了时序电路。存储元件是能够存储二进制信息的电路。存储元件在某一时刻存储的二进制信息定义为该时刻存储元件的状态。时序电路通过其输入端从周围接受二进制信息。时序电路的输入以及存储元件的当前状态共同决定了时序电路输出的二进制数据，同时它们也确定了存储元件的下一个状态。时序电路的输出不仅仅是输入的函数，而且也是存储元件的当前状态的函数。存储元件的下一个状态也是输入以及当前状态的函数。因此，时序电路可以由输入、内部状态和输出构成的时间序列完全确定。

时序电路是指电路任何时刻的稳态输出不仅取决于当前的输入，还与前一时刻输入形成的状态有关，图 2-20 为时序电路结构图。

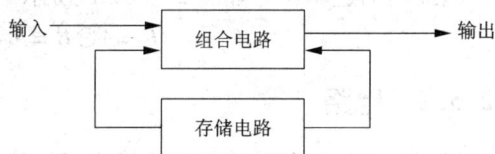

图 2-20 时序电路结构图

时序电路与组合电路的区别如下：

• 时序电路具有记忆功能。它的输出不仅取决于当时的输入值，而且与电路过去的状态有关。

• 组合电路在逻辑功能上的特点是任意时刻的输出仅仅取决于该时刻的输入，与电路原来的状态无关。

2.5.3 加法器

二进制数的运算主要由加法器组成。下面我们分三个部分进行介绍。

1. 半加器

首先考虑一种简单的情况，即输入没有进位的加法装置称半加器。

设有被加数 A 与加数 B，它们相加后所得的和为 S，进位为 C。满足这种条件的装置叫半加器，而这种条件的真值表可用图 2-21(c) 表示，这种半加器可用图 2-21(a) 所示的示意图表示，半加器的逻辑电路如图 2-21(b) 所示。而半加器的布尔代数表达式为：

$$S = \overline{A} \times B + A \times \overline{B} = A \oplus B$$
$$C = A \times B$$

2. 全加器

在半加器的基础上，进一步考虑输入有进位的加法器称全加器。

设有被加数 A_i 与加数 B_i 以及上一位进位 C_{i-1}，它们相加后所得的和为 S_i，进位为 C_i，满足这种条件的装置叫全加器，而这种条件可用表 2-11 表示。全加器有三个输入端，分别是 A_i、B_i 及 C_{i-1}，同时有两个输出端，分别是 S_i 与 C_i，它满足表 2-11 所示的条件，这种全加器可用图 2-22 所示的符号表示，而全加器的布尔代数表示式为：

$$S_i = \overline{A}_i \times \overline{B}_i \times C_{i-1} + \overline{A}_i \times B_i \times \overline{C}_{i-1} + A_i \times \overline{B}_i \times \overline{C}_{i-1} + A_i \times B_i \times C_{i-1}$$

$$= (A_i \oplus B_i) \oplus C_{i-1}$$

$$C_i = \overline{A_i} \times B_i \times C_{i-1} + \overline{A_i} \times B_i \times \overline{C_{i-1}} + A_i \times \overline{B_i} \times \overline{C_{i-1}} + A_i \times B_i \times C_{i-1}$$

$$= A_i \times B_i + (A_i \oplus B_i) \oplus C_{i-1}$$

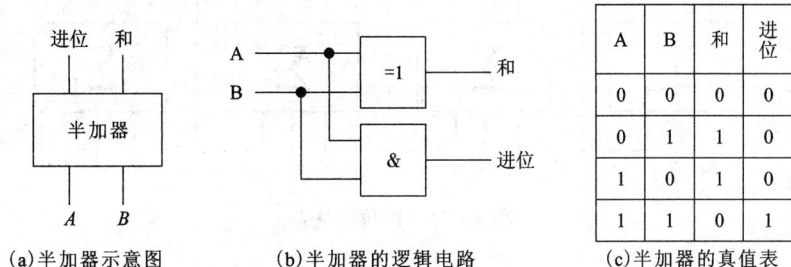

A	B	和	进位
0	0	0	0
0	1	1	0
1	0	1	0
1	1	0	1

（a）半加器示意图　　　　（b）半加器的逻辑电路　　　　（c）半加器的真值表

图 2－21　半加器示意图

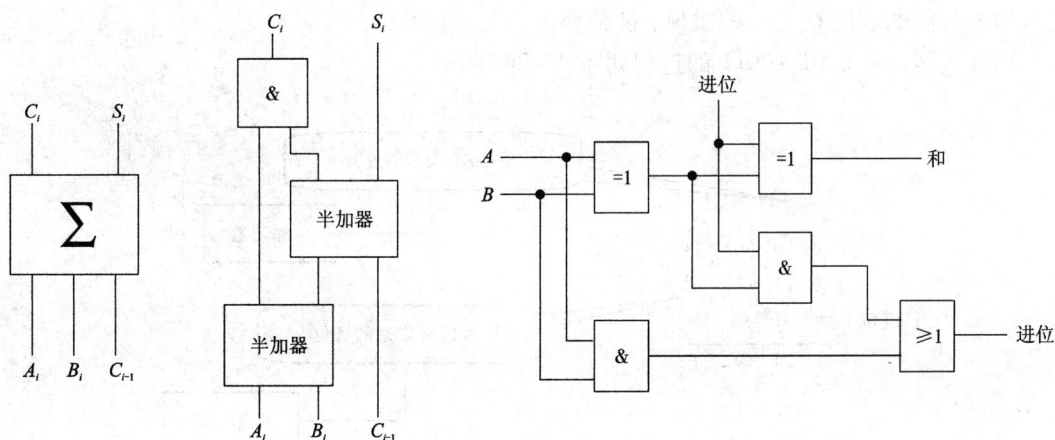

图 2－22　全加器示意图

表 2－11　全加器真值表

A_i	B_i	进位（输入）C_{i-1}	和 S_i	进位（输出）C_i
0	0	0	0	0
0	0	1	1	0
0	1	0	1	0
0	1	1	0	1
1	0	0	1	0
1	0	1	0	1
1	1	0	0	1
1	1	1	1	1

3. 加法器

由多个全加器自低位至高位排列，将低位输出端 C_i 连接至高一位输入端 C_i，组成一个多位的加法器。下面给出一个四位的加法器如图 2-23 所示。

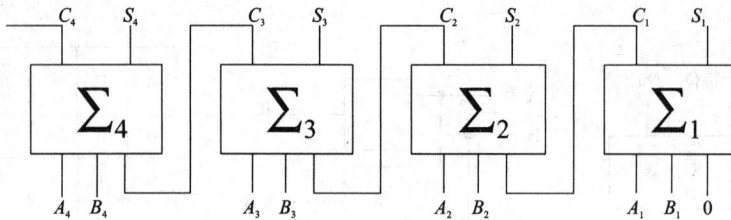

图 2-23　四位加法器

如图 2-23 所示的加法器中，被加数为 $A_4A_3A_2A_1$，加数为 $B_4B_3B_2B_1$，而其和为 $S_4S_3S_2S_1$；一个位的进位输出将作为下一个位的进位输入；而在它的进位中，最左边最低位的进位为 0，最右边最高位的进位 C_4 是一种溢出，被舍弃。

用加法器计算 0001 + 0011 的过程如图 2-24 所示。

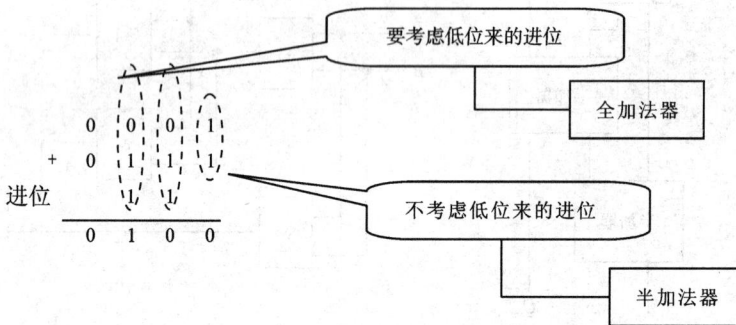

图 2-24　加法器进行四位二进制数相加的过程

2.5.4　触发器

1. 触发器

在电信号表示中可用一种叫触发器（flip-flop）的电子元件存储一个二进制数字。触发器是一种具有稳定状态的电路叫双稳态电路。触发器有两个稳定状态，可分别用来表示 0 和 1，在输入信号的作用下，它可以记录 1 个比特。常用的触发器叫 RS 触发器。

RS 触发器有两个输入端，分别是 R 与 S，同时有两个输出端 Q 与 $\overline{Q}$，它们的状态是互相相反的，即如 $Q=1$ 则必有 $\overline{Q}=0$，反之亦然。

RS 触发器可用下面的布尔代数式表示，这是一个由与非门构成的电路。

$$\overline{Q} = \overline{R} + Q = \overline{R \times \overline{Q}} = R \uparrow \overline{Q}$$
$$\overline{Q} = \overline{S} + Q = \overline{S \times \overline{Q}} = S \uparrow \overline{Q}$$

这种表达式告诉我们当输入端 R 出现低电平时，触发器中必为高电平（同时 Q 必为低电平)；当输入端 S 出现低电平时，触发器中 Q 必为高电平(同时必为低电平)，而且这种状态可以一直保持，直到输入端出现新的状态为止。因此，这种 RS 触发器具有存储二进制位数的功能，其存储状态以输入端 Q 为准。即 $Q=1$ 时表触发器存储 1，反则亦然。图 2-25(a)所示为 RS 触发器的示意图，它的电路结构如图 2-25(b)所示；表 2-12 所示为该触发器的功能。

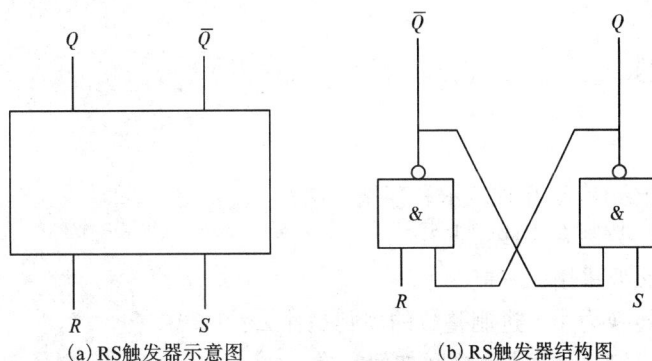

(a) RS触发器示意图　　　　　　(b) RS触发器结构图

图 2-25　触发器示意图

表 2-12　RS 触发器功能表

R	S	Q	$\overline{Q}$	备注
0	1	0	1	置 0
1	0	1	0	置 1
1	1	不变		保持
0	0	1	1	不允许

2. 二进制数的存储——寄存器

二进制数是固定位数的二进制数字符串，因此它的物理存储即是由固定个数触发器所组成，称为寄存器。而这种固定个数可以是 4 个、8 个、16 个、32 个及 64 个不等。

在计算机的内部往往有若干个寄存器可以存储数据。

2.6　本章小结

计算机只能执行以二进制表示的程序和数据。二进制是现代计算机系统的数字基础。计算机中常用的有二进制、八进制、十进制、十六进制。

数值信息和非数值信息均可用 0 和 1 表示，也就能够被计算机辨识。数值信息可采用二进制表示，符号也可以用 0 和 1 表达，从而形成机器数：原码、反码和补码。小数点也可以被表示和处理，由此产生了使用定点和浮点两种格式定义所使用的实数。非数值性数据则使用二进制编码进行表示，也即使用若干个二进制位来表示一种符号，有多少种组合就可以表示多少个符号，由此产生了计算机中常用的编码：ASCII 码、BCD 码、Unicode 码、汉字编码等。

我们在日常生活中常见的图像、图形、声音、视频等，通过数字化编码，也能够表示成 0 和 1，从而被计算机处理。

现实世界的信息通过符号化，再通过进位制和编码转换成 0 和 1 表示，便可以采用基于二进制的算术运算和逻辑运算进行数字计算，并通过用硬件实现。可以这么说，任何事物只要能表示成信息，也就能表示成 0 和 1，也就能够计算，也就能够被计算机处理，最终实现自动化处理。

思考题与习题

一、思考题

1. 比特（二进制位）有哪几种表示和存储方法？

2. 什么是数制？数制有哪些特点？

3. 计算机为什么要采用二进制？

4. 十进制整数转换为非十进制整数的规则是什么？

5. 二进制与八进制、十六进制之间如何转换？

6. 浮点数在计算机中如何表示？

7. 如何用二进制表示图形、图像、声音、视频？

8. 将下列逻辑代数表达式画成数字电路：

(1) $\overline{(A+B)} \times C$ (2) $A \times B + (A+B)$

9. 什么是 RS 触发器？它的基本应用原理是什么？

二、选择题

1. 下列关于比特的叙述，错误的是（   ）。

A. 存储（记忆）1 个比特需要使用具有两种稳定状态的器件

B. 比特的取值只有"0"和"1"

C. 比特既可以表示数值、文字，也可以表示图像、声音

D. 比特既没有颜色也没有重量，但有大小

2. 在计算机中可以用来存储二进位信息的有（   ）。

A. 触发器的两个稳定状态   B. 电容的充电和未充电状态

C. 磁介质表面的磁化状态   D. 盘片光滑表面的微小凹坑

3. 11001010∧00001001 的运算结果是（   ）。

A. 00001000   B. 00001001   C. 11000001   D. 11001011

4. 十进制数 −52 用 8 位二进制补码表示为（   ）。

A. 11010100   B. 10101010   C. 11001100   D. 01010101

5. 用浮点数表示任意一个数据时，可通过改变浮点数的（   ）部分的大小，使小数位置产生移动。

A. 尾数   B. 阶码   C. 基数   D. 有效数字

6. 下列 4 个不同进制的无符号整数，数值最大的是（   ）。

A. $(11001011)_2$ B. $(257)_8$ C. $(217)_{10}$ D. $(C3)_{16}$

7. 所谓"变号操作"是指将一个整数变成绝对值相同但符号相反的另一个整数。若整数

用补码表示，则二进制整数 01101101 经过变号操作后的结果(　　)。

　　A.00010010　　　　B.10010010　　　　C.10010011　　　　D.11101101

8. 长度为 1 个字节的二进制整数，若采用补码表示，且由 5 个"1"和 3 个"0"组成，则可表示的最小十进制整数为(　　)。

　　A. −120　　　　B. −113　　　　C. −15　　　　D. −8

9. 设在某进制下 3×3=12，则根据此运算规则，十进制运算 5+6 的结果用该进制表示为(　　)。

　　A.10　　　　B.11　　　　C.14　　　　D.21

10. 如图所示为三个门电路符号，A 输入端全为"1"，B 输入端全为"0"。下列判断正确的是(　　)。

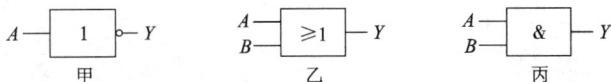

　　A.甲为"非"门，输出为"1"　　　　　　B.乙为"与"门，输出为"0"

　　C.乙为"或"门，输出为"1"　　　　　　D.丙为"与"门，输出为"1"

11. 下列对于逻辑电路中逻辑门的说法，正确的是(　　)。

　　A.逻辑门是对电信号执行基础运算的设备

　　B.逻辑门处理二进制数的基本电路

　　C.逻辑门构成数字电路的基本单元

　　D.每个门的输入和输出只能是 0(对应低电平)或 1(对应高电平)

12. 一个 16×16 点阵的汉字，存储到计算机中需要占用存储空间为(　　)个字节。

　　A.16　　　　B.32　　　　C.2　　　　D.以上都不是

三、填空题

1. 若采用 32×32 点阵的汉字字模，则存储 3755 个一级汉字的点阵字模信息需要的存储容量是_____。

2. 无符号二进制整数 10101101 等于十进制数_____，等于十六进制数_____，等于八进制数_____。

3. 已知大写字母 A 的 ASCII 码为 65，那么小写字母 d 的 ASCII 码为_____。

4. 如果将一本 273 万字的《现代汉语词典》存入软盘，大约需要_____片 1.44MB 的软盘。

5. 在计算机中，对于数值数据小数点的表示方法，根据小数点的位置是固定不变的还是浮动变化的，有定点表示法和_____。

6. 联合国安理会每个常任理事国都拥有否决权，假设设计一个表决器，常任理事国投反对票时输入"0"，投赞成或弃权时输入"1"，提案通过"1"，通不过为"0"，则这个表决器应具有_____门逻辑关系。

7. 电路是由多个逻辑门组合而成的，可以执行算术运算、_____、_____等各种复杂操作。

计算机硬件

硬件是指组成计算机的各种硬件设备，是人们看得见、摸得着的实际物理设备，它是计算机最基础的物理装置。本章主要介绍计算机硬件系统的工作原理及组成。

【学习目标】

1. 了解计算机系统的组成。
2. 掌握冯·诺依曼计算机的设计思想。
3. 掌握计算机存储系统的结构及基本原理。
4. 掌握微型计算机的组成及特点。
5. 掌握多媒体计算机的特点。

3.1　计算机系统概述

什么是计算机系统？为什么当今计算机的本质都是冯·诺依曼体系结构？带着这个问题，我们来了解一下计算机系统的组成。

3.1.1　计算机系统组成

计算机系统由硬件系统和软件系统组成。硬件系统是借助电、磁、光、机械等原理构成的各种物理部件的有机组合，是系统赖以工作的实体。软件系统是计算机系统中的程序及其文档，用来指挥该系统按指定的要求进行工作。

计算机系统中硬件和软件是不可缺少的两个重要组成部分，没有安装任何软件系统的计算机是不能工作的。计算机硬件是计算机系统的物质基础，而计算机软件承担着指挥计算机系统的重要职责，它是用户与硬件之间的接口界面，用户主要通过软件与计算机进行交流。

在计算机系统中，计算机硬件处于最低层，只有安装了操作系统软件之后才可以使用，而其他软件必须在操作系统之上运行。计算机系统中的硬件和软件之间，以及软件和软件之间，是一种层次关系，图 3-1 所示即为计算机系统的层次结构图。

计算机系统每 3~5 年更新一次，性能价格比成十倍地提高，体积大幅度减小。超大规模集成电路技术将继续快速发展，并对各类计算机系统产生巨大而又深刻的影响。以巨大处理能力、巨大知识信息库、高度智能化为特征的下一代计算机系统正在大力研制。计算机应用将日益广泛。计算机辅助设计、计算机控制的生产线、智能机器人将大大提高社会劳动生产力，办公、医疗、通信、教育及家庭生活，都已实现了计算机化，并不断发展。

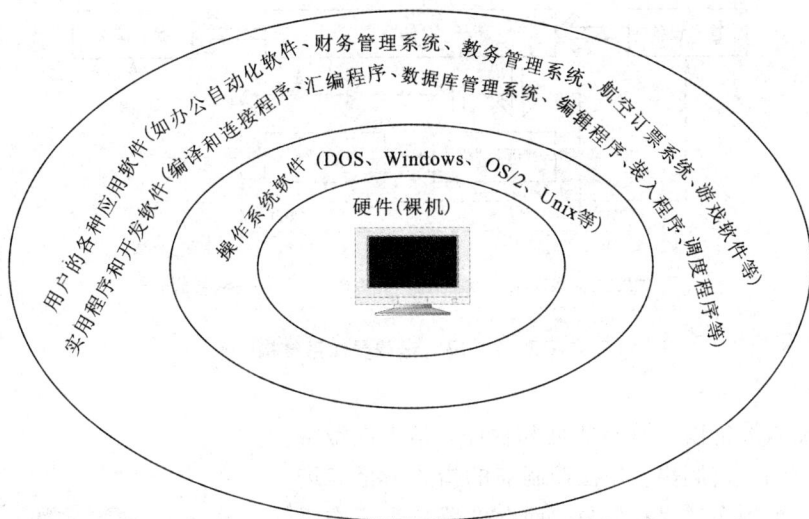

图3-1 计算机系统的层次结构

3.1.2 冯·诺依曼计算机体系结构

电子计算机的问世，奠基人是英国科学家艾兰·图灵和美籍匈牙利科学家冯·诺依曼。图灵的贡献是建立了图灵机的理论模型，奠定了人工智能的基础；而冯·诺依曼则是首先提出了计算机体系结构的设想。

1946年美籍匈牙利科学家冯·诺依曼在设计并研制实现计算机EDVAC时提出了一种结构方案，该方案具有开创性意义。用这种方案设计而成的计算机称为冯·诺依曼计算机。

冯·诺依曼计算机的体系结构主要有以下几个原则。

1）数据以二进制表示

在冯·诺依曼计算机的体系结构中所有的数据和指令一律用二进制数表示。这种表示形式既简单又易于用数字电路实现。

2）存储程序和程序控制

在冯·诺依曼计算机体系结构中，程序以二进制编码形式按一定顺序存放至计算机存储器中，即存储程序的概念；而当计算机在执行程序时能自动连续地从存储器中依次取出指令，并加以执行，即程序控制的概念。这就是计算机的存储程序和程序控制，也是冯·诺依曼机的核心思想。

3）整个计算机由五大部件组成

在冯·诺依曼机中，计算机硬件由运算器、控制器、存储器、输入设备和输出设备五大部分组成。

①运算器：用于执行算术运算、逻辑运算及字符运算等指令。

②控制器：控制与协调整个程序的执行以及对控制指令的执行。

③存储器：用于存储数据与指令，并执行数据传输指令。

④输入设备：用于执行输入指令。

⑤输出设备：用于执行输出指令。

图3-2所示为冯·诺依曼体系结构。

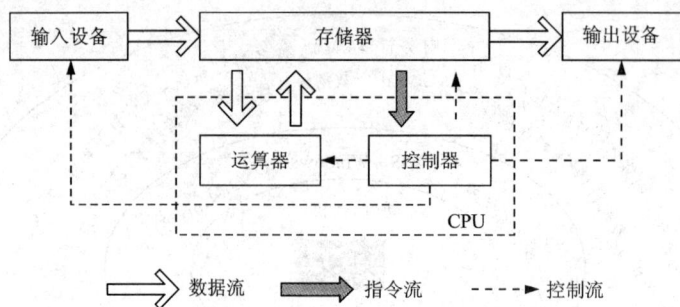

图 3-2 冯·诺依曼体系结构

用户向输入设备输入原始数据和程序，输入设备将其转换成相应的二进制串，并在控制器的指挥下把二进制串按一定地址顺序送入存储器，而存储器的主要作用是存储计算机运行过程中所需要的程序和数据。在计算机运行时，控制器管理着信息的输入、存储、读取、运算和输出以及控制器本身的活动。在控制器的指挥下对输入计算机中的二进制编码从存储器送入运算器进行算术或逻辑运算，并将运算的结果传回给存储器，最后由输出设备将运算的结果转换为人们能识别的信息形式，并在控制器的指挥下输出。

自 20 世纪 50 年代初开始，计算机制造技术发生了巨大变化，从 EDVAC 到当前最先进的计算机，采用的都是冯·诺依曼体系结构。世界上所有计算机不管其类

图 3-3　数字计算机之父：冯·诺依曼

型、规模如何，其结构体系均按上面所介绍的冯·诺依曼体系结构的要求建造，至今没有任何本质上的突破。因此，冯·诺依曼体系结构是计算机硬件的核心原则，而冯·诺依曼是当之无愧的数字计算机之父(图 3-3)，冯·诺依曼体系结构仍然沿用至今。

3.2　计算机的工作原理

3.2.1　指令系统及执行

1. 指令系统

指令系统是计算机硬件的语言系统，是一台计算机能直接理解与执行的全部指令的集合，也叫机器语言。一般地，不同类型的计算机有不同的指令系统，但是它们大致有几个相同的部分。

1）数据处理指令

它包括算术运算指令、逻辑运算指令、移位指令、比较指令和取反指令等。

2）数据传送指令

它可以将数据在计算机内部进行传送，包括存储器之间、存储器与 CPU 之间的传送指令

等，而负责传送数据的任务则由数据传送指令完成。

3) 程序控制指令

一般程序的执行都是按指令排列顺序执行，但有时它可不按顺序而转移至前面或后面的指令执行，这类指令称为程序控制指令。它包括条件转移指令和无条件转移指令等。

4) 输入/输出指令

可以用输出指令将计算机中的最终结果数据通过输出设备传送给用户，同时也可以用输入指令将计算机执行中所需的数据通过输入设备传送给计算机，它包括各种外围设备的读、写指令等。

2. 指令的执行

(1) 指令是计算机能识别并执行的二进制代码，是计算机为完成某个基本操作而发出的指示或命令。一条指令通常由操作码和操作数两部分组成。操作码指出将要执行的操作类型，操作数是执行指定操作时要用到的数据。

(2) 指令的执行可以分为三步：取指令、分析指令和执行指令。

计算机执行指令是从内存储器中取出指令，并送往 CPU 中的指令寄存器中去，并对指令寄存器存放的指令进行分析，由译码器对操作码进行译码，将指令的操作码转换成相应的控制电位信号，由地址码确定操作数地址。最后由操作控制线路发出完成该操作所需要的一系列控制信息，去完成该指令所要求的操作。

3.2.2 以运算器为核心的计算

运算器是计算机中处理数据的功能部件，是计算机执行各种算术运算和逻辑运算的部件。运算器的操作包括加、减、乘、除四则运算，与、或、非等逻辑操作，以及移位、求补等。运算器的内部结构如图 3 - 4 所示。

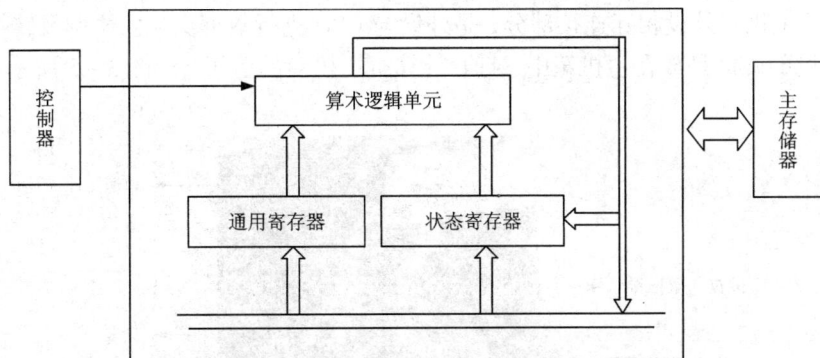

图 3 - 4 运算器的内部结构

(1) 算术逻辑单元。它是运算器的主要部件。运算器的基本操作包括加、减、乘、除四则运算，与、或、非等逻辑操作，以及移位、比较和传送等。

(2) 寄存器。它主要分为通用寄存器和状态寄存器。通用寄存器用来保存参加运算的操作数和运算的中间结果，通用寄存器均可以作累加器使用。状态寄存器在不同的机器中有不同的规定，程序中，状态位通常作为转移指令的判断条件。

计算机运行时，运算器的操作和操作种类由控制器决定，而运算器处理的数据来自存储器，处理后的结果数据通常送回存储器，或暂时寄存在运算器中，而所有计算则由运算器完成，所以在冯·诺依曼计算机的模型中，运算器是计算机处理数据的核心。

近年来，计算机需要处理、加工的信息量越来越大，存储容量成倍地扩大。以运算器为中心的冯·诺依曼计算机结构不能满足计算机的发展需求，甚至会影响计算机的性能。为了适应计算量的增加，加上计算机的存储技术的发展，现代计算机组织结构正试图逐步转化为以存储器为核心的组织结构，如采取多个处理器共用中央存储集群的运行模式。

3.3 微型计算机及其硬件系统

3.3.1 微型计算机系统组成

1）微型计算机系统组成

根据计算机的应用领域和结构功能，计算机可以划分为大、中、小型机和微型机等多种类型。就目前而言，各类计算机都还属于冯·诺依曼体系结构，微型计算机也不例外。因此，微型计算机也具有控制器、运算器、存储器、输入设备和输出设备五大部件。以下是微机中常用的专业术语。

①中央处理器：运算器和控制器合称为中央处理器，简称为 CPU。

②主机：CPU、内存储器合称为主机。

③外部设备：包括输入设备和输出设备，简称外设。

④总线：连接计算机内各部的一簇公共信号线，是计算机中传送信息的公共通道。其中传送地址的称为地址总线 AB；传送数据的称为数据总线 DB；传送控制信号的称为控制总线 CB。

⑤接口：主机与外设相互连接部分，是外设与 CPU 进行数据交换的协调及转换电路。

其中微机的硬件是放在主机箱中，打开计算机主机箱的盖子，如图 3-5 所示。

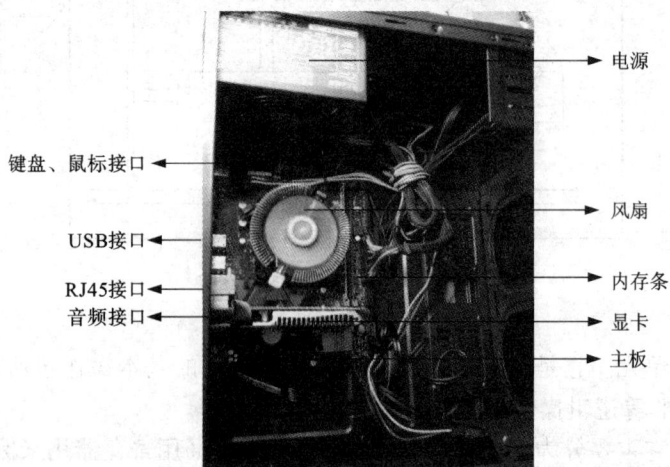

电源
键盘、鼠标接口
USB接口
RJ45接口
音频接口
风扇
内存条
显卡
主板

图 3-5 主机箱图

主机箱内有一个主板，主板上布满了电子线路的元器件，还有一些板卡插在主板上，如 CPU、内存条、显卡、总线等。硬盘和光驱固定在主机的前面板上，主机机箱还有一个电源，为这些设备提供电源。所有的板卡和设备通过主板上的电子线路联系起来就可以一同工作了。

2）微型计算机硬件结构原理

微型计算机硬件结构一般称为三总线结构，即以中央处理器（CPU）为核心，通过地址总线 AB、数据总线 DB 和控制总线 CB 将其他部件与微处理器连接起来。除了中央处理器和主存储器以外，微型计算机硬件系统还必须拥有一定的外部设备，又称为 I/O 设备，像磁盘驱动器、打印机、键盘、鼠标器、显示器等都属于 I/O 设备。各种 I/O 设备与微处理器相连接，进行信息交换，必须通过各自的 I/O 接口才能进行。微型计算机硬件结构图如图 3 - 6 所示。

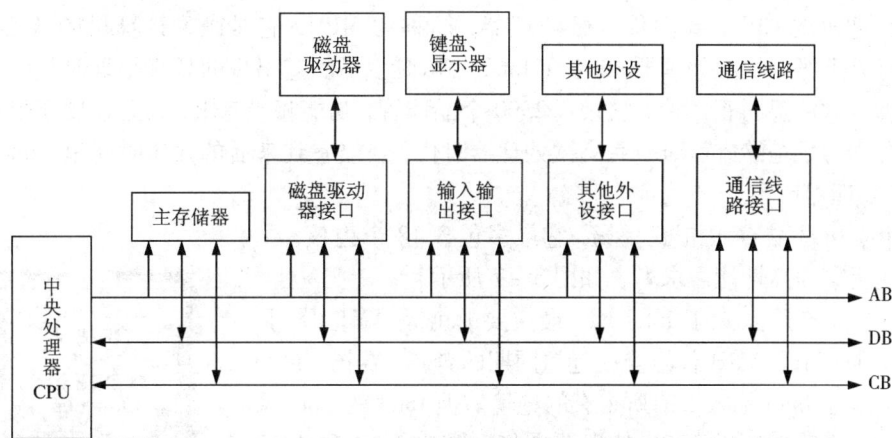

图 3 - 6　微型计算机硬件结构图

3.3.2　中央处理器

1. 中央处理器的组成

中央处理器（central processing unit），简称 CPU。它由运算器、控制器组成，但也可以说，它由运算逻辑部件、控制器和寄存器组成。

1）运算逻辑部件

运算逻辑部件是计算机中执行各种算术和逻辑运算操作的部件。运算逻辑部件的基本操作包括加、减、乘、除四则运算，与、或、非、异或等逻辑操作，以及移位、比较和传送等操作。

在运算逻辑部件中有加法器以及由它所构成的减法器；再由加法器与减法器所构成的乘法器及除法器，此外还有实现逻辑运算、字符运算、比较运算、移位等指令的部件。在运算逻辑部件中参与操作数据一般来自寄存器或存储器，其结果也存放于寄存器或存储器。

运算逻辑部件的处理对象是数据，所以数据长度和计算机数据表示方法，对运算器的性能影响极大。20 世纪 70 年代，微处理器常以 1 个、4 个、8 个、16 个二进制位作为处理数据的基本单位。现在大多数通用计算机则以 64 位作为运算器处理数据的长度。

2）控制器

控制器是 CPU 的核心，它控制及调度指令及程序的执行。它是指按照预定顺序改变主电路或控制电路的接线和改变电路中的电阻值来控制电动机的启动、调速、制动和反向的主令装置。控制器由程序计数器、指令寄存器、指令译码器、时序产生器和操作控制器组成，它是发布命令的"决策机构"，即完成协调和指挥整个计算机系统的操作。

3）寄存器

寄存器是中央处理器内的组成部分。寄存器是有限存储容量的高速存储部件，它们可用来暂存指令、数据和地址。在中央处理器的控制部件中，包含的寄存器有指令寄存器（IR）和程序计数器（PC）。寄存器的功能十分重要，CPU 对存储器中的数据进行处理时，往往先把数据取到内部寄存器中，而后再作处理。

2. 微处理器的基本概述

微型计算机的 CPU，我们称为微处理器，简称为 MPU，它是微型计算机的核心部件。1971 年，世界上第一块微处理器 4004 在 Intel 公司诞生了。它出现的意义是划时代的，比起现在的 CPU，4004 显得很可怜，它只有 2300 个晶体管，功能相当有限，而且速度还很慢。

2005 年至今，是酷睿（Core）系列微处理器时代，在酷睿到来后的几年时间里，Intel 几乎称霸了 PC 处理器市场。

2017 年，Intel 酷睿 i9 正式登场，它最多包含 18 个内核，主要面向游戏玩家和高性能需求者。如图 3－7 所示。

微处理器生产厂家除了 Intel 外，最主要的就是 AMD 公司。在 Intel 的奔腾时代，AMD 曾经全面赶超同期的奔腾、赛扬，它的速龙系统更是让 Intel 陷入了前所未有的绝境。但 Intel 的 Core 系列的诞生，Intel 逐步称霸了 PC 处理器市场。其实 Intel 和 AMD 这两家公司一直在不断地竞争。英特尔发布酷睿 i9 处理器，也是为了抗衡 AMD 推出的 Ryzen 系列高端处理器，重新称霸 PC 处理器市场。

图 3－7　Intel 酷睿 i9

3.3.3　存储器

1. 存储器的基本概念

存储器是计算机中的重要部件，它是由一些能表示二进制 0 和 1 的物理器件组成的，这种器件称为记忆元件或存储介质。存储器中存储单元的总数称为该存储器的存储容量。计算机中存储器容量越大，存储的信息就越多，计算机的处理能力也就越强。计算机中全部信息，包括输入的原始数据、计算机程序、中间运行结果和最终运行结果都保存在存储器中。简单来说，存储器是计算机中用于保存数据与指令的场所。

按存取速度与容量可将存储器可分为主存储器、高速缓冲存储器、外存储器和辅助存储器等。

2. 主存储器

主存储器与 CPU 紧密关联，CPU 可以直接访问主存储器。主存储器目前常用的有三种类型，下面对它们作简单介绍。

1）只读存储器

只读存储器（read – only memory，ROM）是一种只能读不能写的存储器，它在没有电源的情况下能保持数据，但只读存储器一旦做好，就不易改动其内容，如微型计算机中有一个 BIOS 芯片，就是这种存储器，它存储的数据是在主板出厂时就做好的，其功能就是完成计算机的启动、自检、各功能模块的初始化、系统引导等。

2）随机存取存储器

随机存取存储器（random access memory，RAM）是一种能随机读写的存储器，它是目前最常用的存储器，是主存储器中的主要部分。它既可以从里面读取数据，也可以存入数据，且存取的速度很快。但它有一个缺点，即具有易失性，RAM 中存放的所有数据当计算机断电后都会丢失。通常 RAM 叫主存、内存条，它的功能主要是用来存取正在运行的程序和数据。RAM 又分为 SRAM、SDRAM 和 DDR 几种类型。

①静态随机存取存储器（SRAM），其优点是速度快、使用简单、不需刷新、静态功耗极低；常用作 Cache。

②动态随机存取存储器（DRAM），其优点是集成度远高于 SRAM、功耗低，价格也低。目前已成为大容量 RAM 的主流产品。其中 SDRAM 为同步动态随机存取存储器、DDR SDRAM 双倍速率同步动态随机存储器，人们习惯称为 DDR，是目前主流的内存条。如图 3 – 8 所示。

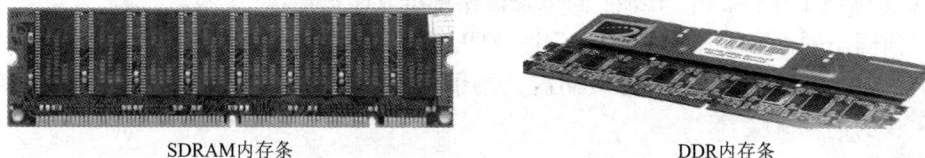

SDRAM内存条　　　　　　　　DDR内存条

图 3 – 8　内存条的外观

当一台计算机同时运行的软件比较多，也就是说同时运行的软件需要的程序和数据都存入了内存，若内存存储容量不够用，则容易发生死机现象。这时，解决的办法是重新启动计算机。因为重启计算机，相当于断电后，内存的数据清空了，计算机又可以正常工作了。

3. 高速缓冲存储器

在 64 位微型计算机中，为了加快运算速度，普遍在 CPU 与常规主存储器之间增设一级或两级高速小容量存储器，称之为高速缓冲存储器（Cache）。其容量比较小但速度比主存高得多，接近于 CPU 的速度。

当启动一个任务时，计算机预测 CPU 可能需要哪些数据，并将这些数据预先送到高速缓冲存储器区域。当指令需要数据时，CPU 首先检查高速缓冲存储器中是否有所需要的数据。如果有，CPU 就从高速缓冲器中直接取数据而不用到 RAM 中取了。

4. 外存储器

外存储器也简称为外存。常见的微型计算机的外存储器主要有磁盘、光盘以及 U 盘等多种。其存储的特点是：

①外存的存储容量大，存取速度慢。

②外存能对数据作持久存储。

③外存不能直接与 CPU 进行数据传送，它一般需要通过接口与主存进行数据传送，再通过主存与 CPU 进行数据交换。

下面介绍常用的三种外存设备。

1）磁盘存储器

磁盘又称为硬盘，它是计算机上非常重要的一种外存储设备。目前，市场上主要有三种硬盘：

（1）机械硬盘。

机械硬盘，英文全称：Hard Disk Drive，简称 HDD，即是传统普通硬盘，它是由若干个同样大小的、涂有磁性材料的铝合金圆片组合而成。现在 3.5 英寸硬盘使用较多。

机械硬盘存储的容量在 1991 年达到 100~130MB，1997 年达到 1.2~3.2GB，目前市场上可见到的硬盘容量起步就是 500GB，市场常见的有 1TB~8TB 的硬盘，最大的达 60TB。

（2）固态硬盘。

固态硬盘，英文全称：Solid State Disk，简称 SSD。速度上肯定会比传统机械硬盘会快很多，通过测试可以发现固态硬盘的速度接近于传统机械硬盘的 2 倍。

固态硬盘和机械硬盘相比较，有四个优势。第一，低功耗：固态硬盘的功耗上要低于传统硬盘；第二，无噪声：固态硬盘没有机械马达和风扇，工作时噪音值为 0 dB；第三，工作温度范围大：典型的硬盘驱动器只能在 5℃ 至 55℃ 范围内工作，而大多数固态硬盘可在 -10℃ 至 70℃ 范围内工作；第四，轻便：固态硬盘在重量方面更轻。

目前固态硬盘容量，多数为 120GB~4TB，但价格相对机械硬盘来说偏高。因此目前流行的装机方案是选用机械硬盘做存储盘，选用固态硬盘做系统盘，这样我们的操作系统就会有着更快的速度体验了。

（3）移动硬盘。

这是一种使用简单、方便的可移动硬盘，它通过 USB 接口实现即插即用的功能。市场中的移动硬盘能提供 320GB~4TB 等，最高可达 12TB 的容量，可以说是 U 盘、磁盘等闪存产品的升级版，被大众广泛接受。随着技术的发展，移动硬盘将容量越来越大，体积越来越小。

2）光盘存储器

光盘是利用光学方式进行读写信息的圆盘。光盘驱动器是当前微型计算机的一个常见部件，目前常用的光盘存储类型有如下几种：

（1）CD-ROM 存储器。它是一种小型的只读光盘存储设备，目前使用广泛。

（2）CD-R 存储器。它称可记录式光盘，该光盘可一次性写入，此后不能修改，但允许多次读出。

（3）CD-RW 存储器。它可以对光盘作反复的刻录、重写，同时又能多次读出。

（4）DVD 存储器。DVD 是一种与 CD 类似但容量又大于 CD 的一种新形式的光盘存储器，有可能今后会逐渐取代 CD。DVD 目前也可分为 DVD-ROM、DVD-R、DVD-RW 等。

3）U 盘存储器

U 盘存储器是利用目前最为流行的闪存芯片为存储介质的一种存储器。它通过 USB 接口与主机相连，可以像硬盘一样在该盘上读写、传送文件。它具有重量轻、体积小、防震、防潮等特点，非常适合随身携带。U 盘容量目前市场上最大已达 2TB，但 2TB 的 U 盘非常贵。

5. 辅助存储器

辅助存储器主要指的是磁带设备，它是一种典型的脱机设备，它的存取速度很慢，但存储容量极大，可达 PB 级。它一般可作为数据后援备份存储。

现在计算机对存储系统有三个基本要求，即存取时间短、存储容量大和价格低。这三个要求是互相制约的，存储器的存取时间越短，相应的价格就越高；存储器的容量越大，存取时间就越长。根据当前所能达到的技术水平，仅用一种工艺技术做成的存储系统不可能同时满足这三个基本要求。因此，存储系统采用由小容量的高速缓冲器、主存储器和大容量的低速外存储器等组成多层结构。它们各有长短，在计算机中可根据需要相互取长补短。图 3 - 9 所示为存储器的层次结构示意图。

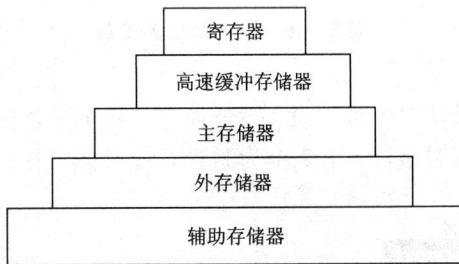

图 3 - 9　存储器层次结构图

其中的寄存器，它存取速度最快，但制造成本最贵，因此容量很小，一般少于 1KB。它一般在 CPU 中并与 CPU 一起直接完成程序的执行。尽管它具有典型的存储器性质，但一般属于 CPU 而不归属于存储器范畴。

3.3.4　输入设备

输入设备和输出设备，通常又称为 I/O 设备或外部设备。

输入设备的功能是将数据中数字、文字、声音、图形、图像、视频等信息转换成二进制编码后传入计算机中进行处理，常用的输入设备有键盘、鼠标、手写笔、扫描仪、摄像头等。常见的输入设备如图 3 - 10 所示。

（1）键盘。它是计算机中的最基本的输入设备，任何计算机都配备有键盘。键盘主要用于数字、文字的输入。键盘一般由四个区域组成，它们是主键盘区（主要用于字母及相关符号的输入）、数字键盘区（主要用于数字的输入）、功能键区（主要用于非字母、数字的一些功能的输入）和控制键区（主要是对输入数据起控制作用的那些键，如 Ctrl 键、Alt 键等）。

目前，计算机中常用的是 104 键的键盘。用户按不同的按键时，它们会发出不同的信号，并通过键盘内的电子线路转换成二进制编码，然后由键盘接口进入计算机主机。

（2）鼠标。它能方便地控制屏幕上的鼠标指针，准确地定位在指定的位置，并通过自身的按键完成各种操作。由于它的外形像老鼠，而它的作用又具有标识性，因此称鼠标。

鼠标按不同工作原理一般分为几种，它们分别为机械式、光机式、光电鼠标、光学鼠标。目前流行的是光学鼠标，它具有速度快、准确性好及灵敏度高，很少需要维护，也不需鼠标垫、性价比高等优点。

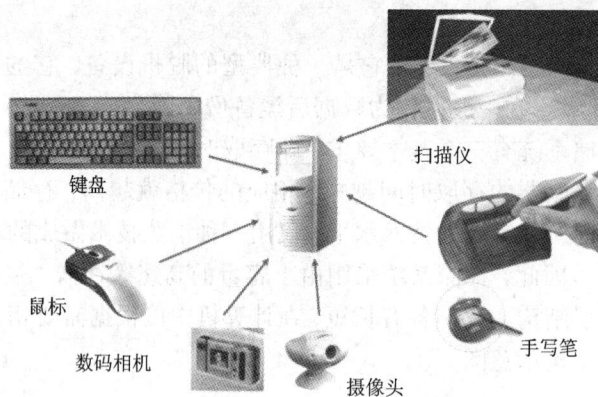

图 3 - 10   常见的输入设备

鼠标也是计算机中的最基本的输入设备,任何计算机都配备鼠标。图 3 - 11 为各种形状的鼠标。第 1 个为机械宏编辑鼠标,第 2 个为激光有线鼠标,第 3 个为光学鼠标。

图 3 - 11   各种鼠标

(3)扫描仪。图片输入的主要设备是扫描仪,它能将一幅或一张照片转换成图形存储到计算机中。利用有关的图形软件可对输入到计算机中的图形进行编辑、处理、显示或打印。

3.3.5   输出设备

输出设备的功能是将计算机处理的结果以数据形式传输至输出设备并以人类所能感知的视觉、听觉等方式显示。常用的输出设备如图 3 - 12 所示。

(1)显示器。它是计算机中的基本输出设备,任何计算机都配备有显示器。显示器主要用于将主机中的结果用图像形式输出。

显示器主要由两个部分组成,其中一个部分是用于显示图像结果的部分,称为监视器,又称显示器;而另一部分则是用于显示控制的部分,称为显示控制器,由于它以插卡形式出现,故又称为显示卡,或简称显卡。显卡的主要功能是将主机中的二进制编码转换成图像形式输出。

显示器是一种光电设备,其作用是将电信号转换成光信号,最终以图像形式表示。常用的显示器有 CRT 显示器和 LCD 液晶显示器两种。目前,LCD 液晶显示器已基本取代了 CRT 显示器。

(2)打印机。它是微型计算机上十分重要的一种输出设备。现在的打印机种类和型号很多,打印的幅面一般分为 A4、A3 和 B4 几种。目前常用的打印机有针式、喷墨和激光打印

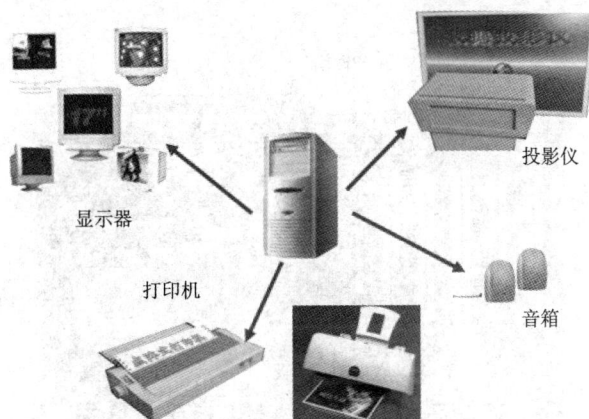

图 3 – 12 常见的输出设备

机,如图 3 – 13 所示。常用的打印机为激光打印机。在激光打印机中,有黑白与彩色两种,常用以黑白为主。

图 3 – 13 三种类型的打印机

打印机的工作原理是将主机中的二进制编码通过打印机的驱动程序以并行或串行接口传送至打印机控制器,通过控制器将电信号转换成机械或光信号打印输出。

3.3.6 外部设备与通信接口

1. 主板

电脑机箱主板,又叫主机板、系统板或母板。它安装在机箱内,是微机最基本的也是最重要的部件之一。主板一般为矩形电路板,上面安装了组成计算机的主要电路系统,也是微型计算机内部的各种器件载体,CPU、主存储器、总线等都在主板上,各种 I/O 适配器也是插在主板上的。

主板采用了开放式结构。主板上大都有 6 ~ 15 个扩展插槽,供 PC 机外围设备的控制卡(适配器)插接。通过更换这些插卡,可以对微机的相应子系统进行局部升级,使厂家和用户在配置机型方面有更大的灵活性。一般来说,主板是随 CPU 而变化的,即一种 CPU 有一种相应档次的主板。CPU 决定主板也决定计算机的性能和速度。CPU 升级涉及主板支持芯片组的变化,所以 CPU 升级一般要更换相应的主板。总之,主板在整个微机系统中扮演着举足轻重的角色。可以说,主板的类型和档次决定着整个微机系统的类型和档次。主板的性能影响着整个微机系统的性能。图 3 - 14 所示为一个主板实物图。

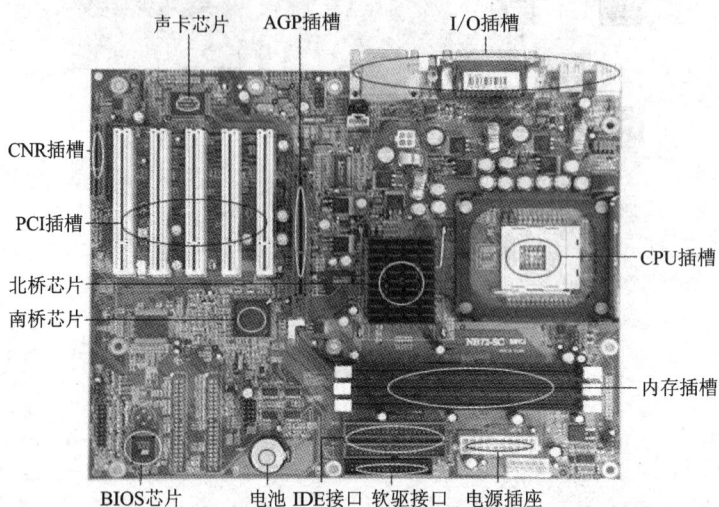

图 3 - 14   主板实物图

2. 总线与接口

在计算机中有很多部件，如 CPU、主存储器、外存储器、输入设备及输入设备等，它们各司其职，相互协调，构成一个为实现共同目标而协同工作的集合体。为实现这个目标，需要在各部件间建立统一的通路与相互间的接口，这是一个极其重要的部分。这部分的功能在这里用"总线与接口"来表示。

1）总线

总线是计算机硬件五大部件间需要有一条传输数据的通路，这种通路结构既要有方便性，又要有灵活性，它将五大部件紧密联系在一起。也就是说，总线是微型计算机在部件之间、设备之间传送信息的公共信号线。

2）接口

接口是外部设备与计算机相连的端口，外设总线通常以接口形式表现。计算机上常见的接口有 PS/2 接口、串行接口、并行接口、USB 接口等，如图 3 - 15 所示。

（1）PS/2 接口。它是一种 PC 兼容型计算机系统上的接口，可以用来链接键盘及鼠标。

（2）串行接口。简称串口，也称串行通信接口或串行通信接口，是采用串行通信方式的扩展接口。串行接口是指数据一位一位地顺序传送，其特点是通信线路简单，只要一对传输线就可以实现双向通信（可以直接利用电话线作为传输线），从而大大降低了成本，特别适用于远距离通信，但传送速度较慢。串口现在一般没有太大用处了。如图 3 - 15 中的 com 接口就是串行接口。

（3）并行接口。数据传输以字节为单位并行传送，这是一种高速传输端口，常用的如打印机、扫描仪等都用这种端口。并口接口一般连接老式的打印机，且有些税票打印机仅支持并行接口，但有些新款主板已经不提供并行接口了。如图 3 - 15 中的打印机接口就是并行接口。

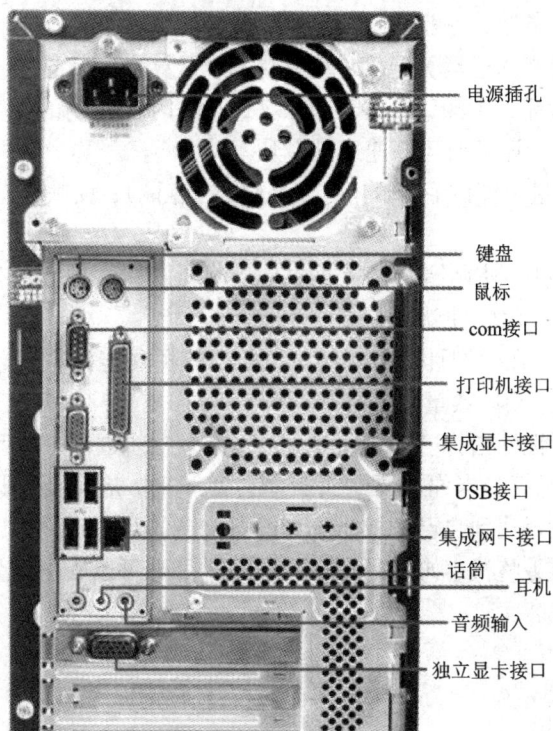

电源插孔

键盘
鼠标
com接口
打印机接口
集成显卡接口
USB接口
集成网卡接口
话筒
耳机
音频输入
独立显卡接口

图 3 - 15 常见的外设接口

(4) USB 接口。它是英文 Universal Serial Bus(通用串行总线)的缩写,是一个外部总线标准,用于规范电脑与外部设备的连接和通讯。它是应用在 PC 领域的接口技术,它能同时连接多个设备到主机且速度较快。USB 接口支持设备的即插即用和热插拔功能,它逐渐取代了传统的串行接口与并行接口。目前多种设备都用此种端口,如 U 盘、可移动硬盘、打印机等。

除上面介绍的常见的四种接口外,还有 RJ - 45 接口,主要用于连接网线。如图 3 - 15 中的集成网卡接口就是 RJ - 45 接口;显卡接口,有集成显卡接口和独立显卡接口;音频输入、耳机和话筒接口等。

3.3.7 微型计算机的性能指标

一台微型计算机功能的强弱或性能的好坏,不是由某项指标来决定的,而是由它的硬件组成和软件配置等多方面的因素综合决定的。但对于大多数普通用户来说,可以从以下几个主要的指标来大体评价计算机的性能。

(1)字长。字长是计算机的一个重要技术指标。字长是指 CPU 一次可以处理的二进制数的位数。一般说来,计算机在同一时间内处理的一组二进制数称为一个计算机的字,而这组二进制数的位数就是字长。字长直接反映了一台计算机的计算精度。字长越长,也就是说一个字所能表示的数据精度就越高,同时,数据处理的速度也越快。字长总是 8 的整数倍,通常 PC 机的字长为 16 位、32 位、64 位。目前市面上的计算机的字长基本都已达到 64 位。

(2)运算速度。这是衡量计算机性能的一项主要指标,它取决于每秒钟所能执行的指令条数。常用的单位为 MIPS（每秒钟百万条指令）。MIPS 只是衡量 CPU 性能的指标。它是指每秒钟所能执行的指令条数，一般用"百万条指令／秒"来描述。

微机一般采用主频来描述运算速度，主频越高，运算速度就越快。主频也是一项判定计算机运算速度的重要指标。主频，即主时钟频率，它是时钟周期的倒数，以兆赫兹（MHz）为单位。时钟频率越高，计算机的运算速度就越快。

（3）主存储器的容量。即内存条的容量（RAM 的容量），反映了计算机即时存储信息的能力。

（4）外存储器的容量。外存储器容量通常是指硬盘容量。外存储器容量越大，可存储的信息就越多，可安装的应用软件就越丰富。

（5）外设扩展能力。在微型计算机系统中，外设的扩展能力主要包括可以用来扩展外设的接口类型、接口性能、接口数量等。

以上只是一些主要性能指标。除了上述这些主要性能指标外，微型计算机还有其他一些指标，如软件的配置情况等。当你需要购买微型计算机时，应主要从以上基本性能入手，掌握计算机的配置情况是否达到自己的要求，再根据自己的经济情况考虑性价比来选用。如果是品牌机，可以直接购买整机；如果是自己组装机器，则可以先把配置定下来，再选择不同厂家的散件产品进行组装。

3.4　多媒体计算机

科学技术的飞速发展使信息社会产生日新月异的变化，今天的多媒体技术以极强的渗透力进入人类生活的各个领域，正改变着人类的学习、工作、生活和娱乐方式。科学技术是信息社会的核心技术。

3.4.1　多媒体技术概述

多媒体（multimedia）是多种媒体的综合，一般包括文字、图片、图形、图像、声音、动画和影片，以及程式所提供的互动功能等多种媒体形式。在计算机系统中，多媒体指组合两种或两种以上媒体的一种人机交互式信息交流和传播媒体。

多媒体技术是（Multimedia Technology）是利用计算机对文本、图形、图像、声音、动画、视频等多种信息综合处理、建立逻辑关系和人机交互作用的技术。多媒体技术的研究涉及计算机硬件、软件和计算机体系结构；编码学、数值处理方法；图形图像处理；声音和信号处理；人工智能；计算机网络和高速通信技术等。多媒体技术所涉及的对象均是计算机技术的产物，而其他的单纯事物，如电影、电视、音响等，均不属于多媒体技术研究的范畴。

多媒体技术不仅是时代的产物，也是人类历史发展的必然。从计算机发展的角度来看，自人类发明电子计算机以来，用户和计算机的交互技术就一直是推动计算机技术发展的一个重要因素。而多媒体技术将文字、声音、图形、图像集成一体，实现获取、存储、加工、处理、传输一体化，使人机交互达到了最佳的效果。

3.4.2　多媒体计算机组成

在多媒体计算机之前，传统的个人计算机处理的信息往往仅限于文字和数字，交流信息缺乏多样性。为了改变人机交互的接口，使计算机能够集声、文、图、像处理于一体，出现了具有多媒体处理能力的计算机。

多媒体计算机是指具有多媒体处理功能的个人计算机。事实上，多媒体计算机是在 PC 上增加了多媒体套件而构成的，即在原有的 PC 上增加了多媒体硬件和多媒体软件。

1. 多媒体硬件

多媒体硬件主要包括计算机主要配置、各种多媒体外部设备以及各种外部设备的接口卡。

1）主机

多媒体计算机的主机可以是中、大型机，也可以是工作站，然而目前更普遍的是多媒体个人计算机。

2）多媒体外部设备

多媒体外部设备一般为输入和输出设备。包括：①音频、视频输入设备，包括摄像机、录像机和话筒等；②音频、视频播放设备，包括投影电视、大屏幕投影仪和音响等；③人机交互设备，包括键盘、鼠标和手写输入设备等；④存储设备，包括磁盘、U 盘和光盘等。

3）多媒体接口卡

多媒体接口卡是根据多媒体系统获取、编辑音频或视频的需要插接在计算机上，以解决各种媒体数据的输入输出问题的接口卡。常用的接口卡有声卡、显卡、视频压缩卡、视频捕捉卡和视频播放卡等。

2. 多媒体软件

多媒体软件是多媒体技术的灵魂，作用是使用户能方便而有效地组织和运用多媒体数据。多媒体的软件可划分成不同的层次或类别，这种划分是在发展过程中形成的，并没有绝对的标准。按其功能可分为以下几种类别。

1）多媒体硬件驱动程序

多媒体硬件驱动程序一般是指多媒体设备驱动程序，是一种可以使计算机和设备通信的特殊程序。它相当于硬件的接口，操作系统只有通过这个接口，才能控制硬件设备的工作，若某多媒体设备的驱动程序未能正确安装，便不能正常工作。如视频卡、声卡、音响设备和录像机等多媒体硬件设备需要正常工作，就必须安装其对应的驱动程序。

2）多媒体系统软件

多媒体操作系统又称多媒体核心系统。它具有实时任务调度、多媒体数据转换和同步控制、多媒体设备的驱动和控制以及图形用户界面管理等。一般是在原有的操作系统基础上进行扩充和改造或重新设计而成的。

3）多媒体编辑软件

多媒体编辑软件指用于采集、整理和编辑各种媒体数据的软件，如文字处理软件、声音录制、图像扫描、全动态视频采集等。

4）多媒体创作软件

多媒体创作软件是基于多媒体操作系统基础上的媒体软件开发平台，可以帮助开发人员组织编排各种多媒体数据及创作多媒体应用软件，可用于集成汇编多媒体素材、设置交互控制的程序，比较有名的多媒体创作软件有交互式多媒体制作软件 Authorware、多媒体项目的集成开发软件 Director、互动课件编辑软件 Toolbook 等。

5）多媒体播放软件

多媒体软件制作完成以后需要在计算机上播放，以便用户学习或欣赏。由于多媒体制作软件类型较多，它们制作完成的软件存放的格式各不相同，为了能播放这些不同格式的文件，常需要不同的播放软件来支持。最初的多媒体播放软件通常是与多媒体文件格式一一对应的，因此，为了能够播放多种格式的多媒体文件，用户必须安装多种播放软件。但随着多媒体应用的不断发展，出现了集成式多媒体播放器软件，它们在支持多种格式多媒体文件播放的同时，还保持着统一的用户操作界面。如 Windows 系统中的媒体播放器、暴风影音播放器和 BS Player 等。

3.4.3 多媒体信息数字化

多媒体信息数字化就是将文字、图片、照片、声音、动画等多种媒体信息转变为一系列二进制代码，引入计算机内部，进行统一处理，这就是多媒体信息数字化的基本过程。也就是说，计算机要直接存储和处理的信息只有二进制 0 和 1 序列串，而多媒体计算机要对文字、图片、照片、声音、动画和影片进行处理，就必须把它们转换成计算机能直接处理的二进制序列串才行。

1. 数字化文本信息处理

文本是以文字、数字和各种符号表达的信息形式，是现实生活中使用最多的信息媒体。在多媒体计算机中，文字和数值都是用二进制编码表示的，文字信息和数值信息统称为文本信息。文本信息主要由 ASCII 码表所规定的字符集（包括字母、数字、特殊符号等）和汉字信息交换码所规定的中文字符集中的字符组合而成，习惯上把前者称为西文字符，而把后者称为中文字符。不管是由 ASCII 码所处理的西文字符，还是由汉字信息交换码所处理的中文字符，它们的功能都是将这些所表示的字符或字转换成计算机能直接处理的二进制序列串，这就是文本数字化处理。

2. 数字音频信息处理

音频信息要能在计算机中得到处理，就必须转换成计算机能直接处理的二进制序列串。因此，数字音频是通过采样、量化和编码的方式，把用模拟量表示的音频信号转换成由许多二进制数 1 和 0 组成的数字音频信号。

音频信息数字化的过程在第 2 章已经作了详细介绍，在此不再重复。

采样频率越高，量化数越多，而编码用的二进制位数也就越多。因此，决定音频的数据量的大小有三个因素：采样频率、量化位数和记录的声道数。常见的采样频率有：11.025 kHz，适用于语音信号；22.05 kHz，适用于要求不太严格的背景音乐；44.1 kHz，适用于高保真音乐。常见的量化位数有 8 位、16 位、24 位、32 位。CD 唱片所记录的数字化音频量化位数 16 位，DVD 所记录的数字化音频量化位数 24 位。声道数，即采样时同时生成的波形个数。如果一次生成一个声波数据，则称为单声道；若一次生成两个声波数据，则称为双声道或立体声。立体声数字化后的数据量是单声道数据量的两倍。

其音频文件数据量的计算公式为：

音频文件数据量（字节）＝采样时间×（采样频率×量化位数×声道数）/8

例：录制一段时长 5 min、采样频率为 44.1 kHz、量化位数为 16 位、立体声声音的格式音频，需要的磁盘存储空间大约是多少？

存储量 $= 5 \times 60 \times 44.1 \times 1000 \times 16 \times 2/8 \approx 50.5 \text{MB}$

3. 数字图形与图像处理

1）数字图形与图像的基本概念

数字图像分为两类：矢量图和位图。①矢量图是用数学方法，将点、线、多边形等图元组合而成的图像，我们可以用这些图元建立复杂的图形；②位图是用物理方法，将像素按点阵的方式排列而成的图像，其中像素是一个小方格。简单来说，图像是由很多个像素组成的。通常把矢量图称为图形，位图称为图像。

矢量图，即图形，它的特点是任意放大也不会产生锯齿效应，即可以任意缩放而不失真。因此，图形适用于描述轮廓不很复杂、色彩不是很丰富的对象，如：几何图形、工程制图和CAD、标志设计等；而位图，即图像，它的清晰度与像素的多少有关，单位面积内像素点数目越多，则图像越清晰，反之则图像越模糊。

2）图像的数字化过程

要在计算机中处理图像，必须先把图像数字化，并转变成计算机能够接受的显示和存储格式，然后再用计算机进行分析处理。图像的数字化过程主要分采样、量化与编码三个步骤。

（1）采样。

采样的实质就是要用多少点来描述一幅图像，采样结果质量的高低就是用图像分辨率来衡量。其中图像分辨率是指每英寸图像内有多少个像素点，分辨率的单位为 PPI（Pixels Per Inch），通常读作像素每英寸。图像分辨率的表达方式也是"水平像素数×垂直像素数"。若一幅图像的分辨率为 1024×768，它的含义是图像水平方向含有像素数 1024 个，垂直方向含有像素数 768 个。

（2）量化。

量化是指要使用多大范围的数值来表示图像采样之后的每一个点。根据存储方式的不同，图像可分成不同的模式，常见的图像模式有黑白模式、灰度模式和 RGB 模式 3 种。

黑白模式的图像只包含黑、白两种颜色信息，一个像素只需用一个二进制位来记录，所以占用存储空间较少。

灰度模式的图像除包含黑、白两种颜色外，还包含黑与白之间不同深度的灰色，这样一个像素就要用多个二进制来记录，如用 8 个二进制位记录一个像素的颜色信息，则可产生256 种不同的灰度。

RGB 模式的图像，每一个像素的颜色都是由计算机三基色红（R）、绿（G）、蓝（B）混合调制出来的。关于 RGB 颜色数字化在 2.3.4 节已作介绍。

一般情况下，可用 8 位、16 位、24 位或更高的量化字长来表示图像的颜色。量化字长越长，则越能真实反映原有的图像的颜色，但得到的数字图像的容量也越大。

（3）编码。

数字化后得到的图像数据量十分巨大，必须采用编码技术来压缩其信息量。在一定意义上讲，编码压缩技术是实现图像传输与储存的关键。已有许多成熟的编码算法应用于图像压缩。常见的有图像的预测编码、变换编码、分形编码、小波变换图像压缩编码等。

为了使图像压缩标准化，20 世纪 90 年代以来，国际电信联盟 ITU、国际标准化组织 ISO和国际电工委员会 IEC 已经制定并继续推出一系列静止和活动图像编码的国际标准，已批准的标准主要有 JPEG 标准、MPEG 标准、H.261 等。

4. 数字动画与视频处理

1）动画与视频的基本概念

动画是由若干幅图像进行连续播放而产生的具有运动感觉的连续画面。运动的图画，实质是一幅幅静态图像的连续播放。

而视频源于电视技术，它由连续的画面组成。这些画面以一定的速率连续地投射在屏幕上，使观察者具有图像连续运动的感觉。从摄像机、录像机、影碟机以及电视接收机等影像输出设备得到的连续活动图像信号是典型的视频信号。

动画和视频的共同特点是每幅图像都是前后关联的，通常后幅图像是前幅图像的变形，一幅图像称为帧。帧以一定的速率（fps，帧/秒）连续投射在屏幕上，就会产生连续运动的感觉。当播放速率在 24fps 以上时，人的视觉就会有自然连续感。

2）视频的数字化

视频的数字化是指在一段时间内以一定的速度对视频信号进行捕获并加以采样后形成数字化数据的处理过程。

数字化后的视频经过编码、压缩后，形成不同格式和质量的数字视频，可适应不同的处理和应用要求。

3.4.4　多媒体数据压缩

1. 基本概念

多媒体信息的数据量非常大，如一幅 1024×768 分辨率的 24 位真彩色图像的数据量约为 2.25MB（$1024 \times 768 \times 24\text{bit}$），若每秒传送 30 帧，其每秒的数据量约为 67.5MB/s（$2.25\text{MB} \times 30$），若存放一部 90min 的影片，其数据量约为一个存储容量为 356GB（$67.5\text{MB} \times 90 \times 60$）。显然，这样大的数据量不仅超出了计算机的存储和处理能力，更是当前通信信道的传输率所不及的。为了存储、处理和传输多媒体数据，必须对数据进行压缩。相比之下，文本和语音的数据量较小，且基本压缩方法已经成熟，因此目前的数据压缩研究主要集中于图像和视频信息的压缩方面。

数据压缩是通过数学运算将原来较大的文件变为较小文件的数字处理技术，它是把压缩数据还原成原始数据或与原始数据相近的数据的技术。数据压缩通常可分为无损压缩和有损压缩两种类型。

1）无损压缩

无损压缩利用数据的冗余进行压缩，解压缩后可完全恢复原始数据，而不引入任何数据失真。其中静止图像的数据冗余指的是在规则的物体和背景都具有空间上的连贯性，这些图像数字化后会出现数据冗余，而运动图像和语音数据的前后有很强的相关性，经常包含了数据冗余。但无损压缩率受到冗余理论的限制，一般为 2:1 到 5:1。这类方法广泛用于文本数据、程序和特殊应用场合的图像数据的压缩。由于压缩比的限制，仅使用无损压缩方法不可能解决图像和数字视频的存储和传输问题。

2）有损压缩

有损压缩方法是利用人类视觉对图像中的某些频率成分不敏感的特性，或人耳对不同频率的声音的敏感性不同，允许压缩过程中损失一定的信息；虽然不能完全恢复原始数据，但是所损失的部分对理解原始数据的影响较小,却换来了更大的压缩比。有损压缩广泛应用于语音、图像和视频数据的压缩。

2. 常见压缩标准

1)JPEG 静止图像压缩标准

国际标准化组织 ISO 和国际电报电话咨询委员会 CCITT 联合成立的专家组 JPEG(joint photographic experts group)经过 5 年艰苦细致的工作后,于 1991 年 3 月提出了多灰度静止图像的数字压缩编码(通常简称为 JPEG 标准)。这个标准适合彩色和单色多灰度等级的图像进行压缩处理。

JPEG 算法主要存储颜色变化,尤其是亮度变化,因为人眼对亮度变化要比对颜色变化更为敏感。JPEG 算法的设计思想是:恢复图像时不重建原始画面,而是生成与原始画面类似的图像,丢掉那些没有被注意到的颜色。

JPEG 压缩技术十分先进,它用有损压缩方式去除冗余的图像数据,在获得极高的压缩率的同时能展现十分丰富生动的图像,换句话说,就是可以用最少的磁盘空间得到较好的图像品质。而且 JPEG 是一种很灵活的格式,具有调节图像质量的功能,允许用不同的压缩比例对文件进行压缩,支持多种压缩级别,压缩比率通常在 10∶1 到 40∶1 之间,压缩比越大,品质就越低;相反,压缩比越小,品质就越高。

2)MPEG 运动图像压缩标准

MPEG(moving picture experts group,动态图像专家组)是国际标准化组织 ISO 与国际电工委员会 IEC 于 1988 年成立的专门针对运动图像和语音压缩制定国际标准的组织。MPEG 负责开发电视图像和声音的数据编码和解码标准,这个专家组开发的标准都称为 MPEG 标准。到目前为止,已经开发和正在开发的 MPEG 标准有 MPEG-1、MPEG-2、MPEG-4、MPEG-7、MPEG-21 等。

MPEG 运动图像压缩标准旨在解决视频图像压缩、音频压缩及多种压缩数据流的复合与同步,它很好地解决了计算机系统对庞大的音像数据的吞吐、传输和存储问题,使影像的质量和音频的效果达到令人满意的程序。它是视频图像压缩的一个重要标准。

3.4.5　多媒体数据传输

随着 Internet 的普及,在网络上传输的资料不只是文字和图形,人们对网上视/音频的传输要求也越来越高。因此,在进行多媒体数据的传输时,为了使各种媒体数据能协调工作,必须对这些数据进行有效的表达和适当的处理。

多媒体数据传输在网络上主要有两种方式。

(1)下载。

下载是传统的传输方式,指用户必须先下载完整的多媒体文件至本地才能播放,这种方式的延时很大,因为音/视频文件一般都比较大,需要的存储容量也比较大,同时受到网络带宽的限制,下载一个文件很耗时,根据文件的大小,可能往往需要几分钟甚至几个小时。这种方式不但浪费下载时间、硬盘空间,使用起来还非常不方便。

(2)流媒体技术。

面对有限的带宽,实现网络的视频、音频、动画传输的最好解决方案就是流式媒体的传输方式。通过流式方式进行传输,即使在网络非常拥挤的条件下,也能提供清晰、不中断的影音传输，实现网上动画、影音等多媒体的实时播放。

　　流媒体就是指采用流式传输技术在网络上连续实时播放的媒体格式，如音频、视频或多媒体文件。流媒体技术也称流式媒体技术。所谓流媒体技术，就是把连续的影像和声音信息经过压缩处理后放上网站服务器，由视频服务器向用户计算机顺序或实时地传送各个压缩包，让用户一边下载一边观看、收听，而不要等整个压缩文件下载到自己的计算机上才可以观看的网络传输技术。该技术先在使用者端的计算机上创建一个缓冲区，在播放前预先下一段数据作为缓冲，在网路实际连线速度小于播放所耗的速度时，播放程序就会取用一小段缓冲区内的数据，这样可以避免播放的中断，也使得播放品质得以保证。常见的流媒体文件格式有 RM 文件格式、RA 文件格式、ASF 文件格式和 SWF 文件格式等。

3.5　本章小结

　　本章从计算机系统的角度讨论了计算机的组成及其相关的硬件基础知识，介绍了冯·诺依曼计算机体系结构、计算机的工作原理，还对微型计算机做了详细介绍。本章还详细介绍了多媒体计算机由多媒体硬件和多媒体软件组成，并介绍了多媒体计算机能对文字、图片、声音和动画等进行数字化处理。此外，本章还介绍了多媒体数据压缩和数据传输。

思考题与习题

一、思考题

1. 计算机系统由哪两大部分组成？两者之间的关系是怎样的？
2. 计算机硬件系统由哪些部分组成？什么是冯·诺依曼体系结构？
3. 什么是指令？
4. 内存和外存各有什么特点？
5. 微型计算机的主要性能指标有哪些？
6. 为什么要对多媒体数据进行压缩？
7. 什么是流媒体技术？

二、选择题

1. 通常人们所说的一个完整的计算机系统应该包括(　　)。
   A. 主机和外用设备
   B. 通用计算机和专用计算机
   C. 系统软件和应用软件
   D. 硬件系统和软件系统
2. 计算机主机包括(　　)。
   A. 外存储器　　　　　　　　　B. 主存储器
   C. 显示器　　　　　　　　　　D. 键盘
3. 程序由(　　)组成。
   A. 指令　　　　　　　　　　　B. 数据
   C. 字　　　　　　　　　　　　D. 字节

4.辅助存储器也是一种(　　　)。

A.接口　　　　　　　　　　　　B.存储器

C.运算器　　　　　　　　　　　D.控制器

5.我们通常所说的内存条是指(　　　)。

A.RAM　　　　　　　　　　　　B.ROM

C.CD – ROM　　　　　　　　　D.PROM

6.微型机中,运算器的主要功能是(　　　)。

A.控制计算机的运行　　　　　　B.算术运算和逻辑运算

C.分析指令并执行　　　　　　　D.负责存取存储器中数据

7.计算机能直接识别和处理的语言是(　　　)。

A.汇编语言　　　　　　　　　　B.自然语言

C.机器语言　　　　　　　　　　D.高级语言

8.以下说法错误的是(　　　)。

A.声音的采样频率越高,量化数越多,编码所用的二进制位数也就越多。

B.数据压缩通常可分为无损压缩和有损压缩两种类型。

C.矢量图,即图形,它的特点是任意缩放时,矢量图会失真。

D.位图的清晰度与像素的多少有关,单位面积内像素点数目越多则图像越清晰,反之则图像越模糊。

第4章　计算机软件

软件是用户与硬件之间的接口界面，用户主要是通过软件与计算机进行交流，软件是计算机系统设计的重要依据。为了方便用户，使计算机系统具有较高的总体效用，在设计计算机系统时，必须通盘考虑软件与硬件的结合，以及用户的要求和软件的要求。计算机软件系统是计算机的灵魂，也是计算机应用的关键。

本章节将从资源管理和用户使用两个角度对计算机操作系统的基本概念、工作原理及实现机制进行阐述，并通过数据库管理系统对海量数据进行有效存储和管理，高效地获取和处理数据。

【学习目标】

1. 掌握计算机软件的概念，并了解计算机软件的分类；
2. 掌握操作系统的概念及主要功能；
3. 了解数据库管理系统；
4. 掌握 SQL 结构化查询语言。

4.1　计算机软件的概念

软件（software）是一系列按照特定顺序组织的计算机数据和指令，是计算机中的非有形部分。它是一种产品，也是开发和运行产品的载体。软件包括在运行中能提供所希望的功能和性能的指令集（即程序），使程序能够正确运行的数据结构以及描述程序研制过程和方法所用的文档。软件早期依附于硬件，现在已经成为单独产品，形成了专门的软件工程学科。

人们在工作和学习中，经常接触到各式各样的软件。研发过程中需要根据不同类型的工程对象采用不同的开发和维护，因此有必要从软件功能、软件工作方式、软件规模、软件失效的影响及软件服务对象的范围等来对软件进行合理的分类。

软件按应用范围，一般可划分为系统软件、应用软件，如图 4-1 所示。

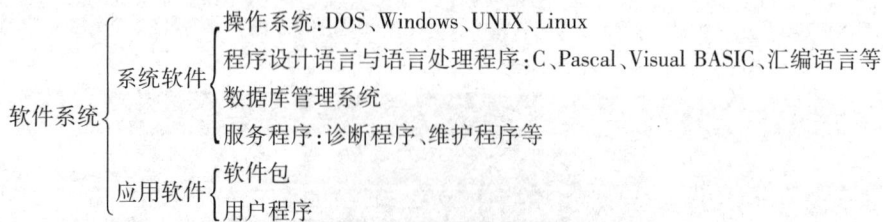

```
                    ┌ 操作系统：DOS、Windows、UNIX、Linux
              系统软件│ 程序设计语言与语言处理程序：C、Pascal、Visual BASIC、汇编语言等
              ┤      │ 数据库管理系统
软件系统 ┤            └ 服务程序：诊断程序、维护程序等
              │      ┌ 软件包
              应用软件┤
                    └ 用户程序
```

图 4-1　软件系统的划分

4.1.1 系统软件的分类

系统软件是指控制和协调计算机及外部设备，支持应用软件开发和运行的系统，是无须用户干预的各种程序的集合，主要功能是调度、监控和维护计算机系统；负责管理计算机系统中各种独立的硬件，使得它们可以协调工作。系统软件使得计算机使用者和其他软件将计算机当作一个整体，而不需要顾及底层每个硬件是如何工作的。

系统软件主要包括操作系统、程序设计语言与语言处理程序、数据库管理系统以及各种实用的服务程序。

1）操作系统

操作系统管理计算机的硬件设备，使应用软件能方便、高效地使用这些设备。在计算机软件中最重要且最基本的就是操作系统（OS）。它是最底层的软件，它控制所有计算机运行的程序并管理整个计算机的资源，是计算机裸机与应用程序及用户之间的桥梁。没有它，用户也就无法使用某种软件或程序。操作系统是计算机系统的控制和管理中心，从资源角度来看，它具有处理机、存储器管理、设备管理、文件管理等功能。

常用的操作系统有 DOS 操作系统、Windows 操作系统、Unix 操作系统和 Linux、Netware 等操作系统。

2）程序设计语言

程序设计语言是指用于人与计算机之间交流的语言。语言分为自然语言与人工语言两大类。自然语言是人类在自身发展的过程中形成的语言，是人与人之间传递信息的媒介。人工语言指的是人们为了某种目的而自行设计的语言。计算机语言就是人工语言的一种，是人与计算机之间传递信息的媒介。

计算机程序设计语言经历了从机器语言、汇编语言到高级语言的发展历程。

● 机器语言：机器语言（machine language）是机器能直接识别的程序语言或指令代码，无须经过翻译，每一个操作码在计算机内部都有相应的电路来完成，也可指不经翻译即能为机器直接理解和接受的程序语言或指令代码。机器语言使用绝对地址和绝对操作码。不同的计算机都有各自的机器语言，即指令系统。从使用的角度来看，机器语言是最低级的语言。

一条指令就是机器语言的一个语句，它是一组有意义的二进制代码，指令的基本格式包括操作码字段和地址码字段，其中操作码指明了指令的操作性质及功能，地址码则给出了操作数或操作数的地址。

用机器语言编写程序，编程人员要首先熟记所用计算机的全部指令代码和代码的含义。手编程序时，程序员得自己处理每条指令和每一数据的存储分配和输入输出，还得记住编程过程中每步所使用的工作单元处在何种状态。这是一项十分烦琐的工作。编写程序花费的时间往往是实际运行时间的几十倍或几百倍。而且，编出的程序全是 0 和 1 的指令代码，直观性差，容易出错。除了计算机生产厂家的专业人员外，绝大多数程序员已经不再学习机器语言了。

● 汇编语言：汇编语言（assembly language）是一种用于电子计算机、微处理器、微控制器或其他可编程器件的低级语言，亦称为符号语言。在汇编语言中，用助记符代替机器指令的操作码，用地址符号或标号代替指令或操作数的地址。在不同的设备中，汇编语言对应着不同的机器语言指令集，通过汇编过程转换成机器指令。特定的汇编语言和特定的机器语言指令集是一一对应的，不同平台之间不可直接移植。汇编语言不像其他大多数的程序设计语言一样被广泛用于程序设计。在今天的实际应用中，它通常被应用在底层，即硬件操作和高要求的程序优化的场合。驱动程序、嵌入式操作系统和实时运行程序都需要汇编语言。

• 高级语言：高级语言(high‐level programming language)相对于机器语言是一种指令集的体系。在这种语言下，其语法和结构更类似于汉字或者普通英文，且由于远离对硬件的直接操作，使得一般人经过学习之后都可以编程。高级语言通常按其基本类型、代系、实现方式、应用范围等分类。常用的高级语言有：BASIC(适合初学者应用)、FORTRAN(用于数据计算)、C/C++(用于编写系统软件、教学)、Ada(用于编写大型软件)、Lisp(用于人工智能)等。不同的语言有其不同的功能，人们可根据不同领域的需要选用不同的语言。

高级语言并不是特指的某一种具体的语言，而是包括很多编程语言，如流行的 Java，C，C++，C#、Pascal、Python、Lisp、Prolog、FoxPro，易语言，中文版的 C 语言等，这些语言的语法、命令格式都不相同。

高级语言与计算机的硬件结构及指令系统无关，它有更强的表达能力，可方便地表示数据的运算和程序的控制结构，能更好地描述各种算法，而且容易学习掌握。但高级语言编译生成的程序代码一般比用汇编程序语言设计的程序代码要长，执行的速度也较慢。所以汇编语言适合编写一些对速度和代码长度要求高的程序和直接控制硬件的程序。高级语言、汇编语言和机器语言都是用于编写计算机程序的语言。

高级语言程序"看不见"机器的硬件结构，不能用于编写直接访问机器硬件资源的系统软件或设备控制软件。为此，一些高级语言提供了与汇编语言之间的调用接口。用汇编语言编写的程序，可作为高级语言的一个外部过程或函数，利用堆栈来传递参数或参数的地址。

从第一个编程语言问世到现今，共有几百种高级编程语言出现，很多语言成了编程语言发展道路上的里程碑，影响很大。编程语言大致可以分为以下几种类型。

• 命令式语言：这种语言的语义基础是模拟"数据存储/数据操作"的图灵机可计算模型，十分符合现代计算机体系结构的自然实现方式。其中产生操作的主要途径是依赖语句或命令产生的副作用。现代流行的大多数语言都是这一类型，比如 Fortran、Pascal、Cobol、C、C++、Basic、Ada、Java、C# 等，各种脚本语言也被看作是此种类型。

• 函数式语言：这种语言的语义基础是基于数学函数概念的值映射的 λ 算子可计算模型。这种语言非常适合于进行人工智能等工作的计算。典型的函数式语言有 Lisp、Haskell、ML、Scheme、F#等。

• 逻辑式语言：这种语言的语义基础是基于一组已知规则的形式逻辑系统。这种语言主要用在专家系统的实现中。最著名的逻辑式语言是 Prolog。

• 面向对象语言：现代语言中的大多数都提供面向对象的支持，但有些语言是直接建立在面向对象基本模型上的，语言的语法形式的语义就是基本对象操作。主要的纯面向对象语言是 Smalltalk。

虽然各种语言属于不同的类型，但它们各自都不同程度地对其他类型的运算模式有所支持。高级语言的下一个发展目标是面向应用，也就是说，只需要告诉程序你要干什么，程序就能自动生成算法，自动进行处理，这就是非过程化的程序语言。

3)语言处理程序
语言处理程序是将用程序设计语言编写的源程序转换成机器语言的形式，以便计算机能够运行，这一转换是由翻译程序来完成的。翻译程序除了要完成语言间的转换外，还要进行语法、语义等方面的检查。翻译程序统称为语言处理程序，有汇编程序、编译程序和解释程序三种类型。

汇编程序是把汇编语言书写的程序翻译成与之等价的机器语言程序的翻译程序。汇编程序输入的是用汇编语言书写的源程序，输出的是用机器语言表示的目标程序。汇编语言是为特定计算机或计算机系列设计的一种面向机器的语言，由汇编执行指令和汇编伪指令组成。采用汇编语言编写程序虽不如高级程序设计语言简便、直观，但是汇编出的目标程序占用内存较少、运行效率较高，且能直接引用计算机的各种设备资源。它通常用于编写系统的核心部分程序，或编写需要耗费大量运行时间和实时性要求较高的程序段。

编译程序也称为编译器，是指把用高级程序设计语言书写的源程序，翻译成等价的机器语言格式目标程序的翻译程序。编译程序属于采用生成性实现途径实现的翻译程序。它以高级程序设计语言书写的源程序作为输入，而以汇编语言或机器语言表示的目标程序作为输出。编译出的目标程序通常还须经历运行阶段，以便在运行程序的支持下运行，加工初始数据，算出所需的计算结果。

解释程序由一个总控程序和若干个执行子程序组成。解释程序的工作过程如下：首先，由总控程序执行初始准备工作，置工作初态；其次，从源程序中取一个语句 S，并进行语法检查。如果语法有错，则输出错误信息；否则，根据所确定的语句类型转去执行相应的执行子程序。返回后检查解释工作是否完成，如果未完成，则继续解释下一语句；否则，进行必要的善后处理工作。

高级语言翻译程序是将高级语言编写的源程序翻译成机器指令的工具。计算机将高级语言源程序翻译成机器指令时，通常有两种翻译方式：编译方式和解释方式，具体如图 4 - 2 所示。

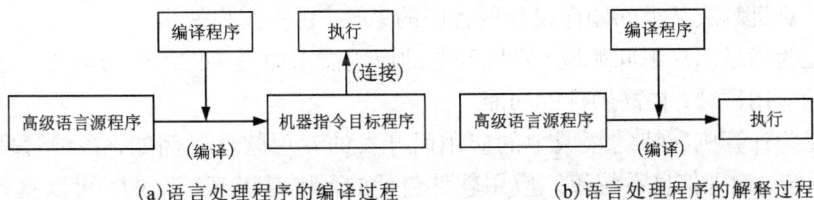

(a)语言处理程序的编译过程　　　　　(b)语言处理程序的解释过程

图 4 - 2　计算机语言处理程序的翻译过程

4）数据库管理系统（DBMS）

数据库管理系统（database management system）是一种操纵和管理数据库的大型软件，用于建立、使用和维护数据库，简称 DBMS。它对数据库进行统一的管理和控制，以保证数据库的安全性和完整性。用户通过 DBMS 访问数据库中的数据，数据库管理员也通过 DBMS 进行数据库的维护工作。它可使多个应用程序和用户通过不同的方法在同一时刻或不同时刻去建立、修改和询问数据库。大部分 DBMS 提供数据定义语言 DDL（data definition language）和数据操作语言 DML（data manipulation language），供用户定义数据库的模式结构与权限约束，实现对数据的追加、删除等操作，如图 4 - 3 所示。

数据库(data base,DB)是存储在一起的相关数据的集合,这些数据是结构化的、无不必要的冗余和可以共享的。数据的存储独立于使用它的应用程序,这些应用程序对数据库的所有操作,如插入新数据、修改、删除数据、检索数据、对数据进行统计等都必须通过数据库管理系统来进行。

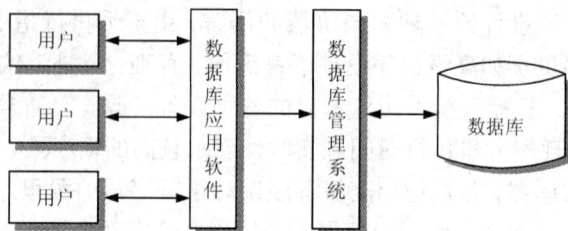

图4-3　数据库管理系统

数据库应用软件是使用高级程序设计语言开发的用于特定目的的软件,比如教务管理系统、财务金融管理系统、银行管理系统等。

5)各种实用服务程序

实用服务程序能配合各类其他系统软件为用户的应用提供方便和帮助。如磁盘及文件管理软件等。在 Windows 的附件中也包含了系统工具,包括磁盘碎片整理程序、磁盘清理等实用工具程序。

4.1.2　应用软件

应用软件(application software)是和系统软件相对应的,是用户可以使用的各种程序设计语言,以及用各种程序设计语言编制的应用程序的集合,分为应用软件包和用户程序。应用软件包是利用计算机解决某类问题而设计的程序的集合,供多用户使用。

应用软件是为满足用户不同领域、不同问题的应用需求而提供的那部分软件。它可以拓宽计算机系统的应用领域,提高硬件的功能。

应用软件是为计算机在特定领域中的应用而开发的专用软件。例如,各种管理信息系统、飞机订票系统、地理信息系统等。应用软件包括的范围是极其广泛的,可以这样说,哪里有计算机应用,哪里就有应用软件。应用软件不同于系统软件,系统软件是利用计算机本身的逻辑功能,合理地组织用户使用计算机的硬、软件资源,以充分利用计算机的资源,最大限度地发挥计算机效率,便于用户使用、管理为目的;而应用软件是用户利用计算机和它所提供的系统软件,为解决自身的、特定的实际问题而编制的程序和文档。

4.1.3　计算机软件与硬件的关系

一个完整的计算机系统包括硬件系统和软件系统两大部分。

(1)硬件:是指计算机系统中由电子、机械和光电元件等组成的各种物理装置的总称。这些物理装置按系统结构的要求构成一个有机整体,为计算机软件运行提供物质基础。简言之,计算机硬件的功能是输入并存储程序和数据,以及执行程序把数据加工成可以利用的形式。在用户需要的情况下,以用户要求的方式进行数据的输出。

（2）软件：是指计算机系统中的程序及其文档，程序是计算任务的处理对象和处理规则的描述；文档是为了便于了解程序所需的阐明性资料。程序必须装入机器内部才能工作，文档一般是给人看的，不一定装入机器，是对硬件功能的扩充和完善，它的运行最终被转换为对硬件的操作。没有任何软件支持的计算机称为"裸机"，在裸机上只能运行机器语言源程序，几乎不具备任何功能，无法完成任何任务。

硬件处于最底层，是计算机系统的物质基础，硬件系统的发展给软件系统提供了良好的开发环境；软件是提高计算机系统效率和方便用户使用计算机的程序扩展。它们二者相互依赖、相互促进、共同发展。

实用的软件能充分发挥硬件的性能，提升计算机的价值。各类软件技术的最终目的就是设计出好的软件，以便最大限度地合理利用和发挥硬件的能力，使计算机系统更好地为用户服务，是硬件的灵魂及核心部分。

4.2　操作系统概述

一个计算机系统可以划分为硬件资源和软件资源两大部分。硬件资源包括中央处理器（CPU）、存储器（内存和外存）和各种外部设备（输入输出装置）。软件资源包括各类程序和数据，如各种语言的编译和解释程序、链接、编辑程序、数据库管理系统等。操作系统是计算机软件资源中的重要组成之一，是一种系统程序。在所有软件中，操作系统是紧挨着硬件的第一层软件（图 4 -4），是对硬件功能的首次扩充，所有其他软件都必须在操作系统的支撑下才能建立和运行。因此，操

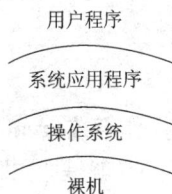

图 4 - 4　操作系统与软、硬件的关系

作系统不仅是硬件与所有其他软件的接口，而且是整个计算机系统的控制和管理中心，起着"裸机中枢神经"的作用。操作系统是现代计算机系统必不可少的关键组成部分。

4.2.1　操作系统的分类

随着计算机软硬件技术的发展，已经形成了各种类型的操作系统以满足不同应用的要求。按照操作系统的使用环境和对作业的处理方式，操作系统可分为以下几种。

1. 批处理操作系统（batch processing system）

在批处理系统中，各用户将作业提交给系统操作员（或计算机），由操作系统将作业按规定的格式组织存入磁盘的某个区域，然后按照某种调度策略选择一个或几个作业调入内存中进行处理；内存中各个作业交替执行，处理的步骤可由用户预先设定，作业输出结果也由操作系统存入磁盘的某个区域后，再由操作系统控制输出。

"多道"和"成批"是批处理系统的两大特点。"多道"是指系统内允许有多个作业，这些作业存放在外存中，组成一个后备队列，系统按照一定的调度策略从后备队列中选取一个或多个作业进入内存运行。"成批"的特点是指在作业运行过程中不允许用户直接干预操作，作业的装入、运行，以及结果的输出都由系统自动实现，从而大大压缩了两个作业之间的转换时间，在系统中形成一个自动转接的连续作业流。批处理操作系统所追求的目标是资源利用

率高，作业吞吐量大及操作流程的自动化。

2. 分时操作系统(time sharing system)

分时系统允许多个用户同时联机使用计算机。"分时"即多个用户对系统资源进行时间上的分享，一台分时计算机系统联有若干台本地或远程终端，多个用户可在各自的终端上向系统发出服务请求，以交互方式使用计算机，如图4-5所示。

分时系统的响应时间是指用户发出终端命令到系统响应所需时间，是衡量分时系统性能的主要指标。

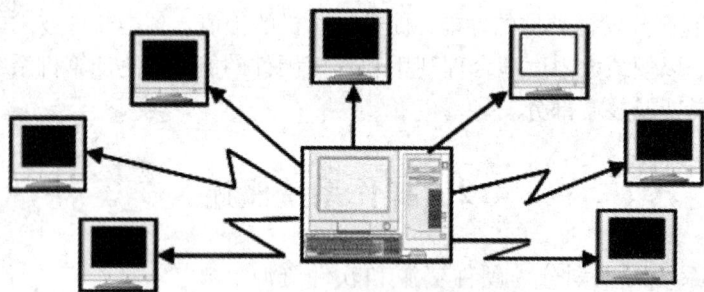

图4-5 分时系统

3. 实时操作系统(real time system)

所谓"实时"就是"立即"或"及时"，其具体含义是指系统能及时响应随机发生的外部事件，并以足够快的速度完成对该事件的处理。

实时操作系统是为了支持如工业过程控制、飞行物及火炮发射等自动控制系统等有实时要求的应用系统而设计的。

4. 网络操作系统(network operating system, NOS)

计算机网络是通过通信设施将若干本地或远程的独立的计算机系统互连起来，实现信息交换、资源共享、互操作与协作处理的系统。网络操作系统除了具有基本类型的操作系统所具备的资源管理和服务功能外，还在原来各自计算机操作系统上，按照网络体系结构的各个协议标准进行开发。

网络操作系统可以从不同的角度进行分类。从网络地理范围上，可分为广域网操作系统和局域网操作系统。按提供的服务方式或控制方式，可分为客户/服务器结构的网络操作系统和对等结构的网络操作系统。

5. 分布式操作系统(distributed operating system)

与NOS一样，分布式系统也是通过通信网络将物理上分布的具有自治功能的数据处理系统或计算机系统互连起来，实现信息交换和资源共享，协作完成任务。分布式系统是一个不共享公共存储器的处理机的集合，每个处理单元都包含有处理机和局部存储器。分布式操作系统强调的是分布处理、计算。由于分布式系统更强调分布式计算和处理，因此对于多机合作和系统重构、坚强性和容错能力有更高的要求。更短的响应时间、更大的吞吐量、更高的可靠性是分布式操作系统所追求的目标。

4.2.2　操作系统的特征

多道程序系统的引入，提高了 CPU 的利用率，但也给操作系统的设计和实现带来了许多复杂问题，为了进一步了解现代操作系统的原理和实现机制，从资源管理和用户服务的观点出发，操作系统具有如下的特征。

1. 并发性

并发性是指多个事件同时发生。在多道程序系统中，多道程序同时驻留内存，它们是轮流交替地被 CPU 所调用，从宏观上看，它们"同时"处于运行状态，称为"多道程序"并发执行。因此，并发性是一种逻辑的宏观上的同时概念。

操作系统是管理并发系统的程序集合。操作系统的并发性体现在操作系统自身各程序之间，与用户程序以及系统应用程序之间的并发执行。操作系统能有效地控制和管理系统中的各种并发活动。

2. 共享性

共享性是指多道程序或多个用户共同使用有限的资源。共享性是现代操作系统的一个最大特点，是操作系统所追求的主要目标之一，操作系统的主要职能之一就是组织好对资源的共享，使系统资源得到高效利用。

共享通常有两种方式：

（1）互斥共享：也称顺序共享，所有系统资源均可顺序共享，即在一段时间内只允许一个进程访问该资源，只有当访问结束，以及资源释放后，才允许另一个进程访问。

（2）并发访问：又称同时访问，允许在一段时间内有多个进程"同时"使用某资源，但在某一时刻该资源只能被一个进程访问，即多个进程对该资源的访问是交替进行的，例如对磁盘的访问。

并发与共享是操作系统两个最基本的特征，资源共享是程序并发执行的必然结果，同时只有对资源共享实施有效管理，才能实现和保证"程序"的并发执行。

3. 虚拟性

虚拟的本质含义是把物理设备的一个变为逻辑上的多个，例如，在分时系统中，将一个物理 CPU 虚拟为多个逻辑上的 CPU，在存储管理中，使用虚拟技术，将一个统一编址的物理存储器变为多个逻辑上独立编址的存储器等。虚拟性是操作系统的奇妙功能，对于不同的对象实现虚拟的方法不同。

4. 不确定性

它是指在操作系统控制下各程序的执行顺序和每个程序的执行时间是不确定的。系统内部的各种活动是错综复杂的，如各种中断发生时间的随机性，程序运行错误及系统故障发生的随机性等。这些随机事件都造成了操作系统的不确定性。

操作系统的不确定性也是并发与共享的必然结果，操作系统必须具备随时响应和正确处理各种随机事件的能力。并发、共享是操作系统最基本的特征，资源共享是进程并发执行的必然结果，同时只有对资源实施有效管理，才能实现和保证进程的并发执行。

4.2.3　操作系统的发展历史

从 20 世纪 50 年代至今，操作系统经历了从简单到复杂、从低级到高级的发展过程。

1. 手工操作阶段

1946 年第一台计算机诞生，20 世纪 50 年代中期，还未出现操作系统，计算机工作采用手工操作方式。程序员将对应于程序和数据的已穿孔的纸带(或卡片)装入输入机，然后启动输入机把程序和数据输入计算机内存，接着通过控制台开关启动程序针对数据运行；计算完毕，打印机输出计算结果；用户取走结果并卸下纸带(或卡片)后，才让下一个用户上机，如图 4-6 所示。

手工操作阶段的特点是：用户独占全机，不会出现因资源已被其他用户占用而等待的现象，但资源的利用率低；CPU 需要等待手工操作，CPU 的利用不充分。

20 世纪 50 年代后期，出现人机矛盾：手工操作的慢速度和计算机的高速度之间形成了尖锐矛盾，手工操作方式已严重损害了系统资源的利用率(使资源利用率降为百分之几，甚至更低)，不能容忍。唯一的解决办法只有摆脱人的手工操作，实现作业的自动过渡。这样就出现了成批处理。

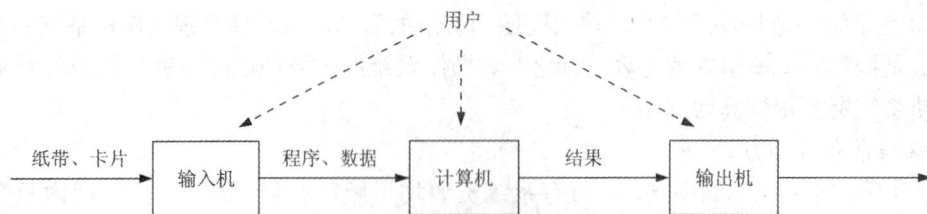

图 4-6　手工操作阶段

2. 联机批处理系统

该系统作业的输入/输出由 CPU 来处理。主机与输入机之间增加一个存储设备——磁带，在运行于主机上的监督程序的自动控制下，计算机可自动完成：成批地把输入机上的用户作业读入磁带，依次把磁带上的用户作业读入主机内存并执行，并把计算结果向输出机输出。完成了上一批作业后，监督程序又从输入机上输入另一批作业，保存在磁带上，并按上述步骤重复处理。

监督程序不停地处理各个作业，从而实现了作业到作业的自动转接，减少了作业建立时间和手工操作时间，有效克服了人机矛盾，提高了计算机的利用率。但是，在作业输入和结果输出时，主机的高速 CPU 仍处于空闲状态，等待慢速的输入/输出设备完成工作；主机处于"忙等"状态，如图 4-7 所示。

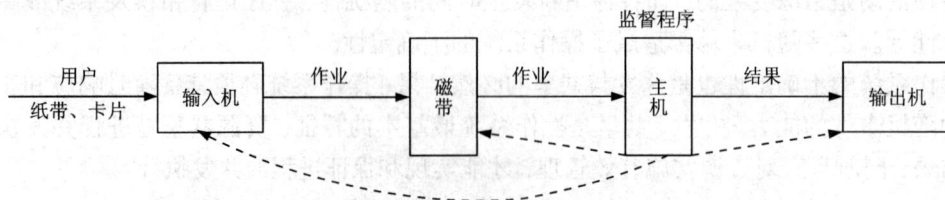

图 4-7　联机批处理系统

3. 脱机批处理系统

脱机批处理系统由卫星机和主机组成。低档的卫星机完成输入/输出的工作,作业在主机上运行。这种工作方式使中央处理机与输入/输出等外部设备可以并行工作,从而提高了处理机的利用率。其工作原理如图 4－8 所示。

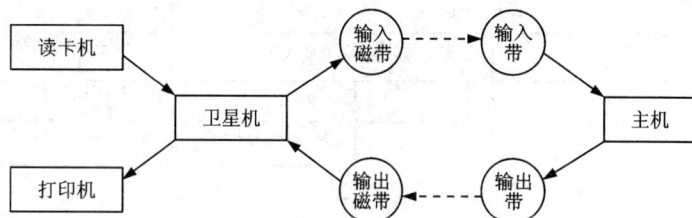

图 4－8　脱机批处理工作方式

4. 管理程序阶段

脱机批处理虽缓解了 CPU 与 I/O 设备速度不匹配的矛盾,提高了 CPU 的利用率,但增加了用户的等待时间。

20 世纪 60 年代,计算机由于通道(channel)技术的引入和中断(interrupt)技术的发展而取得了突破性进展。通道是一种专用于控制输入/输出设备的小型处理机,又称 I/O 处理机。与中央处理机相比,通道的速度较慢、价格便宜,可借助中断技术实现通道与中央处理机之间的并行工作,中断处理过程如图 4－9 所示。

图 4－9　CPU 中断处理程序

5. 多道程序设计与多道批处理系统

虽然管理程序解决了 CPU 与 I/O 的并行操作,但由于作业仍然是串行执行的,在单道程序系统中,内存中只允许存在一道程序。例如执行一个计算量很少而需要输入大量数据的作业时,CPU 仍然由于要等待通道完成输入任务而处于空闲状态,如图 4－10 所示。为了解决上述矛盾,出现了多道程序设计技术,如图 4－11 所示。

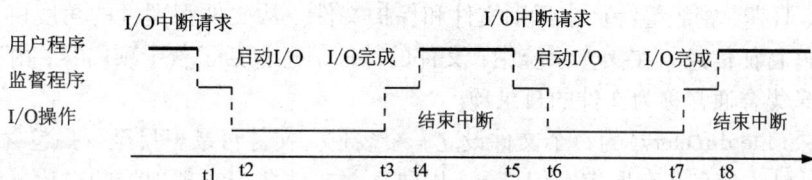

图 4－10　单道程序系统的运行

由于应用通道、中断技术及多道程序设计技术大大提高了 CPU 的利用率,这种并发性和共享性要求有更完善、更复杂的管理系统,并为用户提供更方便的操作,于是形成了现代操作系统。

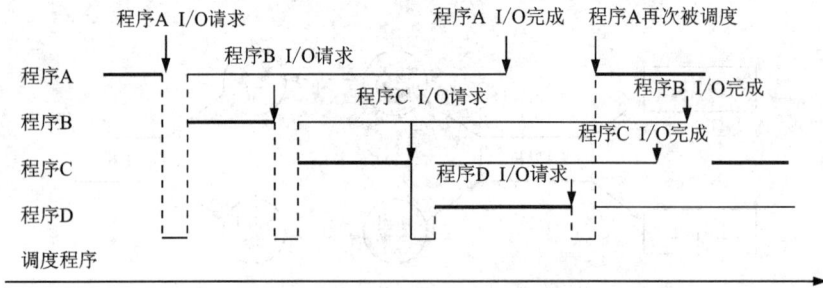

图 4－11　多道程序系统的运行

4.2.4　操作系统的功能

正是现代操作系统的这种管理职能,才使得计算机系统能有效地同时服务于多个用户和多个程序。在一个计算机系统中,操作系统是与硬件资源联系最为紧密的软件层次,相对于直接针对硬件装置进行操作和编程而言,操作系统为一般用户使用计算机提供了一个更为高级的环境,因而降低了用户需要深入了解硬件结构方能使用计算机的需求。从系统资源管理的角度讲,一个功能完备的操作系统应具备文件管理、进程管理、存储器管理、设备管理和作业管理五大管理职能。

1. 文件管理

在计算机操作系统中,文件是指具有某种性质的信息集合。这一信息集合通常通过一个指定的名称,即文件名来区分。文件通常存放在计算机的外部存储设备中,如磁盘、磁带等。在一个存储设备上可以存放许多文件。通过文件名则可以对这些文件的内容进行读写操作。根据文件的不同用途或文件中信息的特征,可以对文件进行不同的分类。文件管理功能是与用户关系最为密切的功能。

文件是构成文件系统的基本单位。文件系统中,一个文件所包含的信息可划分为两部分,分别为实际信息和特征信息。实际信息也就是文件中的具体数据内容,属于文件的主体部分;特征信息包括文件的名称等,用于对文件进行检索与操作控制。

在文件系统中,文件的管理与日常工作中人工管理文件档案的方式是一致的,通过给文件指定名称、日期、密级等特征来识别文件和保护文件。从文件管理者的角度讲,其所关心的往往是文件特征信息。在操作系统中,文件的特征信息包括了若干项内容,由这些内容构成的特征信息集合通常称为文件的目录项。

文件目录(file directory)为每个文件设立一个表目。文件目录表目至少要包含文件名、物理地址、文件结构信息和存取控制信息等,以建立起文件名与物理地址的对应关系,实现按名存取文件。

通常情况下,系统会为文件目录建立一个简单的索引表,只包含文件的 ID、文件名、文件当前状态(可读/可写/不可访问)及一个指向对应文件目录表项的指针。

系统对一个文件进行读写的操作过程如下。

（1）根据提供的文件名查找对应的文件索引表；

（2）根据索引表指针找到对应的目录项；

（3）根据目录项的物理地址项找到文件；

（4）修改文件索引表中文件的当前状态（若系统为只读文件，不进行修改，则标记为可读；若系统要对文件进行修改，则标记为可写；若文件不能访问，则标记为不可访问）；

（5）将文件读入内存，对文件进行读写操作；

（6）操作完毕，释放文件，修改索引表中文件的状态。

文件组织是指文件中信息的配置和构造方式。通常从两种角度来研究文件的组织，从用户的角度，研究用户的抽象文件形式，即逻辑文件或文件的逻辑结构；另一种是从实现的角度出发，研究逻辑文件在文件存储介质上的存放形式，即物理文件或文件的物理结构。

文件的逻辑结构是用户可见的结构。文件的逻辑结构可分为两大类：字符流式的无结构文件和记录式的有结构文件。

● 流式文件：无结构的流式文件是相关的有序字符的集合。比如源程序文件、目标代码文件等属于流式文件。流式文件可视为一有序的字符流。流式文件中包含的字符个数即是该文件的长度。流式文件的管理简单，将对文件的解释留给用户，因而用户可以不受约束地灵活组织其文件的内部逻辑结构。

● 记录式文件：记录式文件是一种有结构的文件，一个记录式文件由若干逻辑记录组成，每个逻辑记录由彼此相关的数据项（域）构成。例如一个班某门课程的成绩可用一个记录式文件表示。

一个学生的成绩可以用一条逻辑记录表示，每个逻辑记录又由学号、姓名、成绩等数据项组成。记录式文件又分为定长记录式文件和变长记录式文件。定长记录式文件的各个逻辑记录长度相等，变长记录式文件的各个逻辑记录长度不等。

从操作系统管理的角度看，逻辑记录是存取信息的基本单位，它包含一个记录链和其他属性，记录式文件可把记录按各种不同的方式排列，以便用户对文件中的记录进行修改、追加、查找和管理等操作。

用户通过对文件的存取来完成对文件的各种操作。文件存取的两种基本方式为：顺序存取和随机存取。

● 顺序存取：是指严格按照文件基本单位的逻辑排列顺序，依次逐个地存取。对记录式文件是按记录的排列顺序来存取。例如，若当前读取的记录为 Ri，则下一次读取的记录被自动确定为 Ri + 1。对流式文件，顺序存取时读写指针自动移动变化。

● 随机存取：允许用户根据记录键存取文件的任一记录，或者根据存取命令把读写指针移到指定位置。

文件的物理结构和组织是指逻辑文件在物理存储空间中的存放方法和组织关系，它主要分为连续、链接和索引三种存储结构。通常情况下，文件的物理结构以块为单位进行组织。由于文件的物理结构决定了文件信息在存储设备上的存储位置，因此，文件信息的逻辑块号（逻辑地址）到物理块号（物理地址）的转换也是由文件的物理结构决定的。

（1）连续文件：顺序文件，是一种最简单的物理结构，是将逻辑文件的信息依次存放在连续编号的物理块中，图 4 - 12 即为连续文件结构。

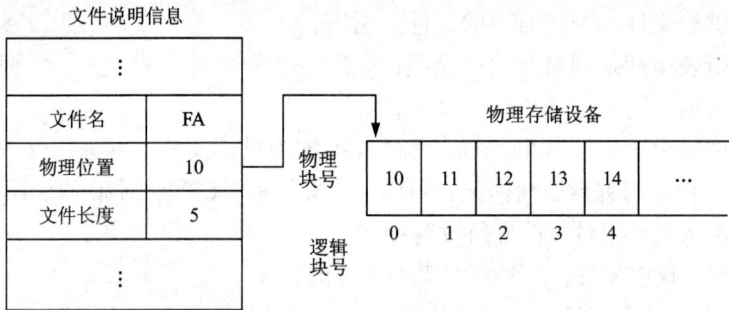

图 4 – 12　连续文件结构图

连续文件的优点是结构简单，且成批顺序存取时速度较快，缺点是建立文件前需要预先确定文件长度才能分配外存空间，而且对文件进行插入、删除、修改等操作较为困难。

这种结构特别适宜在顺序存取设备如磁带上组织文件。

（2）链接文件：链接文件把一个逻辑上连续的文件分散地存放在不连续的物理块中。在链接文件中，块与块之间通过每个物理块所设置的指针连接起来，只要指明该文件的第一个块号，就可以按链接指针检索整个文件，链接文件结构如图 4 – 13 所示。

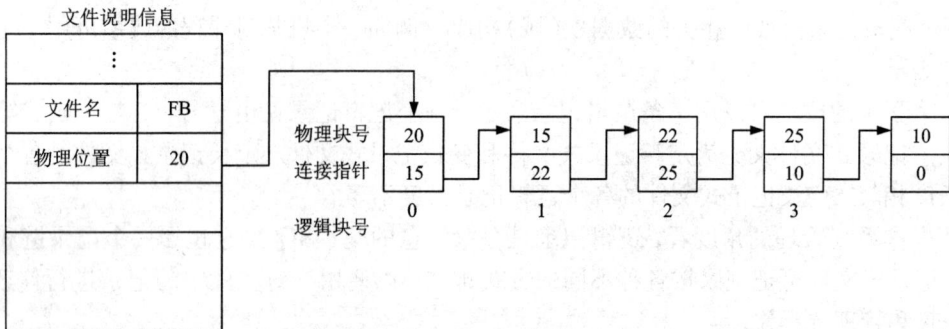

图 4 – 13　链接文件结构图

链接文件克服了连续文件进行插入、删除、修改等操作困难的缺点，允许文件长度动态增长或缩短。由于不必连续分配外存，所以外存空间利用率高。但与连续文件一样，它也只适于顺序存取。

（3）索引文件。为了实现对文件的随机存取及不连续的存储，引入了索引文件。系统为每个索引文件建立一张索引表。索引表的表目指出文件信息所在的逻辑块号和与之对应的物理块号。索引表也以文件形式存放在磁盘上。给出索引表的地址，就可以查找与已知文件逻辑块号相应的物理块号。存放文件的各物理块可不必占用连续的外存空间。索引文件结构如图 4 – 14 所示。

索引文件除具有链接文件的优点外，更主要的是可以较方便、迅速地实现随机存取。但是索引表要占用额外的外存空间，尤其当文件较大时，索引表也相对较大，不仅占用较大的外存空间，还会影响随机访问的速度。对此，可以采用多级索引表来提高查找的速度。

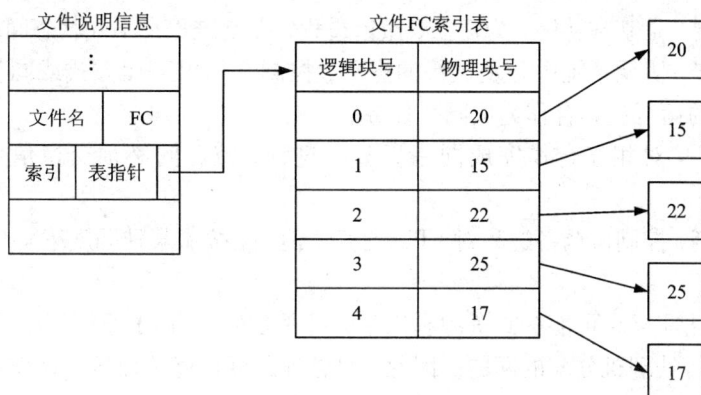

图 4 - 14 索引文件结构图

计算机的重要作用之一是快速处理大量信息，因此，信息的组织、存取和保管就成为一项极为重要的内容，文件系统是计算机组织、存取和保存信息的重要手段。

2. 进程管理

CPU 是计算机系统中的核心硬件资源，充分发挥 CPU 的功能，提高其利用率是处理机管理的主要任务。在多道程序设计技术出现后，处理机管理的实质是进程管理。因此，有时也把进程管理称为处理机管理。

进程是操作系统中最基本、最重要的概念，它是为刻划系统内部的状况、描述多个程序活动规律而引入的一个概念，进程是一个可调度的指令集合及相关数据的一次运行活动，静态的指令集合及相关数据称为程序；进程描述的是程序的动态行为，进程从发生(创建)至结束(撤销)具有生存周期；程序可脱离机器而长期保存，而进程只在机器运行中临时存在；一个程序可以对应多个进程，一个进程也可以对应多个程序(如一次程序的运行活动中，可能会顺序使用几个程序)。

当前的操作系统均为多任务操作系统，多线程是实现多任务的一种方式。"同时"执行是人的感觉，在线程之间实际上是轮换执行的。为了反映进程的变化状况，一般把进程的运行分为以下三种基本状态。

(1)就绪状态。指当一个进程除处理机外，已获得了投入运行的一切资源时所处的状态。

(2)运行状态。指一个进程占用处理机，正处于运行之中时的状态。

(3)等待状态。指一个进程由于尚未获得某种资源，或某种希望的事件尚未发生，而处于暂停时的状态，该状态也称阻塞状态。

进程在能投入运行前，先处于就绪状态。处于该状态的进程，从逻辑上讲已是可运行的。它所需的所有运行调度条件均已满足，唯一不能运行的原因是 CPU 还未空闲。当 CPU 空闲，且按一定方式调度到某一就绪进程时，该进程就从就绪状态转入到运行状态。处于运行状态的进程可能由于多种原因而不能继续运行，若是 CPU 服务时间到，则运行中的进程直接转入就绪状态；若是等待其他事件发生时方能继续运行，则运行中的进程只能暂停，而转入等待状态。等待中的进程在重新具备可运行的条件后，再次回到就绪状态。

进程管理应具有以下功能：

(1)进程控制，是基本功能，为建立、撤销进程，控制进程在不同状态间的转换。

(2)进程同步，协调系统中并发执行的进程，控制它们以互斥方式或同步方式访问共享资源，协调进程的运行使其合作完成同一任务。

(3)进程通信，对相互合作完成同一任务的进程，彼此间必须交换信息，实现进程间通信。

(4)进程调度，控制协调各进程对 CPU 的竞争使用，按照某种调度策略实现对 CPU 的分配和回收。

进程调度算法应以尽可能提高资源利用率，减少 CPU 空闲时间为原则，解决以何种次序对各就绪进程进行处理机分配的问题。因此，对进程调度性能的衡量是操作系统设计的一个重要指标。评价调度算法的优劣，通常要考虑以下两个指标：

(1)周转时间 TT(turnaround time)及平均周转时间 ATT(average turnaround time)：

周转时间是指从进程第一次进入就绪队列到进程运行结束的时间间隔，而平均周转时间是指系统中各进程的 TT 平均值。

平均周转时间：$ATT = 1/n \sum_{i=1}^{n} T_i$

带权平均周转时间：$W = 1/n \sum_{i=1}^{n} \dfrac{T_i}{T_{ri}}$

式中：T_i——各进程的 TT，T_{ri}——实际 CPU 执行时间。

(2)响应时间 RT(response time)：响应时间是指从提交一个请求开始到计算机作出响应、显示结果的一段时间间隔。

常用的调度算法有以下几种。

(1)先来先服务(FCFC)调度算法。

该算法将就绪进程按进入的先后次序排成队列，并按先来先服务(First Come First Serve)的方式进行调度，即每当进行进程调度时，总是选择就绪队列的队首进程运行。

这是一种非剥夺式的调度算法，算法简单，容易实现。在一般意义下该算法是公平的，但对于那些执行时间较短的进程来说，如果它们在某些执行时间很长的进程之后到达，则将等待很长时间，服务质量差。因此，该算法一般只作为辅助的调度算法。

(2)最短 CPU 运行期优先(SCBF)算法。

该算法针对 FCFS 算法对短进程服务质量差，等待时间长，平均周转时间 ATT 长的缺点，最先调度 CPU 运行期短的进程。该算法 ATT 短，但因算法依赖于各进程的下一个 CPU 周期，实现较困难，通常采用近似估算的方法。

(3)时间片轮转(RR)算法。

该算法主要用于分时系统，其基本思想是：按照公平服务的原则，将 CPU 时间划分为一个个时间片，若一个进程在被调度选中后执行一个时间片，当时间片用完后，强迫执行进程让出 CPU 而排到就绪队列的末尾，等待下一次调度。同时调度程序又去调度当前就绪队列中的第一个进程。

(4)最高优先级(HPF)调度算法。

这是多道程序系统中广泛使用的算法，即进程调度每次都将 CPU 分配给就绪队列中具有最高优先级(Highest Priority)的进程。该算法的核心是确定进程的优先级。进程的优先级算法分为静态优先级算法和动态优先级算法。

静态优先级是在进程创建时根据进程初始特性或用户要求而确定的。例如,按进程的类型;系统进程的优先级高于用户进程。进程的静态优先级一经确定,在进程的生命期中就不可改变。显然,静态优先级算法简单,易实现,系统开销小,但可能导致某些优先级低的进程无限期地等待,使调度性能不高,系统效率较低。静态优先级一般用于实时进程。

动态优先级则是在进程创建时先确定一个初始的优先级,又称为基本优先级,在进程运行过程中按照某种原则使各进程的优先级随进程特性的改变而变化。

(5)高响应比优先调度算法(HRN)。

HRN(highest response ratio next)算法将短进程优先与动态优先级相结合。所谓高响应是指进程获得调度的响应,即优先数 R, CPU 总是先调度优先数 R 高的进程:

$$R = (W + T)/T = 1 + W/T$$

式中, T 为估计进程执行的时间, W 为进程等待的时间。

该算法是一种综合调度算法,既考虑了短进程优先,减少各进程的平均周转周期,同时也考虑对长进程的公平服务。

(6)多级反馈队列。

在实际的操作系统中,所采用的调度算法往往是将几种基本算法相结合的综合调度。

多级队列反馈法就是一种考虑了 HPF 法、RR 法和 FCFS 法的综合调度算法,其基本思想是:

①按优先级分别设置 n 个就绪队列,且优先级愈高的队列分配的时间片愈小。

②某个进程并非固定在某一队列中,即采用动态优先级,进程的优先级在运行过程中按进程动态特性进行调整。

③系统总是先调度优先级高的队列,仅当高优先级队列为空时,才调度下一高优先级队列中的进程。

④同一优先级队列中的进程按到达先后次序排列,即按 FCFS 法与 RR 法相结合的策略调度。

需要说明的是:在实际的操作系统中一般采用综合调度策略,以提高系统的调度性能。

系统设计过程一定要高度重视死锁问题,死锁现象不仅浪费大量的系统资源,甚至会导致整个系统的崩溃。在系统中多个进程并发执行并共享系统软硬件资源的情况下,通常采用动态分配策略(即随时申请,随时分配),将各类资源分配给申请资源的进程。若对资源的管理使用不当,在一定条件下会导致系统发生随机故障,出现进程被阻塞的现象,即若干进程彼此互相等待对方所拥有且又不放的资源,其结果是谁也无法得到继续运行所需的全部资源,因而永远等待下去。这种现象称为死锁现象,处于死锁状态的进程称为死锁进程。

若干进程因使用共享资源不当容易造成死锁,一般系统中的资源分为可再用资源和消耗性资源两类;往往系统所提供的资源个数少于并发进程所要求的该类资源数,因而对资源的争夺可能引起死锁,图 4-15 所示即为多进程要使用相同资源时引起的死锁。

预防死锁本质上就是要使导致死锁的所有必要条件都不满足,一般可采取以下三种预防措施:

(1)采用资源的静态预分配策略,破坏"部分分配"条件。即要求进程必须预先申请其所

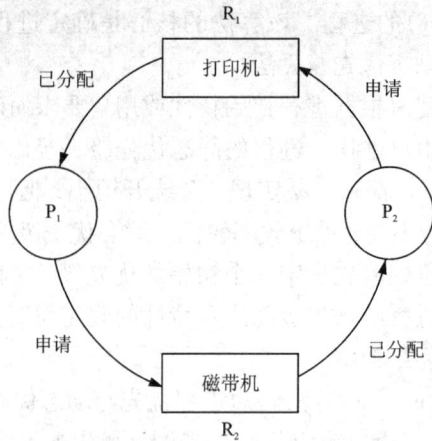

图 4 – 15   争夺 I/O 设备引起的死锁

需的全部资源，只有当进程所需的全部资源满足时，系统才予以一次分配，且在进程整个运行期间不再申请新资源。

（2）允许进程剥夺使用其他进程占有的资源，从而破坏"不可剥夺条件"。即在允许进程动态申请资源的前提下，规定一个进程在请求新资源不能立即得到满足而变为等待状态前，必须释放已占有的全部资源。

（3）采用资源顺序使用法，破坏"环路"条件。即将系统中所有资源按类型线性排队，并按递增规则赋予每类资源唯一编号，进程申请资源时，必须严格按资源编号递增顺序分配。

总之，死锁是对计算机系统正常运行危害最大，但又是随机的、不可避免的现象。因此解决"死锁问题"是一个重要的研究课题。

3. 存储器管理

在计算机系统中，存储器可分为主存储器和辅助存储器，习惯上把前者称为内存，后者称为外存，内存可以分为系统区和用户区两部分，系统区用来存储操作系统等系统软件，用户区用于分配给用户作业使用。存储管理为用户提供了方便、安全和充分大的存储空间。

存储器管理是指对主存的管理，概括起来，包括以下四方面的内容：

（1）存储空间地址的转换。由于程序在主存中的具体位置是预先不能确定的，所以用户写程序时不能直接使用实际的存贮地址（即绝对地址），而需采用逻辑地址（或符号地址）。在具体的内存空间位置确定后，必须把逻辑地址转换成计算机运行时所用的实际地址。这一转换过程就是存储空间的地址变换，或称程序的再定位。

（2）内存的分配和回收。当用户提出内存申请时，操作系统按一定策略从空闲分区表中选出符合申请者要求的空闲区进行分配，并写入该表内有关项，这称为内存的分配；若某进程执行完毕，需归还内存空间时，操作系统负责及时回收相关存储空间，并修改表中有关项，这称为内存的回收。

（3）内存的保护。内存初期的地址保护功能一般由硬件和软件配合实现。

（4）内存的扩充。为保证用户程序对大存储空间的要求，引入虚拟存储管理技术，将内、外存结合起来管理，用大容量的外存对内存进行逻辑扩充，为用户提供一个容量比实际内存空间大得多的虚拟存储空间。

在分区管理中，内存分配常采用以下几种策略：

(1)首次适应算法 FF(first fit)。

未分配分区按地址从小到大排列，每次分配时顺序查找分区分配表，选择所遇到的第一个足以满足请求容量的内存空闲区进行分配。这种算法优先使用了低地址部分空闲区，从而使高地址部分保持一个较大的空闲区，有利于后面大作业的装入。

该算法简单，搜索速度快，回收被释放区方便；无论被释放区是否与空闲区相邻，都不用改变该区在可分配分区表(或 FMCB 链)中的位置，只需修改其大小或起始地址。所以首次适应算法是使用最多的算法。

(2)最佳适应算法 BF(best fit)。

将空闲区按其大小从小到大的次序排列，每次分配时总是从头顺序查找未分配分区表，找到第一个能满足要求的最小空闲区进行分配，这种分配算法是节约存储空间，保证一个小作业不会分割一个大的空闲区，即用最佳适应算法所选出的是最适合用户要求的可用空闲区。保证了其后面的大作业的存储分配要求容易得到满足。这种算法的缺点是每次分区释放都要重排空闲区表，且容易产生无法使用的很小的碎片。

(3)最坏适应算法 WF(worst fit)。

最坏适应算法要求空闲区按照从大到小的顺序排列，每次分配时总是挑选一个最大的空闲区分配给作业，这样剩余的空闲区不会太小，还能用来装下新的信息，但后面的大作业可能申请不到空闲分区。该算法适用于中、小作业的存储分配。

以上分配算法各有优势，针对不同的请求队列，它们的效率和功能是不一样的。因此，最佳适应算法不一定是最优的，而最坏适应算法也不一定是最坏的。

存储器是计算机系统的重要资源，存储管理是操作系统研究的中心问题之一。存储管理的效率直接影响计算机系统性能，也最能反映一个操作系统的特点。内存管理的基本目的是提高内存的利用率及方便用户使用。

4. 设备的管理

设备管理是操作系统重要而又基本的组成部分，特别是在一个多用户、配备有多种输入输出设备的计算机系统中，更需要对设备进行有效管理。

设备管理的主要任务是：

(1)向用户提供使用外设的方便接口。按照用户的要求和设备的类型，控制设备的工作，完成用户的输入输出请求。

(2)充分发挥设备的使用效率，提高 CPU 与设备之间、设备与设备之间的并行工作程度。在多道程序环境下，按一定策略对设备进行分配和管理，保证设备高效运行。

为了完成上述任务设备管理，应具备下述功能：

①建立统一的且独立于设备的接口。

②按照设备类型和相应算法，进行设备的分配与回收。

③进行设备驱动，实现真正的 I/O 操作及设备间的并行操作。

④实现输入输出缓冲区管理，解决高速 CPU 与慢速设备速度不匹配的问题。

⑤实现虚拟设备管理。

设备管理的主要任务之一是控制设备与内存或 CPU 之间的数据传送。选择控制方式的原则是：保证在足够的传送速度下数据的正确传送。要尽可能减少系统开销，充分发挥硬件资源能力，即使 I/O 设备尽量忙，而 CPU 等待时间少。

外设与内存间常用的数据传送方式有以下几种：

（1）中断控制方式。为了使用中断（interrupt）方式控制外围设备和内存与 CPU 之间的数据传送，要求 CPU 与设备间有相应的中断请求线，设备控制器的状态寄存器有相应中断位。当进程需要输入数据时，通过 CPU 发出指令启动外设，进程应放弃处理机，等待输入完成。在启动外设后，进程调度程序转去调度别的进程占有 CPU。当数据输入完成后，I/O 控制器发出中断请求信号，CPU 在接收到中断信号之后，转向中断处理程序对数据进行处理。图 4 - 16 给出了中断控制方式的处理过程。

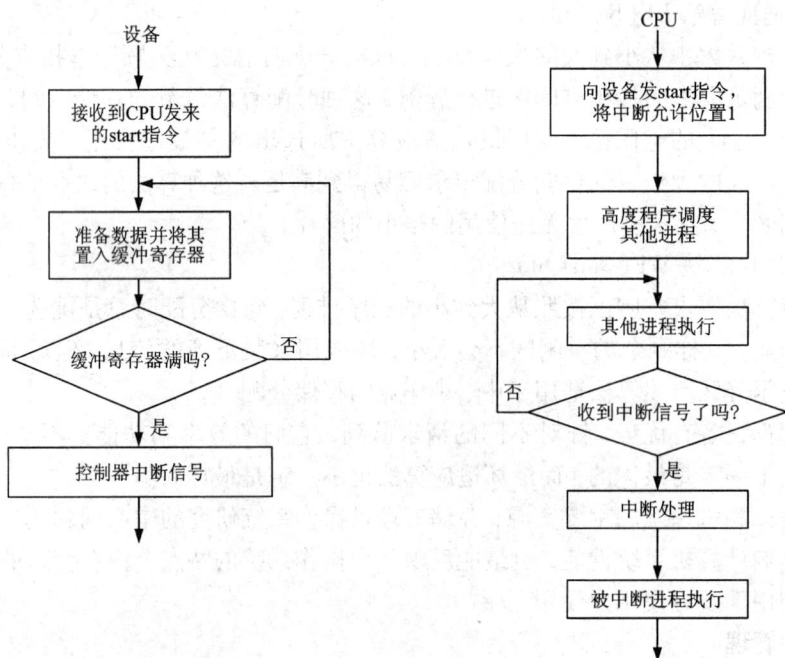

图 4 - 16　中断处理过程

（2）DMA 方式。为了减少中断次数，提高 CPU 利用率及设备的并行工作能力，常采用 DMA（direct memory access）方式，即直接内存访问方式。由于绝大多数的小型、微型机都采用总线结构，如图 4 - 17 所示，DMA 方式的基本思想是："窃取"或"挪用"CPU 总线的控制权。它要求 CPU 暂停使用若干总线周期，由 DMA 控制器占用总线来进行 CPU 与设备间的数据交换。

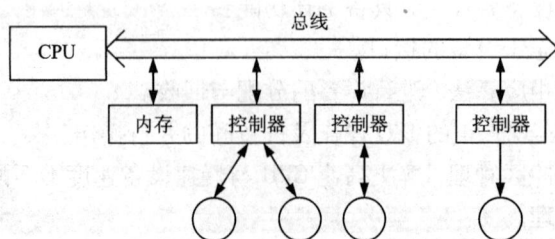

图 4 - 17　总线结构的计算机硬件组织

（3）通道方式。通道（channel）是比 DMA 控制机构更完善、功能更强的 I/O 控制机构。与 DMA 一样，它也是一种以内存为中心，实现设备和内存直接交换数据的控制方式，每次可传送一组数据块，在数据块传送期间，不产生中断，不需要 CPU 干预。当数据块传输完后，DMA 控制器才归还 CPU 控制权，并向 CPU 发出中断请求信号。

但与 DMA 方式不同，通道是一种专门控制 I/O 工作的简单的处理机，也称 I/O 处理机，它有自己的简单指令系统，其指令称为通道控制字（CCW）。由 CCW 编制成通道程序存放在内存，用于实现对外设的 I/O 操作的控制。

通道程序的起始地址存放在一个称为通道地址字（CAW）的固定内存单元中，由 CPU 执行"启动 I/O"的指令，启动通道程序，若通道可用，启动成功，则 CPU 可转去执行其他任务；通道被启动后，根据 CAW 访问通道程序，逐条执行 CCW，向设备控制器发出 I/O 操作命令；设备控制器启动设备，经通道在内存与 I/O 设备之间传送数据；输入设备读入数据经通道送往指定的内存区，或将指定内存区的数据经通道送输出设备输出，其结构如图 4-18 所示。

计算机系统所连接的物理设备种类繁多、特性各异，设备管理的基本任务是为用户提供统一的与设备无关的接口，对各种外部设备进行调度、分配，实现设备的中断处理及错误处理等。采用虚拟设备技术和缓冲技术，尽可能发挥设备和主机的并行工作能力。

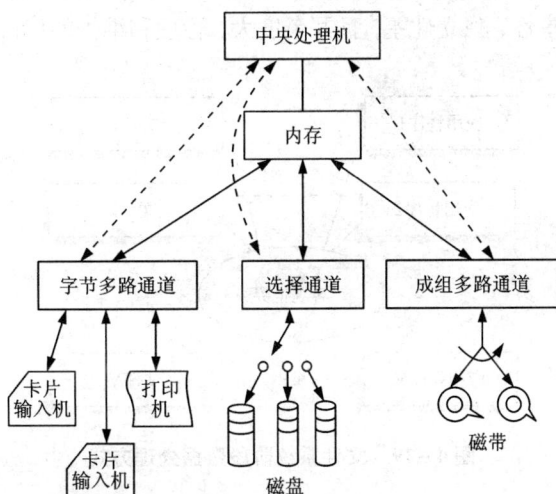

图 4-18 通道结构

4.3 数据库系统

21 世纪是大数据时代。信息技术的飞速发展，特别是移动互联网和物联网的普及应用，每天都有大量的新数据产生，使我们置身于信息的海洋。如何管理如此庞大的数据并获取有用的信息，是数据处理技术面临的严峻挑战。数据库管理技术，作为信息系统科学的核心技术之一，是一种计算机辅助管理数据的方法，它研究如何组织和存储数据、如何高效地获取和处理数据。

4.3.1 数据库管理技术及发展

数据管理技术是对数据进行分类、组织、编码、输入、存储、检索、维护和输出的技术。数据管理技术的发展大致经过了以下三个阶段:人工管理阶段、文件系统阶段、数据库系统阶段。

1. 人工管理阶段

20世纪50年代以前,计算机主要用于数值计算。从当时的硬件看,外存只有纸带、卡片、磁带,没有直接存储设备;从软件看(实际上,当时还未形成软件的整体概念),没有操作系统以及管理数据的软件;从数据看,数据量小,数据无结构,由用户直接管理,且数据间缺乏逻辑组织,数据依赖于特定的应用程序,缺乏独立性。

2. 文件系统阶段

20世纪50年代后期到60年代中期,出现了磁鼓、磁盘等数据存储设备。新的数据处理系统迅速发展起来。这种数据处理系统是把计算机中的数据组织成相互独立的数据文件,系统可以按照文件的名称对其进行访问,对文件中的记录进行存取,并能对文件进行修改、插入和删除操作,这就是文件系统,其数据处理方式如图4-19所示。文件系统实现了记录内的结构化,即给出了记录内各种数据间的关系。但是,文件从整体来看却是无结构的。其数据面向特定的应用程序,因此数据共享性、独立性差,且冗余度大,管理和维护的代价也很大。

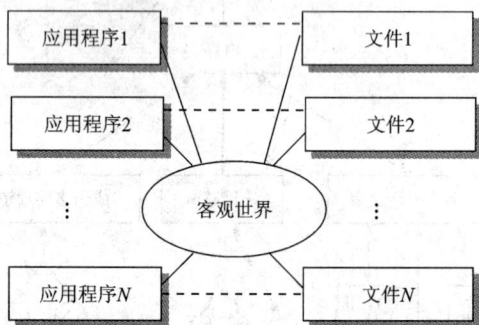

图4-19 文件系统阶段数据处理方式

3. 数据库系统阶段

20世纪60年代后期以来,计算机用于管理的规模越来越大,应用越来越广泛,数据量急剧增长,同时多种应用、多种语言相互共享数据集合的要求越来越强烈。数据库技术应运而生,出现了统一管理数据的专门软件系统——数据库管理系统。目前较流行的数据库管理系统包括Oracle、DB2、Sybase、SQL Server和MySQL等,它们可以运行于中、小、微型计算机上。

在数据库管理系统支持下,数据与程序的关系如图4-20所示。

数据库系统的主要特点如下。

(1)数据结构化。

结构化是数据库与文件系统的根本区别。在文件系统中,相互独立的文件的记录内容是有结构的。传统文件的最简单形式是等长同格式的记录集合。这样,可以节省许多存储空

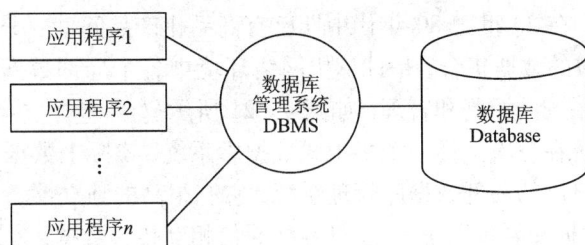

图 4 - 20　数据库系统阶段数据与程序的关系

间，灵活性也可相对提高。但由于程序与文件独立性较差，所以，文件系统的灵活性仍有局限性。

　　数据库系统实现整体数据的结构化，不仅描述数据本身，还要描述数据之间的联系。在数据库系统中，不仅数据是结构化的，而且存取数据的方式也很灵活，可以存取数据库中的某一个数据项、一组数据项、一个记录或一组记录。而在文件系统中，数据的最小存取单位是记录，粒度不能细到数据项。

　　(2)实现数据共享，减小数据冗余。

　　在数据库系统中，对数据的定义和描述已经从应用程序中分离开来，通过数据库管理系统来统一管理。数据的最小访问单位是数据项，既可以按数据项的名称获取数据库中某一个或某一组数据项，也可以存取一条或一组记录。

　　在建立数据库时，以面向全局的观点来组织库中的数据，而不是像文件系统那样仅仅考虑某一部门的局部应用。数据库中存放全组织(比如企业)通用化的综合性的数据，某一类应用通常仅使用总体数据的子集，这样才能发挥数据共享的优势。

　　(3)数据独立性高。

　　数据独立性是数据库领域中一个常用术语，包括数据的物理独立性和数据的逻辑独立性。物理独立性是指用户的应用程序与存储在磁盘上的数据库中数据是相互独立的，也就是说，由 DBMS 管理数据库中的数据在磁盘上的存储方式。应用程序要处理的只是数据的逻辑结构，这样即使数据的物理存储改变了，应用程序也不会改变。

　　逻辑独立性是指用户的应用程序与数据库的逻辑结构是相互独立的，也就是说，数据的逻辑结构即使改变了，用户程序也可以不变。

　　数据与程序的独立是把数据的定义从程序中分离出去，加上数据的存取又由 DBMS 负责，从而简化了应用程序的编写，大大减少了应用程序的维护和修改工作量。

　　(4)具有统一的数据控制功能。

　　数据库作为多个用户和应用的共享资源，对数据的存取往往是并发的，即多个用户同时使用同一个数据库。数据库管理系统必须提供并发控制、数据的安全性控制和数据的完整性控制等功能。

4.分布式数据库系统阶段

　　20 世纪 70 年代后期之前，数据库系统多数是集中式的。分布式数据库系统是数据库技术和计算机网

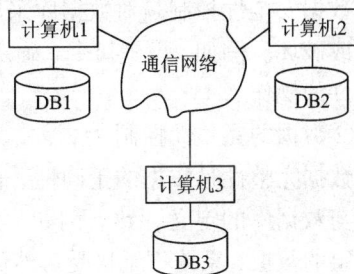

图 4 - 21　分布式数据库系统

络技术相结合的产物,在 20 世纪 80 年代中期已有商品化产品问世。分布式数据库是一个逻辑上集中、地域上分散的数据集合,是计算机网络环境中各个局部数据库的逻辑集合,同时受分布式数据库管理系统的控制和管理,如图 4 – 21 所示。

分布式数据库系统在逻辑上像一个集中式数据库系统,实际上数据存储在不同地点的计算机上。每个节点有自己的局部数据库管理系统,它有很高的独立性。用户可以由分布式数据库管理系统(网络数据库管理系统),通过网络通信相互传输数据,实现数据的共享和数据的存取。分布式数据库系统具有高度透明性,每台计算机上的用户并不需要了解他所访问的数据究竟在什么地方,就像在使用集中式数据库一样。

4.3.2 DBMS 的主要功能

数据库管理系统作为数据库系统的核心软件,主要目标是使数据成为方便各种用户共享使用的资源,并提高数据的安全性、完整性和可用性。

DBMS 一般具有以下几个方面的功能。

(1)数据库定义功能。

提供数据定义语言 DDL(data description language)或者操作命令,以便对各级数据模式进行精确的描述。由此,系统必须包含 DDL 的编译或解释程序。用 DDL 所作的定义将被系统保留在数据字典中,以便在进行数据操纵和控制时使用户可以查阅数据定义以便共享数据库中的数据。

(2)数据操纵功能。

数据库管理系统提供数据操纵语言 DML(data manipulation language),可以对数据库中的数据进行更新、插入、修改、删除、检索等操作。不同的 DML 语言的语法格式也不相同,以其实现方法而言可分为两个类型:一类是自含型,又称自主型 DML,它可以独立交互式使用,不依赖于任何程序设计语言;另一类是宿主型 DML。它需要嵌入宿主语言中使用,如嵌入 Fortran、Cobol、C、Pascal 等程序设计语言中。在使用高级语言编写的应用程序中,需要调用数据库中的数据时,则要用宿主型 DML 语句来操纵数据。因此,DBMS 必须包含 DML 的编译或解释程序。

(3)数据库运行控制功能。

数据库中的数据是提供给多个用户共享使用的,用户对数据进行并发的存取,即多个用户同时使用同一个数据库。因此,DBMS 必须提供以下四方面的数据控制功能。

①数据的安全性控制。

数据安全性控制是对数据库采用的一种保护措施,防止非授权用户存取数据,造成数据泄密或破坏。例如,设置口令、确定用户访问密级和数据存取权限等,系统审查通过后才执行允许的操作。

②数据的完整性控制。

数据完整性是数据的正确性、有效性和相容性。系统应采取一定的措施确保数据有效,确保与数据库的定义一致。例如,当输入或修改数据时,不符合建立数据库时的定义或范围等规定的数据,系统不予接受。然而系统并不能保证所有输入数据绝对准确。例如,将日期 12/08/96 误输成 13/08/96,由于没有 13 月份,系统不予接受,必须重新输入。但是如果误输成 11/08/96,系统则无法控制。

③并发控制功能。

对多用户并发操作加以控制、协调。如果某个用户正在修改某些数据项时,而其他用户同时也在存取这些数据时,就可能导致错误结果。如果两个用户同时修改同一数据时,先存储的修改就会丢失。数据库管理系统应对要修改的记录采取一定的措施,如加锁,暂时不让其他用户访问,待完成修改存盘之后再开锁。

④数据库备份与恢复。

计算机系统的硬件故障、软件故障、操作员的失误以及故意的破坏也会影响数据库中数据的正确性,甚至造成数据库部分或全部数据的丢失。DBMS 必须具有将数据库从错误状态恢复到某一已知的正确状态的功能,这就是数据库的恢复功能。

上述四方面的功能是一般的 DBMS 所具备的功能。通常在大、中型计算机上实现的 DBMS 功能更加齐全,而在小型机,尤其是微机上实现的 DBMS 功能相应有不同程度的减弱。

4.3.3　数据库系统

在数据模型中有"型"(type)和"值"(value)的概念。型是指对某一类数据的结构和属性的说明,值是型的一个具体赋值。

模式(schema)是数据库中全体数据的逻辑结构和特征的描述,它仅仅涉及型的描述,不涉及具体的值。模式的一个具体值称为模式的一个实例,同一个模式可以有很多实例。

模式是相对稳定的,而实例是相对变动的。模式反映的是数据的结构及其关系,而实例反映的是数据库某一时刻的状态。

可以从多种不同的角度来看数据库系统的结构,从数据库管理系统的角度来看,数据库系统通常采用三级模式结构。在三级模式结构中使用二级映像来实现数据的独立性。

数据库系统的三级模式结构是指数据库系统是由外模式、模式和内模式三级构成的,如图 4-22 所示。

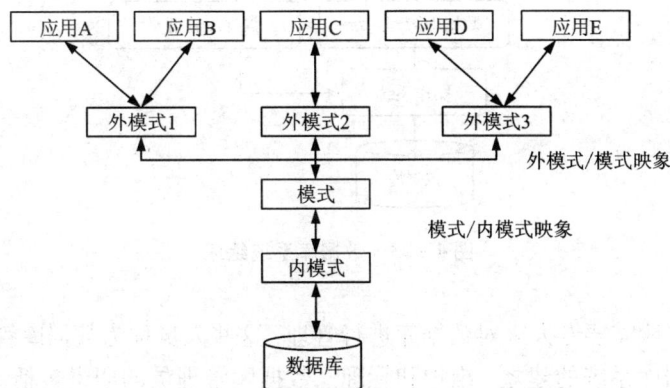

图 4-22　数据库系统三级模式结构图

模式也称逻辑模式,是数据库中全体数据的逻辑结构和特征的描述,是所有用户的公共数据视图。它是数据库系统模式结构的中间层,不涉及数据的物理存储细节和硬件环境,与具体应用程序、所使用的应用开发工具及高级程序设计语言无关。

外模式也称子模式或用户模式，是数据库用户看见和使用的局部数据的逻辑结构和特征的描述，是数据库用户的数据视图，是与某一应用有关的数据的逻辑表示。

内模式也称存储模式，是数据物理结构和存储结构的描述，是数据在数据库内部的表示方式。

数据库系统在三级模式之间提供了二级映像：外模式/模式映像和模式/内模式映像，这二级映像保证了数据库系统中的数据的逻辑独立性和物理独立性。

在数据库系统中，对应于一个模式可以有任意多个外模式，对于每一个外模式，都有一个外模式/模式映像，它定义了该外模式与模式之间的对应关系。当模式改变时，由数据库管理员对各个外模式/模式的映像作相应改变，可以使外模式保持不变，应用程序不必修改，从而保证了数据的逻辑独立性。

数据库中只有一个模式，也只有一个内模式。模式/内模式映像是唯一的，它定义了数据全局逻辑结构与存储结构之间的对应关系。当数据库的存储结构改变了，由数据库管理员对模式/内模式映像作相应改变，可以使模式保持不变，从而保证了数据的物理独立性。

数据库系统一般由数据库、数据库管理系统及开发工具、应用软件、数据库管理员和用户组成，如图 4 – 23 所示。

数据库是存储数据的集合。数据库管理系统（DBMS）是为数据库建立、使用和维护而设计的软件，它是数据库系统的核心组成部分。此外，还有支持数据库管理系统运行的操作系统、系统开发软件等。

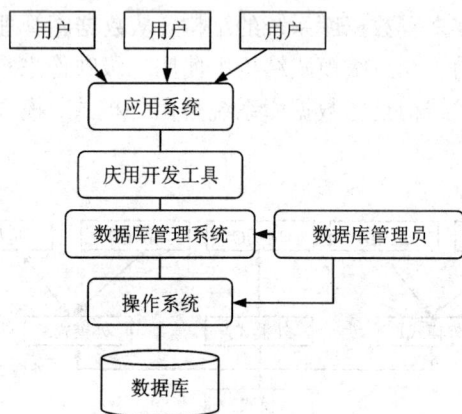

图 4 – 23　数据库系统组成

数据库系统一般需要专人来对数据库进行管理，这些人员称为数据库管理员 DBA。数据库管理员负责数据库系统的建立、维护和管理。数据库管理员的职责包括：定义并存储数据库的内容；监督和控制数据库的使用；负责数据库的日常维护，必要时重组或改进数据库。

数据库系统还涉及不同的用户。数据库系统的用户分为两类：一类是最终用户，主要对数据库进行联机查询或通过数据库应用系统提供的界面来使用数据库。这些界面包括菜单、表格和报表等。另一类是专业用户，即应用程序员，他们负责设计应用系统的程序模块，对数据库进行操作。

4.3.4　数据模型

数据库中的数据是有结构的，这些结构反映了事物及事物之间的联系。而数据模型是一种表示实体类型及实体间联系的模型。每一个数据库管理系统都是基于某种数据模型的，它不仅管理数据的值，而且要按照数据模型对数据间的联系进行管理。在设计数据库系统时，一般有两类不同层次的模型：概念模型和数据模型。

● 概念模型：也称信息模型，它是按照用户的观点来对数据和信息建模，主要用于数据库设计，例如实体 – 联系模型，即 E – R 模型。

● 数据模型：主要包括网状模型、层次模型、关系模型和面向对象模型，它是按计算机系统的观点对数据建模，主要用于 DBMS 的实现。

1. 概念模型

从现实生活中的事物特性到计算机数据库里数据的具体表示一般要经历三个世界，即现实世界—概念世界—机器世界。有时也将概念世界称为信息世界，将机器世界称为存储世界或数据世界。

信息世界是现实世界在人们头脑中的反映，是对客观事物及其联系的一种抽象描述。它不是现实世界的简单映像，而是经过对现实世界的选择、命名、分类等抽象过程而产生的。在信息世界里，对客观事物及其联系的描述一般都涉及实体、实体集、属性、主码和联系等术语。

● 实体：客观存在并可相互区别的事物称为实体。实体可以是实际事物，也可以是抽象事件。比如，一个学生、一个机房属于实际事物；学生的一次考试、应用程序的一次撤销、股民的一次投资是比较抽象的事件，它们都属于实体。

● 实体集：同一类实体的集合称为实体集。例如，全体学生、所有教室。

● 属性：实体的具体特性称为属性。例如，教师实体可以用"工号""姓名""性别""职称"等属性来描述。属性的具体取值称为属性值，用以刻画一个具体实体的某一方面，这样适当属性的组合就可以具体地表示某一实体。例如，属性组合"980111""李萍""女""副教授"在教师名册中就表征了一个具体人。又如，机房实体由属性"编号""楼栋""名称""价值""建立年份"等来描述。属性组合"098765""外语楼""210""语音室""12 万""2009年"则具体代表一个机房。

● 主码：如果某个属性或属性的集合能够唯一地标识出每一个实体，可以将它选作主码。用作标识的主码，也称为主关键字或关键字。上例中的"学号"可作为主码，由于可能有重名者存在，"姓名"不宜作主码。

● 联系：实体集之间的对应关系称为联系，它反映现实世界事物之间的相互关联。联系分为两种：一种是实体内部各属性之间的联系。例如，"出生日期"相同的有很多人，但一个学生只能对应一个"出生日期"；另一种是实体之间的联系。例如，一个机房可以开设多门课程，同一门课程可以安排在不同的机房。

E – R 模型即实体 – 联系模型，是由 P. P. S. Chen 于 1976 年提出的，又称 E – R 图。利用 E – R 图，可以方便地描述概念世界，建立概念模型。它可以进一步转换为任何一种 DBMS 所支持的数据模型。E – R 图一般有实体、属性以及实体间的相互联系三个要素。

实体(型)——用矩形框表示，框内标注实体名称。

属性——用椭圆形表示，并用连线与实体连接起来。如果属性较多，为使图形更加简明，有时也将实体与其相应的属性另外用列表来表示。

实体间的联系——用菱形框表示，框内标注联系名称，并将菱形框与有关实体用连线连接起来，在连线上注明联系类型。

联系类型是指一个实体集合中的每一个实体与另一个实体集合中多少个实体存在联系，并非指一个矩形框通过菱形框与另外几个框画连线。

实体间的联系虽然复杂，但都可以分解到几个实体间的联系，而最基本的是两个实体间的联系。联系一般有如下三种类型。

(1)1∶1(一对一联系)。

设 A、B 为两个实体集。若 A 中的每个实体最多和 B 中的一个实体有联系，反过来，B 中的每个实体最多和 A 中的一个实体有联系，称 A 对 B 或 B 对 A 是 1∶1 联系。

(2)1∶N(一对多联系)。

如果 A 中的每个实体可以和 B 中的几个实体有联系，而 B 中的每个实体最多和 A 中的一个实体有联系，那么 A 对 B 属于 1∶N 联系，4-23 这类联系比较普遍，一对一的联系可以看成是一对多联系的一个特殊情况，即 N=1 时的特例。

(3)M∶N(多对多联系)。

若 A 中的每个实体可以和 B 中的多个实体有联系，反过来，B 中的每个实体也可以与 A 中的多个实体有联系，称 A 对 B 或 B 对 A 是 M∶N 联系。

图 4-24 所示为网上购物系统 E-R 图，每个用户都可以发布多条二手商品信息，同时也可以购买多个二手商品，因此用户与商品之间具有多对多的联系。每个商品有自己唯一的商品类型，而一个商品类型中有多个商品，所以商品与商品品种具有多对一的联系。由于是私人闲置物品，每个商品只能被成功交易一次，故生成一次订单，即一对一的联系。一条评价只能评论一单订单，但订单包含追评模式，即每个订单可以有多条评价。

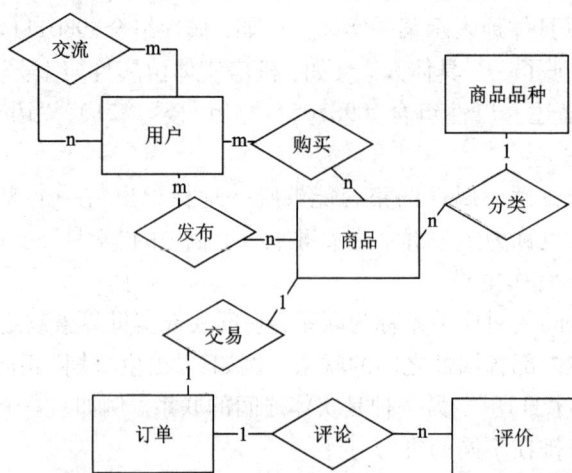

图 4-24　网上二手交易系统 E-R 图

2. 关系模型

关系模型是以二维表格结构作为基础的。由若干个关系模式组成的集合。每个关系模式实际上是一张二维表。

关系模型是用二维表的形式来表示实体和实体间联系的数据模型。从用户观点来看，关系的逻辑结构是一个二维表，在磁盘上以文件形式存储。表 4 - 1、表 4 - 2、表 4 - 3 分别代表机房、项目以及项目—机房三个关系结构图。

表 4 - 1　机房关系

机房编号	机房名称	容纳人数	建立年份
08404106	210	90	2004
08404107	211	80	2004

表 4 - 2　项目关系

项目编号	项目名称	完成时间
J02	智慧城市	2018 年
J03	物联网家居时代	2019 年

表 4 - 3　项目 - 机房关系

项目编号	机房编号	学生人数
J02	08404107	5
J03	08404106	6

关系模型和网状、层次模型的最大差别是关系模型用主码而不是用指针来表示和实现实体间联系。表格简单、易懂，用户只需用简单的查询语句就可以对数据库进行操作，并不涉及存储结构、访问技术等细节。但与网状、层次模型比起来实现较复杂，效率也比较低，因为很多任务都由系统承担。随着硬件的发展，效率已不再成为问题。关系模型是比较数学化的模型，要用到离散数学、集合论等知识，是一种具有严格设计理论的模型，它已成为几种数据模型中最主要的模型。自 20 世纪 80 年代以来，新推出的数据库管理系统几乎都支持关系模型。早期的许多层次和网状模型系统的产品也都加上了关系接口。

3. 基本术语

（1）关系：一个关系就是一张二维表，每个关系有一个关系名。在计算机里，一个关系可以存储为一个文件。

（2）元组：表中的行称为元组。一行为一个元组，对应于存储文件中的一个记录值。例如，表 4 - 1 的机房关系有 2 个元组；表 4 - 2 的项目关系包括两个元组。

（3）属性：表中的列称为属性，每一列有一个属性名。这里的属性与前面讲的实体属性相同，属性值相当于记录中的数据项或者字段值。

（4）域：属性的取值范围，即不同元组对同一个属性的取值所限定的范围。例如，逻辑型属性只能从逻辑真或逻辑假两个值中取值。

（5）分量：元组中的一个属性值。

（6）主码：属性或属性组合，其值能够唯一地确定一个元组。例如，机房关系中的机房编号；项目关系中的项目编号。

（7）目或度：关系模式中属性的数据项数目是关系的目或度。如机房关系是四元关系，项目关系是三元关系。

（8）关系模式：对关系的描述称为关系模式，格式为关系名（属性名 1，属性名 2，…，属性 N），一个关系模式对应一个关系文件的结构。例如，上述三个关系可描述为：机房（机房编号，机房名称，容纳人数，建立年份）；项目（项目编号，项目名称，完成日期）；项目 – 机房（项目编号、机房编号、学生人数）。

关系模型中基本数据结构就是二维表，因此不用像层次、网状模型那样要用指针来表示记录之间的联系。在关系模型中，记录之间的联系是通过主码来体现的。例如，要查询项目"J03"所用的机房编号以及建立年份，首先要在项目 – 机房关系中找到"J03"对应的机房编号是"08404106"，然后在机房关系中找到对应建立的年份是 2004 年。在上述查询过程中，主码"机房编号"起着连接两个关系的作用。

4.3.5 数据库的设计与管理

关系数据库应用数学方法来处理数据库中的数据。最早将这类方法用于数据处理的是 1962 年 Codasyl 发表的"信息代数"，之后有 1968 年 David Child 在 7090 机上实现的集合论数据结构，但系统地、严格地提出关系模型的是美国 IBM 公司的 E. F. Codd，他在美国计算机学会会刊 Communication of the ACM 上发表了题为"A Relational Model of Data for Shared Data Banks"的论文，开创了数据库系统的新纪元。

关系可以有三种类型：基本关系（通常又称为基本表）、查询表和视图表。基本表是实际存在的表，是实际存储数据的逻辑表示。查询表是查询结果对应的表。视图表是由基本表或其他视图表导出的表，是虚表，不对应实际存储的数据。

基本关系具有以下六种性质：

（1）列是同质的，即每一列中的分量是同一类型的数据，来自同一域；

（2）不同的列可出自同一个域，称其中的每一列为一个属性，不同的属性要给予不同的属性名；

（3）列的顺序无所谓，即列的次序可以任意交换；

（4）任意两个元组不能完全相同；

（5）行的顺序无所谓，即行的次序可以任意交换；

（6）分量必须取原子值，即每一个分量都必须是不可分的数据项。

1. 关系模型的完整性约束

关系模型要求关系必须是规范化的，即要求关系模型必须满足一定的规范条件。这些规范条件中最基本的一条就是：关系的每一个分量必须是一个不可分的数据项。规范化的关系简称为范式（normal form）。上述规范条件即是第一范式。

关系模型的完整性规则是对关系的某种约束条件。关系模型中可以有三类完整性约束：实体完整性、参照完整性和用户定义完整性。以教师开课管理为例来说明关系的完整性。

例 1　定义教师、课程、教师与课程之间的三个关系表示如下：

教师(<u>工号</u>,姓名,性别,职称)

课程(<u>课程号</u>,课程名,学分)

选修(<u>工号</u>,<u>课程号</u>,课时)

在上述关系中,用下划线表示主码。

(1)实体完整性。

规则 1　实体完整性规则

若属性 A 是基本关系 R 的主属性,则属性 A 不能取空值。

实体完整性规则规定基本关系的所有主属性都不能取空值,而不仅是主码整体不能取空值。在例 1 选修关系中,"工号""课程号"为主码,则"工号"和"课程号"两个属性都不能取空值。

(2)参照完整性。

定义 3　设 F 是基本关系 R 的一个或一组属性,但不是关系 R 的主码。如果 F 与基本关系 S 的主码 Ks 相对应,则称 F 是基本关系 R 的外码,并称基本关系 R 为参照关系,基本关系 S 为被参照关系。

规则 2　参照完整性规则

若属性(或属性组)F 是基本关系 R 的外码,它与基本关系 S 的主码 Ks 相对应(基本关系 R 和 S 不一定是不同的关系),则对于 R 中每个元组在 F 上的值必须为:

①或者取空值(F 的每个属性值均为空值);

②或者等于 S 中某个元组的主码值。

在例 1 中,选修关系的"工号"属性与教师关系的主码"工号"相对应,"课程号"属性与课程关系的主码"课程号"相对应,因此,"工号"和"课程号"属性是选修关系的外码,教师关系和课程关系是被参照关系,选修关系是参照关系。这样,选修关系中的"工号"和"课程号"可以取两类值:空值或相应被参照关系中已经存在的主码值。但由于"工号"和"课程号"是选修关系的主属性,按照实体完整性规则,它们均不能取空值。所以,选修关系中的"工号"和"课程号"属性实际上只能取相应被参照关系中已经存在的主码值。

(3)用户定义的完整性。

用户定义的完整性就是针对某一具体关系数据库的约束条件。它反映某一具体应用所涉及的数据必须满足的语义要求。例如选修关系中的"课时"属性的取值范围常在 0~100 之间。关系模型应提供定义和检验这类完整性的机制,以便用统一的、系统的方法处理它们,而不需要由应用程序来实现这一功能。

任何一种运算都是将一定的运算符作用于一定的运算对象上,得到预期的运算结果。关系代数的运算对象是关系,运算结果也是关系。关系运算是以集合代数为基础发展起来的。从集合论的观点来定义关系,关系是一个目为 K 的元组集合,即这个关系有若干个元组,每个元组有 K 个属性值。对关系数据库进行查询时,需要找到用户感兴趣的数据,这就需要对关系进行特定的运算操作。关系的基本运算有两类:一类是一般的集合运算(并、差、交等),另一类是专门的关系运算(选择、投影、连接等)。

2. 一般的集合运算

(1)并(union)。

设有两个关系 R 和 S，它们具有相同的目。R 和 S 的并是由属于 R 或属于 S 的元组组成的集合。

（2）差（difference）。

设有两个关系 R 和 S，它们具有相同的目。R 和 S 的差是由属于 R 但不属于 S 的元组组成的集合。

（3）交（intersection）。

设有两个关系 R 和 S，它们具有相同的目。R 和 S 的交是由既属于 R 又属于 S 的元组组成的集合。

3. 专门的集合运算

1）选择（Selection）

从关系中找出满足给定条件的元组的操作称为选择，其中条件是以逻辑表达式给出的。选择运算是从行的角度进行的运算，即水平方向抽取元组。经过选择运算得到的结果元组可以形成新的关系，其关系模式不变，但其中元组的数目不会多于原来的关系中元组的个数，它是原关系的一个子集。

不同的数据库管理系统所用的语言语法格式各不相同，一般以下列方法表示：

SELECT 〈关系名〉 WHERE 〈条件〉

例 2 从表 4-3 所示的"项目-机房"关系中，找出项目"J02"所用的机房。

SELECT 项目-机房 WHERE 项目编号="J02"

查询结果包括一个元组。

例 3 从表 4-3 所示的"项目-零件"关系中，找出项目 J02 或项目 J03 所用的机房。

SELECT 项目-机房 WHERE 项目编号="J02"或项目编号="J03"

查询结果为零。

（2）投影（projection）。

从关系模式中选取若干属性组成新的关系称为投影。投影运算是从列的角度进行的运算，相当于对关系进行垂直分解。经过投影运算可以得到一个新关系，其关系模式所包含的属性个数往往比原关系少，或者属性的排列顺序不同。因此，投影运算提供了垂直调整关系的手段。投影运算可以使用如下方法表示：

PROJECT〈关系名〉（属性 1，属性 2，…）

例 4 设有"学生"关系，学生（借书证号，姓名，性别，班级）。按照班级在前、姓名在后的次序列出学生名单。

PROJECT 学生（班级，姓名）

此运算结果的元组数目不变，但减少了列的数目，列的顺序也颠倒过来了。

例 5 从表 4-1 的"机房"关系中找出能容纳的人数。

PROJECT 机房（容纳人数）

查询结果包括两个元组。

投影之后不仅减少了某些列，也可能减少了某些元组。因为取消了某些属性之后，其余属性可能有相同的值，形成重复元组，而投影运算将删除完全相同的元组。

（3）连接（join）。

选择和投影运算都属于单目运算，它们运算的对象只是一个关系，连接运算是二目运算,需要两个关系作为操作对象。连接是将两个关系模式组合成一个属性更多的关系模式,运算过程是通过连接条件控制的,生成的新关系中包含满足连接条件的元组。在连接条件中一般都含有不同关系模式中的公共属性,或者具有相同语义、可以进行比较的属性。连接是由两个关系的组合生成一个新的关系。

连接的表示方法如下:

JOIN〈关系 1〉AND〈关系 2〉WHERE〈条件〉

连接运算中有两种最为重要也最为常用的连接:等值连接和自然连接。在连接条件中,如果使用"="的连接运算,则称为等值连接。自然连接是一种特殊的等值连接,要求两个关系中进行比较的分量必须是相同的属性组,并且去掉运算结果中重复的属性列。

例 6 对表 4 - 1 和表 4 - 3 所示的关系进行连接运算,以便查看项目编号、项目使用的机房以及机房相应的情况。

JOIN 项目 – 机房 AND 机房 WHERE 项目 – 机房(机房编号) = 机房(机房编号)

4.3.6 SQL 语言概述

在 SQL 数据库中使用的有些术语和传统的关系数据库术语不同。在 SQL 语言中,关系模式称为"基本表",存储模式称为"存储文件",子模式称为"视图","元组"称为"行",属性称为"列"。

一个 SQL 数据库是表(Table)的汇集,它用一个或若干个 SQL 模式定义,一个 SQL 数据库由行集构成,一行是列的序列,每列对应一个数据项;一个 SQL 数据库有基本表(Base Table)和视图(View)。基本表是实际存储在数据库中的表,而视图是若干个基本表或其他视图构成的集合的子集;一个基本表与一个存储文件相对应,一个存储文件与外部存储器上一个物理文件相对应。在大型机上以及一些新的关系 DBMS 产品中,一个基本表可以放在多个存储文件中,而一个存储文件也可存放多个基本表;用户可以用 SQL 语句对基本表和视图进行查询等操作;SQL 用户既可以是应用程序用户,也可以是终端用户。

1. 定义、修改和删除基本表

用 SQL 可以定义、修改和删除基本表。定义一个基本表相当于建立一个新的关系模式,也就是定义了一个关系的基本框架。此时基本表中还没有数据。

定义基本表就是对基本表的名称,以及基本表中的各个字段以及数据类型作出具体规定。

(1)使用 CREATE TABLE 语句定义基本表,其格式如下:

CREATE TABLE <表名>(<列名><数据类型>[列级完整性约束条件][,<列名><数据类型>[列级完整性约束条件]]…[,<表级完整性约束条件>]);其中,<表名>是所要定义的基本表的名称,它可以由一个或多个属性(列)组成。创建表的同时通常还可以定义与该表有关的完整性约束条件。

例 7 创建"教师"基本表。

CREATE TABLE 教师

        (工号 char(6)not null,

        姓名 char(8)not null,

        系别 char(10),

```
性别 char（2），
籍贯 char（20），
住址 char（20）
）
```

执行上述语句将在数据库中建立一个名为"教师"的基本表，它有 6 个列，也就是关系中指的属性，分别是"工号""姓名""系别""性别""籍贯"和"住址"，它们都是字符型，只是长度不一样，"工号"长度为 6，"姓名"长度为 8，"系别"长度为 10，"性别"长度为 2，"籍贯"长度为 20，"住址"长度为 20。

SQL 语言的常见数据类型如表 4-4 所示。

表 4-4　SQL 语言的常见数据类型

数据类型	含义说明
INTEGER	4 字节整数
SMALLINT	2 字节整数
DECIMAL(m, n)	十进制数，共 m 个数字位
FLOAT	4 字节浮点数，数据大小从 0.1e-307 到 0.9e+308，以指数形式表示
CHAR(n)	固定长度的字符串，长度最大为 n
VERCHAR(n)	可变长度的字符串，长度最大为 n
DATATIME	8 字节日期型数据

SQL 语言支持空，即 NULL 的概念，空值是不知道或不能用的值，如果基本表中某一列的定义不允许出现空值，则要加上 NOT NULL。例中的 NOT NULL 指出"工号"和"姓名"两列在输入数据时不允许出现空值，而其他字段可以为空。

（2）修改基本表。

SQL 语言用 ALTER TABLE 语句修改基本表，其格式如下：

```
ALTER TABLE <表名>
    ［ADD <新列名> <数据类型> ［完整性约束］］
    ［DROP <完整性约束名>］
    ［MODIFY <列名> <数据类型>］；
```

其中，<表名>是要修改的基本表；ADD 子句用于增加新列和新完整性约束条件；DROP 子句用于删除指定的完整约束条件；MODIFY 子句用于修改原有的列定义，包括修改列名和数据类型。

例 8　为"教师"基本表增加"职称"字段。

ALTER TABLE 教师 ADD（职称 Char(10)）；

新增加的列将处于表的最右面，而且这列不能指定为 NOT NULL，应允许空值，因为如果基本表中原来已经有数据，各记录的新增列必然是空值，以后可以用更新语句来进行修改。

（3）删除基本表。

当基本表没有用时,可以用 DROP TABLE 语句将基本表删除,其格式如下:

DROP TABLE <表名>;

基本表定义一旦删除,表中的数据、其上的索引以及以基本表为基础所建立的所有的视图将全部被删除,并释放出所占用的存储空间。

例9 删除"教师"基本表。

DROP TABLE 教师;

2. 定义和删除视图

数据库系统中一般都有若干个基本表。在基本表中保存着多个用户共享的数据。某一个具体应用可能只使用其中一部分数据,基本表的字段有时也不能直接满足用户的具体要求。这时,可以从一个或几个基本表以及现有的视图导出适合具体应用的视图。用户对视图的查询与基本表一样。基本表和视图都是关系,但视图是虚表,不对应于一个存储的数据文件,因此通过视图对数据的修改也要受到一些限制。

显然,建立和使用视图,可以简化查询语句。

通过对用户授以对视图的访问权限可以限制不同用户的查询范围。未授权的用户不能访问任何基本表和视图。将视图授权给用户,可以避免暴露全部的基本表。

(1)定义视图。

在 SQL 语言中,用 CREATE VIEW 语句建立视图,其格式如下:

CREATE VIEW <视图名>[(<列名1>[,<列名2>]…)]

AS <子查询>[WITH CHECK OPTION];

其中,子查询可以是任意复杂的 SELECT 语句,但通常不允许含有 ORDER BY 子句和 DISTINCT 短语。WITH CHECK OPTION 表示对视图进行 UPDATE、INSERT 和 DELETE 操作时要保证更新、插入或删除的行满足视图定义中的子查询中的条件表达式。

例10 建立计算机系的教师视图,视图名为 V_TEACHER。

CREATE VIEW V_TEACHER

SELECT 工号,姓名,性别,职称

FROM 教师

WHERE 系别='计算机系';

由于建立的视图的字段名和 SELECT 子句中所列出字段相同,所以可以省略不写。

例11 建立系部开设选修课程情况的简单统计视图,名称为 V_SELECTION。

CREATE VIEW V_SELECTION(系别,选课人数)

SELECT 系别,COUNT(DISTINCT 工号)

FROM 教师,选课

WHERE 教师.工号=选课.工号

GROUP BY 系别;

(2)删除视图。

删除视图语句是 DROP VIEW,其格式如下:

DROP VIEW <视图名>;

视图被删除之后,它的定义和在它基础上所建立的其他视图将自动被删除。

例12 删除名为 V_TEACHER 的视图。

DROP VIEW V_TEACHER；

3. 建立和删除索引

基本表或视图中可能存放有大量的记录，此时查找满足条件的记录可能要花很长时间，为了提高数据的检索速度，可以根据实际应用情况为一个基本表建立若干个索引。

1）建立索引

在 SQL 语言中，建立索引使用 CREATE INDEX 语句，其格式如下：

CREATE［UNIQUE］［CLUSTER］INDEX ＜索引名＞

ON ＜表名＞（＜列名＞［＜次序＞］［，＜列名＞［＜次序＞］］…）；

其中，＜表名＞是要建索引的基本表的名称。索引可以建立在该表的一列或多列上，各列名之间用逗号分隔。＜次序＞表示排序方式，可以是 ASC（升序）或 DESC（降序），缺省值是 ASC。UNIQUE 表明此索引的每一个索引值只对应唯一的数据记录。CLUSTER 表示建立的索引是聚簇索引，它是指索引项的顺序与表中记录的物理顺序一致的索引组织。建立聚簇索引可以提高查询效率，但更新聚簇索引数据开销大，因此，对于经常更新的列不宜建立聚簇索引。

例 13 对基本表"教师"建立以"工号"为关键字的升序索引。

CREATE UNIQUE INDEX TEA_NO ON 教师（工号）ASC；

其中，UNIQUE 为可选项，表示唯一索引，即基本表中相应列的值不能相同。

2）删除索引

维护索引会增加系统开销，因此，可以使用 DROP INDEX 删除一些不必要的索引。删除索引语句的格式如下：

DROP INDEX ＜索引名＞；

删除索引时，系统会同时删除有关该索引的描述。

例 14 将索引 TEA_NO 删除。

DROP INDEX TEA_NO；

4. 数据查询

SQL 语言中最主要、最核心的部分是它的查询功能。所谓查询，就是从数据库中提取出满足用户需要的数据，查询是由 SELECT 语句实现的。在 SQL 语言中，许多操作都涉及 SELECT 语句。例如，将 SELECT 语句查询得到的数据插入到另外一个关系中；使用 SELECT 语句用满足条件的数据创建一个视图等。所以，SELECT 语句也是 SQL 语言中最灵活、最复杂的语句。

通常，一个 SELECT 语句可以分解成三个部分：查找什么数据，从哪里查找，查找条件是什么。因此，SELECT 语句可以分成以下几个子句：

SELECT［ALL｜DISTINCT］＜目标列表达式 1＞［，＜目标列表达式 2＞］…

FROM ＜表名或视图名 1＞［，＜表名或视图名 2＞］…

［WHERE ＜条件表达式＞］

［GROUP BY ＜列名 1＞［HAVING ＜条件表达式＞］］

［ORDER BY ＜列名 2＞［ASC｜DESC］］；

其中，SELECT 子句中用逗号分开的表达式为查询目标。最常用也是最简单的是用逗号分开的属性名，即二维表中的列。系统对查询结果按照所需的属性进行投影运算。FROM 子句指出上述查询目标及下面 WHERE 子句的条件中所涉及的所有关系名。WHERE 子句指出查询目标必须满足的条件，系统根据条件进行选择运算，输出条件为真的元组集合。WHERE 子句常用的查询条件如表 4 – 5 所示。

表 4 – 5　常用的查询条件

查询条件	谓词
比较	= , > , < , > = , < = , ! =
确定范围	BETWEEN…AND…
	NOT BETWEEN…AND…
字符匹配	LIKE, NOT　LIKE
多重条件	AND、OR
空值	IS NULL, IS NOT NULL

不同系统所提供的功能有所区别，这里只介绍一般支持 SQL 的系统共有的基本功能。

以一个简单的学生选课管理关系为基础，通过示例来介绍 SELECT 语句的使用方法。设学生选课管理关系数据模型包括以下三个关系模式：

教师(工号，姓名，性别，出生日期，职称，系别)

选课(工号，课程编号，选课人数)

课程(课程编号，课程名称，课程类型，总学时，学分，备注)

(1)简单查询。

例 15　找出教师"李碧华"所在的系部。

SELECT 姓名，系别

FROM 教师

WHERE 姓名 ="李碧华"

SELECT 子句中允许有字符串常量出现，如本例可改写为：

SELECT "姓名："，姓名，"系别："，系别

FROM 教师

WHERE 姓名 ="李碧华"

在例 15 中，"姓名："和"班级："起到提醒的作用，使得查询的结果易于阅读。

例 16　查看所有教师的全部情况。

SELECT ＊

FROM 教师

SELECT 子句里的星号 ＊ 是表示全部属性的通配符。当不需要进行投影操作时，属性名就没有必要一一列出。

例 17　查询所有已选课的教师的工号。

SELECT DISTINCT 工号

FROM 选课；

本例是针对已开设选课的教师而言的,每一位教师可能开设多门选修课程,而只要已选了一门课,就要将其工号显示出来,而且选修多门课程的教师只需显示一个就够了,所以在本例中加上了 DISTINCT 选项,目的是为了去掉重复的元组,如不加该选项,则将列出所有的工号,包括重复的工号。

若增加一张学生表,则:

CREATE TABLE 学生

(学号 char (6) not null, 姓名 char (8) not null, 系别 char (10), 性别 char (2), 课程编号 char (20), 成绩 int (8)

) ;

例 18　查询所有学生的学号和英语(课程编号 TA3001)成绩,要求成绩按升序排列。

SELECT 学号, 成绩

FROM 学生

WHERE 课程编号 = 'TA3001'

ORDER BY 成绩 ASC;

用 ORDER BY 对查询结果进行排序。ASC 表示升序,DESC 表示降序。升序是系统默认的,可以省略,因此本例中的 ASC 可以去掉。

例 19　查询计算机(课程编号 TA3002)成绩在 90 到 100 分之间的学号和成绩。

SELECT 学号, 成绩

FROM 学生

WHERE 课程编号 = 'TA3002' AND 成绩 BETWEEN 90 AND 100;

例 20　查询学号前五位是 08402 的学生的信息。

SELECT ＊

FROM 学生

WHERE 学号 LIKE '08402%';

本例中,谓词 LIKE 后面必须是字符串常量,其中可以使用两个通配符:

下划线"_",代表任意一个单个字符;

百分号"%",代表零到任意多个任意字符。

(2)连接查询。

简单查询一般只涉及一个关系,如果查询目标涉及两个或几个关系,就需要进行连接运算。连接运算一般是在 FROM 子句中列出关系名称,而在 WHERE 子句中则指明连接的条件,这样连接运算就由系统完成并实现优化。

例 21　查询所有开课教师的工号、姓名和系别。

SELECT DISTINCT 工号, 姓名, 系别

FROM 教师, 选课

WHERE 教师.工号 = 选课.工号;

本例中教师和选课两种关系中有相同的属性名,因此要在属性前面加上关系名用以区分不同的关系。

例 22　查询教师"李小东"开设的所有选修课课程的编号和名称。

SELECT 姓名, 课程.课程编号, 课程.课程名称

FROM 教师, 选课, 课程

WHERE 教师.工号＝选课.工号 AND 教师.姓名＝'李小东' AND 选课.课程编号＝课程.课程编号；

4.4　本章小结

　　计算机通过操作系统协调、管理计算机系统中的所有软硬件资源，合理地组织计算机的工作流程，面对庞杂的信息数据，数据库技术作为信息系统科学的核心技术之一，采用 SQL 结构化查询语言可用于存取数据以及查询、更新和管理数据库系统，能有效地组织和存储数据。

思考题与习题

一、思考题

1. 怎样理解"由于计算机上装有操作系统，从而扩展了原计算机的功能"。
2. 试对分时操作系统和实时操作系统进行比较。
3. 什么是数据库，数据库系统，数据库管理系统？
4. 什么是数据模型？E－R 图有什么用处？

二、选择题

1. 操作系统是一种（　　　）。

A. 通用软件　　　　　　　　　B. 应用软件

C. 系统软件　　　　　　　　　D. 软件包

2. 操作系统的（　　　）管理部分负责对进程进行调度。

A. 主存储器　　　　　　　　　B. 控制器

C. 运算器　　　　　　　　　　D. 处理机

3. 操作系统是对（　　　）进行管理的软件。

A. 软件　　　　　　　　　　　B. 硬件

C. 计算机资源　　　　　　　　D. 应用程序

4. 从用户的观点看，操作系统是（　　　）。

A. 用户与计算机之间的接口

B. 控制和管理计算机资源的软件

C. 合理地组织计算机工作流程的软件

D. 由若干层次的程序按一定的结构组成的有机体

5. 操作系统的功能是进行处理机管理、（　　　）管理、设备管理及信息管理。

A. 进程　　　　　　　　　　　B. 存储器

C. 硬件　　　　　　　　　　　D. 软件

6. 操作系统中采用多道程序设计技术提高 CPU 和外部设备的（　　　）。

A. 利用率　　　　　　　　　　B. 可靠性

C. 稳定性　　　　　　　　　　D. 兼容性

7. 操作系统是现代计算机系统不可缺少的组成部分，是为了提高计算机的(　　)和(　　)，方便用户使用计算机而配备的一种系统软件。

A. 速度　　　　　　　　　　　　B. 利用率

C. 灵活性　　　　　　　　　　　D. 兼容性

8. 操作系统的基本类型主要有(　　)。

A. 批处理系统、分时系统及多任务系统

B. 实时操作系统、批处理操作系统及分时操作系统

C. 单用户系统、多用户系统及批处理系统

D. 实时系统、分时系统和多用户系统

9. 所谓(　　)，是指将一个以上的作业放入主存，并且同时处于运行状态，这些作业共享处理机的时间和外围设备等其他资源。

A. 多重处理　　　　　　　　　　B. 多道程序设计

C. 实时处理　　　　　　　　　　D. 共同执行

三、填空题

1. 采用多道程序设计技术能充分发挥_____与_____并行工作的能力。

2. 操作系统是计算机系统的一种系统软件，它以尽量合理、有效的方式组织和管理计算机的_____，并控制程序的运行，使整个计算机系统能高效地运行。

3. 在主机控制下进行的输入/输出操作称为_____操作。

4. 按内存中同时运行程序的数目可以将批处理系统分为两类：_____和_____。

5. 并发和_____是操作系统的两个最基本的特征，两者之间互为存在条件。

6. _____系统不允许用户随时干预自己程序的运行。

7. 操作系统的主要性能参数有_____和_____等。

20 世纪 90 年代，随着计算机技术与通信技术的迅速发展及计算机应用的深入，人们将分散的计算机通过各种传输介质(铜导线、光纤、红外线、微波和通信卫星等)连接起来，突破了地域界线，实现了计算机资源最大规模的共享，从而使计算机技术进入了一个新的发展阶段，出现了覆盖全球的 Internet。本章主要介绍计算机网络与 Internet 相关技术。

【学习目标】
1. 掌握计算机网络的概念及组成。
2. 了解计算机网络的体系结构及分类。
3. 掌握局域网技术。
4. 掌握 Internet 相关知识。

5.1 计算机网络概述

21 世纪的主要特征是数字化、网络化和信息化，这是一个以网络为核心的信息时代。网络早已成为信息社会的命脉和发展知识经济的重要基础，它涉及计算机、通信及网络等诸多方面，复杂而有秩序。它也普遍存在于军事、工业、教学、家庭、娱乐等各个领域。计算机网络把一个看上去是很庞大的世界关联成了一个整体，但实际上，它似乎又让这个世界变得很小。因为通过计算机网络，原来根本不认识的人，可能认识了，原来根本不了解的问题，现在也明白了，人与人之间也可以通过计算机网络进行交流和沟通。计算机网络的出现促进了社会经济方式的改变，同时也对其自身的发展提出了更加严格的要求。在网络高速发展的现代社会，人们早已习惯了使用银行卡、手机、支付宝、微信等，电子商务、电子政务也已经变得习以为常。

5.1.1 计算机网络的概念

那么计算机网络究竟应该如何定义呢？

从逻辑功能上看，计算机网络是一个以数据通信为目的，用通信线路将多个计算机连接起来的计算机系统的集合，可见，计算机网络的实体主要包括传输介质和通信设备。

从用户角度上看，计算机网络是一个能对用户进行数据管理、帮助用户完成所有资源的调用和共享的载体，整个网络好像一个虚拟的存在，对用户来说是透明的。

综上所述，如果要对计算机网络给出一个综合定义的话，那就是：利用通信线路将地理上分散的、具有独立功能的计算机和通信设备按不同的形式连接起来，在网络操作系统、网络管理软件及网络通信协议的管理和协调下，实现资源共享和数据通信的计算机系统。

所以，最简单的计算机网络就是由两台计算机和连接它们的一条链路构成的，即两个节点和一条链路。

计算机网络之所以能如此迅速地被广泛应用，是因为它具备的强大功能：

(1) 数据通信。计算机网络最基本的功能之一，即计算机与终端、计算机与计算机之间的数据传送及发布。也即让互联网上的用户之间，不受任何时间和空间的限制，便捷、迅速、经济地交换各类数据信息。用户可以通过计算机网络实现文件传输、网页浏览、网络电话、视频会议、电子邮件等众多功能。

(2) 资源共享。"资源"指的是网络中所有的软件、硬件和数据资源。"共享"指的是网络中的用户都能够部分或全部地享受这些资源。实现了资源共享，就可以大大地减少系统的投资费用，这是计算机网络最本质的功能。

(3) 分布式处理。计算机网络中，系统通常会将大型的综合性问题进行任务分解，并将分解后的子任务分别交给网络上不同的计算机同时去完成，用户可以根据需要合理选择网络资源，就近快速地进行处理，从而实现分布式处理。

(4) 集中管理。计算机网络对系统中的计算机进行集中管理，确保每台计算机的可靠性和可用性。让计算机通过网络相互成为后备机，一旦某台计算机出现故障，它的任务就可以由其他的计算机代为完成，这样可以避免在单机情况下因一台计算机发生故障而引发整个系统瘫痪的情况出现，从而提高系统的可靠性。同时，当网络中的某台计算机负担过重时，网络又可以将新的任务交给较空闲的计算机完成，均衡负载，从而提高计算机的可用性。

5.1.2 计算机网络的组成

通常来说，一个完整的计算机系统应包括计算机硬件部分和软件部分。而对于一个完整的计算机网络而言，它的组成需要从不同角度进行分类。

(1) 从逻辑功能上说，计算机网络是由通信子网和资源子网两部分组成的。

随着计算机网络结构的不断完善，人们从逻辑上把计算机网络数据处理功能和数据通信功能分开，将数据处理部分称为资源子网，将通信功能部分称为通信子网。资源子网通常由计算机系统、终端以及各种终端软件资源与信息资源组成，而通信子网则是指网络中实现网络通信功能的设备及其软件的集合，比如中继器、集线器、网桥、路由器、网关等。

(2) 从系统组成上说，计算机网络是由网络硬件和网络软件组成的。

网络硬件包括网络的拓扑结构、网络服务器、网络工作站、传输介质和所有的网络连接设备。

● 拓扑结构：是指网络中各个节点相互连接的形式，简单来说就是服务器、工作站和传输介质的连接形式。它决定网络当中服务器和工作站之间的通信方式。

● 网络服务器：在网络中充当核心部件的计算机，它控制和协调网络中各计算机之间的工作，存储和管理共享资源，对网络进行监控，为各工作站的应用程序服务。

● 网络工作站：通过网络接口卡(网卡)连接到网络上来享受网络提供的各种服务的计算机，它既可作为独立的个人计算机为用户服务，又可以按照被授予的一定权限访问服务器。在网络中，一个工作站即是网络服务的一个用户。

● 传输介质：网络通信用的信号通道，即网络中传输信息的载体，常用的传输介质分为有线传输介质和无线传输介质两大类。

●网络连接设备：包括路由器和交换机等。交换机是将计算机连接成网络，路由器是将网络互联成更大的网络。

网络软件则包括网络操作系统、专用通信软件及通信协议等。

网络操作系统是管理网络中的软、硬件资源，提供网络管理的系统软件，常见的网络操作系统有 Windows、Unix、Netware 和 Linux 等。专用通信软件主要包括实现资源共享的软件和方便用户使用的各种工具软件等。网络通信协议是网络中计算机交换信息时的约定，规定了计算机在网络中互通信息的规则。互联网采用的协议是 TCP/IP，该协议也是目前应用最广泛的协议，其他常见的协议还有 Novell 公司的 IPX/SPX 等。

5.1.3　计算机网络的体系结构

计算机网络是个结构非常复杂的系统，相互通信的两个计算机系统之间必须高度协调才能正常工作，而这种"协调"也是相当复杂的。为分析和解决计算机网络系统的复杂性，早在最初的因特网前身——阿帕网（ARPANET）设计就提出了分层的方法。"分层"可将庞大而复杂的问题转化为若干较小的局部问题，而这些较小的局部问题就比较易于研究和处理。1974年，美国的 IBM 公司制定了网络体系结构 SNA（system network architecture），这个著名的网络标准就是按照分层的方法制定的，现在在使用的 IBM 大型机构建的专用网络中仍在使用SNA。不久，其他一些科技公司也相继推出供自己产品使用的具有不同名称的体系结构。然而，全球经济的发展使得不同网络体系结构的用户迫切要求能够互相交换信息，为了使不同体系结构的计算机网络都能互联，国际标准化组织 ISO 于 1977 年成立了专门机构研究该问题。他们提出了一个试图使各种计算机在世界范围内互连成网的标准框架，即开放系统互连基本参考模型 OSIRM（open systems interconnection reference model），简称为 OSI。这里的"开放"是指非独家垄断的，也就是说，遵循 OSI 标准的任何一个系统都可以和位于世界上任何地方的、也使用同一标准的其他任何系统进行通信，这一点很像在世界范围内广泛使用的有线电话和邮政系统，这两个系统也都是开放系统。

计算机网络采用分层概念来划分层次结构的模型主要有两种。

1. OSI 参考模型

7 层结构模型，分别是物理层、数据链路层、网络层、传输层、会话层、表示层和应用层。它的分层原则是处在高层次的系统利用较低层次的系统提供的接口和功能，而不需要了解底层实现该功能的过程，每一层负责相应的工作，当其中一层提供的某解决方案更新时，不会影响到其他层。每个层次的具体的功能如下。

（1）物理层。即 OSI 模型中的最底层，它是整个参考模型的基础，提供物理链路所需要的机械和电气等特性，如电压、比特率、最大传输距离、物理连接介质等。

（2）数据链路层。是 OSI 参考模型中的第二层，介乎于物理层和网络层之间。数据链路层获取物理层提供的服务，并向网络层提供服务，在网络层实体间提供数据发送和接收的功能。

（3）网络层。管理网络中的数据通信，将数据设法从源端经过若干个中间节点传送到目的端，从而向传输层提供最基本的端到端的数据传送服务。

（4）传输层。提供建立、维护和拆除传送连接的功能；选择网络层所提供的最合适的服务；在系统之间提供可靠的透明的数据传送，提供端到端的错误恢复和流量控制。

（5）会话层。会话层不参与具体的传输，主要功能是对话管理、数据流同步等，如服务器验证用户登录便是由会话层完成的。

（6）表示层。这一层主要解决用户信息的语法表示问题。如数据的压缩和解压缩、加密和解密等工作。

（7）应用层。它是 OSI 的最高层，也是唯一面向用户的层，它向用户提供 OSI 用户服务，例如事务处理程序、文件传送协议和网络管理等。

2. TCP/IP 的分层模型

OSI 是一套概念清晰的理论模型，它总试图让全球的计算机网络都遵循这个统一的标准，但因为种种原因，它并没有在实际中得到应用。1982 年，出现了另外一种体系结构，这种体系结构因为 TCP/IP 协议大受欢迎而被广泛使用，后来居上，成了事实上的工业标准，这就是 TCP/IP 体系结构。TCP/IP 也是一种分层模型，它由基于硬件的四个概念性层次构成，即网络接口层、网络层、传输层、应用层，每个层次的具体功能如下。

OSI 与 TCP/IP 模型分层对比如图 5-1 所示。

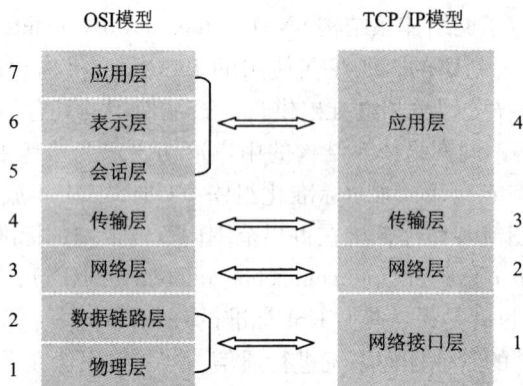

图 5-1　OSI 与 TCP/IP 分层对比

（1）网络接口层：也称数据链路层，这是 TCP/IP 模型的最底层。它负责接收 IP 数据报并将它发送至选定的网络。

（2）网络层：即 IP 层，它处理计算机之间的通信，即接收来自传输层的请求，将带有目的地址的数据发送出去。

（3）传输层：它提供应用层之间的通信，即端到端的通信。负责管理信息流，提供可靠的传输服务，以确保数据无差错地按序到达。

（4）应用层：应用程序之间进行沟通的层，如简单电子邮件传输（SMTP）、文件传输协议（FTP）、网络远程访问协议（Telnet）等。

5.1.4　计算机网络的分类

计算机网络的分类方式有很多，根据不同的分类标准可以将计算机网络分为不同的类型。常见的有按照拓扑结构分类和按照网络覆盖的地理范围分类。计算机网络的拓扑结构是指网络中的节点和通信链路连接后得到的几何形状，而节点是指所有连接到网络中的计算机设备(如个人计算机、交换机等)。

根据网络的拓扑结构可分为：总线型网、星状网、环状网、树状网、网状网。

(1)总线型网络：在总线型网络中，所有网络节点都连接在一条公共的通信线路上，这条公共的通信线路即为"总线"，其结构如图 5 - 2 所示。在总线型网络中，各个网络节点地位平等，公用总线上的信息从发送信息的节点开始向两端扩散，在总线上以广播方式发送，但只有与该信息携带的目标地址相符的节点才能真正接收这一信息。

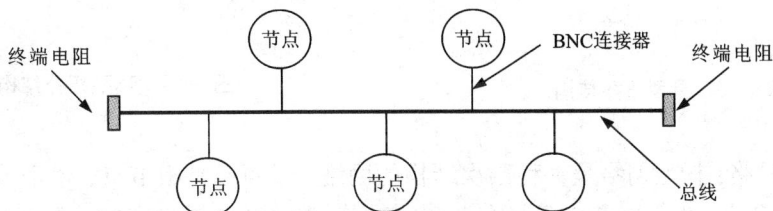

图 5 - 2　总线型拓扑结构

总线型结构的优点：结构简单，扩充容易。另外，使用共享总线，线路成本低，信道利用率高。

总线型结构的缺点：节点的个数有限制，节点个数太多会导致每个节点能够使用的有效带宽减少，通信效率下降；对总线性能要求较高，一旦总线出现故障，网络将无法正常工作。

(2)星型网络：在网络中有一个中央节点，此点称为网络的集线器(HUB)，网络中的其他节点都通过一条单独的通信线路与中央节点相连，中央节点控制全网的通信。因此该类网络又称之为集中式网络。星型网络的结构如图 5 - 3 所示。

星型结构的优点：结构简单，配置方便，便于集中控制；易于维护、安全可靠，单个节点发生故障，不会影响全网，故障诊断和隔离比较容易。

星型结构的缺点：成本较高，因每个节点都要和中央节点直接连接，需要耗费大量的电缆，也增加了网络安装的工作量；中央节点的负荷较重，中央节点一旦损坏，整个系统便不能正常工作。

(3)环型网络：网络中的各个节点通过通信链路首尾相接形成一个闭合环路。数据在闭合环路上单向或双向传送。环型网络的结构如图 5 - 4 所示。

环型结构的优点：结构简单；信息沿环路传送，控制简单；所有节点共享环路，电缆长度短，成本较低。

环型结构的缺点：当环中节点过多时，会影响信息的传输速率，使网络响应时间延长；环路是封闭的，不便于扩充。此外，网络中任何一个节点的损坏都可能导致整个系统不能正常工作，可靠性低。

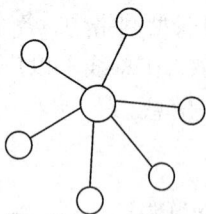

图 5 – 3 星型拓扑结构

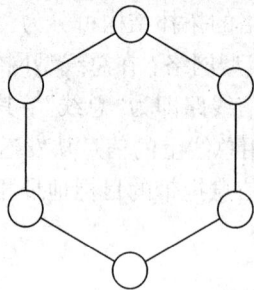

图 5 – 4 环型拓扑结构

（4）树型网络：树型网络是一种层次结构的网络，最顶层是根节点，每个节点的下一层可以有多个子节点，但每个节点只能有一个父节点，整个网络看起来像一颗倒挂的树。树型网络结构如图 5 – 5 所示。

树型网络的优点：结构简单，成本较低；网络中节点扩展方便。

树型网络的缺点：网络中各节点对根节点的依赖性较强，如果根节点失效，会导致整个网络瘫痪。

（5）网状网络：在网络中节点的连接是无任何规律的，成网状相连。其结构如图 5 – 6 所示。

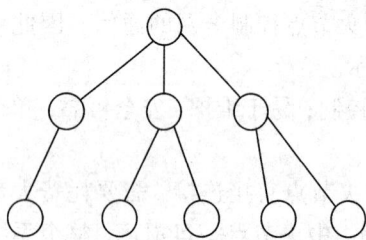

图 5 – 5 树型拓扑结构图

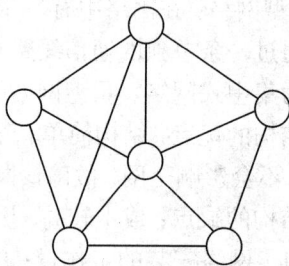

图 5 – 6 网状拓扑结构

在实际应用时，网络的拓扑结构有可能是以上的一种或几种基本拓扑结构的结合。选择拓扑结构时，要考虑诸多因素：既要便于安装，又要易于扩展，还要有较高的可靠性、易于维护等。

根据计算机网络的覆盖地理范围和通信终端之间距离可将网络分成以下三类。

（1）局域网（LAN）。

特点：范围小，一般距离在 0.5 ~ 10km 之间；带宽大，数据传输率高，一般在 10 ~ 1000Mb/s 之间；数据传输延迟小，误码率低；易于安装，便于维护；局域网的拓扑结构简单（总线型，星型，环型），容易实现。常用双绞线、同轴电缆和光纤作为传输媒介；采用无线传输的无线 LAN 正在得到迅速发展与应用。

（2）城域网（MAN）。

特点：具有 LAN 的特性，但规模比 LAN 大，地理分布范围为 10 ~ 50km，传输媒体主要使用光纤。通常城域网由政府或大型集团公司建设，例如城市信息港、企业 Internet 网络。

（3）广域网（WAN）。

特点：覆盖一个国家甚至全世界，也称远程网。利用网关（Gateway）连接不同类型的网络，并完成相应的转换功能。

目前，Internet 可以看作世界上最大的广域网。

5.2 局域网技术

5.2.1 局域网的发展与特点

1. 局域网技术的发展

1975 年，美国 Xerox 公司研制成第一个总线型网络——以太网（Ethernet）。20 世纪 80 年代，各种新型局域网技术相继推出。随着微型计算机的普及，局域网技术得到了迅速发展，并在各行各业得到广泛应用。

计算机局域网（LAN）可以说是最小的网络单位。与广域网 WAN 相比，局域网技术之所以广受欢迎，是因为局域网成本低、建网快，而且应用广、使用方便，适合一个单位或部门内的信息传递和资源共享，也可以满足单位内部管理信息系统建设的需要。

2. 局域网的特点

局域网主要有以下几个特点：

（1）网络覆盖的地理范围小，通常分布在一座办公大楼或集中的建筑群内，涉及的范围一般只有几公里。

（2）通信速率高，局域网传输速率至少在 10 Mbps 以上，一般为 100～1000 Mbps，目前最高已达 10 Gbps。

（3）传输质量好，误码率低。

（4）易于安装、配置和维护简单，造价低。

（5）可采用多种传输媒体，如双绞线、同轴电缆、光纤等。

5.2.2 局域网的基本组成

组成一个局域网有三大要素：网络的结构、组成网络的硬件、网络操作系统软件。在三大要素中，我们首先要选择网络操作系统，再根据网络操作系统来选定所支持的网络结构，并由此确定硬件设备。

1. 局域网操作系统

局域网使用的网络操作系统有多种，如 Microsoft 公司的 Windows 系列，Novell 公司的 Netware 网，以及 Unix 和 Linux 等，目前应用最广的是 Windows 系列，其次是 Linux。

2. 局域网的网络结构

Novell 的 Netware、微软的 Windows NT、Windows 2000 等都支持总线结构和星型结构。目前，常用的是前面讲到的各种基本拓扑结构或是几种基本拓扑结构的结合。

3. 局域网硬件系统

组建局域网常用的硬件主要有以下几种。

（1）服务器。服务器通常是网络的核心，它为整个局域网提供服务，所以服务器一般采用配置较高且品牌较好的计算机，以保证稳定可靠。如图 5 - 7 所示。

（2）工作站。工作站实际上就是一台普通的 PC，任何微机都可以作为网络工作站。

（3）集线器。集线器又称 HUB，其外观如图 5 - 8 所示，它的主要功能是对接收到的信号进行再生整形放大，以扩大网络的传输距离，同时把所有节点集中在以它为中心的节点上。集线器与网卡、网线等传输介质一样，属于局域网中的基础设备，作用于物理层，一般有一个 BNC 接口、一个 AUI 接口，用来连接同轴电缆，另有 4 ~ 48 个 RJ - 45 接口，用来连接双绞线。

图 5 - 7 服务器示意图

（4）交换机。一般用于 LAN - WAN 之间的连接，作用于数据链路层。它与一般集线器的不同之处是，集线器将数据转发到所有的集线器端口，而交换机可将收到的数据包根据目的地址转发到特定的端口，这样可以降低整个网络的数据传输量，提高效率。

（5）路由器。用于 WAN - WAN 之间的连接，作用于网络层。它可以将从一条线路上接收到的数据向另一条线路进行转发。这两条线路可以分属于不同的网络，并采用不同协议。此外，路由器还提供防火墙服务。所以它的功能比交换机更强，但速度相对较慢，价格相对较昂贵，

（6）网卡。网卡也称网络适配器，如图 5 - 9 所示。网卡为计算机提供与通信网络相连的接口，一台电脑可以同时安装一块或多块网卡。

图 5 - 8 集线器示意图

图 5 - 9 网卡示意图

每一块网卡都有一个唯一的编号，此编号称为 MAC（media access control）地址，MAC 地址被记录在网卡的 ROM 中。

网卡的类型较多，按网卡的总线接口类型来分，一般可分为 ISA 网卡、PCI 网卡、USB 接口网卡以及笔记本电脑使用的 PCMCIA 网卡；按网卡的带宽来分，主要有 10Mbps 网卡、10Mbps/100Mbps 自适应网卡、1000Mbps 以太网卡等三种；按网卡提供的网络接口来分，主要有 RJ - 45 接口、BNC 接口和 AUI 接口等。有的网卡提供了两种或多种类型的接口，如有的网卡同时提供 RJ - 45 和 BNC 接口。此外还有无线接口的网卡。

（7）其他硬件。除了上述硬件外，组成局域网所需的硬件还有传输媒体、UPS 电源、网络连接配件（如 BNC 接头、T 形接头、RJ - 45 接头、终端电阻）等，如图 5 - 10 所示。

局域网使用的有线传输介质主要有双绞线、同轴电缆、光纤等，在局域网中使用的这三种传

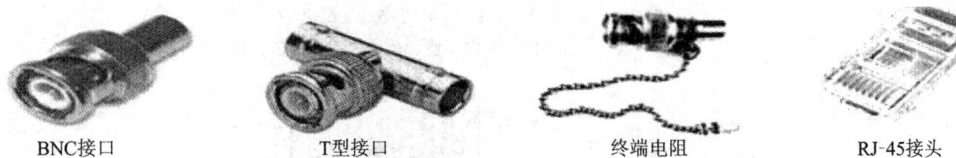

BNC接口   T型接口   终端电阻   RJ-45接头

图 5 – 10 网络连接配件

输介质的外观如图 5 – 11 有线所示，其中使用最普遍的是双绞线，其最大传输距离一般不能超过 100 m。

双绞线   同轴电缆   光纤

图 5 – 11 局域网中使用的传输介质

5.2.3 常用局域网简介

目前常见的局域网类型包括：以太网（Ethernet）、光纤分布式数据接口（FDDI）、异步传输模式（ATM）、令牌环网（TokenRing）、交换网（Switching）等，它们在拓扑结构、传输介质、传输速率、数据格式等多方面都有诸多不同。其中应用最广泛的当属以太网（一种总线结构的 LAN），这是目前发展最迅速、最经济的局域网。

5.2.4 局域网的组建案例

1. 网线制作标准和方法

网线水晶头有两种做法标准，标准分别为 T568B 和 T568A。制作水晶头时，首先将水晶头有卡的一面向下，有铜片的一面朝上，有开口的一方朝向自己身体，从左至右排序为 12345678（如图 5 – 12），T568B 和 T568A 网线线序分别为：

T568B：1、橙白，2、橙，3、绿白，4、蓝，5、蓝白，6、绿，7、棕白，8、棕

T568A：1、绿白，2、绿，3、橙白，4、蓝，5、蓝白，6、橙，7、棕白，8、棕

网线有两种做法，一种是交叉线，一种是平行线（又叫直通线）。交叉线的做法是：一头采用 T568A 标准，另一头采用 T568B 标准。平行线的做法是：两头采用同样的标准（同为 T568A 标准或 T568B 标准），工程中使用比较多的是 T568B 布线标准。

如果网线要连接的设备口相同，就应做交叉线，若是连接不同的设备，则应做平行线。例如当两台计算机的网卡通过双绞线直接连接时，则双绞线的一端按 T568A 标准连接，而另一端要按 T568B 标准连接。

2. 局域网的组建方法

两台或两台以上的计算机互联即成为网络。

（1）两台主机仅利用网卡就可组成局域网。这种方式是最简单也是最经济的一种。方法

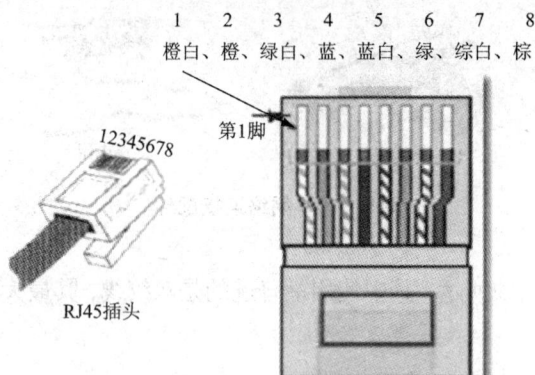

图 5 – 12　RJ – 45 水晶头

是在两台电脑中的任意一台(选择性能最佳者)主机上安装网卡,同时用一根网线使两台主机相连。这样即可实现共享。

(2)小型局域网组建方案:买一个路由器(如 8 口的路由器),将宽带线接入路由器中的 wan 端口,剩下的 7 个 LAN 端口可以与其他主机相连构成一个局域网。

(3)大型局域网组建相对比较麻烦,需要用到集线器和路由器。将所有主机与集线器相接,然后集线器与路由器相接,这样组建起来的局域网,理论上可以连接 N 台主机。

3.局域网的网络地址、IP 地址分配

在局域网上的所有计算机,其 IP 地址的前面部分字节应该是相同的。比如说,若有一个包括 128 台主机的局域网,这些主机的 IP 地址就可以从 192.168.1.x 开始分配,其中 x 表示 1 到 128 中任意一个数字。局域网的规模大小取决于保留地址范围以及子网掩码。

IP 地址和子网掩码将在下节内容中进行介绍。

5.3　Internet 基础

5.3.1　Internet 技术及组成

在如今的日常生活中,"Internet"这个词已经频繁出现在我们的交流中,那 Internet 是不是就是我们常常听到和看到的因特网呢?

Internet 的中文名称是国际互联网或因特网,它指的是网络与网络之间所串连成的庞大网络,这些网络以一组通用的 TCP/IP 协议相连,形成逻辑上的单一且巨大的全球性网络,在这个网络中有各种硬件终端,比如交换机、路由器等网络设备,各种不同的连接链路、种类繁多的服务器和数不尽的计算机终端。因此,从硬件角度来说,Internet 是建立在一组公共协议上的路由器和集线路的物理集合,从软件上来说,它是一组可共享的资源集。

1969 年,美国国防部高级研究计划局出于战备的考虑建成一个试验性的,由 4 台机器构成的计算机网络——ARPA 网,这就是最初互联网的雏形。后来,由于该网络所具有的快捷、实时、多媒体交互等优势,被越来越多的商业组织所应用。商业行为的介入使 ARPA 网络迅速成长并发生了深刻变化，最终发展成现在我们所熟悉的国际互联网，即 Internet。如今，它已成为全球最大、最重要的计算机网络，毫不夸张地说，Internet 是继人类印刷术发明以来在信息存储和交换领域中的最大变革。

在计算机网络的概念中，"internet"和"Internet"是有区别的。以小写字母开头的 internet（互连网）是一个通用名词，它泛指由多个计算机网络互连而成的计算机网络。在这些网络之间的通信协议（即通信规则）可以任意选择，不一定非要使用 TCP/TP 协议。而以大写字母 I 开头的 Internet（互联网）则是一个专用名词"因特网"，它指当前全球最大的、开放的、由众多网络相互连接而成的特定互连网，它采用 TCP/IP 协议族作为通信的规则，且其前身就是 ARPANET。可见，把几个任意的计算机网络互连起来（不管采用什么协议）并能够相互通信，这样构成的是一个互连网（internet），而不是互联网（Internet）。我们常常看到的 WWW 也不是因特网，而是万维网，它只是一个基于超文本相互链接而成的全球性系统，它只是因特网向用户所提供的服务之一。

5.3.2　Internet 的工作方式

Internet 连接了世界上不同国家和地区数不胜数的计算机，但这些计算机都拥有截然不同的软硬件配置。为了保证这些计算机之间能够畅通无阻地交换信息，Internet 除了通过路由器将不同的网络进行物理连接之外，还必须使用统一的通信协议来避免数据在传输过程中丢失或传错。那么，TCP/IP 就是 Internet 所使用的这样一个通信协议标准。

因此，TCP/IP 协议所采用的分组交换方式就成为了 Internet 的工作方式。大多数计算机网络都不能连续地传送任意长的数据，所以实际上，网络系统会在数据传送之前，把它分割成小块，然后逐块地发送，这种小块就称作分组（packet），有时候，我们也把这些小块称为网络层的协议数据单元。

TCP/IP 协议主要包括两个主要的协议，即 TCP 协议和 IP 协议，它们在数据传输过程中主要完成的功能是：TCP 协议负责把数据分成若干分组，并给每个分组写上序号，以便接收端把数据还原成原来的格式。而 IP 协议则负责给每个数据分组写上发送主机和接收主机的地址，一旦写上源地址和目的地址，数据分组就可以在网上进行传送了。

这些数据分组可以通过不同的传输路径（路由）进行传输，在传输过程中，IP 协议负责分组的传输，TCP 协议负责分组的可靠传输。如由于路径不同，加上其他的原因，数据在到达接收端时，出现顺序颠倒、数据丢失、数据失真甚至重复的现象，那么，TCP 协议就会出面进行处理，因为它具有检查和纠错的功能，必要时还可以请求发送端重发数据分组。

5.3.3　IP 地址

网络中每台设备都有一个唯一的物理标识，这个地址叫 MAC 地址或网卡地址，它由网络设备制造商生产时写在硬件内部，也被称为物理地址，作用于物理层。而 IP 地址是 IP 协议为互联网上的每一个节点分配的一个统一的逻辑地址，用来屏蔽物理地址的差异，它是作用于网络层的，也被称为网络地址，即 Internet 地址。其中，节点可以是工作站、客户端、网络用户或个人计算机，还可以是服务器、打印机和其他网络连接的设备，即每一个拥有自己唯一网络地址的设备都是网络节点。

Internet 地址通常有两种表现形式：IP 地址格式和域名格式。

1. IP 地址

1）IP 地址的概念

IP 地址是一个 32 位的二进制数，通常被分割为 4 个"8 位二进制数"（也就是 4 个字节）。IP 地址通常用"点分十进制"表示成（a.b.c.d）的形式，其中，a，b，c，d 都是 0~255 之间的十进制整数。例如：点分十进 IP 地址（100.4.5.6），实际上就是一个 32 位二进制数（01100100.00000100.00000101.00000110）。

在 Internet 发送数据包时，数据包中就包含了源节点的 IP 地址和目标节点的 IP 地址，在 Internet 转发数据包的过程中，就是根据源节点和目标节点的 IP 地址来了解数据包来自何方、要发往何处。

而 IP 地址与网络节点之间的关系是非常微妙的。在 Internet 中，一个 IP 地址是不能同时分配给两个不同的网络节点的，否则发往同一个 IP 地址的数据包就会无所适从，不知道通信对端是哪一个节点，会引起通信的混乱。但一个网络节点是可以有多个 IP 地址的，比如，网络中的某一台主机安装了两块网卡，则该主机的每块网卡都可以有一个不同的 IP 地址。另外，某些网络接入设备（如路由器）在连接两个或两个以上不同的网络时，也可能被分配到两个以上的 IP 地址，但它们分属于不同的网络。无论如何，数据在网络中通信时，一个 IP 地址只能唯一标识网络中的一个节点。

为了便于寻址以及层次化构造网络，每个 IP 地址包括两个标识码，即网络号和主机号。同一个物理网络上的所有主机都使用同一个网络号，网络上的一个主机（包括网络上工作站，服务器和路由器等）有一个主机号与其对应。如图 5-13 所示。

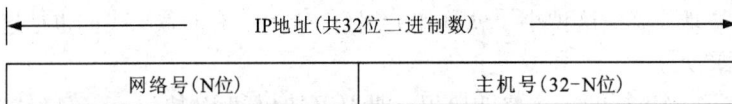

图 5-13 IP 地址的结构

2）IP 地址的分类

Internet 委员会定义了 5 种 IP 地址类型以适合不同容量的网络，即 A 类~E 类。其中 A、B、C 三类是最为常用的 IP 地址，详细情况见表 5-1。

表 5-1 IP 地址范围及网络号和主机号长度

分类	地址范围	最高位数字	网络地址	主机地址	能容纳的最多主机数目
A	0.0.0.0~127.255.255.255	0	8 位	24 位	$2^{24}-2=16777214$
B	128.0.0.0~191.255.255.255	10	16 位	16 位	$2^{14}-2=16382$
C	192.0.0.0~223.255.255.255	110	24 位	8 位	$2^{8}-2=254$

由此可见，A 类 IP 地址就由 1 字节的网络地址和 3 字节主机地址组成，网络地址的最高位必须是"0"，A 类 IP 地址最多能有 $2^{7}-2=126$ 个网络，每个网络最多能有 $2^{24}-2=16777214$ 台主机，A 类地址适合大型网络使用；B 类 IP 地址最多能有 $2^{14}-2=16382$ 个网络，

每个网络最多能有 $2^{16} - 2 = 65534$ 台主机，B 类地址适合中型网络使用；C 类地址最多能有 $2^{21} - 2 = 2097150$ 个网络，C 类地址适合小型网络使用。

2. 子网掩码

子网掩码是一种用来指明一个 IP 地址的哪些位标识的是主机所在的子网，以及哪些位标识的是主机的位置。子网掩码不能单独存在，它必须结合 IP 地址一起使用，子网掩码只有一个作用，即将某个 IP 地址划分成网络地址和主机地址两部分。子网掩码也是一个 32 位的模式，设置子网掩码的规则是：凡 IP 地址中表示网络地址部分的那些位，在子网掩码对应位上置 1，表示主机地址部分的那些位设置为 0。

例如，中国教育科研网的地址 210.43.248.243，属于 C 类，其网络地址共 3 字节，故它默认的子网掩码是 255.255.255.0。显然，A 类网络地址共有 1 个字节，故默认的子网掩码应是 255.0.0.0，B 类网络地址共有 2 字节，故默认的子网掩码是 255.255.0.0。

在 Windows 的网络属性对话框中可对局域网上的主机设置子网掩码，通常情况下指定静态 IP 地址的主机需要设置子网掩码，而拨号上网的计算机采用动态 IP 地址。

3. 路由器

在互联网中数据传输是用路由器(Router)根据 IP 地址指引而实现的，因此路由器在数据传输中起到关键性的作用。路由器实际上是一种指引数据传输的专用计算机，它起到了网与网间的转接作用，即在不同物理网间转发数据的作用。路由器在网络中是作为一个网络节点而存在的，因此路由器也有 IP 地址。由于它所起的转发作用，因此它往往与网络中的若干个子网相连，故而路由器往往有多个 IP 地址。例如当节点 01 由子网 A 向节点 02 发送数据时，首先检查 01 与 02 是否在同一网内，如是，就由 01 直接发送给 02，如不在同一网内则节点 01 将数据发送给该网内路由器，此时路由器开始工作。由于路由器跨接若干个子网，由路由器选定数据传送到下一个子网 B，接着检查节点 2 是否在子网 B 内，若是，直接将数据发送之，如不是，则将数据传送给 B 中的另一个路由器 B，…，如此不断直到找到节点 2 所在子网为止。

4. 数据报

由于互联网内各物理网的数据包格式各不相同，因此它影响到网内数据传递，为此须建立个互联网内的统一数据格式，它就是 IP 数据报(IP digram)。这是 TCP/IP 中网际层中 IP 协议中所规范的格式，所有数据包在互联网内进行数据传输时都须转换成 IP 数据报格式。

IP 数据报由两部分组成，它们是头部区与数据区。其中，头部区主要给出网络中数据传输的路由而数据区则是传输的数据。

IP 数据报在 TCP/IP 中是由传输层中的 TCP 数据报转换而成的，而在底层的网络接口层中它封装成为以太网中的帧格式及 ATM 信元格式。

5. IPv6

由于 IPv4 的网络地址资源有限，已严重制约了互联网的应用和发展。因此 IETF(互联网工程任务组，Internet Engineering Task Force)设计用 IPv6 替代现行版本 IP 协议(IPv4)，IPv6 号称可以为全世界的每一粒沙子编上一个网址。前面章节所涉及的 IP 地址均为 IPv4 版本。

IPv6 的地址长度为 128 位，采用十六进制表示。IPv6 有 3 种表示方法。

1) 冒分十六进制表示法

格式为 X：X：X：X：X：X：X：X，其中每个 X 表示地址中的 16 位，以十六进制表示，例如：ABCD：0DB8：0000：0023：0008：0800：200C：417A。

这种表示法中，每个 X 的前导 0 是可以省略的，上面 IPv6 地址也可以写成：ABCD：DB8：0：23：8：800：200C：417A。

（2）0 位压缩表示法

在某些情况下，一个 IPv6 地址中间可能包含很长的一段 0，采用 0 位压缩表示法可以将连续的一段 0 压缩为"：："。但为保证地址解析的唯一性，地址中"：："只能出现一次，例如：

FF01：0：0：0：0：0：0：1101 可以写成 FF01：：1101。

0：0：0：0：0：0：0：1 可以写成：：1。

0：0：0：0：0：0：0：0 可以写成：：。

（3）内嵌 IPv4 地址表示法

为了实现 IPv4 - IPv6 互通，IPv4 地址会嵌入 IPv6 地址中，此时地址常表示为：X：X：X：X：X：X：d.d.d.d，前 96 位采用冒分十六进制表示，而最后 32 位地址采用 IPv4 的点分十进制表示，例如：：192.168.0.1 与：：FFFF：192.168.0.1 就是两个典型的例子，注意在前 96 位中，压缩 0 位的方法依旧适用此表示法中。

由于 IPv4 和 IPv6 地址格式、技术等不同，IPv6 不可能立刻替代 IPv4，因此在相当长的一段时间内会出现 IPv4 和 IPv6 共存的局面。

5.3.4 域名服务系统

1. 域名的概念

由于 IP 地址是一串抽象的、容易记错的二进制数字，所以，人们为了方便记忆，引入了 Internet 地址的另一种表现形式——域名。也可以说，域名就是一个 IP 地址的另外一个名称，它也是 IP 地址的"面具"。

域名系统 DNS(domain name system)是因特网的一项核心服务，它就是用来完成域名和 IP 地址相互映射的分布式数据库，也就是给 IP 地址佩戴面具的那个"人"。一个完整的域名一般用英文字母和数字来表示，如 www.cctv.com。域名在因特网上也是唯一的，即一个 IP 地址对应一个域名，例如，www.wikipedia.org 是一个域名，它和 IP 地址 208.80.152.2 相对应。为了便于理解，我们也可以把域名与 IP 地址的关系类比成电话号码簿中的电话号码和姓名的关系，电话号码簿就是域名系统 DNS，它负责管理域名与 IP 地址的映射，当我们需要联系某人(目标节点)时，我们可以通过直接拨打姓名(域名)来代替拨打电话号码(IP 地址)。当然，域名只是为了方便用户识别一些特殊的服务器或主机，并不是说网络上的每个主机都必须拥有一个域名。

域名采用层次结构，每一层之间用圆点隔开，在域名中，大小写是没有区分的。域名一般不能超过 5 级，从左到右，域的级别变高，高的级域包含低的级域。域名在整个 Internet 中是唯一的，当高级子域名相同时，低级子域名不允许重复。其一般形式为：四级域名.三级域名.二级域名.顶级域名，如 mail.hut.edu.cn 就是一个域名，它包含 4 个子域名"mail"、"hut"、"edu"、"cn"，其中 mail 是主机名，表示这一主机是一台邮件服务器，"hut"表示"湖南工业大学"，"edu"表示"教育机构"，"cn"为顶级域名，表示"中国"。

顶级域名通常按机构和国家(地区)划分，按机构划分的顶级域名见表 5 - 2。

表 5 - 2　按机构划分的顶级域名

com(商业机构)	firm(企业和公司)
net(网络服务机构)	store(商业企业)
gov(政府机构)	web(与 WEB 相关实体)
mil(军事机构)	arts(文化艺术单位)
org(非盈利组织)	rec(休闲娱乐业实体)
edu(教育部门)	info(信息服务机构)
int(国际机构)	nom(个人活动)

我国在 cn 顶级域名下的二级域名按两种方式划分,即类别域名和行政区域名。

类别域名有 7 个,依照申请机构的性质依次分为:ac:科研机构;com:商业企业;edu:教育机构;gov:政府部门;net:网络服务;org:非盈利性组织;mil:军事部门。行政区域名按照我国的各个行政区来划分,如湖南的行政区域名为 HN。

2. 域名的分配

在 DNS 中,国际顶级域名由国际网络信息中心(简称 NIC)来定义和分配。中国互联网信息中心 CNNIC 负责中国顶级域名的管理。在我国,申请国内二级域名需向 CNNIC(中国互联网信息中心)提交申请,其域名形式是在域名的最后用".cn"来表示中国。也可以通过本地的网络管理机构进行申请,还可以在网上通过代理机构在线申请域名。

3. 域名解析

域名是为了方便记忆而专门建立的一套地址转换系统,虽然人们习惯记忆域名,但机器间互相只认 IP 地址。所以当我们要访问一台互联网上的服务器时,最终还是要通过 IP 地址来实现。域名解析就是域名解析服务器(DNS)来完成将域名重新转换为 IP 地址的这样一个过程。通常情况下,在用户访问过程中,一个域名同一时刻只能对应一个 IP 地址。但一些大型企业在考虑网络的负载均衡时,会通过 DNS 将一个域名对应到多个服务器上,即不同用户在不同地点访问同一个域名时,有可能会访问到不同的 IP 地址。比如,我们在浏览器的地址栏键入某个主机的域名后,这个信息将被转发到提供此域名解析的服务器上,再将此域名解析为相应的 IP 地址。

域名解析的过程:当应用程序需要将一个主机域名映射为 IP 地址时,就调用域名解析函数,解析函数将待转换的域名放在 DNS 请求中,以 UDP 报文方式发给本地域名服务器。本地的域名服务器查到域名后,将对应的 IP 地址放在应答报文中返回。若本地域名服务器不能回答该请求,则此域名服务器就暂成为 DNS 中的另一个客户,向根域名服务器发出请求解析,根域名服务器一定能找到下面的所有二级域名的域名服务器,这样以此类推,一直向下解析,直到查询到所请求的域名。如图 5 - 14 所示。

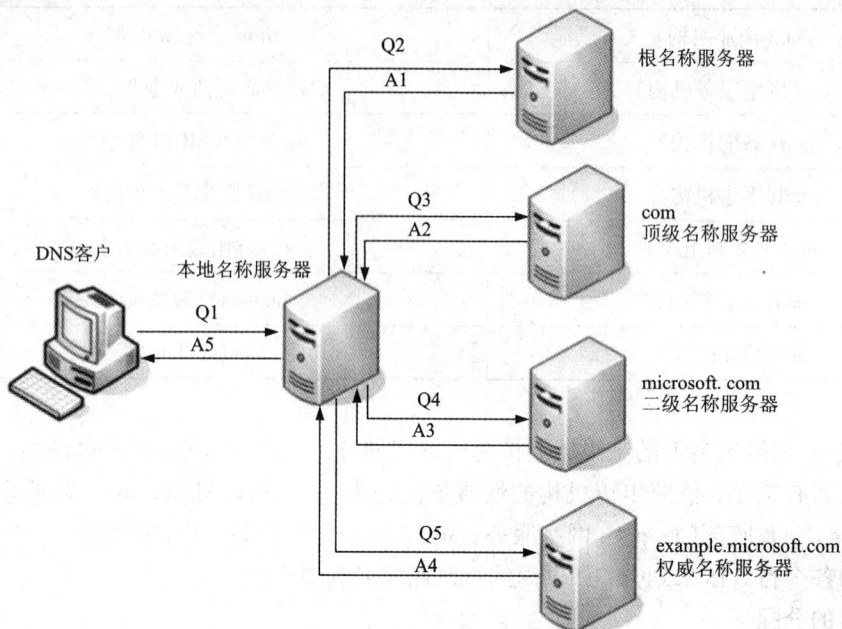

图 5 - 14　DNS 地址解析过程

5.3.5　Internet 信息服务

Internet 上的信息资源是很丰富的，但对那些刚刚踏入 Internet 这个网络世界里来的生手，你会感觉无所适从，难以理出头绪。那么，资源共享作为 Internet 的关键功能之一，必定会想方设法为用户提供方便快捷的网络服务和应用。随着信息时代的发展，Internet 的网络服务类型也逐渐增多。接下来我们认识几种典型的 Internet 信息服务。

1. 远程登录

远程登录(remote - login)是 Internet 提供的最基本的信息服务之一，远程登录是在网络通信协议 Telnet 的支持下使本地计算机暂时成为远程计算机的仿真终端的过程。在远程计算机上登录，必须事先成为该计算机系统的合法用户并拥有相应的账号和口令。登录时要给出远程计算机的域名或 IP 地址，并按照系统提示，输入用户名及口令。登录成功后，用户便可以实时使用该系统对外开放的功能和资源，例如：共享它的软硬件资源和数据库，使用其提供的 Internet 的信息服务，如 E - mail、FTP、Archie、Gopher、WWW、WAIS 等。

Telnet 是一个强有力的资源共享工具。许多大学图书馆都通过 Telnet 对外提供联机检索服务，一些政府部门、研究机构也将它们的数据库对外开放，使用户通过 Telnet 进行查询。

2. FTP

1)FTP 服务的主要功能

FTP(file transfer protocol)服务是 TCP/IP 网络中的文件传输应用，它是在网络通信协议 FTP 的支持下进行的。通常，用户在上网的过程中，一般不希望在远程联机情况下浏览存放在他人计算机或服务器上的文件，而更乐意先将这些文件取回到自己的计算机中，这样不但能节省时间和费用,还可以从容地阅读和处理这些取来的文件。Internet 提供的文件服务 FTP 正好能满足用户的这一需求。Internet 网上的两台计算机在地理位置上无论相距多远,只要两者都支持 FTP 协议,网上的用户就能将一台计算机上的文件传送到另一台。

FTP 与 Telnet 类似,也是一种实时的联机服务。使用 FTP 服务,用户首先要登录到对方的计算机上,与远程登录不同的是,用户只能进行与文件搜索和文件传送等有关的操作。使用 FTP 可以传送任何类型的文件,如文本文件、二进制文件、图像文件、声音文件、数据压缩文件等。

2)FTP 服务的分类

FTP 服务程序按操作方式可以分成两种:命令方式和图形方式。命令方式一般在 DOS 环境下使用,而图形方式在 Windows 环境下使用。

提到 FTP 服务,我们最直接的反应就是"下载"。下载(Download)是 FTP 服务提供的一种形式,即从 FTP 服务器上将文件复制到本地计算机的过程。许多 IT 公司都提供了 FTP 下载服务,如各公司自己生产的设备(如 CD - ROM、显示卡、网卡)驱动程序,一般放在自己公司的 FTP 服务器上供用户下载。同时,FTP 服务还可以提供上传(Upload)服务,只不过上传服务一般只提供给注册用户而已。

3)FTP 的使用方法

FTP 的使用方法常用有两种:命令行方式和使用浏览器访问 FTP 服务器方式。

使用命令行方式主要是在 DOS 界面下的命令窗口输入"FTP FTP 服务器的 IP 地址或主机名",然后根据要求输入用户名或密码,验证成功之后即可登录到 FTP。

使用浏览器不仅可以浏览 Web 页,还可以访问 FTP 服务器。只需在浏览器的地址栏中输入"FTP://FTP 服务器的 IP 地址或主机名"即可访问。若服务器允许匿名登录,则直接可看到 FTP 上的资源。若 FTP 服务器不允许匿名登录,则单击文件菜单中的"登录",然后输入用户名和密码,如图 5 - 15 所示。

Windows 下的 FTP 软件功能较强,可以支持带目录的文件上传和下载。在 Windows 中除了可以通过浏览器来访问 FTP 服务器外,还可以使用专用的 FTP 软件来加快访问速度,如 CuteFTP、FlashFXP 等。

3. 电子邮件

电子邮件即通常所说的 E - mail(Electronic Mail),与传统邮件相比,电子邮件简单、方便、快速、费用低,可以通过网络在几秒钟内将邮件发送到世界上任何地方,并且通过电子邮件可以传递文字、图像、声音等各种信息,是一种高效的、现代化的交流方式,因此电子邮件成为了 Internet 中应用最广、最受欢迎的服务之一。

1)电子邮件系统的结构

电子邮件服务也是一种客户机/服务器系统,客户端软件用于处理信件,如信件写作、编辑、读取管理等。这种客户端软件称为用户代理(User Agent, UA),常用的电子邮件客户端软件有 Outlook Express、Foxmail 等。服务器软件用来发送、接收或存储、转发电子邮件,它将邮件从发送端传送到接收端。常用的邮件服务器软件有 exchange、CmailServer、foxmail 等。

2)电子邮箱的申请

使用电子邮件首先要申请一个电子邮件账户,每个账户对应一个电子邮件地址。电子邮件地址的格式为:username@ host。其中,username 为用户名,host 为主机名,即邮件服务器

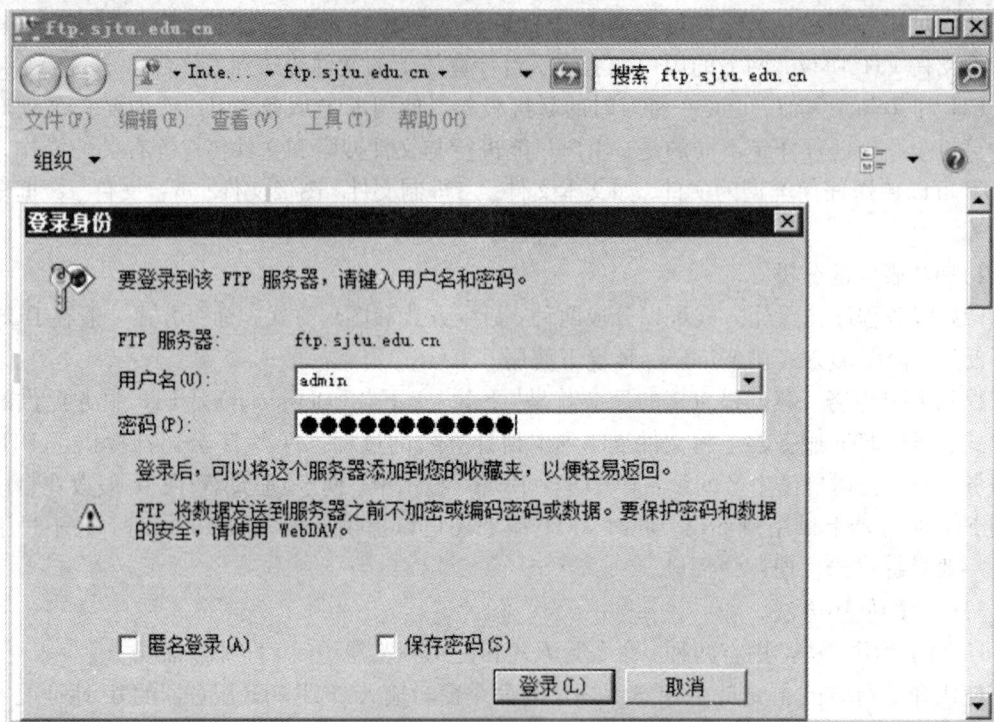

图 5 – 15　使用浏览器登录 FTP 服务器

的主机名。"@"的读音同"at"，意为"位于"，例如，在电子邮件地址 vanzeal@ sina. com 中，用户名为"vanzeal"，邮件服务器为"sina. com"。

许多网站提供免费的电子邮件服务，如网易邮箱(http：//mail. 163. com)、新浪邮箱(http：//mail. sina. com. cn)、雅虎邮箱(http：//mail. yahoo. com. cn)、QQ 邮箱(http：//mail. qq. com)等，登录这些网站的首页即可以在线申请免费电子邮件账户。

申请电子邮件账户后，即可登录相应的 WEB 页面发送和接收电子邮件。

4. BBS

电子公告牌(bulletin board system，BBS)是 Internet 上的一个电子信息服务系统，提供 BBS 服务的站点称为 BBS 网站。

登录 BBS 网站后，根据网站所提供的菜单，用户就可以使用信息浏览、信息发布、邮件收发、发表意见、解答问题、文件传送等服务。目前，国内许多高校的网站都提供了 BBS 服务，如北京大学的北大未名(bbs. pku. edu. cn)和上海交通大学的饮水思源(bbs. sjtu. edu. cn)等，都是很不错的 BBS 站点，如果想要在 BBS 上发表意见，也就是平常所说的"帖子"，则要事先进行注册，当身份确认后即可进入 BBS。如图 5 – 16 所示。

5. WWW

WWW 是 World Wide Web(环球信息网)的缩写，也可以简称为 Web，中文名字为"万维网"。WWW 是当前 Internet 上最受欢迎、最为流行、最新的信息检索服务系统。

1)WWW 的起源与发展

图 5-16　浏览器访问 BBS

1989 年，瑞士日内瓦 CERN（欧洲粒子物理实验室）的科学家 Tim Berners-Lee 首次提出了 WWW 的概念，采用超文本技术设计分布式信息系统。到 1990 年 11 月，第一个 WWW 软件在计算机上实现。一年后，CERN 就向全世界宣布 WWW 的诞生。1994 年，Internet 上传送的 WWW 数据量首次超过 FTP 数据量，成为访问 Internet 资源的最流行的方法。近年来，随着 WWW 的兴起，在 Internet 上大大小小的 Web 站点纷纷建立，势不可挡。如今，WWW 成了全球关注的焦点。

WWW 之所以受到人们的欢迎，是由其特点所决定的。WWW 服务的特点在于高度的集成性，它把各种类型的信息（比如文本、声音、动画、录像等）和服务（如 News、FTP、Telnet、Gopher、Mail 等）无缝链接，提供了丰富多彩的图形界面。它在许多领域中得到广泛应用，大学研究机构、政府机关、甚至商业公司都纷纷出现在 Internet 网上，高等院校通过自己的 Web 站点介绍学院概况、师资队伍、招生招聘信息、科研以及图书资料等。政府机关通过 Web 站点为公众提供服务、接受社会监督并发布政府信息。生产厂商通过 Web 页面用图文并茂的方式宣传自己的产品，提供优良的售后服务。

2）WWW 的工作方式

WWW 是一种客户机/服务器技术，其服务器称为 WWW 服务器（或 Web 服务器），客户机称为浏览器（Brower）。WWW 服务器和浏览器之间通过 HTTP（超文本传输协议）传递信息，信息以 HTML（超文本标注语言）格式编写，浏览器把 HTML 信息显示在用户屏幕上。

常用的浏览器有：微软的 Interent Explorer（IE）、Netscape 的 Navigator 等。

3）统一资源定位符

HTTP 使用了统一资源定位器（uniform resource locator，URL）这一概念，简单地说，URL 就是文档在环球信息网上的"地址"。URL 用于标识 Internet 或者与 Internet 相连的主机上的任何可用的数据对象。

在 URL 概念背后有一个基本思想，即提供一定信息条件下，应能在 Internet 上的任何一台机器上访问任何可用的公共数据。这些一定的信息由以下的 URL 基本部分组成。

URL 通常包括三个部分，其一般格式为：＜协议＞：//＜主机＞/＜路径＞。

第一部分是协议（又称为服务方式，或访问方式），如 http、ftp 等。

第二部分是主机，即存放该资源的主机 IP 地址（有时还包括端口号），实际上一般用域名表示。

第三部分是资源在该主机的具体路径，即目录和文件名。

其中，第一部分和第二部分之间用符号"：//"隔开，第二部分和第三部分用符号"/"隔开，第三部分有时可以省略。

例如，想要访问湖南工业大学的 Web 站点，其 URL 为：http：//www. hut. edu. cn/cn/index. asp。在这一 URL 中，指出访问协议是 http，主机为 www. hut. edu. cn，路径为/cn/index. asp（cn 文件夹下的 index. asp 文件），http 协议默认的端口号是 80，通常可以省略。

用户使用 URL 不仅能访问 Web 页面和 FTP 站点，而且还能够通过 URL 使用其他 Internet 应用程序，如 Telnet、News、E - Mail 等，而且用户在使用这些应用程序时，直接使用 Web 浏览器即可。

6. 即时通信

从电报、传真到电子邮件，是科技的一大进步，从电子邮件、电话到即时通信，更是一大进步。人类已经进入了信息时代，即时通信的重要性不可替代。

与即时通信工具相比，电话、电子邮件都是过时的信息交流工具。即时通信工具的优点在于，即时、方便、信息传输量大，图片、视频、文本想怎么传就怎么传，单键可得。更人性化的是，双方面对面，可视频、可语音，就像同案共事，没有任何阻隔。常见的即时通信工具有微信、腾讯 QQ、Skype 等。

1）腾讯 QQ

腾讯公司成立于 1998 年 11 月，是目前中国最大的互联网综合服务提供商之一，也是中国服务用户最多的互联网企业之一。QQ 是腾讯公司开发的一款基于 Internet 的即时通信（IM）软件。腾讯 QQ 支持在线聊天、视频通话、点对点断点续传文件、共享文件、网络硬盘、自定义面板、QQ 邮箱等多种功能，并可与多种通讯终端相连，作为腾讯公司的主要产品，QQ 在中国是拥有最大用户群的即时通信工具。

2）微信

微信（WeChat）是腾讯公司于 2011 年 1 月 21 日推出的一个为智能终端提供即时通信服务的免费应用程序。微信支持跨通信运营商、跨操作系统平台通过网络快速地发送免费（需消耗少量网络流量）语音短信、视频、图片和文字，同时，也可以使用共享流媒体内容的资料和基于位置的社交插件。微信是目前中国市场上最活跃的智能手机终端应用。

3）Skype

Skype 是一款即时通信软件，它具备多项功能，比如视频聊天、多人语音会议、多人聊天、传送文件、文字聊天等功能。它可以高清晰与其他用户语音对话，也可以拨打国内国际电话，无论固定电话还是手机均可直接拨打，并且可以实现呼叫转移、短信发送等功能。

7. 电子商务

1）电子商务概述

电子商务（electronic commerce），是以网络技术为手段，以商品交换为中心的商务活动。

也可以理解为在互联网(Internet)上以电子交易方式进行商品或相关服务的活动，是传统商业活动各环节的电子化、网络化、信息化。所有以互联网为媒介的商业行为均属于电子商务的范畴，比如，网上购物、网上交易和在线电子支付等。

电子商务分为广义和狭义的电子商务。

(1)广义的电子商务(electronic business)定义为：使用各种电子工具从事商务活动。

(2)狭义电子商务(electronic commerce)定义为：主要利用 Internet 从事商务或活动。

无论是广义的电子商务，还是狭义的电子商务，电子商务都涵盖了两个方面的信息：一是离不开互联网这个平台，没有了网络，就称不上为电子商务；二是通过互联网完成的是一种商务活动。总之，基于 Internet 的电子商务活动完全摆脱了传统商务活动的时空限制，使商务的运行和发展更加趋于灵活、实时和全球化。

2)电子商务的功能

电子商务可提供网上交易和管理等全过程的服务，因此它具有广告宣传、咨询洽谈、网上订购、网上支付、电子账户、服务传递、意见征询、交易管理等功能。

(1)信息发布。

电子商务可凭借企业的 Web 服务器和客户的浏览，在 Internet 上发布各类商业信息。客户可借助网上的检索工具迅速地找到所需商品信息。与其他各类广告相比，网上的广告成本最为低廉，同时又能给顾客提供最新、最丰富的信息量。

(2)咨询洽谈。

电子商务可借助非实时的电子邮件(E-mail)、新闻组(News Group)和实时的讨论组(chat)来了解市场和商品信息、洽谈交易事务。网上的咨询和洽谈能超越人们面对面洽谈的限制、实现多种方便的异地交易。

(3)网上订购。

电子商务可借助 Web 中的邮件交互传送实现网上的订购。当客户填完订购单后，系统会回复确认信息来保证订购信息的收悉。同时，可采用加密的方式使客户和商家的商业信息不被泄漏。

(4)网上支付。

电子商务要成为一个完整的过程，网上支付是重要的环节。客户和商家之间可采用信用卡账号进行支付。在网上直接采用电子支付手段将可省略交易中很多人员的开销。网上支付将可借助于 SET 和 SSL 等协议来显示客户、上家、银行之间的信息安全性控制。

(5)电子账户。

网上的支付必须要有电子金融来支持，即银行或信用卡公司及保险公司等金融单位要为金融服务提供网上操作的服务。而电子账户管理正是其基本的组成部分。

(6)服务传递。

对于已付了款的客户，应尽快地将其订购的货物传递到他们的手中。而有些货物在本地，有些货物在异地，电子邮件能在网络中进行物流的调配。

(7)意见征询。

电子商务能十分方便地采用网页上的"选择"、"填空"等格式文件来收集用户对销售服务的反馈意见。这样会使企业的市场运营形成一个封闭的回路。

(8)交易管理。

整个交易的管理将涉及人、财、物多个方面，企业和企业、企业和客户及企业内部等各方面的协调和管理。因此，交易管理是涉及商务活动全过程的管理。

3）电子商务的工作模式

业界普遍把电子商务分为 B2B、B2C、C2C、O2O、BOB、B2Q 六种模式。

（1）企业与企业之间的电子商务（B2B）。

B2B（business to business），是企业对企业之间的营销关系。它将企业内部网通过 B2B 网站与客户紧密结合起来，通过网络的快速反应，为客户提供更好的服务，从而促进企业的业务发展。B2B 的网上交易记忆流程如图 5 - 17 所示。

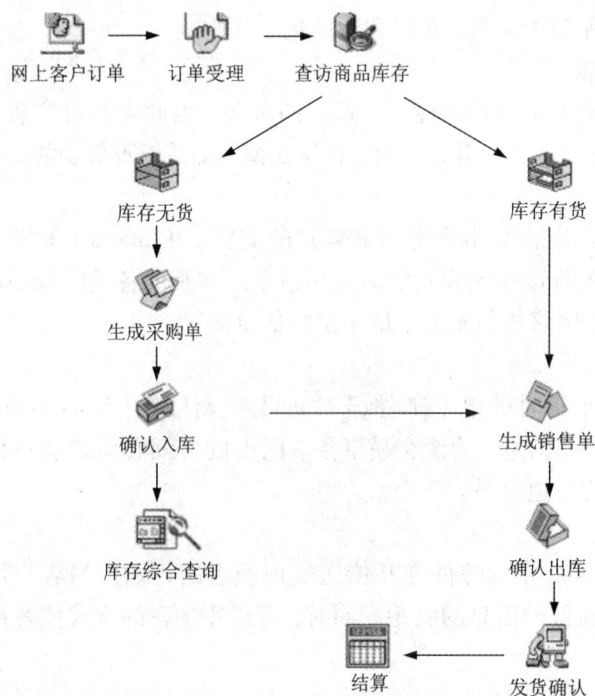

图 5 - 17　B2B 交易流程图

（2）企业与消费者之间的电子商务（B2C）。

B2C 是英文 business - to - consumer（商家对客户）的缩写，而其中文简称为"商对客"。"商对客"是电子商务的一种模式，也就是通常说的商业零售，直接面向消费者销售产品和服务。这种形式的电子商务一般以网络零售业为主，主要借助于互联网开展在线销售活动。如今的 B2C 电子商务网站非常的多，比较大型的有天猫商城、京东商城、唯品会、亚马逊、苏宁易购、国美在线等。

（3）消费者与消费者之间的电子商务（C2C）。

C2C 是消费者对消费者的交易模式，C2C 电子商务平台就是通过为买卖双方提供一个在线交易平台，使卖方可以主动提供商品上网拍卖，而买方可以自行选择商品进行竞价。

（4）线下商务与互联网之间的电子商务（O2O）。

O2O 是英文 Online To Offline 的缩写，O2O 是线下商务与互联网之间的电子商务。这种模式下线下服务就可以用线上来揽客，消费者可以用线上来筛选服务，还有成交可以在线结算，很快达到规模。该模式最重要的特点是，推广效果可查，每笔交易可跟踪。

（5）供应方与采购方之间的电子商务（BOB）。

所谓 BOB 是 business operator business 的缩写，意指供应方（business）与采购方（business）之间通过运营者（operator）达成产品或服务交易的一种新型电子商务模式。

（6）企业网购引入质量控制的电子商务模式（B2Q）。

B2Q 模式，是指交易双方网上先签意向交易合同，签单后根据买方需要可引进公正的第三方（验货、验厂、设备调试工程师）进行商品品质检验及售后服务。

（7）其他电子商务模式。

随着电子商务的发展，现在还产生一些新的电子商务模式，如 F2C、C2B 等，F2C 是 Factory to Customer 的缩写，最具代表的商务模式为工厂直接供货给消费者的模式。C2B 是指消费者与企业之间的电子商务（consumer to business）。通常情况为消费者根据自身需求定制产品和价格，或主动参与产品设计、生产和定价，产品、价格等彰显消费者的个性化需求，生产企业进行定制化生产。

4）电子商务的应用领域

如今，电子商务已经波及人们的生活、工作、学习及消费等广泛领域，其服务和管理也涉及政府、工商、金融及用户等诸多方面。具体来说，其应用领域大致涵盖了三个方面：企业间的商务活动、企业内的业务运作以及个人网上服务。

5）移动电商

移动电子商务就是利用手机、PDA 及掌上电脑等智能移动终端进行的电子商务。它将因特网、移动通信技术、短距离通信技术及其他信息处理技术完美的结合，使人们可以在任何时间、任何地点进行各种商贸活动，实现随时随地、线上线下的购物与交易、在线电子支付以及各种交易活动、商务活动、金融活动和相关的综合服务活动等，移动电商是电子商务在移动网络高速发展下的必然产物。

8. 电子政务

1）电子政务概述

电子政务（electronic government）是指国家机关在政务活动中，利用计算机、网络和通信等现代信息技术手段进行办公、管理和为社会提供公共服务的一种全新的管理模式，它可以整合政府资源、优化重组政府组织结构和工作流程，突破时间、空间和部门限制，形成一个公开、精简、高效、公平的政府运作模式，使各级行政机关都能全方位地向社会提供优质、规范、透明、符合国际水准的管理与服务。

2）电子政务的主要内容

相对于传统行政方式，电子政务的最大特点就在于其行政方式的电子化，即行政方式的无纸化、信息传递的网络化、行政法律关系的虚拟化等。电子政务的具体内容如下。

（1）政府从网上获取信息，推进网络信息化。

（2）加强政府的信息服务，在网上设有政府自己的网站和主页，向公众提供可能的信息服务，实现政务公开。

（3）建立网上服务体系，使政务在网上与公众互动处理，即"电子政务"。

（4）将电子商业用于政府，即"政府采购电子化"。

（5）充分利用政务网络，实现政府"无纸化办公"。

（6）政府知识库。

3）电子政务的工作模式

目前的电子政务工作模式主要四种：G2G、G2B、G2C 和 G2E。

（1）政府间电子政务（G2G）。

G2G 的全称是 government to government，又写作 G to G，又称 A2A，是政府间电子政务，即上下级政府、不同地方政府和不同政府部门之间实现的电子政务活动。G2G 模式是电子政务的基本模式，具体的实现方式可分为：政府内部网络办公系统、电子法规、政策系统、电子公文系统、电子司法档案系统、电子财政管理系统、电子培训系统、垂直网络化管理系统、横向网络协调管理系统、网络业绩评价系统、城市网络管理系统等十个方面。

（2）政府与企业间电子政务（G2B）。

G2B 是 government to business 的简写，即政府通过电子网络系统进行电子采购与招标，精简管理业务流程，快捷迅速地为企业提供各种信息服务。G2B 模式目前主要应用于电子采购与招标、电子化报税、电子证照办理与审批、相关政策发布、提供咨询服务等。

（3）政府与公民间电子政务（G2C）。

G2C 是 government to citizen 的简写，是指政府通过电子网络系统为公民提供各种服务。G2C 电子政务所包含的内容十分广泛，主要的应用包括：公众信息服务、电子身份认证、电子税务、电子社会保障服务、电子民主管理、电子医疗服务、电子就业服务、电子教育、培训服务、电子交通管理等。G2C 电子政务的目的是除了政府给公众提供方便、快捷、高质量的服务外，更重要的是可以提供公众参政、议政的渠道，畅通公众的利益表达机制，建立政府与公众的良性互动平台。

（4）政府与雇员间电子政务（G2E）。

G2E 是 government to employee 简写，是政府机构通过网络技术实现内部电子化管理的重要形式，也是 G2G、G2B 和 G2C 电子政务模式的基础。G2E 电子政务主要是利用 Intranet 建立起有效的行政办公和员工管理体系，为提高政府工作效率和公务员管理水平服务。

Interent 除了以上的服务外，还有博客（Blog）和微博（Micro Blog）、网络新闻服务（News、RSS）、网上聊天室、电子杂志等。

5.4　本章小结

计算机网络就是利用通信线路将地理上分散的、具有独立功能的计算机和通信设备按不同的形式连接起来，在网络操作系统、网络管理软件及网络通信协议的管理和协调下，实现资源共享和数据通信的计算机系统。它的主要功能包括数据通信、资源共享、分布式处理和集中管理；从逻辑功能上说，计算机网络是由"通信子网"和"资源子网"两部分组成的，从系统组成上说，计算机网络又可以分成网络硬件和网络软件；计算机网络采用分层概念来划分层次结构，即 OSI 和 TCP/IP 模型；根据网络的拓扑结构可分为：总线型网、星型网、环型网、树型网、网状网，根据计算机网络的覆盖地理范围和通信终端之间距离又可被分为局域网、城域网和广域网；组成一个局域网有三大要素：网络的结构、组成网络的硬件、网络操作系统软件；TCP/IP 协议所采用的分组交换方式也是 Internet 的工作方式，Internet 地址通常有两种表现形式，即IP地址格式和域名格式。Internet上的典型的信息服务包括远程登录、FTP文件传输、电子邮件、BBS、网络信息检索、电子商务及电子政务等。

思考题与习题

一、思考题

1. 什么是计算机网络？其主要功能有哪些？

2. 什么是IP地址？IP地址与域名有何关系？

3. Internet有哪些主要的信息服务？

二、选择题(单选)

1. 计算机网络的主要目的是________。

A. 使用计算机更方便

B. 学习计算机网络知识

C. 测试计算机技术与通信技术结合的效果

D. 共享联网计算机资源

2. 网络要有条不紊地工作，每台联网的计算机都必须遵守一些事先约定的规则，这些规则称为________。

A. 标准　　B. 协议

C. 公约　　D. 地址

3. 在没有中继的情况下，双绞线的最大传输距离是________。

A. 30 m　　B. 50 m

C. 100 m　　D. 200 m

4. 局域网的网络硬件主要包括服务器、工作站、网卡和________。

A. 网络拓扑结构　　B. 微型机

C. 传输介质　　D. 网络协议

5. 调制解调器(Modem)的功能是实现________。

A. 模拟信号与数字信号的转换

B. 模拟信号放大

C. 数字信号编码

D. 数字信号的整型

6. www.hut.edu.cn是Internet上一台计算机的________。

A. 域名　　B. IP地址

C. 非法地址　　D. 协议名称

7. 万维网引进了超文本的概念，超文本指的是________。

A. 包含多种文本的文本　　B. 包括图像的文本

C. 包含多种颜色的文本　　D. 包含链接的文本

8. 在常用的传输媒体中，________的传输速度最快，信号传输衰减最小，抗干扰能力最强。

A. 双绞线　　B. 同轴电缆

    C. 光纤   D. 微波

    9. 路由器运行于 OSI/RM 的_____。

    A. 数据链路层   B. 网络层

    C. 传输层   D. 物理层

    10. 在下面给出的 IP 地址中，_____属于 C 类地址。

    A. 102. 10. 10. 10   B. 10. 20. 00. 00

    C. 197. 43. 68. 112   D. 1. 2. 3. 4

    11. 在 Internet 中，收发电子邮件需用到的协议是_____。

    A. HTTP   B. FTP

    C. ARP   D. SMTP

三、填空题

    1. 负责主机 IP 地址与主机名称之间的转换协议称为_____，_____是 WWW 客户机与服务器之间的应用层传输协议。

    3. Internet 中的用户远程登录，是指用户使用_____命令，使自己的计算机暂时成为远程计算机的一个远程终端。

    4. 计算机网络按作用范围(距离)可分为_____、_____和_____。按拓扑结构来分可以分为_____、_____、_____、_____和不规则型等。

    5. 在 OSI/RM 中将计算机网络的体系结构分成七层，从上至下分别是_____、_____、_____、_____、_____、_____和应用层。

    6. URL 一般可以分成三个部分，即_____、_____、和_____，IP 地址可以分成网络号和主机号两部分，主机号如果全为 1，则表示_____地址，127. 0. 0. 1被称作_____地址。

第6章 网络技术与应用

6.1 网络软件概述

一个完整的计算机网络系统是由网络硬件和网络软件组成的。网络系统除了要利用各种网络通信设备和线路将不同地理位置的、功能独立的多个计算机系统互联起来之外，还必须依靠功能完善的网络软件来实现网络中资源的高度共享和便捷的信息传递。可以说，在网络系统中，硬件的选择对网络起着决定性的作用，而网络软件则是挖掘网络潜力的工具。

6.1.1 网络软件的概念

网络软件一般是指在计算机网络环境中，用于支持数据通信和各种网络活动的软件，包括系统的网络操作系统、网络通信协议和应用级的提供网络服务功能的专用软件。计算机网络通常会根据自身的特点、能力和服务对象，配置不同的网络软件环境。为此，每个计算机网络都拥有一套全网共同遵守的网络协议，并要求每个主机配置相应的协议软件，以确保网络不同系统之间能够可靠、有效地相互通信和合作。

网络软件是建立在计算机网络及互联网上的，它一般按一定的结构方式组成，称为分布式结构。目前使用的结构主要有三种，分别是 C/S 结构、B/S 结构及 P2P 结构。

（1）C/S 结构。C/S 结构是建立在计算机网络上的一种分布式结构，在该结构中有一个服务器（server）及若干客户机（cilent）。在 C/S 结构中服务器存放共享数据，而客户机则存放应用程序及用户界面等。目前，尚有一种 C/S 结构的扩充方式，即将服务器分成为数据库服务器及应用服务器两层，其中数据库服务器存放数据而应用服务器则存放应用程序。

（2）B/S 结构。B/S 结构一般是建立在互联网上的一种分布式结构，在该结构中由三个层次组成，分别是数据库服务器、Web 服务以及浏览器，其中数据库服务器存储共享数据，Web 服务器存储应用程序、Web 应用、人机界面及 Web 接口，浏览器是用户直接接口部分，它一般可有多个，分别与多个用户相接。同样，也有一种 B/S 结构的扩充，即将 Web 服务器分成应用服务器与 Web 服务器两层，原 Web 服务器中的应用程序改存于应用服务器内，从而构成一个四层的 B/S 结构方式。

（3）P2P 结构。P2P（peer to peer）结构是建立在互联网上的另一种分布式结构，在该结构中，计算机存储数据也运行程序、展示界面且也有 Web 功能，是集多种功能于一体的计算机，实体们之间可通过网络按一定拓扑结构相连，实现资源共享。这种结构称为对等式结构，即 P2P 结构方式，如图 6-1 所示。

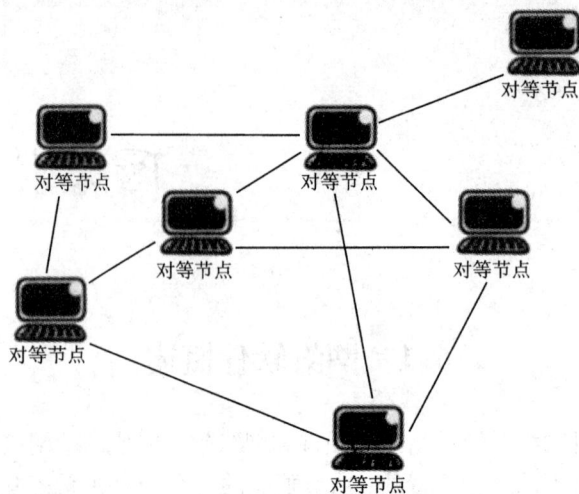

图 6-1　p2p 对等结构图

目前,计算机网络中大都采用 C/S 结构,互联网中则以采用 B/S 结构为主。网络软件的分布结构为构建网络上的软件系统提供了结构上的基础。

6.1.2　网络中的软件

网络软件是建立在计算机网络及互联网上的软件,这些软件可以分为若干个层次。如图 6-2 所示。

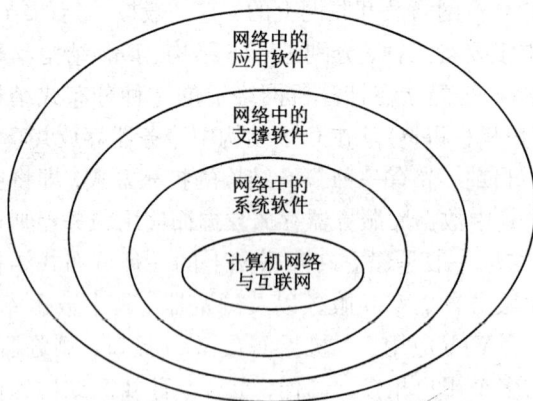

图 6-2　网络软件层次示意图

计算机网络与互联网是由计算机、通信网络及相关协议所组成,而在其实现中就需要用到软件,特别是协议的实现是以软件为主的。因此,计算机网络与互联网实际上是一种软/硬件的结合,而并非是一种纯的硬件。

另外,在计算机网络与互联网中,特别是其协议中,明确规范了网络软件所应遵循的一些基本规则与约束。例如，在 TCP/IP 中的应用层有 SMTP 协议，规范了电子邮件使用方法，FTP 协议规范了远程文件存取使用方法。又如 TCP/IP 中的传输层有 TCP 协议，它规范了操作系统进程间通信的方式。计算机网络及互联网是网络软件的基础层，它不但自身包含软件，同时还为计算机网络软件提供了指导性的规范。

除了以上提到的计算机网络与互联网的内容之外，其他三个层次都属于网络中的软件，具体内容如下。

1）网络中的系统软件

传统计算机中系统软件是建立在单机环境下的，但是在网络中的计算机则是建立在网络环境下的，为适应此种环境，必须对系统软件作一定的改造，这就是网络软件中的系统软件，它包括如下的一些内容：

①网络操作系统：一种为在计算机网络上运行服务的操作系统；

②数据库管理系统：能在网络环境 C/S 及 BS 结构上运行的数据库管理系统；

③网络程序设计语言：能在网络环境上运行的程序设计语言，如 Java、C#等。

④Web 软件开发工具：用于开发 Web 应用的软件工具。网络中系统软件构成了网络软件中的第二个层次。

2）网络中的支撑软件

网络中的支撑软件主要包括网络中的众多工具软件、接口软件以及中间件。在计算机网络与互联网中，为方便开发网络中的应用软件所提供的集中、统一的软件平台称为中间件。由于这种平台是在网络系统软件之上、在网络应用软件之下的一种中间层次软件，因此称之为中间件。支撑软件构成了网络软件中的第三个层次。

3）网络应用软件

应用软件主要是根据网络的组建目标和发展，为完成网络总体规划和各项任务而需要使用到的软件，属于网络应用系统。网络应用软件有通用和专用之分，通用软件适用于较广泛的领域和行业，如数据库查询系统、即时通信类软件、电子邮件等；专用软件则只适用于特定的行业和领域，如银行核算系统、铁路控制系统、军事指挥系统等。它是直接面向用户应用的软件。

6.2 Web 开发基础

6.2.1 Web 基础

WWW(World Wide Web)即全球广域网，也称为万维网，是一种基于超文本和 HTTP 的全球性、动态交互式跨平台的信息系统，是建立在 Internet 上的一种网络服务，为浏览者在 Internet 上查找和浏览信息提供了图形化的、易于访问的直观界面。Web 是互联网上的一种最大的应用，为开发这种软件须有一些专用开发工具，这就是 Web 软件开发工具。它主要有下面三种。

1）HTML

为了使万维网的信息能够在全世界传播，人们急需一种所有计算机都能够理解的互联网语言，这就是现在 WWW 上广泛使用的 HTML(hyper text markup language)语言，即超文本标记语言。随着技术的进步，网络上出现了越来越多的网页设计语言，例如 Dynamic HTML、XML、JavaScript、VBScript 等，但它们都是在 HTML 基础上衍生和发展而来的，可以说，HT-ML 是构成网页的最"基础"的要素。

HTML 文件是一种非格式化文本，是标准的 ASCII 文件，它看起来像是加入了许多被称为链接签(tag)的特殊字符串的普遍文本文件。因此，HTML 可以使用任何一种文本编辑器来编写，如 Windows 中的记事本、写字板、WORD 或用其他专门的 HTML 文件编辑器，如 Microsoft SharePoint Designer(原名为 Microsoft Frontpage)、Adobe Dreamweaver 等。

HTML 语言是一种文本型标记语言，每个标记都有其特定的含义。我们可以把 HTML 文档中的每个标记理解为一个特定指令，一个完整的 HTML 文档就是这样一个指令序列。当浏览器接收到一个 HTML 文档后，将按照 HTML 语法对这些标记进行解释和执行。

2)脚本语言

脚本语言(JavaScript，VBscript 等)介于 HTML 和 C，C＋＋，Java，C#等编程语言之间。HTML 通常用于格式化和链接文本。而编程语言通常用于向机器发出一系列复杂的指令。HTML 不能编程，但实际上编程常常在网页编制要用到，因此需要有一种能直接嵌入 HTML 中能编程的语言，这种语言称脚本语言。脚本语言又被称为扩建的语言，或者动态语言，是一种编程语言，用来控制软件应用程序。HTML 与脚本语言的有效结合使得 Web 开发中与用户对话成为可能。目前常用的脚本语言有 JavaScript 及 VBScript 等。

脚本语言一般具有表示简单、使用方便的特点，并且与平台无关，它们一般往往可以在 HTML 中混合编程。

3)服务器页面

传统的 HTML 所编制是静态网页，而实际上常要求网页能够变化即动态页面。为了解决这个问题，就要使用服务器页面。服务器页面是一种互联网上的技术框架，它主要用于处理动态页面和 Web 数据库的开发，其主要特色是将 HTML、脚本语言以及一些组件等有机组合于一起用于建立动态与交互的 Web 服务器应用程序。

目前常用的服务器页面有 ASP、JSP 及 PHP 等，其中 ASP 主要用于 Windows 中的 Web 开发，JSP 主要用于 Java 应用的 Web 开发；而 PHP 则主要应用于 UNIX 中的 Web 开发。

上面介绍的 HTML、脚本语言和服务器页面，为在互联网上的 Web 应用开发提供了基本的开发工具，若想要编制的网页既能实现对话又能实现动态网页，往往要将三者有机地结合起来。

6.2.2　网络程序设计语言

网络程序最主要的工作就是在发送端把信息按照规定好的协议封装成数据包，在接收端按照规定好的协议把数据包进行解析，从而提取出对应的信息，达到通信的目的。网络程序设计语言就是用来完成网络程序功能的一组记号和规则，它也具有程序设计语言的 3 个要素，即语法、语义和语用。同时，在功能上，网络程序设计语言还应该具备两个必要条件：

①能在网络上传递数据，因此必须有按协议进行数据通信的能力。

②所编写的程序能在网络中的任一个节点运行，即具有跨网络、跨平台的运行能力。

目前，网络编程语言主要包括 PHP、ASP、NET、JSP。

1）PHP

PHP（hypertext preprocesso），是当今 Internet 上最为火热的脚本语言，其语法借鉴了 C、Java、PERL 等语言，但只需要很少的编程知识就能使用 PHP 建立一个真正交互的 Web 站点。它与 HTML 语言具有非常好的兼容性，使用者可以直接在脚本代码中加入 HTML 标签从而更好地实现页面控制。PHP 提供了标准的数据库接口，数据库连接方便，兼容性强，是一种面向对象的编程语言。

2）ASP

ASP（active server pages），是微软开发的一种类似 HTML（超文本标识语言）、Script（脚本）与 CGI（公用网关接口）的结合体，它没有提供自己专门的编程语言，而是允许用户使用许多已有的脚本语言编写 ASP 的应用程序。ASP 的最大好处是可以包含 HTML 标签，也可以直接存取数据库及使用无限扩充的 ActiveX 控件，而且它的程序编写过程比 HTML 更方便灵活。但 ASP 程序语言最大的不足就是安全性不够好，由于其主要工作环境仍然是微软的 IIS 应用程序结构下，又因 ActiveX 对象具有平台特性，所以 ASP 技术不能很容易地实现在跨平台 Web 服务器上工作。

3）JSP

JSP 即 Java server pages，它是由 Sun Microsystem 公司于 1999 年 6 月推出的新技术，是基于 Java Servlet 以及整个 Java 体系的 Web 开发技术。JSP 和 ASP 在技术方面有许多相似之处，不过两者来源于不同的技术规范组织，以至 ASP 一般只应用于 Windows NT/2000 平台，而 JSP 则可以在 85% 以上的服务器上运行，而且基于 JSP 技术的应用程序比基于 ASP 的应用程序更易于维护和管理，故 JSP 技术被许多人认为是未来最有发展前途的动态网站技术。

4）NET

NET 是 ASP 的升级版，也是由微软开发的，但是和 ASP 却有着天壤之别。NET 是网站动态编程语言里最好用的语言，不过易学难精。NET 网站开发使用编译执行，效率比 ASP 高很多，在功能性、安全性和面向对象方面都做得非常优秀，是一种很不错的网站编程语言。

6.3 信息检索基础

6.3.1 信息检索概述

1. 信息检索的定义

近年来，随着人类社会信息环境的数字化、网络化进程的日益加快和各类信息资源的爆炸性增长，"信息检索"这一学术名词逐渐变得流行起来，并被越来越多的人所认识、了解和使用。那么，信息检索的准确含义是怎样的呢？

所谓信息检索（information storage and retrieval），是指将信息按照一定的方式组织和存储起来，并能根据用户的需要找出其中相关信息的过程。

在通常情况下，大多数人讲到"信息检索"时，一般只涉及"取"，即主要关注如何从存储的信息集合中快速获取各种需要的信息。这是对信息检索概念的一种狭义理解。

2. 信息检索系统的组成

信息检索系统（information retrieval system）是指根据特定的信息需求而建立起来的一种有

关信息搜集、加工、存储和检索的程序化系统，其主要目的是为人们提供信息服务。

信息检索系统的组成包括以下三个部分：

（1）硬件：系统中采用的各种硬件设备的总称，包括具有一定性能的计算机主机、外围设备以及与数据处理或数据传输有关的其他设备。

（2）软件：系统中有关程序和各种文件资料的总称，包括系统软件（如操作系统、输入输出控制程序）和应用软件。

（3）数据库：是以一定的组织方式存储在一起的相关数据的集合。数据库是计算机技术与信息检索技术相结合的产物。它既是现代人们从事信息资源管理的工具，同时也是计算机信息检索的基础。

3. 信息检索的基本原理

计算机信息检索广义上讲包括信息的存储和检索两个方面。

信息的存储过程是：将收集到的原始文献进行主题概念分析，根据一定的检索语言抽取出主题词、分类号以及文献的其他特征进行标识或者写出文献的内容摘要。然后再把这些经过“前处理”的数据按一定格式输入到计算机存储起来。

信息的检索过程是：用户对检索课题加以分析，明确检索范围，弄清主题概念，并用系统检索语言来表示，然后形成相应的检索标识及检索策略进行检索。

作为一种有目的和组织化的信息存取活动，信息检索中的“存储”与“检索”之间存在着密不可分的关系。首先，两者是相互依存的：不存储无从检索，不检索存储将失去意义；其次，两者又是互相矛盾和制约的：从存储的角度看，越简单越好，但过于简单的存储，势必影响到检索的质量与效率。因此，“存储”与“检索”之间的这种互动关系在实际检索系统的开发与设计中，需要给予某种合理化的兼顾与平衡。

6.3.2　信息检索的方法与技巧

1. 网络信息检索的常用技术

1）全文信息检索技术

全文检索是指以文档的全部文本信息作为检索对象的一种信息检索技术，目前搜索引擎基本上都采用全文检索技术。

搜索引擎（search engine）是指根据一定的策略、运用特定的计算机程序搜集互联网上的信息，在对信息进行组织和处理后，将信息显示给用户。目前常用的中文搜索引擎有百度、搜狗、Google 等。

（1）百度搜索。

百度是中国互联网用户最常用的搜索引擎，每天完成上亿次搜索；也是全球最大的中文搜索引擎，可查询数十亿中文网页。现在很多人常说的就是“有事找度娘”。

在浏览器的地址栏中输入（www.baidu.com）即进入百度搜索，如图 6-3 所示。百度首页中有“新闻”、“地图”、“视频”、“贴吧”、“糯米”、hao123 等。

（2）搜狗搜索引擎。

搜狗（http://www.sogou.com/）是搜狐公司于 2004 年 8 月 3 日推出的全球首个第三代互动式中文搜索引擎。搜狗以搜索技术为核心，致力于中文互联网信息的深度挖掘，帮助中国上亿网民加快信息获取速度，为用户创造价值。

图 6-3　百度首页

（3）其他搜索引擎。

除上述两种在国内最常用的搜索引擎外，还有其他一些搜索引擎。

Bing（必应）：http://cn.bing.com/，微软搜索引擎中文版，具有图片搜索、视频搜索、学术搜索、词典搜索和地图搜索等功能。

雅虎全能搜：http://www.yahoo.cn/，搜索范围涵盖生活服务、黄页、资讯、音乐、图片、知识课堂等领域。

CNKI 知识搜索：http://search.cnki.net/，主要提供学术方面的搜索。

360 搜索：http://www.so.com，主要包括新闻搜索、视频搜索、音乐搜索、图片搜索、地图搜索、问答搜索、学术搜索等。

2）多媒体信息检索技术

多媒体信息资源是数字图书馆中独具特色的一类信息资源，既包括数字化的文本信息、图形与图像信息，又包括数字化的视频与音频信息。当词语难以形象和准确地描述视觉或听觉感知时，例如一种东西的式样、颜色或纹理，用户就需要利用媒体呈现的视觉和听觉特性来查询。多媒体信息检索包括：图像信息检索、音频信息检索和视频信息检索。

3）超文本和超媒体信息检索技术

超媒体和超文本都以非线性方式组织信息，本质上具有同一性。在超文本中，信息的主要形态是文本和图形，以节点形式存储信息，实现相关节点间的非线性、联想式检索。而超媒体是一种在一条条信息间创建明确关系的方法，它把超文本的含义扩展为包含多媒体对象，而且能够实现音频与视频信号的同步。Internet 上的 WWW 可以实现超文本和超媒体的信息检索。

4）智能信息检索技术

数据库系统是储存某个学科大量事实的计算机系统，随着应用的进一步发展，存储的信息量越来越大，因此解决智能检索的问题具有了实际意义。

智能信息检索系统应具有如下功能：

①能理解自然语言，允许用自然语言提出各种问题；

②具有推理能力，能根据存储的事实，演绎出所需的答案；

③系统具有一定的常识性知识来补充学科范围的专业知识。系统根据这些常识，将能演绎出更一般的答案来。

当然，实现这些功能要应用人工智能的方法。

5）文本聚类技术

文本聚类是进行文本信息检索的重要方法，被广泛应用于网络信息和档案资料的筛选和检索，聚类就是按照事物间的相似性进行区分和分类的过程。国内外的研究者提出了很多聚类算法，这些算法被用于众多应用领域，如模式识别、数据分析、图像处理以及市场研究等。

2. 网络信息检索的技巧（检索策略）

1）检索策略

检索策略（retrieval strategy）是为实现检索目标而制定的全盘计划或方案，信息检索工程中每一步都对检索的质量有很大的影响。

（1）分析检索课题，明确检索目的和要求。

明确检索的要求和目的，是制定检索策略的前提。因此，在着手信息检索之前，必须全面地了解清楚用户的信息需求和检索目的、检索的学科内容、主题范畴。

（2）选择合适的检索工具。

在前面我们介绍了一些检索方法和技术，每种方法各有优缺点，在什么情况下采用什么检索方法，主要由检索的条件和要求，以及检索课题的学科特点三方面来决定。

（3）数据库的选择。

数据库选择的正确与否将直接影响到检索结果的好坏。数据库选择不当，就会得出完全不符合要求的结果。选库时要遵循以下原则：

• 要根据用户信息检索的学科内容和目的选择数据库。如果检索课题涉及的内容全面而广泛，为了避免漏检，应同时选择几个不同的库，如需检索的课题内容专业性很强，则可以选择专业文档进行检索。

• 在同时有几个数据库可供检索的情况下，应首先选择比较熟悉的数据库。这样能既快速又准确地查找到真正需要的文献信息。

• 当几个数据库的内容交叉重复率比较高时，应选择检索费用比较低廉的数据库。

• 当用户要求检索的文献量比较大时，可首先选用浏览的方式，按主题或学科专业的方式进行查找。

（4）确定检索点和检索词。

检索词是表达用户信息需求和检索课题内容的基本元素，也是计算机检索系统进行匹配的基本单元。因此，务必要在分析课题的主题概念中掌握课题的内容实质，概括出能最恰当地代表主题概念的检索词。

（5）编制检索式，选择检索入口。

利用各种算符构造检索式，然后选择检索入口即字段，如：题名、著者、主题词、文摘、全文等。

（6）及时调整检索策略。

当对检索结果不满意时，就需要灵活调整检索策略了。当结果为零或检索结果太少时，就要扩大检索范围，多采用"逻辑或"组配表达式；当检索结果太多或结果不相关时，就要缩小检索范围，多用"逻辑与"或"非"进行组配。此外，还可以利用检出的文献出处信息，拓宽检索渠道。

3. 搜索引擎使用技巧

在使用搜索引擎时如果只使用简单的关键词进行查询，返回结果往往并不是每次都会令人满意。如果想要得到更好的搜索效果，在国内的中文搜索引擎可以利用以下技巧来搜索。

（1）使用双引号进行精确查找。

将一个词组或短语用双引号""括起表示完全匹配搜索，提高检索准确度。搜索引擎返回的结果是页面包含双引号中出现的所有词，而且字与字之间的顺序一致。如：我们想找有关湖南工业大学的有关信息，检索式为："湖南工业大学"。

（2）用多词检索（空格检索）。

普通检索通常会出现许多无关信息，要想获得更精确的检索结果的简单方法就是添加尽可能多的检索词，检索词之间用一个空格隔开。如：想找有关大学计算机课程课件的相关信息，检索式：大学计算机课程 课件。

（3）利用减号（－）去掉无关资料。

在搜索时，减号表示搜索不包含减号后面的词语。搜索格式是：搜索词＋空格＋减号＋排除词。如：想查"玉米但不是甜玉米"方面的文献，检索式：玉米－甜玉米。

（4）指定文档类型检索。

如果我们想在网上想下载一些文档，可以采用了指定文档类型进行检索。许多中文引擎可以搜索的文件格式有：PDF、DOC、XLS、PPT、RTF、ALL，其中 ALL 表示搜索所有支持的文件类型。检索格式为 filetype：格式＋空格＋检索词或检索词 filetype：格式。如：想找有关网络基础的 word 文档，检索式：filetype：doc 网络基础或网络基础 filetype：doc。

（5）限定在标题中检索（TITLE：或 INTITLE：）。

针对标题进行检索的可以使用 TITLE：或 INTITLE：来进行限定。如：想查找标题中包括网络基础的有关信息，检索式：TITLE：网络基础或用 INTITLE：网络基础。

（6）在指定网站内搜索（使用 site：）。

检索格式为关键词＋空格＋site：（英文半角：）＋网址。如：在百度经验网址里面搜索包含"老师"的相关的信息，检索式：老师 site：jingyan. baidu. com。

6.3.3　数据库检索系统概述

本节通过对国内外常用数据库资源的介绍，让大家对各个数据库的收录范围、检索功能、收录核心期刊、检索结果等情况进行有效的分析和评价，从而能够确切地区分其特点和功能，有目的地加以选用。

1. 常用中文检索数据库

1）期刊检索

CNKI（中国知识基础设施工程）工程于 1995 年正式立项，在政府及社会各界多方努力下，经过 10 年建成了世界上全文信息量规模最大的"CNKI 数字图书馆"，并全力建设《中国知识资源总库》，以"中国知网（www.cnki.com）"为网络出版与知识服务平台，通过产业化运作，为全社会提供最丰富的信息资源和最方便的数字化学习平台。

可以通过中国知识基础设施工程（CNKI）的网址（http：//www.cnki.net/），或者各高校图书馆的"数字资源"，如图 6－4 所示，进入中国期刊全文数据库并实施数据库的检索。首次阅读时，要先下载阅读器，如 CAJViewer、AdobeReader 等。

图 6－4　高校数字资源检索主页

图 6－5 为中国期刊全文数据库的检索界面，例如，选择检索词可按主题、篇名、关键词、作者等加以限定；词频指检索词在相应检索结果中出现的次数，可指定具体的词频；还可以选择更新的起止时间和收录范围以及匹配模式等方式对检索内容加以限定。

2）电子图书检索

电子图书是指以数字代码方式将图、文、声、像等信息存储在磁、光、电介质上，通过计算机或类似设备使用，并可复制发行的大众传播体。其类型有：电子图书、电子期刊、电子报纸和软件读物等。电子图书格式很多，有 EXE 文件格式、PDF 格式（Adobe 公司推出）、PDG 格式（超星）、CAJ 格式（清华同方，阅读器为 CAJViewer）等。

目前有很多电子图书的检索渠道，下面就以超星电子图书检索为例。

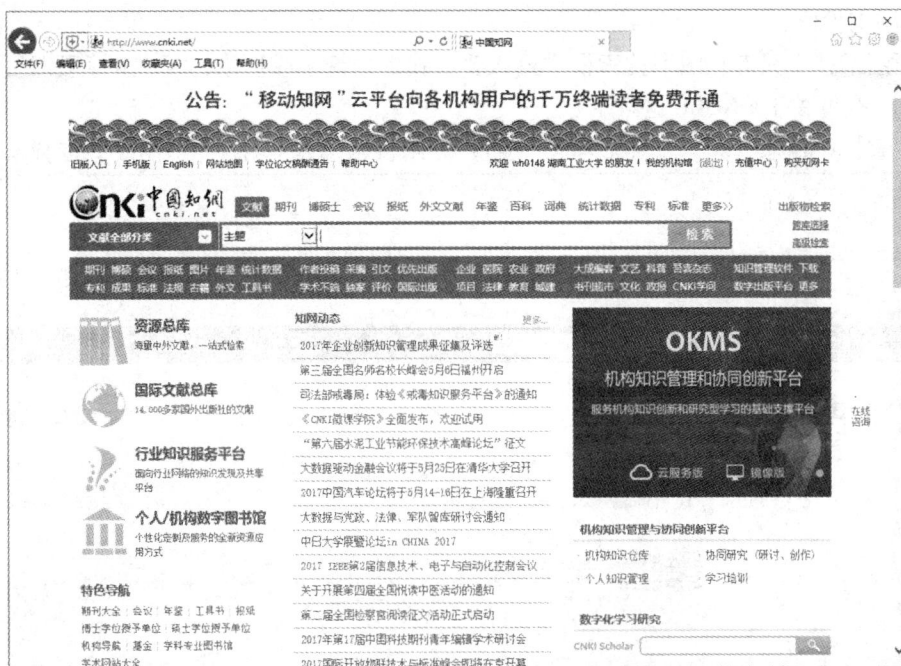

图 6-5　中国期刊全文数据库的检索页面

(1)进入超星电子图书。

进入超星电子图书很容易，它无须任何阅读器，即可在浏览器上直接阅读。在浏览器地址栏中输入网址 http://book.chaoxing.com 即可进入。如图 6-6 所示。

图 6-6　超星电子图书

（2）图书检索。

使用图书搜索只需在图书搜索框中输入要查找的关键字或短语，再单击搜索即可。

例如：查询关于 EXCEL 这本书。

在搜索栏中输入"excel"，然后单击"搜索"，则搜索结果如图 6 - 7 所示，选择感兴趣的图书即可。

图 6 - 7　按条件搜索

还有其他电子图书检索工具，如超星数字图书馆（www. ssreader. com）（开放式的数字图书馆）等，这里就不再赘述了。

3）中国学位论文文摘检索数据库（CDDB）

它收录了我国自 1977 年恢复高考以来自然科学、哲学、经济、管理、语言、文学等领域博士、博士后及硕士研究生论文，它不但是我国最早建设的全国性学位论文数据库，而且也是我国目前收录学位论文信息最多、最全的数据库。

（1）中国学位论文全文数据库检索介绍。

先登录某图书馆主页 - 电子（或数字）资源 - 万方数据知识服务平台 - 选择镜像后再在打开网页中单击"学位"按钮，即可进入检索界面，如图 6 - 8 所示。

（2）其他中文学位论文网站。

CNKI（http：//www. cnki. net/）中国优秀博硕士论文全文数据库：收录了博硕士学位论文全文文献，且文摘网上可免费检索。

国家科技图书文献中心（http：//www. nstl. gov. cn/）：收录了中文学位论文和外文学位。

中国国家图书馆（http：//www. nlc. cn/）：中国国家图书馆是教育部指定的全国博士论文、博士后研究报告收藏机构，并收藏我国海外留学生的部分博士论文。

图 6 – 8　万方数据知识服务平台

2. 三大外文检索数据库

1) EI 数据库检索

（1）简介。

美国《工程索引》（The Engineering Index）简称 EI，创刊于 1884 年，由美国工程信息公司编辑出版。所报道的文献学科覆盖面广，涉及工程技术领域各个方面。经过 100 多年的发展，《工程索引》已经成为全球工程技术领域最著名的检索系统，同时它也是世界引文分析和文献评价的四大检索工具之一。

Engineering Village2 是 Engineering Information Inc. 出版的工程类电子资料库，其核心数据库 Ei Compendex 是《工程索引》的网络版，是目前全球最全面的工程领域二次文献数据库，侧重提供应用科学和工程领域的文摘索引信息，涉及核技术、生物工程、交通运输、化学和工艺工程、照明和光学技术、农业工程和食品技术、计算机和数据处理、应用物理、电子和通信、控制工程、土木工程、机械工程、材料工程、石油、宇航、汽车工程以及这些领域的子学科。

（2）检索方法以下。

步骤一：点击进入某图书馆（如中南大学图书馆电子资源），如图 6 – 9 所示。

步骤二：选择 EI 数据库，进入检索入口，如图 6 – 10 所示。

图 6-9　中南大学图书馆首页

图 6-10　检索首页

步骤三：选择入口方式，进入检索页面，系统默认为快速检索页面，如图 6 – 11 所示：

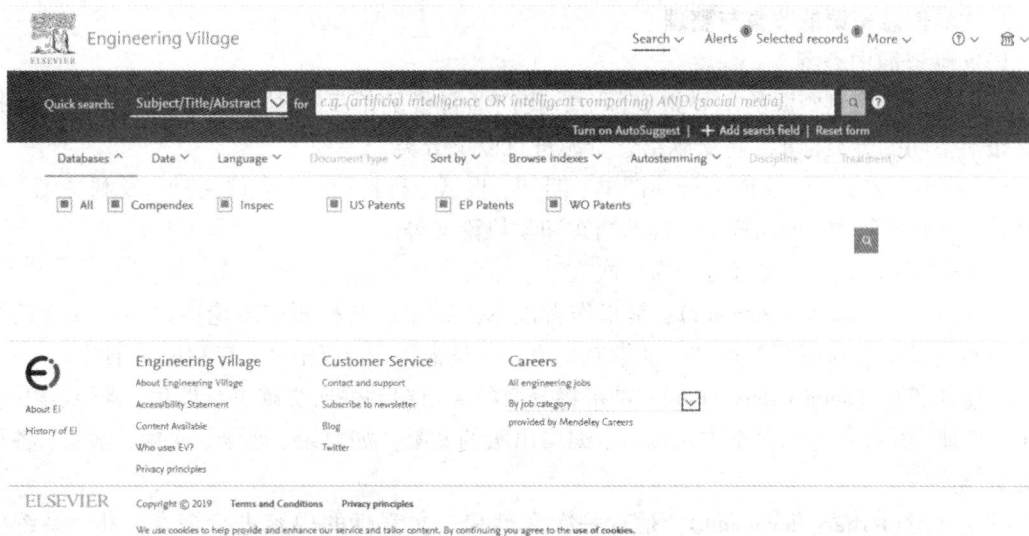

图 6 – 11　快速检索界面

EI 提供三种检索方式：快速检索（Quick Search）、专家检索（Expert Search）和工程学院模式（Engineering school profile）。

2）SCI 数据库检索

Sci Finder Scholar 数据库为 CA（化学文摘）的网络版数据库，SCI 所收录期刊的内容主要涉及数、理、化、农、林、医、生物等基础科学研究领域，选用刊物来源于 40 多个国家，50 多种文字，其中主要的国家有美国、英国、荷兰、德国、俄罗斯、法国、日本、加拿大等，也收录部分中国（包括港澳台）刊物。SCI 引文检索的体系独一无二，不仅可以从文献引证的角度评估文章的学术价值，还可以迅速方便地组建研究课题的参考文献网络。

Sci Finder Scholar 检索方法与 EI 类似。

3）ISTP—科技会议录索引

《科技会议录索引》（Index to Scientific & Technical Proceedings，简称 ISTP）创刊于 1978 年，由美国科学情报研究所编辑出版。该索引收录生命科学、物理与化学科学、农业、生物和环境科学、工程技术和应用科学等学科的会议文献，包括一般性会议、座谈会、研究会、讨论会、发表会等。其中工程技术与应用科学类文献约占 35%，其他涉及学科基本与 SCI 相同。

在 ISTP、EI、SCI 这三大检索系统中，SCI 最能反映基础学科研究水平和论文质量，该检索系统收录的科技期刊比较全面，可以说是集合了各个学科高质优秀论文的精粹，该检索系统历来是世界科技界密切注视的中心和焦点。ISTP、EI 这两个检索系统评定科技论文和科技期刊的质量标准方面相比之下较为宽松。

6.3.4 信息资源综合利用实例

1. 文献信息资源的收集与整理

1) 文献资源的类型

文献资源是信息资源的主要组成部分,我们通常说的信息检索主要是指文献信息的检索。按照不同的分类标准,将文献信息资源进行以下分类。

(1) 按出版形式分:文献可分为图书、期刊、报纸、科技报告、会议文献、专利文献、标准文献、政府出版物、产品样本、技术档案和学位论文等。

(2) 按加工层次分,文献可分为一次文献、二次文献和三次文献。

一次文献(primary document):是指作者以本人在生产与科研或理论探讨中所获得的第一手材料为基本素材撰写的论文。如期刊论文、科技报告、会议论文、专利说明书等。

二次文献(secondary document):是指将分散的无组织的一次文献进行搜集、提炼、浓缩、加工、整理,并按一定的科学方法编排、编辑出版的文献。如目录、题录、文摘、索引、各种书目数据库等。

三次文献(tertiary document):是对一次文献和二次文献的内容进行综合分析、系统整理、高度浓缩、评述等深加工而形成的文献。如综述、述评、词典、百科全书、年鉴、指南数据库等。

2) 文献信息资源的整理与组织

通过各种方法搜集获得的信息资源通常是无序的,而且有可能混杂着许多陈旧、虚假甚至错误的信息。因此有必要对所搜集的资料进行筛选、鉴别并进行整理与组织,以便更好地利用。

文献信息的组织方法有按文献信息的形式特征组织和按文献信息的内容特征组织两种方法:

(1) 按文献信息的形式特征即按文献的题名、作者、发表或出版时间、地区等特征进行组织;

(2) 按文献信息的内容特征即按文献的分类、主题等特征组织。

3) 信息资源的评价与分析

当我们利用检索系统或其他信息源找到一些与研究相关的信息资料,并且经过整理组织归类之后,还是发现并非所有的资料都是适合课题研究的。因此,有必要对文献资料进行去粗取精、去伪存真的工作,从中筛选出高质量、高水平、真正有价值的材料。

(1) 文献信息资源的评价(从可靠性、先进性和适用性三个方面)。

一是可靠性。指资料的技术内容的科学性、真实性、准确性及完整性。一般来说,由著名学者和专家撰写、著名出版社出版、官方与专业机构人员提供、登载在核心期刊上以及引用利用率较高的文献,其可靠性较大。

二是先进性。可以从时间和空间两方面来考虑。表现在时间上,主要指信息内容的新颖性以及文献内容在原有基础上是否有创新或突破。表现在空间上,可以通过信息内容的领先程度和水平来判断,也可从资料的来源、发表的时间等方面来判断,如由科技发达的国家发表、世界著名期刊刊载的等。

三是适用性。是指文献资料对用户的适合程度与范围,即资料是否与所从事的课题相关或密切相关。

（2）文献信息的分析。

文献信息分析就是根据特定课题的需要，对搜集到的大量文献信息资料和其他多种有关的信息进行研究，通过一定的方法，系统地提出可供用户使用的分析结果的一项工作。文献信息的分析结果，即可作为文献信息评价的依据，也可以作为一种研究成果，以论文形式发表或研究报告的形式予以公布。

4）文献综述的撰写

文献综述既是一种文献信息调研报告，又是学术论文的一种形式。它是通过全面、系统的搜集某一特定研究领域的全部或大部分相关文献资料，并在阅读、理解、分析、比较、归纳的基础上，对该课题的发展过程、发展趋势及存在的问题等，进行全面介绍、综合分析和评论而形成的一种不同于一般论文的文体。

文献综述写作的要求和注意事项如下。

（1）应系统全面查阅与自己研究方向有关的国内外文献，特别不能遗漏那些有代表性、经典的、重要的文献。做到既要大量占有文献，又要有所取舍，突出精华。

（2）要对选择好的文献进行仔细消化，通过阅读原始文献，阐述自己研究内容的背景和发展情况，前人的主要研究成果，存在问题。

（3）综述某一领域中的最新进展，应该有述有评，要有自己的观点和见解，切忌局限在对前人工作的简单机械罗列。

（4）在分析评价前人研究的基础上归纳出几个热点或前沿问题，并提出对未来发展的展望以及今后的研究方向。

（5）要注意引用文献的代表性、可靠性和科学性。引用的文献应是能反映主题全貌并且是作者直接阅读过的文献资料，主要参考文献尤其是文中引用过的参考文献不能省略。

2. 学术论文的写作

1）学术论文简介

学术论文是某一学术课题在实验性、理论性或观测性上具有新的科学研究成果或见解的知识和科学记录；或是某种已知原理应用于实际中取得新进展的科学总结，用于学术会议上宣读、交流或讨论；或在学术刊物上发表；或作其他用途的书面文件。

学术论文特点有以下三点。

①专业性：指研究、探讨的内容是以科学领域里某一专业性问题作为研究对象。在内容上，学术论文是作者运用他们系统的专业知识，去论证或解决专业性很强的学术问题。

②科学性：科学性是学术论文的生命和价值所在。所谓科学性，就是指研究、探讨的内容要准确、思维要严密、推理要合乎逻辑。

③创新性：即要求研究的内容在继承的基础上有发展、完善、创新；能提出独立见解；推翻前人定论；对已有资料作出创造性综合。

2）学术论文撰写的一般程序

第一步：选题。选择课题是撰写学术论文的第一步，好的选题，可以使学术论文有较高的学术价值和实用价值。

第二步：搜集相关资料。获取与所选课题相关的资料是论文写作的前提和必要条件。学术论文相关资料主要包括两大类，即第一手资料和第二手资料。

①第一手资料是指与论题直接有关的文字材料、数据材料(包括图表),如有关的统计数据、典型案例、经验总结等,还包括作者亲自在实践中考察获得的感性材料,如各种观察数据、调查所得等。第一手材料是论文提出论点、主张的基本依据。

②第二手资料是指通过检索所得与课题相关的文献资料,包括与课题相关的国内外研究成果和相关背景资料。

第三步:拟定写作提纲,构建论文框架。拟定写作提纲要进行多次补充、取舍、增删和调整,不断完善。

第四步:撰写初稿。当写作提纲确定后,对搜集来的资料要进行分析,筛选出有价值的内容。再根据作者的研究思路,按照拟定好的大纲及全面的文献信息,撰写出论文的初稿。

第五步:修改定稿。初稿完成后,还需要对论文进行不断的修改,使论文逐渐趋于完善。修改工作包括:结构的修改,内容、段落句子和篇幅的修改,文字和标点符号的修改,以及参考文献的核实等。

3)学术论文的编排格式

①标题:题名应简明、确切,应尽可能地将表达核心内容的重要的词句放在题名的开头,以便引起读者的注意。

②作者及工作单位:如果是外文稿,作者姓名和工作单位的翻译要规范。

③摘要:摘要应该客观、真实地反映论文的原意,内容上应突出和强调创新点,要使用简短的句子,并采用规范化的名词术语,摘要的长度通常控制在100~150个词,第一句不应与题名重复,表述时要用第三人称的写法。

④关键词:是从学术论文中选取出来,用来表示全文核心内容信息的单词或术语。

⑤文章:包括前言、论述、结论等。除了对语言、表述、推论以及文章的组织以外,还应注意:字数;各小节表示法;图表安排(注意编辑部和期刊的特别要求,查看期刊已发表论文的情况);对于引用和参考的文献都应列出。

⑥参考文献的著录:不同期刊对参考文献著录有不同要求;有些期刊对参考文献数量也有要求。

4)学术论文的投稿

只有将撰写好的学术论文投向相应的期刊出版社或相应的学术会议,并被正式采用,才能真正体现其应有的价值与作用。

(1)期刊的选择。

首先可根据杂志的 ISSN 和 CN 号识别杂志是否为合法期刊;不能以投稿的难易程度来选择投稿期刊;注重发表论文的时效性、重视投稿期刊的质量;确定同类论文的发表情况及选择合适的投稿期刊等。

(2)论文的主题、内容、质量符合期刊要求。

选择投稿刊物时要做到有的放矢。选择与稿件专业相符、性质相当、学术水平相近的期刊或会议主办者。

(3)学位论文的结构和写作规范。

学位论文由前置部分和主体部分组成,前置部分包括标题、摘要(中、英文)、关键词等内容,主体部分包括引言、正文、结论、参考文献和附录等。另外还应附上开题报告、论文答辩记录、评分表、任务书、评语等内容。

6.4 互联网应用新技术

互联网的出现与应用改变了世界,在应用过程中也出现了很多的新技术,它们对促进互联网应用的发展起到了关键性作用。

6.4.1 移动互联网

传统互联网的终端主要由计算机组成,它的出现解决了跨时空的问题,但由于计算机体积与重量的原因,它们都具有固定位置的属性,不能随意移动。随着宽带无线接入技术和移动终端技术的飞速发展,人们迫切希望能够随时随地乃至在移动过程中都能方便地从互联网获取信息和服务,移动互联网应运而生并迅猛发展。近年来,智能手机及平板计算机等移动产品的出现改变了互联网状态,这引起了移动产品逐渐取代传统互联网中的固定终端。也就是说,移动互联网的终端则是手机、平板等移动终端。移动互联网就是将移动通信和互联网二者结合起来,成为一体;是互联网的技术、平台、商业模式和应用与移动通信技术结合并实践的活动的总称。

移动互联网的出现大大方便了互联网的使用,从而使互联网得到了更快的发展。

6.4.2 物联网

传统互联网中的客户端都是计算机,称为客户机。随着应用发展的需要,这种客户端不仅需要是"机",更需要的是"物",这就有了物联网。物联网的出现大大拓展了互联网的应用范围与内容,使互联网既能管机又能管物,同时也将"机"与"物"通过物联网连于一起。

下面对物联网作一下介绍。

1.物联网技术的基本概念

物联网的概念最早出现于比尔·盖茨1995年《未来之路》一书中,比尔·盖茨已经提及物联网的概念,只是当时受限于无线网络、硬件及传感设备的发展,并未引起世人的重视。1998年,美国麻省理工学院(MIT)创造性地提出了当时称为EPC系统"物联网"的构想。1999年,美国Auto-ID首先提出"物联网"的概念,主要是建立在物品编码、RFID技术和互联网的基础上。在中国,中科院早在1999年就启动了传感网的研究,并取得了一些科研成果,建立了一些适用的传感网。自2009年8月温家宝同志提出"感知中国"以来,物联网被正式列为国家五大新兴战略性产业之一,写入《政府工作报告》。物联网在中国受到了全社会极大的关注,其受关注程度是在美国、欧盟以及其他各国不可比拟的。

"物联网技术"的核心和基础仍然是"互联网技术",是在互联网技术基础上的延伸和扩展的一种网络技术;其用户延伸和扩展到了任何物品和物品之间,进行信息交换和通讯。因此,物联网技术的定义是:通过射频识别(RFID)、红外感应器、全球定位系统、激光扫描器等信息传感设备,按约定的协议,将任何物品与互联网相连,进行信息交换和通讯,以实现智能化识别、定位、追踪、监控和管理的一种网络技术叫做物联网技术。其目的是实现物与物、物与人,所有的物品与网络的连接,方便识别、管理和控制。

物联网有以下几个特性:

(1)物联网的核心是互联网,它是建立在互联网基础上的一种延伸应用网络。

（2）物联网也是一种移动互联网的延伸应用网络。因为物联网中各类信息传感设备大都是移动设备并且大都通过无线方式实现与互联网的连接。

（3）物联网中的客户端大都是传感设备。它将互联网中人与人（即客户机对客户机）之间的通信扩展到了人与物、物与物间的通信。

2. 物联网的基本构成

根据物联网的特点，ITU－T（国际电联电信标准化部门）物联网架构将物联网从下到上划分为3个层次：感知层、网络层和应用层。

1）感知层

感知层的主要功能是数据的采集和感知，主要用于采集物理世界中发生的物理事件和数据。它通过感知设备与互联网建立接口。在感知设备中，条形码与射频识别标记RFID可用于物的标识，而传感器则可用于捕捉物中的各类属性，如压力、压强、温度、声音、光照、位移、磁场、电压、电流及核辐等多种数据。此外，GPS用于获取对物的定位数据，摄像头用于对物的图像数据获取等。

感知层就是建立这种接口的层次。

2）网络层

网络层即是互联网，它是整个物联网中的数据处理中心。它的主要功能是实现更广泛的互连，把感知到的信息无障碍、高可靠、高安全地进行传送。

3）应用层

感知层与网络层建立了物联网的基本平台，在此平台上可以开发多种应用。应用的开发大多用计算机软件在互联网专用服务器中实现。

3. 物联网的应用

物联网扩大了互联网的应用，很多在互联网上的应用在物联网中都能很容易地完成。如电子收费ETC（electronic toll collection）即电子不停车收费系统，采用车载电子标签通过ETC车道天线之间的微波通信与互联网接口，然后在互联网中通过对电子标签的识别就可以在银行找到相应的账号并进行结算处理。ETC系统可以加快路桥收费站车辆通车速度，加快效率、减轻或避免车辆在收费站口拥堵问题。

6.4.3 云计算

1. 云计算的起源

在计算机诞生初期，计算机昂贵，各部门组织购置计算机是不可能的事情，在这种环境下就出现了一种集中式处理的计算模式，各终端只提交作业并得到返回结果，没有处理能力，所有的任务全部提交到主服务器中进行处理，目前的云计算就与最初的这种概念类似。随着计算技术的发展，计算机价格下降，个人计算机开始流行，从而出现了C/S以及B/S构架模式，用户终端也拥有了计算能力来分担远程服务器的运行作业，也就是说终端的独立性提高了，同时性能也在提高。但是这种模式也存在问题。对个人用户来说，比如用户需要安装各种版本的客户端以及相关软件，软件升级麻烦，同时用户的数据越来越多，很多方面不能满足处理要求；对单位来说，各个单位为了应用需要都购买了计算机，包括硬件、软件及应用等，同时还要设置相应机构，如计算站、信息中心。此外还要配置人员与场地等。所有这些都构成了使用计算机的必要资源，缺一不可。但与此同时，也会带来资源的浪费。为此，人们就想到了计算机资源"租用"的问题，正如人们用水、用电一样，并不需要自挖水井与自购发电机一样，而只需要通过自来水公司安装水管与供电局接入线路即能方便地用水、用电。这是一种新的模式，它可以极大地降低成本、使用方便。但在以前那仅是一个美好的梦想，并没有实现的可能。但是随着互联网的出现与发展，移动设备的兴起，用户的终端没有必要是计算机，也可以是数码相机、PDA 或智能手机等。因此，这种"计算机租用"的梦想已有可能成为现实，这就是"云计算"出现的应用需求与技术基础。

2. 云计算基本概念

云计算的概念是 2006 年由 Google 正式提出的，并搭建了自己的"云"，随后一些 IT 巨头如亚马逊、IBM 公司都构筑了各自的云，用户借浏览器通过互联网都可以使用云中资源和服务。之所以称为"云"，是因为它在某些方面具有现实中云的特征：云一般都较大；云的规模可以动态伸缩，它的边界是模糊的；云在空中飘忽不定，你无法也不需确定它的具体位置，但它确实存在于某处。

美国国家标准与技术研究院(NIST)定义：云计算是一种按使用量付费的模式，这种模式提供可用的、便捷的、按需的网络访问，进入可配置的计算资源共享池(资源包括网络、服务器、存储、应用软件和服务)，这些资源能够被快速提供，只需投入很少的管理工作，或与服务供应商进行很少的交互。用通俗的话说，云计算就是通过大量在云端的计算资源进行计算，如：用户通过自己的电脑发送指令给提供云计算的服务商，通过服务商提供的大量服务器进行"核爆炸"的计算，再将结果返回给用户。

3. 云计算服务

云计算以服务为其特色，它整合计算资源，以"即方式"(像水、电一样度量计费)提供服务。云计算主要分为三种服务模式：基础设施级服务(IaaS)，平台级服务(PaaS)和软件级服务(SaaS)，并且 IaaS，PaaS，SaaS 分别在基础设施层，软件开放运行平台层，应用软件层实现。

1) IaaS

IaaS(Infrastructure – as – a – Service)：基础设施即服务，消费者通过 Internet 可以从完善的计算机基础设施获得服务。IaaS 是将硬件资源(服务器、存储机构、网络和计算能力等)打包服务。IaaS 最大优势在于它允许用户动态申请或释放节点，按使用量计费。运行 IaaS 的服务规模达到几十万台之多，用户因而可以认为能够申请的资源几乎是无限的。而 IaaS 是由公众共享的，因而具有更高的资源使用效率。目前代表性的产品有：Amazon EC2、IBM BlueCloud 等。

2) PaaS

PaaS(Platform – as – a – Service)：平台即服务。PaaS 实际上是指将软件研发的平台作为一种服务，以 SaaS 的模式提交给用户。因此，PaaS 也是 SaaS 模式的一种应用。但是，PaaS 的出现可以加快 SaaS 的发展，尤其是加快 SaaS 应用的开发速度。PaaS 服务使得软件开发人员可以不购买服务器等设备环境的情况下开发新的应用程序。典型的代表产品是微软的 Windows Azure。

3) SaaS

SaaS(Software – as – a – Service)：软件即服务。SaaS 这是目前最为流行的一种服务方式，它将应用软件统一部署在提供商服务器上，通过互联网为用户提供应用软件服务。也就是说,用户无须购买软件,只需向提供商租用基于 Web 的软件,来管理企业经营活动。SaaS 模式大大降低了软件,尤其是大型软件的使用成本,并且由于软件是托管在服务商的服务器上,减少了客户的管理维护成本,可靠性也更高。代表产品有阿里巴巴阿里云,用于电商应用服务;苹果公司的 iCloud 用于私人专用服务。

上述三种云计算服务将用户使用观念从"购买产品"转变成"购买服务"。可以想象,在云计算时代用一个简单的终端通过浏览器即可获得每秒 10 万亿次计算能力的服务,这已经不是梦想而已经成为现实。

6.4.4 大数据技术

当今社会,计算机和信息技术的飞速发展,各行应用系统的规模在迅速扩大,各行各业所产生的数据呈井喷式增长。很多数据达到数百 TB 甚至数百 PB 的规模,各行业所应用的大数据已远远超出了计算和信息技术的处理能力。因此,现实世界迫切需要寻求有效的大数据处理技术、方法和手段。进入 2012 年,大数据一词越来越多地被提及,大数据技术在全球飞快发展,整个世界掀起了大数据的高潮。2014 年,在北京举行的一场大数据产业推介会上,阿里巴巴集团创始人马云在主题演讲提出了阿里巴巴是大数据的红利获得者。阿里巴巴推出的余额宝等互联网金融产品,离不开大数据的支持。马云还提出,人类已经从 IT 时代走向 DT(Data technology)时代。

1)大数据的基本概念

维基百科对大数据的解释是:大数据是指无法在一定时间范围内用常规软件工具进行捕捉、管理和处理的数据集合。也就是说,大数据的规模在获取、存储、管理、分析方面大大超出了传统数据库软件工具能力范围的数据集合。大数据实际上是人们用它来描述和定义信息爆炸时代产生的海量数据。那么,这种海量数据具体是一个什么概念呢?例如淘宝网站累计的交易数据量高达 100PB;百度网站目前的总数据量已超过 1000PB,每天处理网页的数据达到 10PB ~ 100PB;中国移动公司在某一个省一个月的电话通话记录数据高达 0.5PB ~ 1PB。据世界权威信息咨询分析公司研究报告预测:全世界的数据量到 2020 年会达到 35ZB。

2)大数据的特点

大数据具有四个特点,具体内容如下:

(1)数据量大。大数据的起始计量单位至少是 PB(1000TB)、EB(100 万个 TB)或 ZB(10 亿个 TB)。

(2)类型繁多。数据类型繁多,包括网络日志、音频、图片、地理位置信息等多类型的数据,并对数据的处理能力提出了更高的要求。

(3)价值密度低。数据价值密度相对低。如随着物联网的广泛应用,信息感知无处不在。信息海量,但价值密度较低,如何通过强大的机器算法更迅速地完成数据的价值"提纯",是大数据时代亟待解决的难题。

(4)速度快、时效高。处理速度快,时效要求高,这是大数据区分于传统数据挖掘最显著的特征。

3)大数据的应用实例

下面用两个例子进行说明。

【例 6.1】 最为经典的大数据故事,应当是沃尔玛"啤酒加尿布"的故事。当年,沃尔玛的工程师通过追踪分析许多年轻父亲每次的购物小票，发现每到周五晚上，啤酒和尿布的销售量同样都非常高。原来，年轻的父亲们周末下班后帮太太买尿布时，顺手带上啤酒，准备看球赛的时候喝。沃尔玛洞察到这个需求后，啤酒和尿布就干脆摆在一个货架上，销售量马上提升了三成。

【例6.2】　2011年3月11日日本大地震发生后仅9分钟，美国国家海洋和大气管理局（NOAA）就发布了详细的海啸预警。位于美国新泽西州的NOAA数据中心存储着超过20Pb（1024Tb）的数据，是美国政府最大的数据库之一。为了在更短时间内分析出准确的海啸活动趋势，NOAA一直在努力提升其对大数据进行处理的能力，更高的实时性就意味着挽救更多的生命。

大数据技术的战略意义不在于掌握庞大的数据信息，而在于对这些含有意义的数据进行专业化处理。换而言之，如果把大数据比作一种产业，那么这种产业实现盈利的关键，在于提高对数据的"加工能力"，通过"加工"实现数据的"增值"。

6.4.5　数据挖掘

数据的爆炸式增长、广泛可用和巨大数量使得我们的时代成为真正的数据时代。急需功能强大和通用的工具，以便从这些海量数据中发现有价值的信息，把这些数据转化成有组织的知识。这种需求导致了数据挖掘的诞生。

1）数据挖掘的基本概念

数据挖掘本身不能完全表达其主要含义。如从矿石或砂子中挖掘黄金称作黄金挖掘，而不是砂石挖掘。类似地，数据挖掘应当更正确地命名为"从数据中挖掘知识"，麻烦的是这有点长。然而，较短的术语"知识挖掘"可能反映不出强调的是从大量数据中挖掘。许多人把数据挖掘视为另一个流行术语数据中的知识发现（KDD）的同义词。因此，我们采用广义的数据挖掘的观点：数据挖掘是从大量数据中挖掘有趣模式和知识的过程。

2）数据挖掘使用什么技术

作为一个应用驱动的领域，数据挖掘吸纳了诸如统计学、机器学习、数据库和数据仓库系统，以及信息检索等许多应用领域的大量技术，数据挖掘研究与开发的多学科特点大大促进了数据挖掘的成功和广泛应用。

3）数据挖掘面向什么类型的应用

作为一个应用驱动的领域，数据挖掘已经在许多应用中获得巨大成功。数据挖掘有许多成功的应用，如商务智能、Web搜索、生物信息学、卫生保健信息学、金融、数字图书馆和数字政府等。我们不可能一一列举数据挖掘扮演关键角色的所有应用，这里简略讨论两个数据挖掘非常成功和流行的应用例子。

（1）商务智能。对于商务而言，较好地理解它的诸如顾客、市场、供应和资源以及竞争对手等商务背景是至关重要的。商务智能（BI）技术提供商务运作的历史、现状和预测视图。"商务智能有多么重要？"没有数据挖掘，许多工商企业都不能进行有效的市场分析，比较类似产品的顾客反馈，发现其竞争对手的优势和缺点，留住具有高价值的顾客，做出聪明的商务决策。显然，数据挖掘是商务智能的核心。

（2）Web搜索引擎。Web搜索引擎是一种专门的计算机服务器，在Web上搜索信息。通常情况下，用户查询的搜索结果用一张表反馈给用户。Web搜索引擎本质上是大型数据的挖掘应用。搜索引擎全方位地使用各种数据挖掘技术。

　　数据挖掘研究存在许多挑战性问题。数据挖掘研究对社会具有很大影响，并且未来这种影响将继续。

6.5　本章小结

　　本章介绍了网络软件的分布式结构分别是 C/S 结构、B/S 结构及 P2P 结构；网络中的软件包括系统软件、支撑软件和应用软件。WEB 是一种基于超文本和 HTTP 的全球性、动态交互式跨平台的信息系统；Web 软件开发工具包括 HTML、脚本语言及服务器页面；程序设计语言的 3 个要素，即语法、语义和语用。目前，网络编程语言主要包括 PHP、ASP、NET、JSP。信息检索系统包括硬件、软件和数据库；计算机网络信息检索广义上讲包括信息的存储和检索两个方面；常用中文检索数据库包括 CNKI、电子图书、中国学位论文文摘检索数据库（CDDB）；三大外文检索数据库是 ISTP、EI、SCI 三大检索系统。本章同时介绍了移动互联网、物联网、云计算、大数据技术和数据挖掘等网络应用新技术。

思考题与习题

一、思考题
1. 网络软件包括哪几个层次？
2. 三大外文检索数据库是什么？
3. 目前互联网应用的新技术有哪些？
4. 常用的中文全文数据库有哪些？
5. 目前互联网应用的新技术有哪些？
6. 物联网有哪些特性？
7. 什么是云计算？
8. 什么是数据挖掘？

二、选择题
1. 中国教育和科研计算机网络是_____。
   A. CHINANET　　　　　　　　B. CSTNET
   C. CERNET　　　　　　　　　D. CGBNET
2. 万维网引进了超文本的概念，超文本指的是_____。
   A. 包含多种文本的文本　　　　B. 包括图像的文本
   C. 包含多种颜色的文本　　　　D. 包含链接的文本
3. 下列哪个数据库是开放式的数字图书馆？_____
   A. 万方数据　　　　　　　　　B. 超星
   C. 维普　　　　　　　　　　　D. ELSEVIER
4. 搜索含有"data bank"的 PDF 文件，正确的检索式为：_____
   A. "data bank" + filetype：pdf　　B. data and bank and pdf
   C. data + bank + pdf　　　　　　D. data + bank + file：pdf

5. 超星数字图书采用了哪种数字图书格式? _____

A. PDF　　　　　　　　　　B. PPT

C. CHM　　　　　　　　　　D. PDG

6. 像水、电一样使用计算机资源的技术是_____。

A. 云计算　　　　　　　　　B. 大数据

C. 物联网　　　　　　　　　D. 数据挖掘

7. 下面哪项不是云计算服务的内容? _____

A. IaaS　　　　　　　　　　B. PaaS

C. SaaS　　　　　　　　　　D. DaaS

三、填空题

1. 按文献的相对利用率来划分,可以把文献分为_____、_____、_____。

2. 定期(多于一天)或不定期出版的有固定名称的连续出版物是_____。

3. 物联网的基本构成:_____、_____和_____。

4. 大数据具有的特点:_____、_____、价值密度低和_____。

第7章

信息安全技术

随着互联网应用的快速发展，信息安全已深入诸多领域，越来越多的行业和个人开始沉下心来，认真思考一个问题：当各种各样针对信息安全的威胁来临之时，如何在日益增长并更为复杂的各种应用中有效地进行自我保护？如何将思路创新、技术创新与信息安全更好地融合在一起，守好自己的那一方阵地呢？

【学习目标】

1. 了解信息安全在计算机系统中的地位与作用。
2. 掌握信息安全的基本概念。
3. 了解信息安全均衡性原则。
4. 了解信息安全的主要技术手段。

7.1 信息安全概述

信息安全是指信息系统（包括硬件、软件、数据、人、物理环境及基础设施）受到保护，不为偶然的或恶意的原因而遭到破坏、更改、泄露，系统仍然能连续、可靠、正常地运行，以至于信息服务不中断，以实现业务的连续。

通俗一点来说，信息安全就是保护在计算机或计算机网络中的数据不受破坏及非法访问，其中强调的是"合法"，也就是指数据只能被具有"合法"身份的用户使用"合法"的手段来获取或更改，否则，其他的一切行为都是不被允许的。这里的"法"即是指用户或行为必须遵守的网络安全的相关内容、通过系统或网络的认证和鉴别。

所以，信息安全的最终目标是通过各种技术手段实现信息系统的可靠性、保密性、完整性、有效性、可控性和拒绝否认性，这也是信息安全所应具备的六个特性：

- 可靠性：指信息系统能够在规定的条件与时间内完成规定功能的特性。
- 保密性：指信息系统防止信息非法泄露的特性，信息只限于授权用户使用。
- 完整性：指信息未经授权不能改变的特性。
- 有效性：指信息资源容许授权用户按需访问的特性。
- 可控性：指信息系统对信息内容和传输具有控制能力的特性。
- 拒绝否认性：指通信双方不能抵赖或否认已完成的操作和承诺。

7.2 信息安全威胁

信息安全威胁主要来自以下几个方面：

（1）客观环境的不利影响。

自然界的不可抗力或客观因素所造成的破坏，如洪水、飓风、地震、战争、火灾等引起电力中断、网络瘫痪、硬件设备受损等情况，导致信息安全事件的发生。

（2）计算机或计算机网络的自身威胁。

计算机及计算机网络中的硬件、软件所引发的信息安全障碍，如软硬件设计漏洞，设备兼容性问题等。

（3）人为操作失误所造成的安全问题。

用户或系统管理员行为失当或操作失误所引发的信息安全威胁。

（4）恶意攻击。

如今的信息安全威胁最大的隐患来自人为的恶意攻击，这种攻击以破坏信息为目的，具有很强的主观恶性，也是我们本节所讨论的安全威胁的主要内容。恶意攻击主要包括被动攻击和主动攻击：

• 被动攻击：是指攻击者从网络上窃听他人的通信内容，通常这类攻击称为截获。在被动攻击中，攻击者只是观察和分析某一个协议数据单元 PDU（这里使用 PDU 这一名词是考虑到所涉及的可能是不同的层次）而不干扰信息流。即使这些数据对攻击者来说是不易理解的，他也可通过观察 PDU 的协议控制信息部分，了解正在通信的协议实体的地址和身份，研究 PDU 的长度和传输的频度，从而了解所交换的数据的某种性质。这种动攻击又称为流量分析。在战争时期，通过分析某处出现的大量异常通信量来确定敌方指挥所的位置。

• 主动攻击：是指攻击者对某个连接中通过的数据单元进行各种处理，以更改信息和拒绝用户使用资源。主动攻击与被动攻击最大的区别就是，被动攻击不干扰信息内容本身，而主动攻击对信息内容进行了处理。主动攻击常见的方式有以下几种。

（1）篡改。攻击者故意篡改网络上传送的报文，这里也包括彻底中断传送的报文，甚至是把完全伪造的报文传送给接收方，这种攻击方式有时也称为更改报文流。

（2）恶意程序（rogue program）。恶意程序种类繁多，如计算机病毒、计算机蠕虫、特洛伊木马、逻辑炸弹、后门入侵流氓软件等。

• 计算机病毒（computer virus），一种会"传染"其他程序的程序，"传染"是通过修改其他程序来把自身或自己的变种复制进去而完成的。

• 计算机蠕虫（computer worm），一种通过网络的通信功能将自身从一个结点发送到另一个结点并自动启动运行的程序。

• 特洛伊木马（Trojan horse），一种表面上有用的程序，它执行的功能并非所声称的功能而是某种恶意功能，如一个编译程序除了执行编译任务外，还把用户的源程序偷偷地复制下来，那么这种编译程序就是一种特洛伊木马。计算机病毒有时也以特洛伊木马的形式出现。

• 逻辑炸弹（logic bomb），一种当运行环境满足某种特定条件时执行其他特殊功能的程序。如一个编辑程序，平时运行得很好，但当系统时间为 13 日又为星期五时，它会删去系统中所有的文件，这种程序就是一种逻辑炸弹。

• 后门入侵（backdoor knocking），是指利用系统实现中的漏洞通过网络入侵系统，就像一个盗贼在夜晚试图闯入民宅，如果某家住户的房门有缺陷，盗贼就能乘虚而入。索尼游戏网络在 2011 年被入侵，导致 7700 万用户的个人信息，诸如姓名、生日、email、地址、密码等被盗。

● 流氓软件，一种未经用户允许就在用户计算机上安装运行并损害用户利益的软件。其典型特征是：强制安装、难以卸载、浏览器劫持、广告弹出、恶意收集用户信息、恶意卸载、恶意捆绑等。现在流氓软件的泛滥程度已超过了各种计算机病毒，成为互联网上最大的公害。流氓软件的名字一般都很吸引人，如某某卫士、某某搜霸等，因此要特别小心。

(3)拒绝服务 DoS(denial of service)。攻击者向互联网上的某个服务器不停地发送大量分组，使该服务器无法提供正常服务，甚至完全瘫痪。如在 2014 年圣诞节，索尼游戏网和微软游戏网被黑客攻击后瘫痪，使这些网站的服务器一直处于"忙"的状态，因而无法向发出请求的客户提供服务，估计有 16 亿用户受到影响。

7.3   信息安全的均衡性策略

7.3.1   信息安全的设计原则

虽然任何人都不可能设计出绝对安全的网络系统，但是，如果在设计之初就遵从一些合理的原则，那么网络系统的安全性就更加有保障。第一代互联网的教训已经告诉我们：设计时不全面考虑，消极地将安全措施寄托在事后"打补丁"的思路是相当危险的。所以，我们应该从工程技术角度出发，在设计网络系统时，应该遵守以下安全设计原则：

1)均衡性原则(木桶原则)

即对信息和系统进行均衡、全面的保护。"木桶的最大容积取决于最短的一块木板"，攻击者必然在系统中最薄弱的地方进行攻击。因此，充分、全面、完整地对系统的安全漏洞和安全威胁进行分析、评估和检测(包括模拟攻击)，是设计信息安全系统的必要前提条件。安全机制和安全服务的首要目的是防止最常用的攻击手段，其根本目标是提高整个系统的"安全最低点"的安全性能。

2)整体性原则

即安全防护、监测和应急恢复的完整流程。没有百分之百的信息安全，一旦网络被攻击、被破坏，就必须尽可能快地恢复网络的服务，减少损失。所以，信息安全系统应该包括三种机制：安全防护机制；安全监测机制；安全恢复机制。安全防护机制是根据具体系统存在的各种安全漏洞和安全威胁采取相应的防护措施，避免非法攻击的进行；安全监测机制是监测系统的运行情况，及时发现和制止对系统进行的各种攻击；安全恢复机制是在安全防护机制失效的情况下，进行应急处理和尽量、及时地恢复信息，减少攻击的破坏程度。

3)有效性与实用性原则

即不能影响系统的正常运行和合法操作。如何在确保安全性的基础上，把安全处理的运算量减小或分摊，减少用户记忆、存储工作和安全服务器的存储量、计算量，应该是一个网络系统信息安全设计师主要解决的问题。

4)安全性评价原则

即实用安全性与用户需求和应用环境紧密相关。评价系统是否安全，没有绝对的评判标准和衡量指标，只能取决于系统的用户需求和具体的应用环境，比如，系统的规模和范围(比如，局部性的中小型网络和全国范围的大型网络对信息安全的需求肯定是不同的)、系统的性质和信息的重要程度(比如，商业性的信息网络、电子金融性质的通信网络、行政公文性质的管理系统等对安全的需求也各不相同）。另外，具体的用户会根据实际应用提出一定的需求，比如，强调运算实时性、注重信息完整性或真实性等。

5）等级性原则

即安全层次和安全级别。良好的信息安全系统必然是分为不同级别的，包括：对信息保密程度分级（绝密、机密、秘密、普密），对用户操作权限分级（面向个人、面向群组），对网络安全程度分级（安全子网和安全区域），对系统实现结构的分级（应用层、网络层、链路层等），从而针对不同级别的安全对象，提供全面的、可选的安全算法和安全体制，以满足网络中不同层次的各种实际需求。

6）动态化原则

即整个系统内尽可能引入更多的可变因素，并使其具有良好的可扩展性。被保护的信息的生存期越短、可变因素越多，系统的安全性能就越高。安全系统要针对网络升级保留一定的冗余度，整个系统内尽可能引入更多的可变因素。

7）权限分割、最小化原则

在很多系统中都有一个系统超级用户或系统管理员，拥有对系统全部资源的存取和分配权，所以他的安全至关重要，如果不加以限制，就有可能由于超级用户的恶意行为、口令泄密、偶然破坏等对系统造成不可估量的损失和破坏。因此有必要对系统超级用户的权限加以限制，实现权限最小化原则。管理权限交叉，由几个管理用户来动态地控制系统，实现互相制约，而对于非管理用户，即普通用户，则实现权限最小原则，不允许其进行非授权以外的操作。

7.3.2　信息安全的均衡性原则

信息安全注重结构性与层次性，同时注重完整性与整体性。一个坚固安全的系统，哪怕只要有一小处疏忽都会造成不可设想的后果，这好比"千里长堤，毁于蚁穴"。因此，一个系统要非常注重其安全的均衡性，即系统的安全要体现在系统各个层次及各个方面，并采用多种技术，考虑到多种不同的需求等。这就好比一只气球，只要有哪怕像针孔大小的漏洞，就会产生破裂，因此，这种均衡性原则又称气球原理。同样，由长短一致的木板所箍成的木桶可以盛满水，而当木板长短不一时所箍成的木桶，其所能盛水的高度，只能以最短木板为准，这就是木桶原理或称短板效应。而信息安全的均衡性原则告诉我们，一个系统的安全性取决于其最薄弱的那个部位，因此又称木桶原理。

信息的均衡性原则的主要思想是追求整体、全局的安全，而不是部分、局部的安全，其主要内容包括如下几个方面：

（1）在一个系统中从纵向划分各层次的信息安全应具相同的重要性。

（2）在一个系统中从横向划分各个部分的信息安全应具相同的重要性。

（3）从技术措施看，信息安全应包含多种不同技术手段。

（4）从需求看，信息安全应具不同档次的安全需求。下面我们对这四部分分别作介绍。

1）信息安全的四个层次

对一个系统而言，从纵向角度看可以将信息安全分为四个层次。

（1）实体安全。实体安全指的是系统中单个实体（包括计算机、路由器及交换机等）中的数据安全。实体安全是系统中信息安全的基础，因此它是信息安全层次中的第一层。

（2）网络安全。网络安全是指数据在网络中传输的安全以及数据进/出网络的安全。这是建立在实体安全基础上的一种信息安全，它是信息安全层次中的第二层。

（3）应用安全。应用安全指的是建立在网络上的应用系统中的数据安全。这是一种系统性的安全，这种系统指的是在网络上特定的、具体的系统，应用安全是信息安全的第三层。

（4）管理安全。管理安全主要指的是整个系统全局性的数据安全，它包括各实体、整个网络以及建立在它们之上的所有应用系统的整体数据安全。管理安全虽名为"管理"，但所采用的均为技术性手段。管理安全是信息安全中的第四层，也是整个层次中的最上层。

信息安全的均衡性原则告诉我们，这四个层次在信息安全中具有同等的重要性。

2）信息安全的六部分内容

对一个系统而言，从横向角度可以将信息安全分为六部分内容。

（1）物理环境安全。

物理环境安全包括系统中的所有硬件部分的信息安全，如计算机硬件、网络中各种设备以及支撑硬件工作的辅助设备如电源设备、数据复制设备等。这些硬件设备的安全是保证系统中信息安全的基础，在这些设备中以磁盘设备最为重要，因为它是存储数据的主要载体。

（2）操作系统的信息安全。

操作系统直接管理硬件设备、监督程序运行以及控制数据流动，因此操作系统的信息安全具有关键性作用，特别是建立在磁盘之上的文件，更是操作系统信息安全所重点保护和安全保护的对象。对文件的保护主要包括两个方面，其一是文件存储的安全保护，其二是文件存取。

（3）数据库系统的信息安全。

数据库系统是建立在文件之上的一种数据组织，须对数据库系统内的数据安全作保护，同时还要对数据读取的安全作保护。

（4）数据传递的信息安全。

数据传递包括局域网、广域网以及互联网中数据的传递，还包括计算机内部数据传递以及网络内外间数据传递和系统内外间数据传递等各种数据传递方式中的信息安全。

（5）应用软件的信息安全。

应用软件的信息安全包括该软件中的程序和数据间的数据存取信息安全以及相应数据的存储安全，还包括应用作为整体的信息安全等。

（6）系统的信息安全。

上述的六部分大致可以分为硬件、软件两大类，其中物理环境安全属硬件的信息安全，而其余五部分则属于软件的信息安全，但是除了信息安全之外，还有从系统整体角度，跨越系统软硬件与系统内外以及跨越系统生命周期的信息安全，它包括硬件信息安全、软件信息安全、系统信息安全。

- 软硬件接口间的信息安全。
- 系统内部与外部间接口的信息安全。
- 系统分析设计中的信息安全考虑。

系统开发中的信息安全、系统测试及运行中的信息安全考虑以及整个系统生命周期的信息安全均属考虑范畴之列。信息安全的均衡性原则告诉我们，这六部分内容在信息安全中具有同等的重要性。

7.4　信息安全技术

目前信息安全领域常用的技术有监控、扫描、检测、加密、认证、防攻击、防病毒以及审计等几个方面。由这些技术所产生的产品大致可以分为 3 类，即集成了监控、扫描、检测、防病毒等功能的杀毒软件、深层次防御攻击的防火墙，以及信息加密产品。

7.4.1　访问控制技术

访问控制是保证网络资源不被非法使用和访问，是网络安全防范和保护的主要核心策略，它规定了主体对客体访问的限制，并在身份识别的基础上，根据身份对提出资源访问的请求加以权限控制。

①防止非法的主体进入受保护的网络资源。

②允许合法用户访问受保护的网络资源。

③防止合法的用户对受保护的网络资源进行非授权访问。

为获取系统的安全，授权应该遵守访问控制的三个基本原则。

1）最小特权原则

最小特权原则是系统安全中最基本的原则之一。所谓最小特权（Least Privilege），指的是"在完成某种操作时所赋予网络中的每个主体（用户或进程）必不可少的特权"。最小特权原则是指，"应限定网络中每个主体所必需的最小特权，确保可能的事故、错误、网络部件的篡改等原因造成的损失最小"。

最小特权原则使得用户所拥有的权力不能超过他执行工作时所需的权限，它一方面给予主体"必不可少"的特权，这保证了所有的主体都能在所赋予的特权之下完成所需要完成的任务或操作；另一方面，它只给予主体"必不可少"的特权，这就限制了每个主体所能进行的操作。

2）多人负责原则

即权力分散化，对于关键的任务必须在功能上进行划分，由多人来共同承担，保证没有任何个人具有独立完成任务的全部授权或信息。如将任务作分解，没有一个人能进行重要密钥的完全拷贝。

3）职责分离原则

职责分离是保障安全的一个基本原则。职责分离是指将不同的责任分派给不同的人员以期达到互相牵制，消除一个人执行两项不兼容工作的风险。例如，收款员、出纳员、审计员应由不同的人担任。计算机环境下也要有职责分离，为避免安全上的漏洞，有些许可不能同时被同一用户获得。

7.4.2　加密技术

数据加密是对数据中的符号改变其排列方式或按某种规律进行替换，加密后的数据只有合法的接收者能读懂它的内容，而其他人员则即使获得数据也无法知道数据的内容，这就是数据加密。

在数据加密中原始的数据称为明文（plaintext），加密后的数据称为密文（ciphertext），而明文与密文间互相转换的算法则称为密码(cipher)，将明文转换成密文的过程称为加密；反之，将密文转换成明文的过程称为解密。在密码中有一个或多个关键性的变量称为密钥(key)，密钥在数据加密中起着重要作用。密钥加密技术的密码体制分为对称密钥体制和非对称密钥体制两种。相应地，对数据加密的技术分为两类，即对称加密(私人密钥加密)和非对称加密(公开密钥加密)。对称加密以数据加密标准 DES 算法为典型代表，非对称加密通常以 RSA 算法为代表。对称加密的加密密钥和解密密钥相同，而非对称加密的加密密钥和解密密钥不同，并且非对称加密中的加密密钥可以公开而解密密钥需要保密。

下面我们介绍这两种数据加密方法。

1. 对称密钥加密

对称密钥加密方法是发送与接收数据的双方使用相同的密钥，发送方用密钥 K 对明文加密后作数据传送，而接收方在收到密文后用相同的密钥 K 解密，从而得到明文。下面举例说明。

【例 7-1】 设有一常规的英文字母排列如下：abcdefghijklmnopqrstuvwxyz。

我们可以用一种方法改变其排列次序，即循环的顺序右移三位，此后即成为 cdefgijklmn-oparstuvwxyzab。这是一种循环移位算法，是对称密钥加密方法中常用的密码，它的密钥是移位数 k，此处 $k=2$。在有了密码和密钥后即可实施数据加密，其过程如下：

(1)发送方对明文加密。如有数据："she is my girlfriend"，经加密后所得到的密文为："ujg ku oa sktnitkgpf。"

(2)对密文作传输，接收方接到密文。

(3)接收方如未获得密钥，则所收到的仍为密文，这是一段无法理解的文字，如接收方获取密钥，此时他只要将英文字母序列左移两位后，即可解密或成为正确的明文。

此种加密方法目前使用较为普遍，常用的有美国的 DES 加密标准。但是，这种加密方法存在着明显的不足之处：

①这种加密方法容易被破解，因此它仅适用于对安全性要求并不严格的系统。

②这种加密方法存在着密钥管理与分发的问题。我们知道，发送者为使接收者正确接收到数据，他必须将密钥告之接收方。密钥是可以经常变化的，而接收方也是可以改变的，这样就存在着复杂的密钥的管理与分发问题。同时密钥在分发过程中也存在着安全问题。

基于这两种安全隐患，对称密钥加密方法并不是理想的方法。因此，近年来非对称密钥加密方法开始流行，下面介绍这种方法。

2. 非对称密钥加密

非对称密钥加密通常也被称之为公共密钥加密，加密方式是一种不同于对称密钥的加密方法，在这种方法中每个用户有两个密钥，另一个是私有密钥(简称私钥)，它是保密的，只有用户本人知道：另一个是公共密钥(简称公钥)，它并不保密，可以让其他用户知道。该方法的加密算法是用数学中的数论理论所设计的一种方法，在该算法中用公钥加密的数据只有用相应的私钥才能解密。同样，用私钥加密的数据只有用相应的公钥才能解密。该算法的基本方法如下。

(1)选择两个较大的素数 p 与 q。

(2)由 p 与 q 可以得到 $n=p \times q$，$z=(p-1) \times (q-1)$。

(3)找出一个 e，满足下面条件：

$e < z$

e 与 z 互素(即没有公因子)。

(4)找出一个 d, 满足下面条件:

$e \times d - 1/z$ 为整数。

(5)此时即可得到:

公钥 $= (n, e)$

私钥 $= (n, d)$

(6)对字母表中第 M 个字母加密的标准为 $C = M^e(\bmod n)$, C 即为加密后的字母表中的顺序位置, 而解密的算法相应即为: $M = C^d(\bmod n)$。

下面我们用一个例子说明公共密钥加密方法的使用。

【例 7 - 2】　按上面介绍的流程, 计算出用户的一个公钥与私钥后用它们对数据加密与解密如下:

(1)选择 $p = 5$, $q = 7$。

(2)由计算得到 $n = 35$, $z = 24$。

(3)找到一个 $e = 5$, 因为 $e < z$ 且 e 与 z 互素。

(4)找到一个 $d = 29$, 因为 $e \times d - 1 = 144$ 且 $144/z = 6$ 为整数。

(5)此时可得到公钥为: $(35, 5)$, 私钥为: $(35, 29)$。

(6)设有被加密的是第 12 个字母 L, 则它的密文 C 是:

$C = 12^5(\bmod 35) = 1524832(\bmod 35) = 17$

亦即 L 的密文为: Q; 反之, 被解密的明文为:

$M = 12^{29}(\bmod 35) = 4819685721067509150914182522307169(\bmod 35) = 12$

公共密钥加密方法与对称密钥加密方法有明显不同, 发送方只要使用接收方公开的密钥加密数据, 那么就只有接收方能解读该数据, 从而达到安全目的。公共密钥加密方法目前常用的称为 RSA 密码, 它经常使用于保密要求高的系统中。公共密钥加密方法有两个明显的优点:

(1)破解难度大, 因此安全性能高。要从公钥 (n, e) 破解而获得私钥 (n, d) 是极为困难的, 因为这需要首先获得 p 与 q, 而 p 与 q 的获得必须从分解而得, 这就是大质因子分解问题。这在数论中是一个困难的问题。

(2)密钥管理与分发简单。由于此方法中公钥是公开的, 因此管理与分发均很方便, 而私钥是私有的, 因此不需管理与分发。这两个优点弥补了对称密钥加密方法中的缺点。由于它的安全性能更高, 因此适合于加密关键的核心机密数据。但是它也有不足, 主要是它的计算复杂, 加/解密过程均需用较多的时间。

目前, 将两种方法混合使用是一种合理的选择方案, 即在一组数据中将其分为核心部分与非核心部分, 前者采用公共密钥加密方法, 而后者则采用对称密钥加密方法。

数据加密既可用软件也可用硬件方法实现, 但目前为加速加/解密速度, 硬件方法实现一般采用加密卡的方法, 早前也有采用加密机的方法。

软件方法主要用于数据传输中, 特别是网络数据的传递。同时, 它还可以用于文件数据及数据库数据的存储中。数据加密技术一般应用于纵向实体安全与网络安全以及横向的操作系统、数据库系统及数据传递等多个方面的信息安全技术手段中。

7.4.3　防火墙

防火墙的本义是指古代人们房屋之间修建的那道墙，这道墙可以防止火灾发生的时候蔓延到别的房屋，但在网络中，所谓"防火墙"，是指一种将内部网和公众访问网（如 Internet）分开的方法，它实际上是一种隔离技术。防火墙是在两个网络通信时执行的一种访问控制尺度，它能允许你"同意"的人和数据进入你的网络，同时将你"不同意"的人和数据拒之门外，最大限度地阻止网络中的黑客来访问你的网络。换句话说，入侵者必须首先穿越防火墙的安全防线，才能接触目标计算机。防火墙在计算机系统中的位置如图 7 –1 所示。

一套完整的防火墙系统通常是由屏蔽路由器和代理服务器组成。

屏蔽路由器是一个多端口的 IP 路由器，它通过对每一个到来的 IP 包依据组规则进行检查来判断是否对之进行转发。屏蔽路由器从报头取得信息，例如协议号、收发报文的 IP 地址和端口号、连接标志以至另外一些 IP 选项，对 IP 包进行过滤。

代理服务器是防火墙中的一个服务器进程，它能够代替网络用户完成特定的 TCP/TP 功能。一个代理服务器本质上是一个应用层的网关，一个为特定网络应用而连接两个网络的网关。比如，用户就一项 TCP/TP 应用（Telnet 或者 FTP），与代理服务器打交道，代理服务器会要求用户提供其要访问的远程主机名，当用户答复并提供了正确的用户身份及认证信息后，代理服务器连通远程主机，为两个通信点充当中继，并且整个过程对用户完全透明。

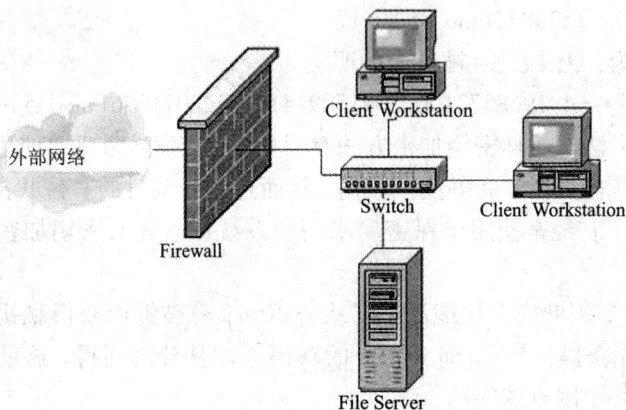

图 7 –1　防火墙在计算机系统中的位置

1. 防火墙的功能

随着安全性问题上的失误和缺陷越来越普遍，对网络的入侵不仅可能来自高超的攻击手段，也有可能来自配置上的低级错误或不合适的口令选择。因此，防火墙的作用是防止不希望的、未授权的通信进出被保护的网络。从总体看，防火墙主要有五个功能：

①过滤进/出内部网络的数据。

②管理进/出内部网络的访问行为。

③封堵某些禁止的行为。

④记录通过防火墙的数据内容和活动。

⑤对网络攻击进行检测和报警。

由于防火墙假设了网络边界和服务，因此更适合于相对独立的网络，例如 Internet 等种类相对集中的网络。

2. 防火墙的类型

按照防火墙处理的数据所处的层级，可以将防火墙分为两大类：网络层防火墙和应用层防火墙。前者以以色列的 Checkpoint 防火墙和 Cisco 公司的 PIX 防火墙为代表，后者以美国 NAI 公司的 Gauntlet 防火墙为代表。

(1)网络层防火墙。网络层防火墙是一种 IP 封包过滤器（允许或拒绝封包资料通过的软硬结合装置），运作在底层的 TCP/IP 协议堆栈上，以枚举的方式，只允许符合特定规则的封包通过，其余的一概禁止穿越防火墙（病毒除外，防火墙不能防止病毒侵入）。这些规则通常可以经由管理员定义或修改，不过某些防火墙设备可能只能套用内置的规则。

(2)应用层防火墙。应用层防火墙是在 TCP/IP 堆栈的"应用层"上运作，你使用浏览器时所产生的数据流或是使用 FTP 时的数据流都是属于这一层。应用层防火墙可以拦截进出某应用程序的所有封包，并且封锁其他的封包（通常是直接将封包丢弃）。理论上，这一类的防火墙可以完全阻绝外部的数据流进到受保护的机器里。XML 防火墙是一种新型的应用层防火墙。

7.4.4　入侵检测

随着网络安全风险系数不断提高，作为对防火墙及其有益的补充，IDS（入侵检测系统）能够帮助网络系统快速发现攻击的发生，它扩展了系统管理员的安全管理能力（包括安全审计、监视、进攻识别和响应），也提高了信息安全基础结构的完整性。

入侵检测系统是一种对网络活动进行实时监测的专用系统，该系统处于防火墙之后，可以和防火墙及路由器配合工作，用来检查一个 LAN 网段上的所有通信，记录和禁止网络活动，可以通过重新配置来禁止从防火墙外部进入的恶意流量。入侵检测系统能够对网络上的信息进行快速分析或在主机上对用户进行审计分析，通过集中控制来对数据进行管理、监测。

理想的入侵检测系统的功能主要有：

(1)用户和系统活动的监视与分析；

(2)系统配置极其脆弱性分析和审计；

(3)异常行为模式的统计分析；

(4)重要系统和数据文件的完整性监测和评估；

(5)操作系统的安全审计和管理；

(6)入侵模式的识别与响应，包括切断网络连接、记录事件和报警等。

本质上，入侵检测系统是一种典型的"窥探设备"。它不跨接多个物理网段（通常只有一个监听端口），无须转发任何流量，而只需要在网络上被动地、无声息地收集它所关心的报文即可。IDS 分析及检测入侵阶段一般通过以下几种技术手段进行分析：特征库匹配、基于统计的分析和完整性分析，其中前两种方法用于实时的入侵检测，而完整性分析则用于事后分析。

7.4.5 系统容灾

一个完整的网络安全体系，只有"防范"和"检测"措施是不够的，还必须具有灾难容忍和系统恢复能力。因为任何一种网络安全设施都不可能做到万无一失，一旦发生漏防漏检事件，其后果将是灾难性的。此外，天灾人祸、不可抗力等所导致的事故也会对信息系统造成毁灭性的破坏，这就要求即使发生系统灾难，也能快速地恢复系统和数据，才能完整地保护网络信息系统的安全。系统容灾主要有基于数据备份的系统容灾和基于集群技术的系统容灾。

（1）数据备份的系统容灾。数据备份是数据保护的最后屏障，不允许有任何闪失。但离线介质不能保证安全，数据容灾必须通过 IP 容灾技术来保证数据的安全。因此，数据容灾使用两个存储器，并在两者之间建立复制关系，一个放在本地，另一个放在异地。本地存储器供本地备份系统使用，异地容灾的备份存储器实时复制本地备份存储器的关键数据。二者通过 IP 相连，构成完整的数据容灾系统，也能提供数据库容灾功能。

（2）集群技术的系统容灾。这是一种系统级的系统容错技术，通过对系统的整体冗余和容错来解决系统任何部件实效而引起的系统死机和不可用问题。集群系统可以采用双机热备份、本地集群网络和异地集群网络等多种形式实现，分别提供不同的系统可用性和容灾性，其中异地集群网络的容灾性是最好的。

存储、备份和容灾技术的充分结合，构成了一体化的数据容灾备份存储系统，是数据技术发展的重要阶段。随着存储网络化时代的发展，传统的功能单一的存储器将越来越让位于一体化的多功能网络存储器。

7.4.6 管理策略

除了使用技术措施之外，在网络安全中，通过制定相关的规章制度来加强网络的安全管理，对于确保网络的安全、可靠运行将起到十分有效的作用。网络的安全管理策略包括：制订有关人员的管理制度和网络操作使用规程；确定安全管理等级和安全管理范围；制定网络系统的维护制度和应急措施等。

7.5　计算机病毒

"计算机病毒"为什么叫做病毒？首先，计算机"病毒"与医学上的"病毒"不同，它不是天然存在的，是某些人利用计算机软、硬件所固有的脆弱性，编制具有特殊功能的程序。其次，由于它与生物医学上的"病毒"同样有传染和破坏的特性，因此这一名词是由生物医学上的"病毒"概念引申而来。

说到预防计算机病毒，正如不可能研究出一种像能包治人类百病的灵丹妙药一样，研制出一劳永逸的防治计算机病毒程序也是不可能的。但可针对病毒的特点，利用现有的技术，开发出新的技术、手段，使防御病毒软件在与计算机病毒的对抗中不断得到完善，更好地发挥保护计算机的作用。

1. 计算机病毒的概念

跟计算机一样，计算机病毒也起源于美国。早在 20 世纪 60 年代初期，著名的 AT&T

BEL LAB 有一群年轻的研究人员，常常做完工作后，就留在实验室里兴致勃勃地玩一种他们自己独创的计算机游戏，一种叫做 DARWIN 的游戏，它是由每个人编制一段程序，然后输入计算机运行，相互展开攻击，设法毁灭别人的程序，这种程序就是计算机病毒的雏形，当时人们并没有意识到这一点，计算机病毒只是出现在科幻小说里作为故弄玄虚的作料，没有人相信在现实生活中会出现这种东西。

1983 年 11 月，在一次国际计算机安全学术会议上，美国学者科恩第一次明确提出计算机病毒的概念，并进行了演示。在五次实验中，病毒使计算机瘫痪所需时间平均为 30 分钟，证明病毒的攻击可以在短时间完成，并得以发展和快速传播，从实验室证实了病毒的可存在性。

在国内，专家和研究者对计算机病毒也做过许多不尽相同的定义。1994 年 2 月 18 日，我国正式颁布实施了《中华人民共和国计算机信息系统安全保护条例》，在《条例》第二十八条中明确指出："计算机病毒，是指编制或者在计算机程序中插入的破坏计算机功能或者毁坏数据、影响计算机使用，并能自我复制的一组计算机指令或者程序代码。"此定义具有法律性、权威性。

2. 计算机病毒的特点

计算机病毒一般具有以下特性。

1) 繁殖性

计算机病毒的繁殖性是指计算机病毒可以像生物病毒一样进行繁殖，当正常程序运行时，它也开始运行，并进行自身复制。是否具有繁殖、感染的特征是判断某段程序为计算机病毒的首要条件。

2) 传染性

计算机病毒的传染性是指病毒具有把自身复制到其他程序中的特性。计算机病毒是一段人为编制的计算机程序代码，这段程序代码一旦进入计算机并得以执行，它会搜寻其他符合其传染条件的程序或存储介质，确定目标后再将自身代码插入其中。所以，只要一台计算机染毒，如不及时处理，那么病毒会在这台机子上迅速扩散，其中的大量文件(一般是可执行文件)会被感染。而被感染的文件又成了新的传染源，再与其他机器进行数据交换或通过网络接触，病毒会继续进行传染。计算机病毒可通过各种可能的渠道，如软盘、计算机网络去传染其他的计算机。

3) 隐蔽性

计算机病毒一般是具有很高编程技巧、短小精悍的程序。通常附在正常程序中或磁盘较隐蔽的地方，也有个别的以隐含文件形式出现，目的是不让用户发现它的存在。如果不经过代码分析，病毒程序与正常程序是不容易区别开来的。一般在没有防护措施的情况下，计算机病毒程序取得系统控制权后，可以在很短的时间里传染大量程序，并且让人不可思议的是，被传染后的计算机系统通常仍能正常运行，用户不会感到任何异常。正是由于隐蔽性，计算机病毒得以在用户没有察觉的情况下扩散到上百万台计算机中。

4) 潜伏性

计算机病毒潜伏性是指计算机病毒可以依附于其他媒体寄生的能力，侵入后的病毒潜伏到条件成熟才发作，它们通常会使电脑变慢。大部分的病毒感染系统之后一般不会马上发作，它可长期隐藏在系统中，并抓住机会进行广泛的传播。

5）破坏性

任何病毒只要侵入系统，都会对系统及应用程序产生不同程度的影响。轻者会降低计算机工作效率，占用系统资源，让系统变慢，重者可导致系统崩溃。由此特性可将病毒分为良性病毒与恶性病毒。良性病毒可能只显示些画面或出点音乐、无聊的语句，或者根本没有任何破坏动作，只占用一部分系统资源。这类病毒较多，如：GENP、小球、W－BOOT 等。恶性病毒则有明确目的，如破坏数据、删除文件、加密磁盘或格式化磁盘，有的甚至会对数据造成不可挽回的损伤，这也反映出病毒编制者的险恶用心。

7）可触发性

编制计算机病毒的人，一般都为病毒程序设定了一些触发条件，例如，系统时钟的某个时间或日期、系统运行了某些程序等。一旦条件满足，计算机病毒就会"发作"，使系统遭到破坏，这就是病毒的可触发性。如"PETER－2"在每年 2 月 27 日会提三个问题，答错后会将硬盘加密。著名的"黑色星期五"在逢 13 号的星期五发作。国内的"上海一号"会在每年 3、6、9 月的 13 日发作。

3. 计算机病毒防治

计算机病毒防治工作，涉及法律、道德、管理、技术等诸多问题，涉及使用计算机的系统、单位和个人，因而是一项需要全社会关注的系统工程，应成为各级单位和全体公民的义务。

计算机病毒防治工作的基本任务是，在计算机的使用管理中，利用各种行政和技术手段，防止计算机病毒的入侵、存留、蔓延。其主要工作包括：预防、检测、清除等。

计算机病毒防治工作具体应从以下几方面进行：

（1）对执行重要工作（如承担重要数据处理任务，或承担重要科研开发任务等）的计算机要专机专用，专盘专用。

（2）建立备份。建立备份是系统管理的最基本要求。无论是数据（库）文件，还是系统软件或应用软件，都应根据管理制度的要求，按照"父一子二"原则，及时拷贝备份。所谓"父一子二"是指修改前的文件保留一份，刚建立或修改后的文件拷贝一式两份。对硬盘文件，同样也要按系统管理规定定期备份。备份时，应确保计算机和被备份文件未被病毒感染。

（3）系统引导固定。使用相对固定的系统引导方式，最好从硬盘启动，也可用固定的、无毒的，并贴有写保护的系统软盘引导。防止用不可靠的其他软盘引导系统。系统引导软盘不要轻易借给他人使用，因为归还时可能染有病毒。必要时，可代为拷贝系统盘的附本。

（4）保存重要参数区。硬盘主引导记录、文件分配表（FAT）和根目录区（BOOT），是硬盘的重要参数区，也是某些恶性病毒的攻击目标，该区域一旦受感染，损失就比较严重。应采用一定的保护措施，如用某些工具软件将其保存起来，以便受到破坏时迅速恢复系统。

（5）充分利用写保护。写保护是防止病毒入侵的可靠措施。凡暂不需要写入数据的都应加以写保护。系统引导盘一定要加写保护。

（6）将所有.COM 和.EXE 文件赋以"只读"或"隐含"属性，可以防止部分病毒的攻击。

（7）做好磁盘及其文件的分类管理。软盘按不同应用分类存放和管理，文件根据不同应用分盘分类管理，硬盘文件按不同应用建立目录，实施分类管理。

（8）控制软盘流动。凡外来软盘，必须经过检验、消毒并确认无毒后才能上机。上报数据也应经检验确认无毒后才能上报。

（9）慎用来历不明的程序。

（10）严禁在机器上玩来历不明的电子游戏。

定期或经常地运行防治病毒软件，检测系统是否有毒，一旦发现病毒，应立即采取果断措施，实行隔离，查明疫情，认真清毒。凡发现不明原因的病毒破坏，或没有有效的解毒软件时，应将病毒盘送往有关部门处理，或迅速报告计算机安全监察管理部门。

信息安全是一门高智商的对抗性学科，作为矛盾主体的"攻"与"守"双方，始终处于"成功"和"失败"的轮回变化之中，没有永远的胜利者，也不会有永远的失败者。"攻"与"守"双方当前斗争的暂时动态平衡体现了网络安全的现状，而"攻"与"守"双方的"后劲"则决定了网络安全今后的走向。"攻"与"守"双方既相互矛盾又相互统一。它们始终都处于互相促进、循环往复的状态之中。总之，安全是相对的，不安全才是绝对的，先进的技术才是信息安全的根本保证。用户只有及时对自身面临的威胁进行风险评估，果断决定自己所需要的安全服务种类，理性选择合理的安全策略，结合先进的安全技术，才能形成一个全方位的安全系统，才能保证网络信息的安全。

7.6　本章小结

信息安全的最终目标是通过各种技术手段实现信息系统的可靠性、保密性、完整性、有效性、可控性和拒绝否认性；信息安全威胁主要来自客观环境的不利影响、计算机或计算机网络的自身威胁、人为操作失误所造成的安全问题及恶意攻击；信息安全的设计原则有7个，其中最重要的是均衡性原则；信息安全的四个层次包括终端安全、网络安全、应用安全及管理安全；主要的信息安全技术有访问控制技术、加密技术、防火墙、入侵检测、系统容灾及管理策略；计算机病毒的特点与防治。

思考题与习题

一、思考题
1. 什么是信息安全的主要内容？主要特征有哪几个？
2. 信息安全的威胁主要来自哪些方面？
3. 主动攻击常见的方式有哪些？
4. 信息安全策略的设计原则是什么？
5. 信息安全的四个层次的内容是什么？
6. 什么是计算机病毒？主要特征有哪些？如何防治计算机病毒？
7. 什么是防火墙？它有哪些基本功能？

二、选择题
1. 计算机病毒可以使整个计算机瘫痪，危害极大，计算机病毒是_____。
　A. 人为开发的程序　　　　　　　B. 一种生物病毒
　C. 软件失误产生的程序　　　　　D. 灰尘
2. 防止软盘感染病毒的有效方法是_____。

A. 对软盘进行写保护　　　　　　　B. 不要把与有病毒的软盘放在一起

C. 保持软盘的清洁　　　　　　　　D. 定期对软盘进行格式化

3. 发现计算机病毒后，比较彻底的清除方式是_____。

A. 用查病毒软件处理　　　　　　　B. 删除磁盘文件

C. 用杀毒软件处理　　　　　　　　D. 格式化磁盘

4. 某 U 盘上已染有病毒，为防止该病毒传染计算机系统，正确的措施是_____。

A. 删除 U 盘上所有程序即删除病毒　　B. 将该 U 盘重新格式化

C. 在该 U 盘进行写保护操作　　　　　D. 将 U 盘放一段时间后再用

三、填空题

1. 信息安全的最终目标是通过各种技术手段实现信息系统的_____、_____、_____、_____、_____、_____。

2. 恶意攻击主要包括_____和_____。

3. 计算机病毒有_____、_____、_____、_____、_____、_____等显著特征。

4. 加密系统是由_____、_____、_____、_____共同组成的。

第 8 章　计算理论与计算模型

　　任何一门学科都有它的基础和基本问题，计算机科学的基础和基本问题诸如什么是计算，什么是能计算的，什么是不能计算的？什么是算法，如何评价算法，它的复杂度怎么计算？这些问题能否判定？有没有一个模型可以刻画出所有具体计算机的组成和工作原理？这些问题就是计算理论和计算模型所要讨论的问题。

【学习目标】

1. 了解计算的本质。
2. 了解经典的计算模型的思想及原理。
3. 了解计算与计算过程、可计算理论及计算复杂性理论。

8.1　计算的本质

1. 什么是计算

　　计算就是符号串的变换。从一个已知的符号串开始，按照一定的规则一步一步地改变符号串，经过有限步骤，最后得到一个满足预先规定的符号串，这种变化过程就是计算。

2. 计算的发展

　　计算机的起源如果从计算工具算起，至少可以追溯到人类祖先使用石头或手指计数的远古时代。古人用石头计算捕获的猎物，石头就是计算工具。美国著名科普大师艾萨克·阿西莫夫进(1920—1992 年)曾说过，人类最早的计算工具是手指，英文 Digit，既表示"手指"又表示"数字"。而我国专家考证，大约在新石器时代早期，即远古传说中伏羲、黄帝之前，人们就开始用绳子打结的多少来表示数的概念，结绳就是当时的计算工具。古人曰："夫运筹策帷帐之中，决胜于千里之外"。筹策又叫算筹，它是中国古代普遍采用的一种计算工具。算筹不仅可以替代手指帮助计数，而且还能做加、减、乘、除等算术运算。据古书记载，算筹一般是使用竹子、木头或兽骨制成的小棍，其长为 13 ~ 14 cm、直径 0.2 ~ 0.3 cm，约 270 枚为一束，放在布袋里随身携带。人们在地面或盘子中反复摆弄这些小棍，通过移动进行计算，从而出现了"运筹"一词，运筹就是计算。古人还创造了横式和纵式两种不同的摆法，两种摆法都可以用 1 ~ 9 来计算任意大小的自然数，与现代通用的十进制计数法完全一致。总之，算筹属于硬件，而摆法就是算筹的软件。我国南北朝时期的杰出数学家祖冲之(公元 429—500 年)，如图 8 - 1 所示。

　　他借助于算筹作为计算工具，将圆周率 m 值计算到小数点后第 7 位，即在 3.1415926 至 3.1415927 之间，成为当时世界上最精确的值。为了求得这个 T 值，需要对很多位进行包括开方在内的各种运算达 130 次以上，就是今人使用纸和笔进行计算也是比较困难的。

对于圆周率值，人们始终不满足已有的成绩。1593 年，荷兰阿德里恩根据古典方法求值，精确到小数点后第 15 位。1610 年，德国数学家鲁道尔夫采用圆外切与内接正多边形的方法，正确地得出值的 35 位有效数字。17 世纪以后，由于级数理论的发展，计算值的公式越来越多。到 1706 年，英国数学家梅计算值突破 100 位小数大关。1873 年英国数学家尚可斯将值计算到小数点后 707 位，可惜从 528 位起是错误的。到 1948 年英国的弗格森和美国的伦奇共同发表的 m 值有 808 位，成为人工计算圆周率的最高纪录，如图 8-2 所示。

图 8-1　祖冲之

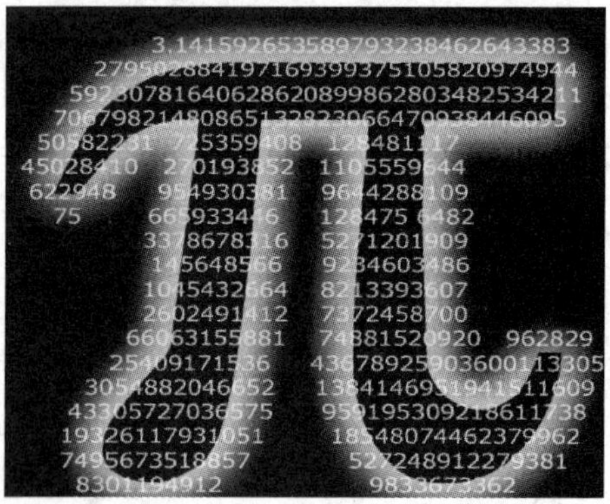

图 8-2　圆周率 m 值

由于 m 值可以表示成一个无穷数，因此对它的计算除了掌握一定的计算方法外，主要就是进行大量的数值计算，这是对计算工具和人的耐力的一种巨大的挑战。1949 年，美国马里兰州阿伯丁弹道研究实验室首次使用 ENIAC 机计算值，很快就算到 2037 位小数，突破了千位数。1958 年超过 1 万位，1961 年超过 10 万位，1973 年超过 100 万位，1983 年超过 800 多万位。此后，利用超级计算机计算值，这一记录不断被刷新。1989 年 5 月达 4.8 亿位，1989 年 8 月超过 10 亿位，1991 年达 21.6 亿位，2010 年达 2.7 万亿位。2011 年 10 月，日本计算机奇才近藤茂利用家用计算机将圆周率计算到小数点后 10 万亿位，创造了吉尼斯世界纪录。随着科技与社会的发展，越来越多的问题需要用计算来解决。计算工具的不断变化，大大提高了人类的计算能力。"数值计算方法"（又称计算方法）是一门与计算机应用紧密结合的、实用性很强的数学课程。许多计算领域的问题，如计算力学、计算物理学、计算化学以及计算经济学等新学科都可以归结为数值计算问题。数值计算与计算机的发展相辅相成并相互促进。由于数值计算的需要，促使计算机结构及性能不断更新，而计算机的发展又推动着数值计算方法的发展。

科学计算的一般过程包括实际问题、数学模型、计算方法、程序设计和计算结果等。科学计算的应用范围十分广泛，一些尖端的国防项目，如核武器的研制、导弹的发射等，始终都是科学计算最活跃的领域。目前，科学计算在工农业生产的各个部门也正在发挥着日益重要的作用。例如，对气象资料的汇总、加工并生成天气图像，其计算量大且时限性强，要求计算机能够进行高速运算，以便对天气做出短期或中期的预报。

8.2 计算模型

计算模型是刻画计算这一概念的一种抽象的形式系统或数学系统。在计算科学中，通常所说的计算模型是指具有状态转换特征，能够对所处理的对象的数据或信息进行表示、加工、变换和输出的数学机器。

8.2.1 图灵机模型

1936 年，英国科学家阿兰·图灵(Alan Turing, 1912—1954 年)发表的"论可计算数及其在判定问题中的应用"一文中，就此问题进行了探索。这篇论文被誉为现代计算机原理开山之作。他提出了一种十分简单但运算能力很强的理想计算装置，并描述了一种假想的可实现通用计算的机器，这就是计算机史上著名的"图灵机"。

1. 图灵机模型

直观地看，图灵机是由一条两端可无限延长的带子、一个读写头以及一组控制读写头工作的命令组成的，如图 8-3 所示。

图灵机的带子被划分为一系列均匀的方格，读写头可以沿带子方向左右移动，并可以在每个方格上进行读写。

写在带子上的符号是一个有穷字母表：$\{S_0, S_1, S_2, \cdots, S_p\}$，通常，可以认为这个有穷字母表仅有 S_0、S_1 两个字符，其中 S_0 可以看作是 0，S_1 看作是 1，它们只是形式化的两个符号。机器的控制状态表为：$\{q_1, q_2, \cdots, q_m\}$。通常，将一个图灵机的初始状态设为 q_1，同时还需要确定一个具体的结束状态为 q_m。

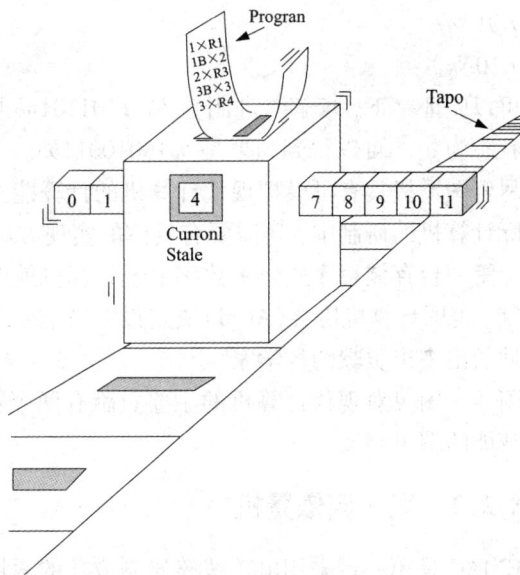

图 8-3 图灵机

一个给定机器的程序认为是机器内的五元组 $(q_i S_j S_k R (\text{或 } L、N) q_i,)$ 形式的指令集，五元组定义了机器在一个特定状态下读入一个特定字符时所采取的动作。五个元素的含义如下：

① q_i 表示机器当前所处的状态。

② S_j 表示机器从方格中读入的符号。

③ S_k 表示机器用来代替 S_j 写入方格中的符号。

④ R、L、N 分别表示向右移一格、向左移一格、不移动。

⑤ q_i 表示下一步机器的状态。

2. 图灵机的工作原理

机器从给定带子上的某起始点出发，它的动作完全由其初始状态及机内五元组来决定。图灵机的工作原理中机器计算的结果是从机器停止时带子上的信息得到的。容易看出，

$q_1S_2S_2Rq_3$ 指令和 $q_3S_3S_3Lq_1$ 指令如果同时出现在机器中，当机器处于状态 q_1，第一条指令读入的是 S_2，第二条指令读入的 S_3，那么机器会在两个方块之间无休止地工作。另外，如果 $q_3S_2S_2Rq_4$ 指令 $q_3S_2S_4Lq_6$ 指令同时出现在机器中，当机器处于状态 q_3 并在带子上扫描到符号 S_2 时，就产生了二义性的问题，机器将无法判定。

【例 8-1】设计负数补码的图灵机计算规则或五元组指令集。

[解] 设 b 表示空格，q_1 表示机器的初始状态，q_4 表示机器的结束状态。负数的补码是该数的原码除符号位外其他各位取反，末位加 1。

因此，设计的计算规则如下：

$q_1 00Lq_2$

$q_1 11Lq_2$

$q_2 01Lq_2$

$q_2 10Lq_2$

$q_2 bbRq_3$

$q_3 01Nq_4$

$q_3 10Nq_4$

可以验证一下，求解二进制数 $bb1110101101bb$ 的补码，初始状态 q_1 指向最右边的数字 1，结束状态为 q_4。可以得到结果是 $bb10010011bb$。

尽管图灵机具有可模拟现代计算机的计算能力，并且蕴含了现代存储程序的思想。但是在实际计算机的研制中，还需要有具体的实现方法和实现技术。在图灵机提出后不到 10 年，世界上第一台存储程序式通用数字电子计算机就诞生了。由于阿兰·图灵对计算机科学的杰出贡献、美国计算机协会 (ACM) 决定设立"图灵奖"，从 1966 年开始颁发给在计算机科学技术领域做出杰出贡献的科学家。

阿兰·图灵对现代计算机的主要贡献有两个：一是建立图灵机理论模型，二是提出定义机器智能的图灵测试。

8.2.2 冯·诺依曼机

ENIAC 是第一台采用电子线路研制成功的通用电子数字计算机、虽然它采用了当时先进的电子技术，但是在结构上还是根据机电系统设计的，因此存在重大的线路结构等问题。在图灵机的影响下，美国数学家冯·诺依曼 (John von Neumann) 等人发表了关于"电子计算装置逻辑结构设计"的报告，它被认为是现代电子计算机发展的里程碑式文献。该报告具体介绍了制造电子计算机和程序存储的新思想，明确给出了计算机系统结构以及实现方法，提出了两个极其重要的思想，即存储程序和二进制。后来人们把具有这种结构的机器统称为冯·诺依曼型计算机。

冯·诺依曼机模型是以运算器为中心的存储程序式的计算机模型，它由五大部分组成算器、控制器、存储器输入设备和输出设备。冯·诺依曼计算机的组成在第 3 章已经做了讲解，这里不再重复。

1. 冯·诺依曼机工作原理

冯·诺依曼机的主要思想是存储程序和程序控制，其工作原理是：程序由指令组成，并和数据一起存放在存储器中，计算机一经启动，就能按照程序指定的逻辑顺序把指令从存储器中读取并逐条执行，自动完成指令规定的操作。

例如，利用计算机解算一个题目时，先确定分解的算法，编制计算的步骤，选取能实现相应操作的指令，并构成相应的程序。如果把程序和解算问题时所需的一些数据都以计算机能识别和接受的二进制代码形式预先按一定顺序存放到计算机的存储器中，计算机运行时就可从存储器中取出一条指令，实现一个基本操作。以后自动地逐条取出指令，执行所指的操作，最终便完成一个复杂的运算。这个原理就是存储程序的基本思想。根据存储程序的原理，计算机解题过程就是不断引用存储在计算机中的指令和数据的过程。只要事先存入不同的程序，计算机就可以实现不同的任务，解决不同的问题。可见，存储程序与 ENIAC 烦琐的外部接线法截然不同，它使计算机的编程发生了质的变化，大大地方便了计算机的使用。

2. 冯·诺依曼机的特点

经过半个多世纪的发展，计算机的系统结构和制造技术发生了很大的变化，但是就其基本的原理而言，大都沿用冯·诺依曼机结构。概括起来，冯·诺依曼机有以下特点。

①机器以运算器为中心、输入输出设备与存储器之间的数据传送都要经过运算器。

②采用存储程序原理。所谓存储程序，就是将程序和数据事先存放在存储器中，运行时顺序取出指令并逐条执行、而指令和数据可以不加区别地送到运算器中运算。

③存储器是按地址访问的线性编址空间、每个存储单元的位数是固定的。

④指令由操作码和地址码组成。操作码指明指令的操作类型及要完成的功能，地址码指明操作数的存放地址。

⑤数据以二进制表示，并采用二进制进行运算。

⑥硬件与软件完全分开，硬件在结构和功能上是不变的，完全靠编制软件来适合不同的应用需要。

值得一提的是，将某项发明的荣誉授予个人总是备受争议的，比如存储程序的概念。毫无疑问，冯诺依曼是一位卓越的科学家，理应为自己的许多贡献获得荣誉。但是，历史选择授予他的贡献是存储程序概念，这一思想很显然是宾夕法尼亚大学以埃克特为首的研究人员提出的。冯·诺依曼只不过是第一个在著作中转述这一思想的人，因此计算机界选择他作为发明人。

3. 冯·诺依曼机结构的局限性

早期的计算机都是以数值计算为目的开发的，所以基本上都是以冯·诺依曼理论为基础的冯·诺依曼计算机，其工作方式是顺序的。当计算机越来越广泛地应用于非数值计算领域，处理速度成为人们关心的首要问题时，冯·诺依曼计算机的局限性就逐渐显露出来了。

冯·诺依曼机结构的最大局限就是存储器和中央处理单元之间的通路太狭窄，每次执行一条指令，所需的指令和数据都必须经过这条通路。由于这条狭窄通路的阻碍，单纯地扩大存储器容量和提高 CPU 速度的努力意义不大，因此人们将这种现象称为"冯·诺依曼瓶颈"。

冯·诺依曼机从本质上讲是采取串行顺序处理的工作机制，即使有关数据已经准备好，也必须逐条执行指令序列，而提高计算机性能的根本方向之一是并行处理。因此，近年来人们在谋求突破传统冯·诺依曼体制的束缚，这种努力被称为非冯·诺依曼化。对所谓非冯·诺依曼化的探讨仍存在争议，一般认为它表现在以下 3 个方面。

①在冯·诺依曼体系范围内，对传统冯·诺依曼机进行改造。如采用多个处理部件形成流水处理，依靠时间上的重叠提高处理效率；又如组成阵列机结构，形成单指令流多于数据

流，提高处理速度。这些方向比较成熟，已经成为标准结构。

②采用多个冯·诺依曼机组成多机系统，支持并行算法结构，这方面的研究目前比较活跃。

③从根本上改变冯·诺依曼机的控制流驱动方式。例如，采用数据流驱动工作方式的数据流计算机，只要数据已经准备好，有关的指令就可并行地执行。这是真正非冯·诺依曼计算机，它为并行处理指出了新的方向。

8.2.3 量子计算机

量子计算机(quantum computer)就是以量子力学系统为计算机用量子态编码信息，并根据具体问题算法要求具体问题算法要求，按照量子力学规律执行计算任务(变换、演化编码量子态)，根据量子测量论提取计算结果的一种计算机。由于量子态具有相干叠加性质，特别是具有经典物理中没有的量子特性、这就使量子计算机具有天然的"大规模并行计算"的能力。由于并行规模随芯片上集成量子位数目指数增加，因此量子计算的并行规模实际上是不受限制的。

1. 量子计算机的研究进程

自从第一台电子计算机诞生以来，几乎所有的电子计算机都是基于冯·诺依曼体系结构、其计算模型是阿兰·图灵于1936年提出的图灵机模型。20世纪60年代以来，经典计算机硬件能力的发展近似地遵从摩尔定律。然而，大多数观察家预言这将在21世纪前20年内结束。制造计算机的传统方法已经开始显得力不从心，当电子器件的尺度越来越小时、它的功能开始受到量子效应的干扰。摩尔定律最终失效的一个可能解决办法是采取不同的计算模型。

量子计算是基于量子物理而非经典物理思想进行的计算。量子力学的创建推动了近代科学的发展，人类可以借助量子力学来探索微观物质之间的相互作用和演化规律。1982年，美国著名物理学家Feynman首次提出量子计算的概念，在计算速度上量子计算机相对于经典计算机有着本质的超越，以至于许多研究者相信在量子计算机和经典计算机的计算能力之间存在着无法跨越的鸿沟。

1985年，英国牛津大学教授Deutsch建立了量子图灵机模型，引进了量子计算线路模型和量子通用逻辑门组，突破了经典布尔逻辑的限制；实现了到量子幺正演化跃进，并指出量子计算机可以通用化，以及量子计算错误的产生和纠正等问题。

1994年，美国Bell实验室的Shor提出了分解大数质因子的量子算法，这种算法在量子计算机上可以以输入位数的多项式时间分解大数质因子。因此，Shor的结果是量子计算机比图灵机更为强大的有力证据。

1996年，Grover提出了平方根加速的随机数据库量子搜索算法，这种搜索方法的广泛适用性引起了人们的相当关注。随着计算机科学和物理学之间的跨学科研究的突飞猛进，使得量子计算的理论和实验研究蓬勃发展，各国政府和各大公司也纷纷制定了针对量子计算机的一系列的研究开发计划。

美国高级研究计划局先后于2002年和2004年分别制定了一个名为"量子信息科学和技术发展规划"的研究计划1.0版和2.0版，详细介绍了美国发展量子计算的主要步骤和时间表，美国陆军也计划到2020年在武器上装备量子计算机。

欧洲在量子计算及量子加密方面也作了积极的研究和开发。目前，已经完成了第5个框架计划中对不同量子系统的离散和纠缠的研究以及对量子算法及信息处理的研究,同时在第 6 个框架计划中,着重进行研究量子算法和加密技术。

日本于 2000 年 10 月开始为期 5 年的量子计算与信息计划,重点研究量子计算和量子通信的复杂性、设计新的量子算法、开发健壮的量子电路、找出量子自控的有用特性以及开发量子计算模拟器。

2. 量子计算机的基本原理

量子计算机是一种基于量子理论而工作的计算机。追根溯源,是对可逆机的不断探索促进了量子计算机的发展。量子计算机装置遵循量子计算的基本理论,处理和计算的是量子信息,运行的是量子算法。1981 年,美国阿拉贡国家实验室的 Paul Benioff 最早提出了量子计算的基本理论。

1) 量子比特

经典计算机信息的基本单元是比特,比特是一种有两个状态的物理系统,用 0 与 1 表示。在量子计算机中,基本信息单位是量子比特(qubit),用两个量子态 |0> 和 |1> 代替经典比特状态 0 和 1。量子比特相较于比特来说,有着独一无二的存在特点,它以两个逻辑态的叠加态的形式存在,这表示的是两个状态是 0 和 1 的相应量子态叠加。

2) 态叠加原理

现代量子计算机模型的核心技术便是态叠加原理,属于量子力学的一个基本原理。一个体系中,每一种可能的运动方式就被称作态。在微观体系中,量子的运动状态无法确定,呈现统计性,与宏观体系确定的运动状态相反。量子态就是微观体系的态。

3) 量子纠缠

量子纠缠:当两个粒子互相纠缠时,一个粒子的行为会影响另一个粒子的状态,此现象与距离无关,理论上即使相隔足够远,量子纠缠现象依旧能被检测到。因此,当两粒子中的一个粒子状态发生变化,即此粒子被操作时,另一个粒子的状态也会相应地随之改变。

4) 量子并行原理

量子并行计算是量子计算机能够超越经典计算机的最引人注目的先进技术。量子计算机以指数形式储存数字,通过将量子位增至 300 个量子位就能储存比宇宙中所有原子还多的数字,并能同时进行运算。函数计算不通过经典循环方法,可直接通过幺正变换得到,从而大大缩短了工作损耗能量,真正实现可逆计算(图 8-4)。

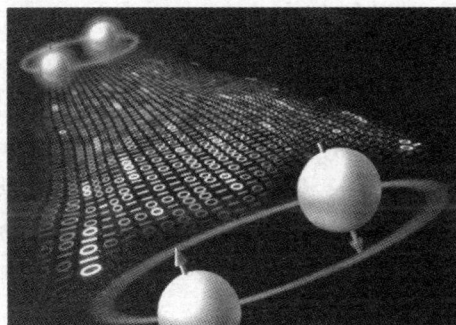

图 8-4 量子计算中的电子自转

8.3　计算理论

计算理论(Theory of Computation)是关于计算和计算机械的数学理论,它研究计算的过程与功效。计算理论主要包括算法与算法学、计算复杂堆理论、可计算性理论,自动机理论和形式语言理论等

8.3.1　计算模型及计算能力

目前,计算理论及其实验已成为世界科学活动的主要方式。许多重大的科技问题无法求得理论解、也难以用实验手段,但却可以进行计算。计算大大增强了人们从事科学研究的能力,计算也可以用来获得重大的研究成果或完成复杂的工程设计。因此科学计算为科学研究与技术创新提供了新的重要手段和理论基础。

计算理论是对计算的本质的理解和探索,广义的计算就是对信息的加工和处理。那么,计算的本质是什么?应该说人类对其已经有了一个基本的、清晰的认识,这就是递归论或可计算性理论中所揭示的基本内容,即计算是依据一定的法则对有关符号串的变换过程。抽象地说,计算的本质就是逆归。直观的描述是:计算是从已知符号开始,一步一步地改变符号串,经过有限步骤最终得到一个满是预定条件的符号串的过程。这样一种有限的符号串变换过程与递归过程是等价的。

对于许多问题的计算,既可以用类似于计算函数的方法来进行,也可以用表(一种数据结构)处理的方法进行,甚至还可以用逻辑公式演绎推导的方法来进行。在实现技术上,既可以用递归技术进行计算,也可以用迭代技术、程序变换技术或其他技术进行计算。

既然求解同一个问题可以有不同的方法、算法和程序,那么,如何来判断算法和程序的优劣呢?如果依据一个算法设计某一问题的计算程序,然后对其进行程序变换,假设经过程序变换得到的程序仍然是计算这个问题的,那么,这个新程序所对应的算法与原来的算法一样吗?即程序变换是否改变算法呢?如何确保算法和程序的正确性?人们已经认识到算法、程序与数学之间存在着密切的联系,要解决这些问题,就需要数学和计算科学理论的支持。

在计算科学中,当一个问题的描述及其求解方法或求解过程可以用构造性数学描述,而且该问题所涉及的论域为有穷,或虽为无穷但存在有穷表示时,那么,这个问题就一定能用计算机来求解;反过来,凡是能用计算机求解的问题,也一定能对该问题的求解过程数学化,而且这种数学是构造性的。这是由于构造性数学的构造特征保证了计算方法的可行性,两者之间是相容的。

在许多情况下,找到求解一个问题的算法只是走完了万里长征的第一步。至于现实是否可以计算,则取决于算法的存在性和计算的复杂性,即取决于该问题是否存在求解算法,算法所需要的时间和空间在数量级上能否接受。计算方法与算法是紧密联系在一起的,有时计算方法就是算法,有时虽存在计算方法,但不存在算法。究其原因,大致有两种可能:一是计算方法可能不是构造性的;二是虽为构造性的,但计算方法不能保证计算过程在任何初值的情况下都能结束。

问题求解是计算科学的根本目的之一,计算科学也是在问题求解的实践中逐渐发展壮大的。即可用计算机来求解如数据处理、数值分析等问题,也可用计算机来求解如物理学、化

学和经济学所提出的问题。计算理论与许多其他学科相互影响，特别是计算科学的发展所产生的影响大大超出计算科学的范围。

随着科学技术对研究对象的日益精确化、定量化和数学化，数学模型已成为处理各种实际问题的重要工具，并在自然科学、社会科学和工程技术等领域中得到广泛应用。在建立数学模型时，首先要对问题进行观察，研究其运动变化情况，用自然语言进行描述，初步确定总的变量及相互关系；然后确定问题的所属系统、模型类型以及描述系统所用的数学工具、提出假说，将假说进行扩充和形式化；最后根据现场试验和对试验数据的统计和分析，估计模型参数并检验修改模型。

数学模型是连接数学与实际问题的桥梁，数学是工具，解决例题是目的。在建立数学模型过程中，从解决的问题出发，引出数学方法，再回到问题的解决中去。判断问题的数学模型是否可解，如果不可解，则要寻找问题特征，分类以及证明其不可解。如果可解，则应进一步求得计算模型及其复杂度，最后才是算法设计和编程调试。

8.3.2　可计算性理论

可计算性理论(computability theory)是研究计算的一般性质的数学理论。可计算理论的中心课题就是将算法这一直观概念精确化，建立计算的数学模型，研究哪些是可计算的，哪些是不可计算的，以此揭示计算的实质。由于计算与算法联系在一起，因此，可计算性理论也称算法理论。

1. 可计算性理论的发展

可计算理论起源于对数学基础问题的研究。从 20 世纪 30 年代开始，为了讨论所有问题是否都有求解的算法，数学家和逻辑学家从不同角度提出了几种不同的算法精确化定义。为了简洁起见，许多数学家都开始于对自然数论域中的数论函数的可计算性进行研究，提出了几种可计算函数定义。

丘奇(A. Church)于 1935 年提出了 λ 演算，哥德尔(K, Codel)等人于 1936 年定义了递归函数，图灵(A. M. Turing)和波斯特(E. L. Pot)分别于 1936 年和 1943 年提出了各自的抽象计算机模型，马尔可夫(A. A. Mapkob)于 1951 年定义了正规算法，20 世纪 50 年代末至 60 年代初，胡世华和麦克阿瑟(J. Mccarthy)等人各自独立地提出了定义在字符串上的递归函数等。后来陆续证明，上述这些不同计算模型的计算能力都是一样的，它们所刻画的函数类均相同，即它们是等价的。

2. 可计算性定义和特性

所谓可计算性其实应该算是一个哲学定义。通俗地说，如果存在一个机械的过程，对给定的一个输入，能在有限步内给出答案，那么这个问题就是可计算性的。计算科学给可计算性的定义是：凡可用某种程序设计语言描述的问题都是可计算性问题。

图灵通过精确地描述给出了"可计算性"的形式定义，他提出一类直观而合理的抽象机，这种抽象机就是现在的图灵机。所谓可计算性是：通常能够称作算法的过程，恰好可以在图灵机上执行的过程。图灵之所以能取得成功，很重要的一条是他采用了算法思维来研究计算的过程，由此揭示可计算性概念。由于算法思维与当今在计算机上运行的程序之间有着密切的关系，从而使他的理论受到重视并得到广泛使用。

可计算性的特性主要包括如下内容。

①确定性。由相同的初始条件，得到相同的结果。

②能在有限时间内，在有限设备上执行。

③每一个计算过程的执行都是"机械的"或"构造的"，且可以被精确地描述，使得一个设备能够接受这种描述，并用它实施该计算过程而得出同样的结果。

④这些计算过程可以用数学术语编写，它们含有能够由自然数表示的对象，同时总能将这种计算过程中的运算解释为算术运算、所得到的数值结果就是在应用中可能采取的值，进一步说，这些计算过程的语句甚至也是有限的，且自身能被表示为自然数。

3. 可计算性理论的主要内容

1）图灵机

图灵机是一种在理论计算机科学中广泛采用的抽象计算机，A. Turing 于 1936 年提出，用于精确描述算法的特征。可用一个图灵机来计算其值的函数是可计算函数，找不到图灵机来计算其值的函数是不可计算函数。可以证明，存在一个图灵机 U，它可以模拟任何其他的图灵机。这样的图灵机 U 称为通用图灵机。通用图灵机正是后来的存储程序的通用数字计算机的理论原型。

2）λ 演算

λ 演算是一种定义函数的形式演算系统，它是由丘奇于 1935 年为精确定义可计算性而出。该系统引进 λ 记号以明确区分函数和函数值，并把函数值的计算归结为按照一定规则进行一系列转换，最后得到函数值。按照 λ 演算能够得到函数值的函数称为 λ 可定义函数。

3）丘奇 – 图灵论题

丘奇 – 图灵论题是可计算性理论的基本论题，也称图灵论题。它规定了直观可计算函数的精确含义。丘奇论题说：λ 可定义函数类与直观可计算函数类相同。图灵论题说：图灵机可计算数类与直观可计算函数类相同。图灵证明了图灵机可计算函数类与 λ 可定义函数类相同。这表明图灵论题和丘奇论题讲的是一回事，因此将它们统称为丘奇 – 图灵论题。

4）原始递归函数

自变量值和函数值都是自然数的函数，称为数论函数。原始递归函数是数论函数的一部分。首先规定少量直观可计算的函数为原始递归函数，它们是：函数值恒等于 0 的零函数 C_0，函数值等于自变量值加 1 的后继函数 S，函数值等于第 i 个自变量值的 n 元投影函数 $P_i^{(n)}$。然后规定，原始递归函数的合成仍是原始递归函数，可以由已知原始递归函数简单递归地计算出函数值的函数仍是原始递归函数。例如，和函数 $f(x, y) = x + y$ 可由原始递归函数 $P_i^{(1)}$ 和 S 递归地计算出函数值。

$$\begin{cases} f(x, 0) = P_1^{(1)}(x) \\ f(x, S(y)) = S(f(x, y)) \end{cases}$$

比如 $f(4, 2)$ 可这样计算，首先算出 $f(4, 0) = P_1^{(1)}(4) = 4$，然后计算 $f(4, 1) = S(f(4, 0)) = S(4) = 5$，最后 $f(4, 2) = S(f(4, 1)) = S(5) = 6$。因此，和函数是原始递归函数。显然，一切原始递归函数都是直观可计算的，但并非一切直观可计算的函数都是原始递归函数。

4. 可计算性理论的意义

可计算性理论的基本思想、概念和方法，被广泛应用于计算科学的各个领域。建立数学模型的方法在计算科学中被广泛采用。递归的思想被用于程序设计，就产生了递归过程的数据结构，也影响了计算机体系结构。λ 演算被用于研究程序设计语言的语义，例如，表处理

语言就以 λ 演算为理论基础。

递归函数论的建立对于数学基础的研究具有十分重要的作用。数学家希尔伯特曾希望将整个数学形式化，建立了一个协调、完备的大系统。哥德尔不完全性定理表明，这种形式系统不可能是完备的。为了证明不完全性定理，K. Godel 发明了原始递归函数。K. Godel 定理对数学具有重要的影响，对认识论乃至整个哲学也有深刻的意义。

计算学科的一个基本结论是不可计算的函数要比可计算的函数多得多。特别地，虽然许多问题是可判定的，但更多的问题是不可判定的，例如，停机问题和波斯特对应问题都是不可判定的。研究不可判定性的两个基本方法是直接方法和间接方法，直接方法是使用康托对角线化方法；间接方法就是将已知的不可判定问题归约到所研究的判定问题上，从而证明该判定问题比已知的不可判定问题更不可判定。利用归约不但可以间接地证明某些判定问题是不可判定的，更重要的是归约关系在各种判定问题之间建立了不可判定程度的比较，依此确立了不可判定性的系统理论。

8.3.3　计算复杂性理论

计算复杂性理论(computational complexity theory)是用数学方法研究各类问题的计算复杂性的学科。它研究各种可计算问题在计算过程中资源(如时间、空间等)的耗费情况，以及在不同计算模型下，使用不同类型资源和不同数量的资源时，各类问题复杂性的本质特性和相互关系。计算复杂性理论是理论计算机科学的分支学科，它是算法分析的理论基础。

1. 计算复杂性的发展

1964 年，美国的 J. Hartmanis 和 R. E. Stearns 在普林斯顿举行的第 5 届开关电路理论和逻辑设计学术年会上发表了论文"Computational Complexity of Recursive Sequences"(递归序列的计算复杂性)，文中首次使用了"计算复杂性"这一术语，由此开辟了计算科学中的新领域。为此他俩获得了 1993 年度图灵奖。

美国麻省理工学院 M. Blum 完成的博士论文是"A Machine Independent Theory of The Complexity Of Recursive Functions"(递归函数复杂性的机器独立理论)，该论文的详细摘要在 1967 年公开发表。Blum 论文不但提出了有关计算复杂性的一些公理，而且在对复杂性类的归纳上也具有更高的抽象度。此外，Blum 还致力于将这一理论应用到对计算机系统的安全性有着重要意义的密码学，以及软件工程中的程序正确性验证方面，都取得了令人瞩目的成就。Blum 是计算复杂性理论的奠基人之一，为此他获得了 1995 年度图灵奖。

此后，许多研究人员对计算复杂性理论做出了不同程度的贡献。其重要的内容包括：对随机算法的去随机化的研究，对近似算法的不可近似性的研究，以及交互式证明系统理论和零知识证明等。特别是复杂性理论对近代密码学的影响非常显著，而最近复杂性理论的研究人员又进入了博弈论领域，并创立了"算法博弈论"这一分支学科。

2. 计算复杂性

计算复杂性可以从数学上提出问题难度的大小，通过研究计算复杂性，判断哪些问题是有困难的，从而有助于寻求更为优越的算法。算法复杂性是针对特定算法的，而计算复杂性则是针对特定问题的，后者反映的是问题的固有难度。计算复杂性等于最佳的算法复杂性，它在计算科学中既有理论意义，又有实用价值。

计算复杂性是利用计算机求解问题的难易程度，它的度量标准：一是计算所需的步数或指令条数(即时间复杂度),二是计算所需的存储空间大小(即空间复杂度)。当然没有必要就每个具体问题去研究其计算复杂性,而是依据问题的难度去研究各种计算问题之间的联系。

一个问题的规模是指这个问题的大小,一个算法的计算复杂性直接决定了这个算法可以用到多大规模的问题之上。假设有求解同一个问题的两个算法,第一个算法的计算复杂性是 n^3,第二个算法的计算复杂性是 3^n。用每秒百万次的计算机来计算,当 $n = 60$ 时,第一个算法只需用时 0.2 秒,而第二个算法就要用时 4×10^{28} 秒,也就是 10^{15} 年,相当于 10 亿台每秒百万次的计算机计算一百万年。

考察上面提到的两个算法复杂性,前者 n^3 是一个多项式函数,后者 3^n 是一个指数函数。当 n 无限大时,这两个算法的效率差别是很大的。因此,一个问题如果没有多项式时间计算复杂性的算法,这一问题就被称为是难解型问题。但是,要断定一个问题是否是难解型问题也是很困难的。一个问题即使长期没有找到多项式时间计算复杂性算法,也不能保证今后就一定找不到,更不能据此证明这个问题不存在多项式时间计算复杂性算法。

3. P 类问题和 NP 类问题

一个问题是否存在多项式时间复杂性的求解算法,是人们关心的问题之一。如果一个问题存在多项式时间复杂性的求解算法,那么这一问题就可以借助计算机来实现求解。反之,如果算法所需要的时间是输入量的指数函数,例如 $T(n) = 2^n$,那么当 n 很大时,$T(n)$ 就是一个很大的数量,采用计算机是无法在有限的时间内实现求解的。

1)P 类问题

P 类问题(Class P of Problems)是多项式时间内可解决的问题类,它是计算复杂性理论中十分重要的问题类。

目前,P 类问题公认为是用确定型图灵机在多项式时间内能解决的问题,或者说解决某问题的时间复杂性函数为 $O(P(n))$(n 为问题的规模,P 为 n 的某个多项式函数)。在表 8-1 中,假定每秒进行一百万次运算。容易看出,对于多项式时间复杂性函数,即使方次达到 5,当 n 增大时,计算时间平稳增长尚且是人们可以接受的。对于指数时间复杂性函数,即使底为 2,计算时间也随 n 的增加而急剧增长,常常达到人们无法容忍的地步。

表 8-1 多项式时间与指数时间复杂性函数的比较

复杂性 函数	问题规模 n		
	20	40	60
n	0.000 02 秒	0.000 04 秒	0.000 06 秒
$n\lg n$	0.000 09 秒	0.000 2 秒	0.000 4 秒
n^3	0.008 秒	0.064 秒	0.216 秒
n^5	3.2 秒	1.7 分	13 分
2^n	1 秒	12.7 天	366 世纪
3^n	58 分	3855 世纪	1.3×10^{13} 世纪

可见,多项式时间算法比指数时间算法要快得多,因此人们普遍认为,多项式时间算法

是高效率的，指数时间算法是低效率的。于是一个问题能够用多项式算法求解便是容易的、易解的，反之，当它困难到不能用多项式算法求解时，就是难解的。

2）NP 类问题

NP 类问题（class NP of problems）是多项式时间可验证的问题类，它是计算复杂性理论中一类重要的问题。

NP 类问题虽然不能在确定性图灵机上用多项式时间算法加以求解，但是可以用一种非确定性算法在多项式时间内加以解决。所谓非确定型算法可以包括两个阶段的算法：第一阶段为猜测阶段，第二阶段为检验阶段。许多组合、排队和路线优化问题都属于 NP 类问题，比如著名的旅行商问题就是 NP 问题。非确定性多项式算法有并行多值和随机猜想两种计算模型，分别有在多项式时间内"并算瞬完"和"随机猜中"的神奇能力。

例如要确定某个整数是否为合数，非确定型图灵机可以猜测某个除数，进行除法运算，若除尽便可证实该数是合数，而确定型图灵机必须系统地寻找全部除数。检验阶段可以在多项式时间内完成，但从多项式时间可检验性不能推出多项式时间可解性。尽管按通常的经验，验证一个解要比求出这个解容易，但是一直也没有人能够证明在非确定图灵机上用多项式时间可解的 NP 类问题包含 P 类问题。相反，不难推测，能用确定型多项式时间算法求解的 P 类问题一定能用非确定型多项式时间算法求解。于是，P 是否等于 NP 便成了当今数学界尚未解决的一个重要问题，不过更多的人相信 $P \neq NP$。

3）NP 完全问题

NP 完全问题（NP Complete Problem）是计算复杂性理论中的一类重要问题，其中每个问题都是 NP 类问题，但是否任何一个 NP 完全问题都是 P 类问题，目前尚无定论。NP 完全问题的研究，在理论上和实践中都有重要意义。

人们发现 NP 类问题中有一些具有特殊性质的问题，使得所有 NP 类问题都可以有效地归约到 NP 完全问题，因此，直观上人们可以认为 NP 完全问题是 NP 类中"最难的"问题。对于 NP 完全问题，一般都有一个明显的指数时间算法。但按目前研究结果，要找到一个现实可计算的算法，即多项式时间算法，却十分困难，甚至很可能根本不存在这样的算法。

如果一个问题被证明是 NP 完全问题，便认为没有必要进一步去为解此问题来设计一个有效算法。NP 完全问题的存在意味着一批数学问题是不存在有效算法的，因而也是现实不可解的。除非 $P = NP$，才能找到 NPC 的有效算法，然而已有大量事实使得大多数数学家相信这是不可能的，当然这还有待最后的证明。

4）NP = P? 问题

1971 年，S. A. Cook 和 L. Levin 相互独立地提出：P 和 NP 这两种分类之间的关系，到底是 $P = NP$ 还是 $P \neq NP$？这就是著名的"$P = NP$?"问题。它是计算科学的核心问题之一。与其他历史上有名的数学问题一样，它带给人们一个智力大挑战。尤为重要的是，在与计算有关的学术领域中，NP 完全问题层出不穷，因此，"$P = NP$?"是一个对计算机和其他科学有全面影响力的问题。

如果 $P = NP$，那么 NP 类问题都将能计算。学术界该做的事就是千方百计去找到各种 NP 类问题的多项式时间算法。但是，互联网的安全问题就会成为严重的挑战，因为破译互联网的 RSA 加密系统属于 NP 类问题，既然它也存在多项式时间算法，就必须立即放弃这种加密系统，那么又该采用什么样的有效安全措施呢？

如果 $P \neq NP$，那么大量的 NP 类问题都将不具有确定性多项式算法。学术界就不该把精力浪费在 NP 系列的分类上，应赶紧去寻找各种 NP 类问题的最优近似算法。而对于互联网和其他需要保密的系统安全问题，就可以彻底放心了。

一般来说，近似算法所适应的问题是最优化问题，即要求在满足约束条件的前提下，使某个目标函数值达到最大或者最小。对于一个规模为 n 的问题，近似算法应该满足以下两个基本的要求：

①算法的时间复杂性：要求算法能在 n 的多项式时间内完成。

②解的近似程度：算法的近似解应满足一定的精度。

对于 NP 完全问题，可采取的解决策略有：只对问题的特殊实例求解，用动态规划法或分支限界法求解，用概率算法求解，以及用启发式法求解，等等。与 NP 完全性研究有关的理论课题，除 $NP = P$? 问题外，还有 NP 结构的研究、多项式谱系的研究、多项式空间完全性研究，以及对数空间复杂性研究等。

2000 年 5 月，美国马萨诸塞州克雷数学研究所的科学顾问委员会选定了 7 个"千禧年数学难题"。该研究所的董事会决定建立 700 万美元的大奖基金，每个"千禧年数学难题"的解决都可获得百万美元的奖励。这 7 个难题分别是：P 类问题对 NP 类问题、霍奇猜想、庞加莱猜想、黎曼假设、杨 - 米尔斯存在性和质量缺口、纳维叶 - 斯托克斯方程的存在性与光滑性、贝赫和斯维讷通 - 戴尔猜想。其中，NP 完全问题排在百万美元大奖的首位，足见它的重要地位和无穷魅力。

8.4 本章小结

从计数到计算，从逻辑到计算，从算法到计算，从不同的视角看待计算问题，计算这一概念应包括计数、运算、演算、推理、变换和操作等含义。

计算理论作为计算机科学的理论基础之一，其基本思想、概念和方法广泛应用于计算机科学的各个领域。早期的通用图灵机模型就是后来的程序存储式计算机的基本原型。递归函数的思想用于程序设计，产生了递归过程和递归数据结构，也影响了计算机的体系结构。可计算性理论主要围绕计算这一概念展开，提供与物理实现无关的、具有严格精确数学含义的计算模型。主要包括图灵机、λ 转换演算、丘奇 - 图灵论题、原始递归函数以及停机问题的不可判定性等。可计算性理论的许多结论使人们不再为求解不可判定问题而浪费时间。计算复杂性理论是研究在资源限制下哪些问题的计算是实际可行的。主要包括算法的复杂性、计算复杂性以及 NP 完全性理论等。

对计算及计算理论的产生与发展做出杰出贡献的科学家是英国的阿兰·图灵和美国的冯·诺依曼。图灵为了解决纯数学的一个基础理论问题，发表了著名的"理想计算机"一文，该文提出了现代通用数字计算机的数学模型，后人把它称为图灵机。根据图灵提出的存储程序式计算机的思想，冯·诺依曼及其研究小组起草了 EDVAC 方案。该方案有两个重要特征：一是为了充分发挥电子元件的高速性能而采用二进制；二是把指令和数据都存储起来，让计算机能自动地执行程序。目前具有这两个特征的计算机为冯·诺依曼型计算机。迄今为止，所使用的绝大多数计算机都沿用这种体系结构。

量子计算机与现有的传统计算机以及正在研究的生物计算机、光计算机等的根本区别在于，其信息单元不是比特，而是量子比特，即两个状态是 0 和 1 的相应量子态叠加，因此单个量子 CPU 具有强大的并行处理数据的能力，其运算能力随量子处理器数目的增加而呈指数增强。这将为人类处理海量数据提供无比强大的计算工具。作为一个应用例子，Shor 业已证明，利用量子并行算法可以轻而易举地攻破目前广泛使用的 RSA 公钥体系。机制在重复使用后进化。

计算科学的数学基础包括了离散数学中的数理逻辑、集合论、代数系统和图论。数理逻辑是用数学方法研究的逻辑，集合论是以一般集合为研究对象的数学的基本分支之一，代数系统是由一个非空集合和该集合上的一个或多个代数运算组成的，图论是研究边和点的连接结构的数学理论。

思考题与习题

一、思考题

1. 如何从不同的视角来看待计算这一概念？

2. 如何理解"计算"无处不在？

3. 简述可计算性理论的定义和特征。

4. 如何理解图灵机与原始递归函数在计算能力上是等价的？

5. 量子计算的存储方式与传统计算的存储方式有什么不同？

二、选择题

1. 图灵机由四部分组成：①一条无限长的纸带；②一个读写头；③（　　　）；④一个状态寄存器。

    A. 一套控制规则　　　　　　　　B. 一块内存条

    C. 一个理想插头　　　　　　　　D. 一个转轮

2. 量子计算机是一种基于（　　　）而工作的计算机。

    A. 计算理论　　　　　　　　　　B. 量子理论

    C. 可计算理论　　　　　　　　　D. 计算科学

3. 微型计算机通常由（　　　）等几部分组成。

    A. 运算器、控制器、存储器、输入和输出设备

    B. 运算器、放大器、存储器、输入和输出设备

    C. 运算器、外部存储器、控制器和输入输出设备

    D. 机箱、电源、鼠标、键盘、显示器

三、填空题

1. 冯·诺依曼机模型是以＿＿＿＿＿＿＿为中心的存储程序式的计算机模型。

2. 计算模型是刻画＿＿＿＿＿＿＿这一概念的一种＿＿＿＿＿＿＿的形式系统或数学系统。

3. 可计算性理论是研究＿＿＿＿＿＿＿＿＿＿＿＿＿的数学理论。

第9章

算法与数据结构基础

程序是能够实现特定功能的一组指令的集合。程序设计是指利用计算机解决实际问题的全过程,首先对问题进行分析并建立数学模型,然后考虑数据的组织方式和算法,并用一种程序设计语言编写程序,最后调试程序,运行出预期的结果。可以看出,程序设计存在两个主要问题:一是与计算方法密切相关的算法问题;二是数据的组织方式的数据结构问题。它们的关系可描述为:算法 + 数据结构 = 程序。本章将对算法和数据结构进行介绍。

【学习目标】
1. 理解算法的基本概念及特性。
2. 掌握算法的三大结构并了解其描述方法。
3. 结合实例理解算法设计方法:穷举法、回溯法、递归法、分治法、贪心法以及动态规划。
4. 掌握数据结构研究的三大内容。

9.1 问题求解

对于现实生活中的实际问题,拿到问题之后,我们不能马上就动手编程,而要经历一个思考、设计、编程以及调试的过程,具体分为 5 个步骤:

①分析问题:确定计算机要做什么。
②建立模型:将原始问题转化为数学模型或者模拟数学模型。
③设计算法:形式化地描述解决问题的途径和方法。
④编写程序:将算法翻译成计算机程序设计语言。
⑤调试测试:通过各种数据,改正程序中的错误。

有些人认为编程是最重要的求解步骤。但实际上,前 3 个步骤在问题求解中具有更加重要的地位。因为当算法设计好之后,可以很方便地用任何程序设计语言实现。

1. 分析问题(自然问题的逻辑建模)

这一步的目的是通过分析明确问题的性质,将一个自然问题建模到逻辑层面上,将一个看似很困难、很复杂的问题转化为基本逻辑(顺序、选择和循环等)。例如,要找到两个城市之间的最近路线,从逻辑上应该如何推理和计算?应该先利用图的方式将城市和交通路线表示出来,再从所有的路线中选择最近的。再例如,要用计算机写一篇文章,基本的先后顺序是什么?即需要先使用字处理软件、再存盘、反复修改,最终将文章发到网上或者电邮给需要的人。

可以将问题简单地分为数值型问题和非数值型问题，非数值型问题也可以模拟为数值型问题，在计算机里仿真求解。不同类型的问题可以有针对性地进行处理。

2. 建立模型(逻辑步骤的数学建模)

有了逻辑模型，需要了解如何将逻辑模型转换为能够存储到芯片上的数学模型。例如，将最近路线问题，首先变为数据结构中的"图"，再转换为数学上的优化问题。又如在进行文本字处理的时候，首先用编辑软件编辑一篇文章，然后存为固定的格式，如果需要将该文本发送给别人，可利用电子邮件软件将文件封装成一个个小的带有报头信息的数据包，在网络的各个路由器之间传输，到达目的地之后，再利用各个数据包的报头信息，利用排序等计算方法，重新装配文本。

对于数值型问题，可以直接通过数学模型来描述问题。对于非数值型问题，可以建立一个过程模型或者仿真模型，通过模型来描述问题，再设计算法解决。

3. 设计算法(从数学模型到计算建模)

有了数学模型或者公式，就需要将数学的思维方式转化为离散计算的模式。例如，将最近路线问题中的距离离散化，并设置一定的步长，为自动化实现打好基础。再例如，在文字处理中，所有的输入文字，经过 ASC 编码转化为二值序列，在计算机的存储器中顺序存储。网络传输所用的数据包，也需要加入表示顺序的数据码，到达目的地之后，需要用到排序等算法，对数据包进行装配和重组。

对于数值型问题，一般采用离散数值分析的方法进行处理。在数值分析中，有许多经典算法，当然也可以根据问题的实际情况自己设计解决方案。

对于非数值型问题，既可以通过数据结构或算法分析进行仿真，也可以选择一些成熟和典型的算法进行处理，例如穷举法、递推法、递归法、分治法、回溯法等。

算法确定之后，可进一步形式化为伪代码或者流程图。

4. 编写程序(从计算建模到编程实现)

根据已经形式化的算法，选用一种程序设计语言编程实现。

5. 调试测试(程序的运行和修正)

上机调试、运行程序、得到运行结果。对于运行结果要进行分析和测试，看看运行结果是否符合预先的期望，如果不符合，则要进行判断，找出问题所在，对算法或程序进行修正，直到得到正确的结果。

9.2　算法的概念

9.2.1　算法的起源

"算法"在中国古代文献中称为"术"或者"算术"，最早出现于《周髀算经》(图 9 - 1 所示)、《九章算术》等。《周髀算经》的成书年代虽至今仍未确认，但它无疑是中国历史上最早的算术类经书。《九章算术》也是现存最早的中国古代数学著作之一，其给出了如四则运算、最大公约数、最小公倍数、开平方根、开立方根、线性方程组求解的算法等。三国时代数学家刘徽给出的求圆周率算法——刘徽割圆术，也是中国古代算法的一大代表作。

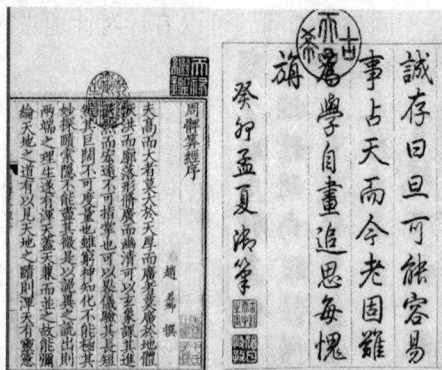

图 9 – 1　周髀算经

"算法"一词的出现，始于唐代。当时就有《一位算法》、《算法》等专著。以后历代更有许多新的"算法"专著，最有代表性的是宋代数学家杨辉的《杨辉算法》（图 9 – 2）。

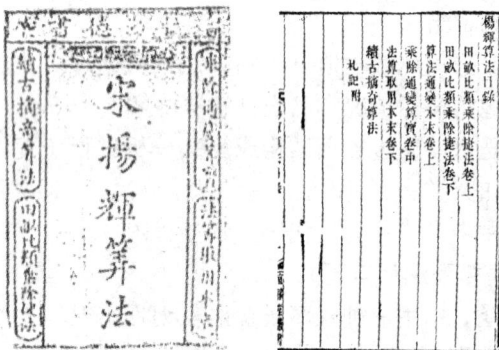

图 9 – 2　杨辉算法

英文 Algorithm 是从公元 9 世纪古代阿拉伯数学家阿科瓦里茨米（Abū' Abd Allah Mūhammad ibn Mūsa al – Khwarizmi）的名字派生演变而来的。从他的名字 al – Khwarizmi 派生出了 Algorism，至 18 世纪演变为 Algorithm。另外，代数的英文 Algebra 是从 al – jabr 派生出来的，后者是阿科瓦里茨米用于解二次方程的两个运算操作之一。

一般认为，历史上第一个算法是欧几里德算法，即辗转相除法。欧几里德算法最早出现于公元前 3 世纪欧几里德所著的《几何原本》中，该算法用于求解两个正整数的最大公约数，直到现在还经常使用。

9.2.2　算法的定义和特征

算法（algorithm）是指解题方案的准确而完整的描述，是一系列解决问题的清晰指令，算法代表着用系统的方法描述解决问题的策略机制。也就是说，能够进行一定规范的输入，并在有限时间内获得所要求的输出。如果一个算法有缺陷，或不适合于某个问题，执行这个算法将不会解决这个问题。不同的算法可能用不同的时间、空间或效率来完成同样的任务。一个算法的优劣可以用空间复杂度与时间复杂度来衡量。

欧几里德算法是用来求两个正整数最大公约数的算法。古希腊数学家欧几里德在其著作"The Elements"中最早描述了这种算法,所以被命名为欧几里德算法。欧几里德算法的原理是重复应用下列等式,直到 $m \bmod n$ 等于 0 时,n 即为所求最大公约数。

$\gcd(m, n) = \gcd(n, m \bmod n)$

$\gcd(m, n)$ 表示求正整数 m, n 的最大公约数,$m \bmod n$ 表示 m 除以 n 之后的余数。扩展欧几里德算法可用于 RSA 加密等领域。

【例 9 - 1】 欧几里德算法

假如需要求 1997 和 615 两个正整数的最大公约数,用欧几里德算法,是这样进行的:

$1997 = 3 \times 615 + 152$

$615 = 4 \times 152 + 7$

$152 = 21 \times 7 + 5$

$7 = 1 \times 5 + 2$

$5 = 2 \times 2 + 1$

$2 = 2 \times 1 + 0$

当被加的数为 0 时,就得出了 1997 和 615 的最大公约数为 1。

输入:正整数 m、n

输出:m、n 的最大公约数

$\gcd(m, n)$

(1)$r = m \bmod n$;

(2)若 $r = 0$,输出最大公约数 n;

(3)若 $r \neq 0$,令 $m = n$,$n = r$,转(1)继续。

按照算法 9.1 的计算规则,给定任意两个正整数 m、n,经(1)、(3)步总能不断缩小 m、n 的值,直至使 r 值为 0,算法终止,得到最大公约数。

从上述例子可以给出算法(Algorithm)的定义:算法是解某一特定问题的一组有穷规则的集合。

算法设计的先驱者唐纳德. E. 克努斯(Donald F. Knuth)在他的传世著作"The Art of Computer Programming"中对算法的特征做了如下描述:

①确定性(definiteness)。算法的每一个步骤都有明确的定义。要执行的每一个动作都是清晰的、无歧义的。因输入要求正整数,确保了例 9 - 1 的每一个步骤都是清晰的、无歧义的。

②有穷性(finiteness)。算法必须在有限步骤内终止。例 9 - 1 中,对输入的任意正整数 n,计算余数 r 后,$m = n$,$n = r$,m、n 的值变小。不断重复,总有 $r = 0$,使得算法终止。

③输入(input)。一个算法有 0 个或多个输入,作为算法开始执行的初始值,或初始状态。例 9 - 1 的输入是正整数 m、n。

④输出(output)。一个算法必须有一个或多个输出,也就是算法的计算结果。输出与输入有特定关系,不同取值的输入,会产生不同结果的输出。例 9 - 1 的输出是 m、n 的最大公约数。

⑤可行性(effectiveness)。算法中所描述的运算和操作必须是可以通过有限次基本运算来实现的。例9－1的每一个运算都是基本运算，都可用纸和笔在有限时间内完成。

9.2.3 算法的描述

算法有不同的描述方法，常用的有自然语言、流程图、伪代码、程序语言等。

1. 自然语言

自然语言(natural language)，就是人们日常生活中所使用的语言，可以是中文、英文、法文等。用自然语言辅以操作序号描述算法，优点是通俗易懂，即使没学过数学或算法，也能看懂算法的执行。例9－1就是用自然语言描述的。

自然语言固有的不严密性使得这种描述方法存在以下缺点：

①算法可能表达不清楚，容易出现歧义。例如："甲叫乙把他的书拿来"，是将甲的书拿来还是将乙的书拿来？从这句话本身难以判定。

②难以描述算法中的多重分支和循环等复杂结构，容易出现错误。

由于上述缺点的存在，一般不使用自然语言描述算法。

2. 流程图

流程图(flow chart)是最常见的算法图形化表达，也称为程序框图，它使用美国国家标准化协会(American National Standard Institute，ANSI)规定的一组几何图形描述算法，在图形上使用简明的文字和符号表示各种不同性质的操作，用流程线指示算法的执行方向。常见的流程图符号如图9－3所示。

符号	符号名称	功能说明
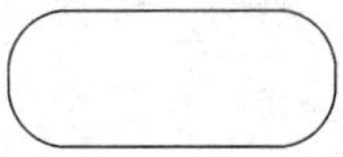	起止框	表示算法的开始和结束
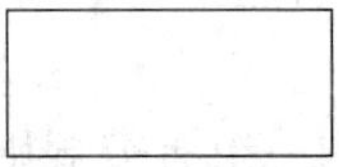	处理框	表示执行一个步骤
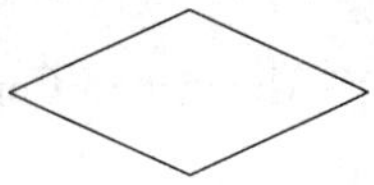	判断框	表示要根据条件选择执行路线
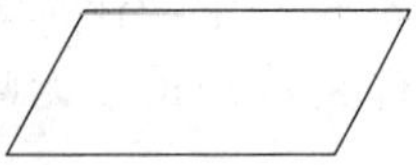	输入输出框	表示需要用户输入或由计算机自动输出的信息
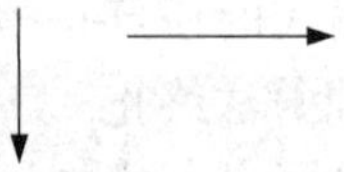	流程线	指示流程的方向

图9－3　常见的流程图符号

3. 伪代码

算法最终是要用程序设计语言实现并在计算机上执行的。自然语言描述和流程图描述很难直接转化为程序，现有计算机程序设计语言又多达几千种，不同的语言在设计思想、语法功能和适用范围等方面都有很大差异。此外，用程序设计语言表达算法往往需要考虑所用语言的具体细节，从而分散了算法设计者的注意力。因此，用某种特定的程序设计语言描述算法也是不太可行的。伪代码描述正是在这种情况下产生的。

一般来说，伪代码是一种与程序设计语言相似但更简单易学的用于表达算法的语言。程序表达算法的目的是在计算机上执行，而伪代码表达算法的目的是给人看的。伪代码（Pseud ocode）应该易于阅读、简单和结构清晰，介于自然语言和程序设计语言之间。伪代码不拘泥于程序设计语言的具体语法和实现细节。程序设计语言中一些与算法表达关系不大的部分往往被伪代码省略了，比如变量定义和系统有关代码等。程序设计语言中的一些函数调用或者处理简单任务的代码块在伪代码中往往可以用一句自然语言代替。例如："找出 3 个数中最小的那个数。"

由于伪代码在语法结构上的随意性，目前并不存在一个通用的伪代码语法标准。作者们往往以具体的高级程序设计语言为基础，简化后进行伪代码的编写。最常见的这类高级程序设计语言包括 C、Pascal、FORTRAN、BASIC、Java、Lisp 和 ALGOL 等。由此而产生的伪代码往往被称为"类 C 语言"、"类 Pascal 语言"或"类 ALGOL 语言"等。

4. 程序语言

程序语言（programming language）描述是指计算机高级语言，如 C + +，Java，VB 等描述算法。它是可以在计算机上运行并获得结果的算法描述，通常也称为程序。

【例 9 - 2】 欧几里德算法（C + + 语言表示）。

输入：正整数 m、n

输出：m、n 的最大公约数

```
int gcd(int m, int n) //gcd( )函数，功能是计算正整数 m、n 的最大公约数
{
int r;
do{
r = m% n;    //C + +语言中，求余运算符为%
    m = n;
    n = r;
}while(r)
return m;
}
```

在实际运用中，可根据自己的习惯选择其中的一种算法描述方法。通常情况下，具有熟练编程经验的专业人士喜欢用伪代码，初学者则喜欢用流程图，它比较形象，易于理解。

9.3 经典问题中的算法策略

9.3.1 穷举法

穷举法的基本思想是根据题目的部分条件确定答案的大致范围，并在此范围内对所有可能的情况逐一进行验证，直到全部情况验证完毕。若某个情况验证符合题目的全部条件，则

为本问题的一个解；若全部情况验证后都不符合题目的全部条件，则本题无解。穷举法也称为枚举法。

用穷举法解题时，就是按照某种方式列举问题答案的过程。针对问题的数据类型而言，常用的列举方法有如下三种：

(1)顺序列举。是指答案范围内的各种情况很容易与自然数对应甚至就是自然数，可以按自然数的变化顺序去列举。

(2)排列列举。有时答案的数据形式是一组数的排列，列举出所有答案所在范围内的排列，即为排列列举。

(3)组合列举。当答案的数据形式为一些元素的组合时，往往需要用组合列举。组合是无序的。

【例 9-3】 百钱买百鸡问题。公元 5 世纪，我国数学家张丘建在其《算经》一书中提出了"百鸡问题"。

"鸡翁一值钱 5，鸡母一值钱 3，鸡雏三值钱 1。百钱买百鸡，问鸡翁、母、雏各几何?"这个数学问题的数学方程可列出如下：

Cock + Hen + Chick = 100

Cock * 5 + Hen * 3 + Chick/3 = 100

显然这是个不定方程，适用于穷举法求解。依次取 Cock 值域中的一个值，然后求其他两个数，满足条件就是解。

该问题的 C 语言程序算法如下：

```
int Cock, Hen, Chick;   /* 定义公鸡，母鸡，鸡雏三个变量 */
Cock = 0;
while (Cock < =19) /* 公鸡最多不可能大于 19 */
{ Hen =0;
while (Hen < 33) /* 母鸡最多不可能大于 33 */
{Chick = 100 – Cock – Hen;
if (Cock * 15 + Hen * 9 + Chick = =300)/* 为了方便，将数量放大三倍比较 */
printf("\n 公鸡 = % d\n 母鸡 = % d\n 雏鸡 = % d", Cock, Hen, Chick);
Hen = Hen + 1;
}
Cock = Cock + 1;
}
```

9.3.2　回溯法

回溯法(探索与回溯法)是一种选优搜索法，又称试探法，指按选优条件向前搜索，以达到目标。但当探索到某一步时，发现原先选择并不优或达不到目标，就退回一步重新选择，这种走不通就退回再走的方法即为回溯法，满足回溯条件的某个状态的点称为回溯点。

在回溯法中，每次扩大当前部分解时，都面临一个可选的状态集合，新的部分解就是通过在该集合中选择构造而成的。这样的状态集合，其结构是一棵多叉树，每个树节点代表一个可能的部分解，它的"儿子"是在它的基础上生成的其他部分解。树根为初始状态，这样的状态集合称为状态空间树。

回溯法对任一解的生成，一般都采用逐步扩大解的方式。每前进一步，都试图在当前部分解的基础上扩大该部分解。它在问题的状态空间树中，从开始节点(根节点)出发，以深度优先搜索整个状态空间。这个开始节点成为活节点，同时也成为当前的扩展节点。在当前扩展节点处，搜索向纵深方向移至一个新节点。这个新节点成为新的活节点，并成为当前扩展节点。如果在当前扩展节点处不能再向纵深方向移动，则当前扩展节点就成为死节点。此时，应往回移动(回溯)至最近的活节点处，并使这个活节点成为当前扩展节点。回溯法以这种工作方式递归地在状态空间中搜索，直到找到所要求的解或解空间中已无活节点时为止。

回溯法与穷举法有某些联系，它们都是基于试探的。穷举法要将一个解的各个部分全部生成后，才检查是否满足条件，若不满足，则直接放弃该完整解，然后再尝试另一个可能的完整解，它并不是一个可能的完整解的各个部分逐步回退生成解的过程。而对于回溯法，一个解的各个部分是逐步生成的，当发现当前生成的某部分不满足约束条件时，就放弃该步骤所做的工作，并退到上一步进行新的尝试，而不是放弃整个解重来。

【例 9 - 4】 回溯法举例：旅行商问题。

图 9 - 4 给出的是一个 n 顶点网络(有向或无向)，要求找出一个包含所有 n 个顶点的具有最小耗费的环路。任何一个包含网络中所有 n 个顶点的环路被称作一个旅行(tour)。在旅行商问题中，要设法找到最小耗费的旅行。

分析：图中给出了一个四顶点网络。在这个网络中，一些旅行如下：1, 2, 4, 3, 1; 1, 3, 2, 4, 1 和 1, 4, 3, 2, 1。旅行 (1, 2, 4, 3, 1) 的耗费为 66；而 (1, 3, 2, 4, 1) 的耗费为 25；(1, 4, 3, 2, 1) 为 59。故 (1, 3, 2, 4, 1) 是该网络中最小耗费的旅行。

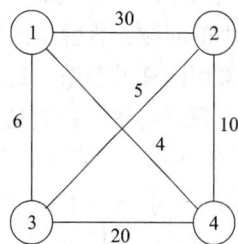

图 9 - 4 旅行商问题

旅行是包含所有顶点的一个循环，故可以把任意一个点作为起点(因此也是终点)。针对该问题，任意选取点 1 作为起点和终点，则每一个旅行可用顶点序列 1, v_2, …, v_n, 1 来描述，v_2, …, v_n 是 (2, 3, …, n) 的一个排列。可能的旅行可用一棵树来描述，其中每一个从根到叶的路径定义了一个旅行。图 9 - 5 给出了一棵表示四顶点网络的树。从根到叶的路径中各边的标号定义了一个旅行(还要附加上 1 作为终点)。例如，到节点 L 的路径表示了旅行 (1, 2, 3, 4, 1)，而到节点 O 的路径表示了旅行 (1, 3, 4, 2, 1)。网络中的每一个旅行都由树中的一条从根到叶的确定路径来表示。因此，树中叶的数目为 (n - 1)!。

回溯算法将用深度优先方式从根节点开始，通过搜索解空间树发现一个最小耗费的旅行。对题中网络，利用前页的解空间树，一个可能的搜索为 ABCFL。在 L 点，旅行 (1, 2, 3, 4, 1) 作为当前最好的旅行被记录下来。它的耗费是 59。从 L 点回溯到活节点 F。由于 F 点是没有被检查的孩子，所以它成为死节点，回溯到 C 点。C 变为 E - 节点，向前移动到 G，然后是 M。这样构造出了旅行 (1, 2, 4, 3, 1)，它的耗费是 66。既然它不比当前的最佳旅行好，抛弃它并回溯到 G，然后是 C，B。从 B 点，搜索向前移动到 D，然后是 H，N。这个旅行 (1, 3, 2, 4, 1) 的耗费是 25，比当前的最佳旅行好，把它作为当前的最好旅行。从 N 点，搜索回溯到 H，然后是 D。在 D 点，再次向前移动，到达 O 点。如此继续下去，可搜索完整树，得出 (1, 3, 2, 4, 1) 是最少耗费的旅行。

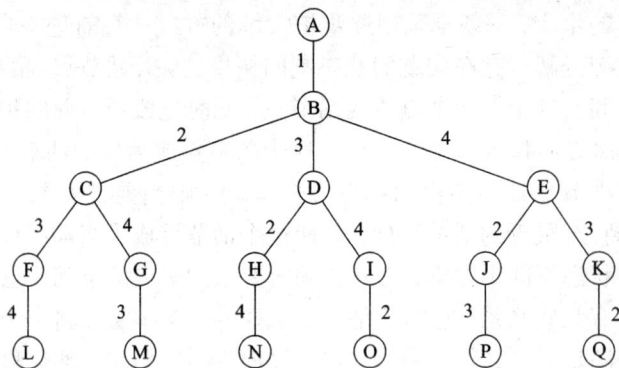

图 9-5 表示四顶点网络的树

9.3.3 递归

能采用递归描述的算法通常有这样的特征：为求解规模为 N 的问题，设法将它分解成规模较小的问题，然后由这些小问题的解方便地构造出大问题的解，并且这些规模较小的问题也能采用同样的分解和综合方法，分解成规模更小的问题，并从这些更小问题的解构造出规模较大问题的解。特别地，当规模 $N=1$ 时，能直接得解。

【例 9-5】 编写一个函数 fac，计算阶乘 $n!$

解 $n!$ 不仅是 $1 \times 2 \times 3 \times \cdots \times n$，还可以定义为：

设 $f(n) = n!$

则 $f(n) = \begin{cases} 1 & \text{当 } n = 0 \\ n \times f(n-1) & \text{当 } n > 0 \end{cases}$

C 语言表述如下：

```
int f( int n)
{
      if( n = =0)
          return 1;
      else
          return n * f( n - 1);
}
```

从程序书写来看，在定义一个函数时，若在函数的功能实现部分又出现对它本身的调用，则称该函数是递归的或递归定义的。

从函数动态运行来看，当调用一个函数 A 时，在进入函数 A 且还没有退出（返回）之前，又再一次由于调用 A 本身而进入函数 A，则称之为函数 A 的递归调用。

9.3.4 分治法

分治法是基建于多项分支递归的一种很重要的算法范式。其字面解释是"分而治之"，即把一个复杂的问题分成两个或更多相同或相似的子问题，直到最后子问题可以简单地直接求解，原问题的解也就是子问题的解的合并。

1. 分治法运用的条件

①该问题的规模缩小到一定的程度就可以容易地解决。

②该问题可以分解为若干个规模较小的相同或相似的子问题，即该问题具有最优子结构性质。

③利用该问题分解出的子问题的解可以合并为该问题的解。

④该问题所分解出的各个子问题是相互独立的，即子问题之间不包含公共的子问题。

2. 分治法运用的一般步骤

①分解。将原问题分解为若干个相互独立、规模较小、与原问题相同或相似的子问题。

②求解子问题。容易求出若干个子问题的解，如果不能，则继续分解子问题，直到能够快速求解为止。

③合并。将已求得的各子问题的解合并为原问题的解。

【例 9 – 6】 分析分治法在安排循环赛中的应用。

设有 n 位选手参加羽毛球循环赛，循环赛共进行 $n-1$ 天，每位选手要与其他 $n-1$ 位选手比赛一场，且每位选手每天比赛一场，不能轮空，按以下要求为比赛安排日程。

(1) 每位选手必须与其他 $n-1$ 位选手比赛一场；

(2) 每个选手每天只能比赛一场；

(3) 循环赛一共进行 $n-1$ 天。

解： 此算法设计中，对于 n 为 2 的幂次方时，较为简单，可以运用分治法，即将参赛选手分成两部分，再继续递归分割，直到只剩下 2 位选手比赛。通过逐步合并子问题的解，即可求得原问题的解。

算法设计如下：

```
void arrangement( int n, int N, int k, int a[100][100])    // n 为参赛人数，N 为天数，k
为幂次数
    {
    for( int i = 1;i < = N;i + + )
     a[1][i] = i;
    int m = 1;
    for ( int s = 1;s < = k;s + + )
    {
      N/ = 2;
      for( int t = 1;t < = N;t + + )
    {     for( int i = m + 1;i < = 2 * m;i + + )
         for( int j = m + 1;j < = 2 * m;j + + )
{ a[i][j + (t-1) * m * 2] = a[i-m][j + (t-1) * m * 2 - m];  //右下角的值等于左上
角的值
     a[i][j + (t-1) * m * 2 - m] = a[i-m][j + (t-1) * m * 2];  //左下角的值等于右上
角的值
       }
```

```
        }
        m * = 2;
    }
}
```

在此算法中，先是对一个参赛人员进行安排，然后定义一个初始化值为 1 的 m 来控制每一次填充表格时 i(i 表示行) 和 j(j 表示列) 的起始填充位置，用一个 for 循环将原问题分成几个部分，再用一个 for 循环对每个部分进行划分。最后根据划分和分治法，进行对角线的填充。

简单地说，就是由对一个人的安排扩充到两个人，再是四个人，等等。由比赛规则确定的，一人一天只能比赛一场，因此两人的比赛安排在一天中是对角形式的。

分析算法的时间性能，迭代处理的循环体内是 2 个循环语句，基本的语句是赋值，也就是填写比赛日程表中的元素，基本的语句执行次数为：$T(n) = \sum_{i=0}^{2^{k-1}} \sum_{j=0}^{2^{k-1}} 3 = 0(4^k)$。

当 n 为奇数时，至少举行 n 轮比赛，这时每轮必有一支球队轮空。为了统一奇数偶数的不一致性，当 n 为奇数时，可以加入第 $n+1$ 支球队(虚拟球队，实际上不存在)，并按 $n+1$ 支球队参加比赛的情形安排比赛日程，那么 n(n 为奇数) 支球队时的比赛日程安排和 $n+1$ 支球队时的比赛日程安排是一样的。只不过每次和 $n+1$ 队比赛的球队都轮空。所以，我们只需考虑 n 为偶数时的情况。将最后得出的结果，对 $n+1$ 进行赋 0 操作就可以。并且把对 $n+1$ 参赛人员的安排进行赋 0 操作。

例如：当 $n=3$ 时：

1	2	3	4
2	1	4	3
3	4	1	2
4	3	2	1

⇒

1	2	3	0
2	1	0	3
3	0	1	2
0	0	0	0

因此对算法进行改进，把第 m 号虚的选手去掉(换作 0)：

```
void replaceVirtual( int m)
{
    int i, j;
    for( i =0; i < m-1; i + + )   //行：对应选手号 1 ~ m-1
    {
        for ( j =0; j < = m; j + + ) //列：比行要多 1
            a[i][j] =  (a[i][j] = =m)? 0: a [i][j];
    }
    return;
}
```

但当 n 为偶数，而 $n/2$ 为奇数时，递归返回的轮空的比赛就要作进一步处理。可以在前

$n/2$ 轮比赛中让轮空选手与下一个未参赛选手进行比赛。

具体算法设计为：

```
void copyodd(int m)
{
    int i, j;
    for (j=0; j<=m; j++)        //1.求第2组的安排(前m天)
    {
        for (i=0; i<m; i++)//行
        {
            if (a[i][j]! =0)
            {
                a[i+m][j]=a[i][j]+m;
            }
            else    //特殊处理：两个队各有1名选手有空，安排他们比赛
            {
                a[i+m][j] = i+1;
                a[i][j]   = i+m+1;
            }
        }
    }
    for(i=0, j=m+1; j<2*m; j++)
    {
        a[i][j]        = j+1;          //2. 1号选手的后m-1天比赛
        a[ (A[i][j] -1) ][j] = i+1;    //3.他的对手后m-1天的安排
    }
    for (i=1; i<m; i++)            //第1组的其他选手的后m-1天的安排
    {
        for (j=m+1; j<2*m; j++)
        {//2.观察得到的规则一：向下m+1~2*m循环递增
            A[i][j] = ((A[i-1][j] +1)%m= =0)? A[i-1][j] +1: m + (A[i-1][j] +1)%m;
            //3.对应第2组的对手也要做相应的安排
            A[ (A[i][j]-1) ][j] = i+1;
        }
    }
    return;
}
```

3. 算法时间复杂度分析

当 $n/2$ 为奇数时，迭代处理的循环体内部有 2 个循环结构，基本语句是循环体内的赋值

语句,即填写比赛日程表中的元素。基本语句的执行次数是:

$$T(n) = \sum_{i=0}^{2^{k-1}-1} 2 + \sum_{i=0}^{2^{k-1}} \left(\sum_{j=0}^{2^{k-1}} 2 + \sum_{i=0}^{2^{k-1}} 2 \right) = 0(4^k)$$

此时的时间复杂度为$0(4^k)$。

因此,总体实现的算法复杂度为$0(4^k)$。

4. 整体程序运行结果及其分析

当n为3时,有

请输入选手人数:3
第1列是选手编号

1	2	3	0
2	1	0	3
3	0	1	2

在n为3时就出现了$n/2$为奇数的情况,因此在分组时,会出现空选选手,故应对其进行加1操作,使之成为偶数,并在最后对此添加的偶数进行0的替换。

当输入的n为7,8时,有:

请输入选手人数:7
第1列是选手编号

1	2	3	4	5	6	7	0
2	1	4	3	6	5	0	7
3	4	1	2	7	0	5	6
4	3	2	1	0	7	6	5
5	6	7	0	1	2	3	4
6	5	0	7	2	1	4	3
7	0	5	6	3	4	1	2

请输入选手人数:8
第1列是选手编号

1	2	3	4	5	6	7	8
2	1	4	3	6	5	8	7
3	4	1	2	7	8	5	6
4	3	2	1	8	7	6	5
5	6	7	8	1	2	3	4
6	5	8	7	2	1	4	3
7	8	5	6	3	4	1	2
8	7	6	5	4	3	2	1

比较上面两个不同参赛人数的比赛安排,会发现其实它们没有什么本质的差别。当n为8时,符合2的整数次幂,因此刚好安排,不留空选,但当n为7时,为奇数,需要做加1操作,当它加1操作完后,就符合2的整数次幂,因此在最后的赋0操作中将号码为8的赋以0,并且去除8的比赛,因此会发现当n为7或者n为8时,结果是很相似的。

而且从程序的设计和比较上分析,可以明显地感觉到当n为8比n为7时,程序所执行的步骤要少，为此，修改一下，使之能够检测出从程序开始运行到结束所花费的时间。

在相同环境下运行的结果：

> 请输入选手人数：7
> 第 1 列是选手编号
> 　1　2　3　4　5　6　7　0
> 　2　1　4　3　6　5　0　7
> 　3　4　1　2　7　0　5　6
> 　4　3　2　1　0　7　6　5
> 　5　6　7　0　1　2　3　4
> 　6　5　0　7　2　1　4　3
> 　7　0　5　6　3　4　1　2

CPU 运行时间为：1.687000 seconds

> 请输入选手人数：8
> 第 1 列是选手编号
> 　1　2　3　4　5　6　7　8
> 　2　1　4　3　6　5　8　7
> 　3　4　1　2　7　8　5　6
> 　4　3　2　1　8　7　6　5
> 　5　6　7　8　1　2　3　4
> 　6　5　8　7　2　1　4　3
> 　7　8　5　6　3　4　1　2
> 　8　7　6　5　4　3　2　1

CPU 运行时间为：1.562000 seconds

虽然每次运行的时间不同，但都是 n 为 8 运行的时间比 n 为 7 时运行的时间短。

9.3.5　贪心算法

所谓贪心算法，是指在对问题求解时，总是做出在当前看来是最好的选择。也就是说，不从整体最优上加以考虑，它所做出的仅是在某种意义上的局部最优解。

贪心算法没有固定的算法框架，算法设计的关键在于贪心策略的选择。必须注意的是，贪心算法不是对所有问题都能得到整体最优解，选择的贪心策略必须具备无后效性，即某个状态以后的过程不会影响以前的状态，只与当前状态有关。因此，一定要仔细分析所采用的贪心策略是否满足无后效性。

1. 贪心算法的基本思路

①建立数学模型来描述问题。

②把求解的问题分成若干个子问题。

③对每一子问题求解，得到每个子问题的局部最优解。

2. 贪心算法适用的问题

贪心策略适用的前提是：局部最优策略能产生全局最优解。

实际上，贪心算法适用的情况很少。一般地，分析一个问题是否适用于贪心算法，可以先选择对该问题下的几个实际数据进行分析，就可做出相应判断。

3. 贪心策略的选择

由于贪心算法只能通过解局部最优解的策略来达到全局最优解，因此，一定要注意判断问题是否适合采用贪心算法策略、找到的解是否一定是问题的最优解。

【例 9-7】 ［背包问题］有一个背包，背包容量是 $M=150$。有 7 个物品，物品可以分割成任意大小。要求尽可能让装入背包中的物品总价值最大，但不能超过总容量。

物品 A B C D E F G

重量 35 30 60 50 40 10 25

价值 10 40 30 50 35 40 30

解：目标函数：$\sum pi$ 最大

约束条件是装入的物品总重量不超过背包容量：$\sum wi \leq M(M=150)$

（1）根据贪心算法策略，每次挑选价值最大的物品装入背包，得到的结果是否最优？

（2）每次挑选所占重量最小的物品装入是否能得到最优解？

（3）每次选取单位重量价值最大的物品，成为解本题的策略。

值得注意的是，贪心算法并不是完全不可以使用，贪心策略一旦经过证明成立后，它就是一种高效的算法。

贪心算法之所以成为很常见的算法之一，主要是由于它简单易行，构造贪心策略不是很困难。可惜的是，它需要证明后才能真正运用到题目的算法中。

一般来说，贪心算法的证明围绕着：整个问题的最优解一定由在贪心策略中存在的子问题的最优解得来的。

对于例题中的 3 种贪心策略，都是无法成立（无法被证明）的，解释如下。

（1）贪心策略：选取价值最大者。反例：

W=30

物品：A B C

重量：28 12 12

价值：30 20 20

根据策略，首先选取物品 A，接下来就无法再选取了，可是，选取 B、C 则更好。

（2）贪心策略：选取重量最小。它的反例与第一种策略的反例类似。

（3）贪心策略：选取单位重量价值最大的物品。反例：

W=30

物品：A B C

重量：28 20 10

价值：28 20 10

根据策略，三种物品单位重量价值一样，程序无法依据现有策略作出判断，如果选择 A，则答案错误。

9.4　数据结构

9.4.1　数据结构的概念

数据与其操作是紧密关联的，不同数据有不同操作。以数据为核心与建立在其上的操作相结合构成了一个完整的可供应用的实体，称为数据结构（data structure）。这是广义上的数据结构。

9.4.2　常用的数据结构

目前，常用的数据结构有三种，分别是线性结构、树结构及图结构。这三种结构基本上包括了日常使用的数据结构。

1. 线性结构

数据元素间关系按顺序排列的结构称为线性结构（linear structure），可用图 9 - 6 所示的形式表示。

图 9 - 6　线性结构图示

线性结构具有以下特点：
- 在线性结构中有唯一的"第一个"数据元素——首元素。
- 在线性结构中有唯一的"最后一个"数据元素——尾元素。
- 每个数据元素有且仅有一个前驱（数据）元素（首元素除外）。
- 每个数据元素有且仅有一个后继（数据）元素（尾元素除外）。

对于线性结构可以抽象表示如下：

由 n（n 为整数）个数据元素（简称元素）a_i（$i = 1, 2, 3, \cdots, n$），顺序排列所组成的序列：

$$L = (a_1, a_2, \cdots, a_n)$$

称为 n 个元素的线性结构。

在线性结构 L 中，a_1 称为首元素，a_n 称为尾元素，元素 a_i（$i < 0$）有唯一一个后继元素 a_{i+1}，元素 a_i（$i > 0$）有一个唯一的前驱元素 a_{i-1}。当 $n = 0$ 时，称为空结构。

线性结构按不同的操作约束可分为三种类型，分别是线性表、栈和队列。下面分别进行介绍。

1）线性表

在线性结构基础上对操作不作特殊约束的数据结构称为线性表（linear list）。线性表中有如下若干种操作。

（1）表的结构操作。

①创建表。

- 操作表示：Creatlist( )（下面均用 C 中函数表示）

- 操作功能：建立一个空线性表，返回表名，如 L。

②判表空。

- 操作表示：EmptyList(L)
- 操作功能：判断 L 是否为空表，若是则返回 1，否则返回 0。

③表长。

- 操作表示：LenList(L)。
- 操作功能：求线性表 L 中元素的个数 n，返回 n。

(2)表的值操作。

①按编号查找。

- 操作表示：GetList(L，i)。
- 操作功能：从表 L 中查找 i 号元素的值，若成功则返回该值，否则返回 0。

②按特征查找。

- 操作表示：LocateList(L，x)。
- 操作功能：从表 L 中查找值为 x 的元素位置，若成功则返回元素位置编号 i，否则返回 0。

③插入。

- 操作表示：InsertList(L，i，x)。
- 操作功能：在表 L 中把 x 作为值插入 i 号元素之前，若插入成功则返回 1，否则返回 0。

④修改。

- 操作表示：UpdateList(L，i，x)
- 操作功能：在表 L 中将 i 号元素的值修改为 x。若成功则返回 1，否则返回 0。

⑤删除。

- 操作表示：DeleteList(L，i)
- 操作功能：在表 L 中删除 i 号元素。若成功则返回 1，否则返回 0。

用户可以用上面的 8 种操作对线性表结构数据作查询以及其他复杂的操作。

【例 9-8】 设线性结构表示如下。

L：(王立，张利民，张静，桂本清，周先超)

它是一份学生名单，请据此回答以下问题。

(1)名单中是否有周先超其人，它可用下面的操作表示：

LocateList(L，周先超)

返回：5

表示确有"周先超"其人

(2)查找名单中第三个人，它可用下面的操作表示 GetList(L，3)。

返回：张静

表示第三个人为：张静

(3)在名单中删除第三个人，在首部增加两个人：张帆、徐冰心。

它可用下面的三个操作表示 DeleteList(L，3)

InsertList(L，1，'徐冰心')

InsertList(L，1，'张帆')

经上面三个操作后，原有线性结构中的数据变成下面所列的数据：

(张帆，徐冰心，王立，张利民，桂本清，周先超)

2)栈

栈(stack)是一种特殊的线性结构，即是在操作上受限的一种线性结构。

(1)栈的定义。

栈从结构上看是一种线性结构，但它的操作有如下限制：

- 栈的值操作只有三种：查询、插入与删除。
- 栈的值操作仅对首元素进行。

从这两点可以看出，栈犹如一个一端开口而另一端封闭的容器。其中，开口的一端称为栈顶(top)，封闭的一端称为栈底(bottom)。栈的值操作(查询、插入与删除)只能在栈顶进行。

在栈中可以用一个"栈顶指针"指示最后插入栈中的元素位置，可以用一个"栈底指针"指示栈底位置。不含任何元素的栈称为空栈，也就是说，空栈中栈顶指针即为栈底指针。

队列(queue)也是一种特殊的线性结构，即是操作上受限的线性结构。

(2) 栈的操作。

栈的结构操作主要如下。

①创建栈。

- 操作表示：CreatStack( )
- 操作功能：建立一个空栈，返回栈名，如S。

②判栈空。

- 操作表示：EmptyStack(S)
- 操作功能：判定栈S是否为空栈，若是则返回1，否则返回0。

③求栈长。

- 操作表示：LenStack(S)
- 操作功能：求栈S中元素的个数n，返回n。栈的值操作主要如下。

④压栈。

- 操作表示：PushStack(S, x)
- 操作功能：在栈S中将值x插入栈顶。若插入成功则返回1，否则返回0。

⑤弹栈。

- 操作表示：PopStack(S)
- 操作功能：在栈S中删除栈顶元素。若删除成功则返回1，否则返回0。

⑥读栈。

- 操作表示：GetStack(S)
- 操作功能：读出栈S中栈顶的值。若读出成功返回该值，否则返回0。

3)队列

队列(queue)也是一种特殊的线性结构，即是操作上受限的线性结构。

(1)队列的定义。

队列从结构上看是一种线性结构，但它的操作有如下限制：

- 队列的值操作只有三种：查询、插入与删除。

队列的值操作仅对线性结构的一端进行，其中删除与查询仅对首元素，而插入仅对尾元素。从这两点可以看出，队列犹如一个两端开口的管道，允许删除与查询的一端称为队首（front），允许插入的一端称为队尾（rear），队首与队尾均有一个指针，分别为队首指针与队尾指针，用以指示队首与队尾的位置。不含元素的队列称为空队列，也就是说，空队列中的队首指针即为队尾指针。

为形象起见，队列的三个值操作：删除、插入及查询，有时可分别称为出队、入队及读队首。在队列的值操作中，先入队的必然先出队，这是队列操作的一大特色，它可称为先进先出（first in first out，FIFO），所以队列有时称为先进先出表。

队列的例子有很多，日常生活中的"排队上车"及"排队购物"均是按队列结构组织并按"先进先出"原则进行的。在计算机中，操作系统的"请求打印机打印"即是进程按队列结构组织排队并按"先来先服务"原则进行进程调度。

（2）队列操作。

队列的结构操作主要如下。

①创建队列。

- 操作表示：CreatQueue( )
- 操作功能：建立一个空队列，返回队列名，如 Q。

②判队列空。

- 操作表示：EmptyQueue(Q)
- 操作功能：判队列是否为空队列，若是则返回 1，否则返回 0。

③求队列长。

- 操作表示：LenQueue(Q)
- 操作功能：求队列 Q 中元素的个数 n；返回个数 n。

队列的值操作主要如下：

①队列插入。

- 操作表示：InsertQueue(Q，x)
- 操作功能：在队列 Q 中将值 x 插入队尾处。若插入成功则返回 1，否则返回 0。

②队列删除。

- 操作表示：DeleteQueue(Q)
- 操作功能：在队列 Q 中删除队首元素。若删除成功则返回 1，否则返回 0。

③取队列。

- 操作表示：GetQueue(Q)
- 操作功能：读出队列 Q 中队首元素的值。若成功则返回该值，否则返回 0。

2. 树结构

1）树结构介绍

数据元素间关系按树状形式组织的结构称为树结构（tree structure）。它可用图 9 - 7 所示的形式表示。

树结构的特性如下：

（1）树中的每个数据元素都是节点。两节点间有前驱与后继关系，可用直线段连接。

（2）树中有且仅有一个无前驱的节点称为根（root）。图 9 - 7 中，节点 a 为根。

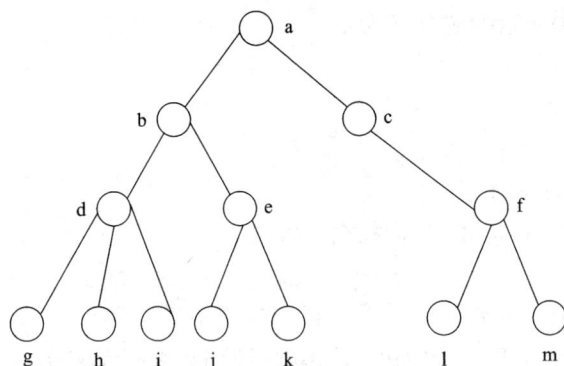

图 9 - 7　树结构示意图

（3）树中有若干个无后继的节点称为叶（leaf）。图 9 - 7 中节点 g、h、i、j、k、l、m 为叶。

（4）树中有若干个节点，它们仅有一个前驱节点并有 m（m≥1）个后继节点，此节点称为分支节点或分支（branch）。图 9 - 7 中节点 b、c、d、e、f 为分支。

树结构的例子有很多，如计算机中的网络布线中的树状结构、操作系统中文件目录的树结构以及日常家族中父子（或双亲子女）关系构成的家属树结构等。

【例 9 - 9】　可用树结构表示家属关系。

设有某祖先 a 生有两个儿子 b 与 c，他们又分别生有三个儿子，分别是 d、e、f 及 g、h、i。而 d 与 g 又分别生有一个儿子 j 与 k。这个四世（代）同堂的家属通过父子（或双亲子女）关系构成一株树结构，称为家属树，如图 9 - 8 所示。由于用树结构表示家属关系特别形象，因此树结构中的一些术语常用家族关系命名。下面举几个例子进行说明。

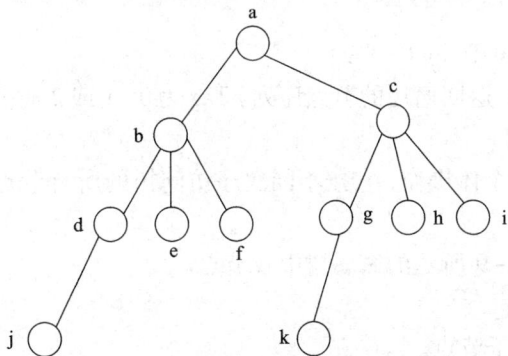

图 9 - 8　家属关系图

父（或双亲）节点：一个节点的前驱节点称为该节点的父（或双亲）节点。

子（或子女）节点：一个节点的后继节点称为该节点的子（或子女）节点。

兄弟节点：具有相同父节点的节点称为兄弟节点。从树结构中可以看出，一株树由一个根、若干叶以及中间若干层分支所组成。树是有层次的，根为第一层，叶是最后层，中间分支占有若干层。图 9 - 8 中，树共有 4 层，第一层为根，第二、三层为分支，第四层为叶。由于树具有层次性，因此树结构又称层次结构。树的层次数称为树的高度或深度，高度为 0 的树称为空树。图 9-8 中所示的树高度为 4。

2）树操作

树结构的操作主要如下。

（1）创建树。

- 操作表示：CreatTree( )
- 操作功能：建立一个空树，返回树名，如 T。

（2）判树空。

- 操作表示：EmptyTree(T)
- 操作功能：判定树 T 是否为空树，若是则返回 1，否则返回 0。

（3）求树高。

- 操作表示：HightTree(T)
- 操作功能：求树 T 的高度，返回高度数。树的值操作主要如下。

①求根节点。

- 操作表示：GetTreeRoot(T)
- 操作功能：求树 T 的根值。若成功则返回其值，否则返回 0。

②求父节点。

- 操作表示：GetTreeParent(T, d)
- 操作功能：在树 T 中求节点为 d 的父节点值。若成功则返回其值，否则返回 0。

③求子节点。

- 操作表示：GetTreeChild(T, d, i)
- 操作功能：在树 T 中求节点为 d 的第 i 个子节点其值。若成功则返回其值，否则返回 0。

④树的遍历。

- 操作表示：Traversal Tree(T, Tag)
- 操作功能：遍历 T，返回遍历的节点序列，Tag 为 0、1 或 2 时分别表示不同的遍历。方式性结构转换成线性结构。

注：遍历是树的一种个体操作，它按不同次序访问树的所有节点一次，其目的是将非线性结构转换成线性结构。

【例 9-10】 在例 9-9 所示的家属树中找节点。

（1）找出 h 的父节点。

（2）找出 d 的第一个子节点。

解：它可以用下面的操作完成：

（1）GetTreeParent(T, h)

（2）GetTreeChild(T, d, l)

3. 图结构

1）图结构介绍

在线性表和树结构中，数据元素间的关系是受一定限制的，而图结构则不受任何约束，亦即是说，数据元素间具有最为广泛而不受限制的关系的结构称为图结构（graph structure）。

在图结构中，数据元素称为节点，它们构成集合 $V = \{v_1, v_2, \cdots, v_n\}$；而数据元素间的关系称为边 e，它们构成集合 $E = \{e_1, e_2, \cdots, e_n\}$。一般地，边可用一个节点对表示：$e_j = (v_{j1}, v_{j2})$，这是一种无序的节点对，即双向的关系。而一个图 G 是由节点集 V 与边集 E 所组成的，可记为 $G = (V, E)$，又称无向图。特殊情况下，节点对也可以是有序的（即单向的关系），此时它可表示为：$e_j = <v_{j1}, v_{j2}>$，它所组成的图 G 称为有向图。

【例 9 – 11】城市间的通航关系可用图结构表示。例如，有五个城市：南京、上海、杭州、北京与西安。它们间有四条航线：南京与上海、南京与北京、南京与西安、南京与杭州。它可以构成一个无向图，表示如下：

$G = (V, E)$

$V = \{$南京，上海，杭州，北京，西安$\}$

$E = \{$（南京，上海），（南京，北京），（南京，西安），（南京，杭州）$\}$

这个图结构可用图 9 – 9 来表示。

在图结构中，有几个重要的概念。

（1）图中有边相连的节点称为邻接节点。在有向图的边 $<v_i, v_j>$ 中，节点 v_i 称为起点，节点 v_j 称为终点。

（2）在有向图中，以节点 v 为边的起点的数目称为 v 的入度，记为 $\text{ID}(v)$；以 v 为边的终点的数目称为 v 的出度，记为 $\text{OD}(v)$。v 的入度与出度之和则称为 v 的度，记为 $\text{TD}(v)$。在无向图中，以节点 V 为邻接节点的边数称为 v 的度，记为 $\text{TD}(v)$。

2）图操作

图一般有如下一些操作。

①创建图。

● 操作表示：CreatGraph(G, V, E)

● 操作功能：建立一个由节点集 V 与边集 E 所组成的图 G。

②查找节点。

● 操作表示：LocateNode(G, x)

● 操作功能：在图 G 中查找值为 x 的节点。成功则返回该节点，否则返回 0。

③查找邻接节点。

● 操作表示：LocateAdjnode(G, n)

● 操作功能：在图 G 中查找节点 n 的所有邻接节点。成功则返回该节点，否则返回 0。

④求有向图节点的度。

● 操作表示：GetDegOfDig(G, n, tag)

● 操作功能：求图 G 中节点 n 的入度（tag = 0）、出度（tag = 1）及度（tag = 2）。成功则返回度，否则返回 0。

注：有向图 G 中节点 n 的度表示与 n 相连的边数，其中箭头指向 n 的称入度，而反向的称出度

⑤求无向图节点的度。

● 操作表示：GetDegofUndig(G, n)

● 操作功能：求图 G 中节点 n 的度。成功则返回度，否则返回 0。

⑥插入节点。

- 操作表示：InsertNode(G, x, n)
- 操作功能：在图 G 中插入一个值为 x 的新节点 n。成功则返回 1，否则返回 0。

⑦删除节点。
- 操作表示：DeleteNode(G, n)
- 操作功能：在图 G 中删除节点 n 及相关联的边。成功则返回 1，否则返回 0。

⑧删除边。
- 操作表示：DeleteEdge(G, u, v)
- 操作功能：在图 G 中删除节点 u 与 v 间的边。成功则返回 1，否则返回 0。

⑨插入边。
- 操作表示：InsertEdge(G, u, v, tag)
- 操作功能：在图 G 中添加一条节点 u 到 v 的边。当 tag = 1 时为无向图，tag = 0 时为有向图。插入成功则返回 1，否则返回 0。

【例 9 - 12】 在图 9 - 9 所示的航线图中增加一个新航点沈阳，并新增航线：南京—沈阳。

解：它可用下面的操作实现。

InsertNode(G, "沈阳", "南京", 0)。经此操作后，图 9 - 9 所示的航线图变为图 9 - 10 所示的航线图。

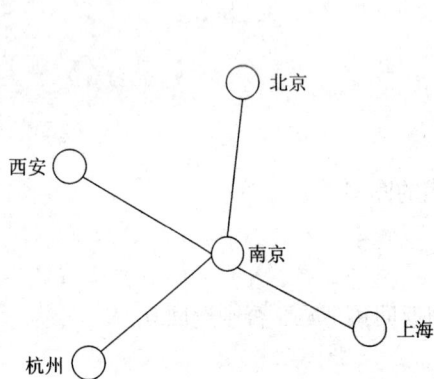

图 9 - 9　城市间通航图　　　　图 9 - 10　城市间通航新图

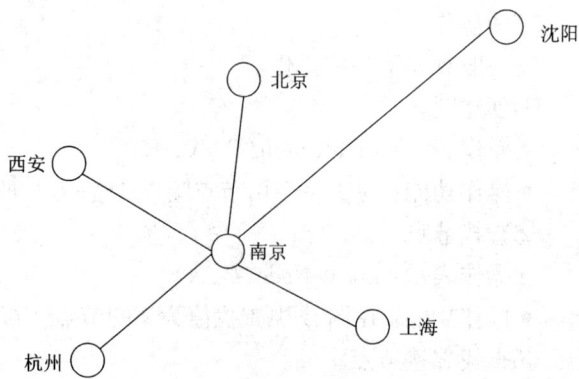

9.5　本章小结

算法与数据结构是计算机学科的两大基石，它对程序设计与数据起着支撑作用。数据与其操作构成数据结构。本章介绍了常用的三种数据结构：线性结构、树结构和图结构。算法是研究计算过程的学科，算法的五大特征是可行性、确定性、有穷性、输入、输出；算法描述的三种方式是形式化描述、半角式描述、非形式化描述；算法设计有穷举法、递归法、分治法、回溯法；算法评价包括算法正确性、算法时间效率、算法空间效率。

思考题与习题

一、思考题

1. 什么是算法？它有哪些特征？

2. 算法有哪几种描述方法？

3. 请给出算法设计的四种常用方法，并予以说明。

4. 什么叫数据结构？请给出它的定义。

5. 设有算法 A1、A2，它们执行时间分别为：

$f1(n) = 7n - 3$

$f2(n) = 9n2 + 13n + 4$

请计算它们的 T1(n)与 T2(n)。

二、选择题

1. 在计算机中，算法是指(　　　)。

A. 加工方法　　　　　　　　　B. 解题方案的准确而完整的描述

C. 排序方法　　　　　　　　　D. 查询方法

2. 网络爬虫采用的算法策略是(　　　)。

A. 递归法　　　　　　　　　　B. 动态规划

C. 分治法　　　　　　　　　　D. 回溯法

3. 数据结构作为计算机的一门学科，主要研究数据的逻辑结构、对各种数据结构进行的运算，以及(　　　)。

A. 数据的存储结构　　　　　　B. 计算方法

C. 数据映象　　　　　　　　　D. 逻辑存储

三、填空题

1. 算法一般应包含的特性有(　　　)、(　　　)、(　　　)、(　　　)、(　　　)。

2. (　　　)又称列举法、枚举法，其基本思想是逐一列举问题所涉及的所有情形，并根据问题提出的条件检验哪些是问题的解，哪些应予以排除。

3. (　　　)是一种选优搜索法，按选优条件向前搜索，以达到目标。

4. 所谓(　　　)，就是一个函数或过程可以直接或间接地调用自己。

5. (　　　)的设计思想是将一个难以直接解决的大问题，分割成一些规模较小的相同问题，以便各个击破，分而治之。

6. 数据的逻辑结构有(　　　)和(　　　)两大类。

第10章 程序设计基础

在了解了计算机模型、计算理论、算法、数据结构之后，我们如何利用计算机编写程序来解决实际问题？本章将对程序设计进行概述，并以 Python 为例讲解三种基本的程序控制结构。

【学习目标】

1. 了解程序设计语言、程序设计的基本概念，了解常用的程序设计语言。
2. 理解结构化程序设计和面向对象程序设计的基本思想。
3. 了解利用 Python 语言设计程序。
4. 了解程序设计的三种基本控制结构。

10.1　程序设计概述

10.1.1　程序设计语言的概念

1. 计算机语言

有一种语言叫自然语言，是人类在自身发展过程中形成的语言，如汉语、英语、日语等。它是人与人之间交流的一种语言。而计算机目前不能识别、理解和执行人类的自然语言。人们要与计算机交流信息，使计算机按人的意图工作，必须解决人与计算机之间的"语言"问题。由此，计算机语言诞生了。计算机语言就是这种用于人与计算机之间通信的人工语言。其中，程序设计语言是最为重要的计算机语言。

2. 程序设计语言

程序设计语言简称编程语言，是人们用计算机解决问题的方法的具体体现，是人与计算机进行交流和通信的语言。人们使用程序设计语言进行程序设计，为计算机编写规则，让计算机按自己的意愿自动处理数据，因此程序设计语言提供了一种表达数据和处理数据的功能。

3. 程序设计语言的发展

程序设计语言的发展是一个不断演化的过程。人类要与计算机进行交流，就必须要有一种语言具备这样的特点：计算机"看得懂"，人能掌握和书写。而二进制是计算机能直接识别和执行的，并且能为人掌握和书写。因此，机器语言就诞生了，机器语言实际上就是二进制组成的语言。后来程序设计语言不断发展，还经历了汇编语言和高级语言等几个阶段。

高级语言采取了类似自然语言的编程语言，在书写和书写习惯上接近自然语言，从而使得程序编写更加容易。但计算机并不能直接执行高级语言，计算机能直接执行的只有二进制。因此，一个高级语言程序在交付给具体的计算机执行时需要翻译为机器语言，人们称之为编译。编译器和解释器就是做这项翻译工作的软件。如 C 语言就是编译型的程序设计语言，也就是说，运行一个 C 语言程序，先要将其编译成机器语言，计算机才能执行。

10.1.2　程序设计方法

目前来说，程序设计方法主要有结构化程序设计和面向对象程序设计。以下分别进行说明。

1. 结构化程序设计

结构化程序设计方法即"面向结构"的程序设计方法，是"面向过程"方法的改进，结构上将软件系统划分为若干功能模块，各模块按要求单独编程，再由各模块连接，组合构成相应的软件系统。该方法强调程序的结构性，所以容易做到易读、易懂。该方法思路清晰，做法规范，深受设计者青睐。

结构化程序设计强调程序设计风格和程序结构的规范化，提倡清晰的结构。怎样才能得到一个结构化的程序呢？如果我们面临一个复杂的问题，是难以一下子写出一个层次分明、结构清晰、算法正确的程序的。结构化程序设计方法的基本思路是，把一个复杂问题的求解过程分阶段进行，每个阶段处理的问题都控制在人们容易理解和处理的范围内。

具体来说，采取以下方法保证得到结构化的程序：

①自顶向下；②逐步细化；③模块化设计；④结构化编码。

在接受一个任务后应怎样着手进行呢？有两种不同的方法：一种是自顶向下，逐步细化；另一种是自下而上，逐步积累。以写文章为例来说明这个问题。第一种方法：写文章之前会先设想好整个文章分成哪几个部分，然后再进一步考虑每一部分分成哪几节，每一节分成哪几段，每一段应包含什么内容。用这种方法逐步分解，直到作者认为可以直接将各小段表达为文字语句为止。第二种方法：写文章时不拟提纲，如同写信一样提笔就写，想到哪里就写到哪里，直到他认为把想写的内容都写出来了为止。显然，用第一种方法考虑周全，结构清晰，层次分明，作者容易写，读者容易看。如果发现某一部分中有一段内容不妥，需要修改，只需找出该部分修改有关段落即可，与其他部分无关。我们提倡用这种方法设计程序，这就是用工程的方法设计程序。

设计房屋就是用自顶向下、逐步细化的方法。先进行整体规划，然后确定建筑物方案，再进行各部分的设计，最后进行细节的设计，而决不会在没有整体方案之前先设计楼道和厕所。而在完成设计后，有了图纸之后，在施工阶段则是自下而上地实施的，用一砖一瓦先实现一个局部，然后由各部分组成一个建筑物。

我们应当掌握自顶向下、逐步细化的设计方法。这种设计方法的过程是将问题求解由抽象逐步具体化的过程。

1996 年，计算机科学家 Bohm 和 Jacopini 证明了：任何简单或复杂的算法都可以由顺序结构、选择结构和循环结构这三种基本结构组合而成。用三种基本结构组成的程序必然是结构化的程序。这种程序便于编写、阅读、修改和维护。这就减少了程序出错的机会，提高了程序的可靠性，保证了程序的质量。

2. 面向对象程序设计

结构化程序设计的核心是过程。过程即解决问题的步骤，面向过程的设计就好比精心设计好一条流水线，考虑周全，什么时候处理什么东西。它的优点是极大地降低了程序的复杂度，但不足之处在于：一套流水线或者流程只用来解决一个问题。如生产汽水的流水线无法生产汽车，即便是能，也得大改，改一个组件，牵一发而动全身。

面向对象程序设计的核心是对象。用面向对象的方法解决问题，不是将问题分解为过程，而是将问题分解为对象。对象是现实世界中可以独立存在、可以区分的实体，也可以是一些概念上的实体，世界是由许多对象组成的。对象有自己的数据(属性)，也有作用于数据的操作(方法)，将对象的属性和方法封装成一个整体，供程序设计者使用。对象之间的相互作用通过消息传递来实现。面向对象的程序设计更符合人类认识世界的方法去解决问题。

面向对象的程序设计的优点是易维护、易复用、易扩展，由于面向对象有封装、继承、多态性的特性，可以设计出低耦合的系统，使系统更加灵活、更加易于维护。其缺点是性能比面向过程低，可控性差，无法像面向过程的程序设计流水线似的可以很精准地预测问题的处理流程与结果。

面向对象的程序由对象之间的交互解决问题。它适用于需求经常变化的软件。如一般需求的变化都集中在用户层，互联网应用、企业内部软件和游戏等都是面向对象的程序设计大显身手的好地方。

10.1.3　常用程序设计语言

1. 面向过程程序设计语言

(1) FORTRAN 语言。

FORTRAN 语言是世界上最早出现的高级程序设计语言，由 John Warner Backus 提出。FORTRAN 是工程界最常用的编程语言，FORTRAN 擅长于数学函数运算，它在科学计算中发挥着极其重要的作用。

(2) Pascal 语言。

1968 年，由瑞士计算机专家 Niklaus Wirth 发明的 Pascal 语言，以法国数学家 Blaise Pascal 来命名。由于 Niklaus Wirth 发明了多种有影响的程序设计语言，并提出了结构化程序设计这一革命性概念以及"程序 = 数据结构 + 算法"这一著名公式，于 1984 年获图灵奖。

Pascal 语言是一种通用的编程语言，它首开了结构化程序设计的先河。其最大的优点是语法严谨、数据类型丰富、编程概念结构化。它成了在 C 语言问世前，风靡全球、最受欢迎的语言之一，尤其适合于教学和应用软件的开发。

(3) BASIC 语言。

BASIC 作为初学者的语言，是 1964 年由 John Kemeny 和 Thomos Kurtz 在 FORTRAN 语言的基础上开发的，BASIC 是最容易学习的语言之一。随着微型计算机的诞生和发展，BASIC 语言就被配置在微型计算机上，由于其简单易学的特点，得到了广泛的使用，也对计算机的推广应用发挥了重要的作用。比尔·盖茨曾经戏言，他可以用 BASIC 写任何一种程序。

(4) C 语言。

1972 年，美国贝尔实验室的 Kennet L. Thompson 和 Dennis M. Ritchie 共同设计、开发了 C 语言，当时主要是用于编写 UNIX 操作系统的。C 语言功能丰富，使用灵活，简洁明了，编译产生的代码短，执行速度快，可移植性强；C 语言最重要的特点是，虽然 C 语言形式上是高级语言，却具有与机器硬件打交道的底层处理能力。由于 C 语言的显著特点，因此迅速成为最广泛使用的程序设计语言之一，UNIX 也成了最流行的操作系统。C 语言既可以用来开发系统软件，也可以用来开发应用软件，应用领域很广泛。为此，Kennet L. Thompson 和 Dennis M. Ritchie 由此在 1983 年共同获得了图灵奖。

2. 面向对象程序设计语言

（1）Delphi。

Delphi 是著名的 Borland 公司开发的可视化软件开发工具。Delphi 具有以下特性：基于窗体和面向对象的方法，高速的编译器，强大的数据库支持，与 Windows 编程紧密结合，强大而成熟的组件技术，等等。但最重要的还是 Object Pascal 语言，它才是一切的根本。Object Pascal 语言是在 Pascal 语言的基础上发展起来的，简单易学。

（2）Visual FoxPro。

Visual FoxPro 是 Foxpro 与面向对象程序设计技术相结合的产物，它提供了关系数据库和应用程序开发的良好的面向对象程序设计集成环境。无论是组织信息、运行查询、创建集成的关系型数据库系统，还是为最终用户编写功能全面的数据管理应用程序，Visual FoxPro 都可以提供管理数据所需的工具，可以为应用程序或数据库开发的任何一个领域提供帮助。

（3）Visual BASIC。

Visual BASIC 是 BASIC 语言和面向对象程序设计技术相结合的产物。Visual BASIC 在语法上与 C、Pascal 相似，采用可视化界面设计和事件驱动的编程机制和基于对象的程序设计方法，有利于软件的开发和维护，极易被非计算机专业人员掌握使用。

（4）C++与 Visual C++。

1980 年，贝尔实验室的 Bjarne Stroustrup 对 C 语言进行了扩充，加入了面向对象的概念，对程序设计思想和方法进行了彻底的革命，并于 1983 年改名为 C++。由于 C++对 C 语言的兼容，而 C 语言的广泛使用使得 C++成为应用最广的面向对象程序设计语言。

（5）Java。

Java 是一个广泛使用的网络编程语言，它简单、面向对象，不依赖于机器结构，不受 CPU 和环境限制，具有可移植性、安全性，并提供了多线程机制，具有很高的性能。此外，Java 还提供了丰富的类库，使程序设计人员能很方便地建立自己的系统。

3. 其他语言

（1）COBOL。

COBOL 是 20 世纪 60 年代美国国防部支持开发的一种面向商业应用的高级语言，适合于大型计算机系统上的事务处理，它是编译执行的过程性高级语言，主要被一些专业程序员用来开发和维护大型商业集团的复杂程序。COBOL 被认为是最接近于自然语言的高级编程语言之一，曾经在微机上流行一时，但目前在一般的 PC 上已经很少有人用它开发应用。

（2）Prolog。

Prolog 是一种说明型语言，用于人工智能中的逻辑推理计算。Prolog 开发于 1971 年。在 Prolog 中不强调一般的过程描述，而是用事实和规则构成语句集合，由计算机根据规则及事实进行符号推理计算，回答一个提问的"真"或"假"。现在 Visual Prolog 也支持可视化的开发，是专家系统、符号处理系统的理想开发工具。

（3）脚本语言。

在互联网应用中，有大量的基于解释器的脚本语言，服务器端有支持 ASP 文档的 VB-

Script，有编写 CGI 接口的 Perl 语言、开放源代码的 Python 和 PHP 语言以及 Java servlet 和 JSP。在客户端运行的脚本程序一般是由 JavaScript 编写的，这些脚本语言使互联网程序以多姿多态的形式，跨越不同的硬件、系统平台运行，并且其应用开发相对于传统语言还要容易一些。

（4）标记语言。

①HTML 超文本标记语言。超文本标记语言（hyper text markup language）不是一种编程语言，而是一种标记语言（markup language），是网页制作所必备的。它通过标记符号来标记要显示的网页中的各个部分。网页文件本身是一种文本文件，通过在文本文件中添加标记符，可以告诉浏览器如何显示其中的内容（如：文字如何处理，画面如何安排，图片如何显示等）。浏览器按顺序阅读网页文件，然后根据标记符解释和显示其标记的内容，对书写出错的标记将不指出其错误，且不停止其解释执行过程，编制者只能通过显示效果来分析出错原因和出错部位。

②XML 可扩展的标记语言。XML 指可扩展标记语言。XML 是一种很像 HTML 的标记语言，它不是超文本标记语言的替代，而是对超文本标记语言的补充。它和超文本标记语言为不同的目的而设计，超文本标记语言被设计用来显示数据，其焦点是数据的外观，而 XML 的设计宗旨是传输和存储数据，其焦点是数据的内容。

10.2 程序设计基础

10.2.1 Python 介绍

1989 年的圣诞节，荷兰人 Guido van Rossum 在壁炉旁边听着音乐，为了打发无聊的假期，Guido 决定开发一个新的脚本解释程序让代码更简单，他希望这个新的语言叫 Python 语言，这种语言要能符合他的理想：代码要少，操作要少，功能要多。就这样，Python 语言诞生了。由于具有开源的特性，每个人都可以为这种语言贡献自己的智慧。所以，在程序员的共同努力下，Python 经过多年的维护及更新后，在很多方面都大展身手。Python 作为全球公认的"胶水语言"，它拥有强大的第三方库，能够把用其他语言制作的各种模块（尤其是 C/C＋＋）很轻松地连接在一起。Python 语言是一种代表简单主义思想的语言，它使你能够专注于解决问题而不是去搞明白语言本身。如实现一个功能，C＋＋需要 1000 行代码，Java 需要 100 行代码，而 Python 只需要 10 行。Python 自诞生起，便具有类、函数、异常处理能力，并且能够调用 C 语言的很多库文件，集百家之所长。因此，Python 语言这种开源、面向生态的独立性，简化功能实现的复杂度，非常适合编程零基础的学习者作为第一种语言来学习，学习者可以快速体会到编程带来的成就感，并领略到编程的巨大魅力。

Python 作为编制其他组件、实现独立程序的工具，它通常应用于各种领域，如云计算基础设施、数据处理、游戏开发、手机开发、数据库开发、系统编程、地理位置计算与分析、搜索引擎、网站开发、机器人自动化测试等。

10.2.2 交互式解释器

当启动 Python 的时候，会出现和下面相似的提示：

Python3.7.2（tags/v3.7.2：9a3ffc0492，Dec 23 2018，22：20：52）［MSC v.1916 32 bit（Intel）］on win32

Type "help"，"copyright"，"credits" or "license" for more information.

＞＞＞

这看起来好像不是很有趣，但是，它确实充满了趣味。这是进入"黑客"殿堂的大门，是控制计算机的第一步。从更现实的角度来说，这是交互式 Python 解释器。接着，输入下面的命令看看它是否正常工作：

＞＞＞print（"Hello World"）

当按下回车键后，会得到下面的输出：

Hello World

＞＞＞

如果熟悉其他计算机语言，可能会习惯于每行以分号结束。Python 则不用，一行就是一行，不管多少。如果喜欢的话，可以加上分号，但是不会有任何作用。而＞＞＞符号就是提示符，可以在后面写点什么，如 print（"Hello World"）。如果按下回车键，Python 解释器会在屏幕上输出 Hello World。

输出用 print 函数，获取用户输入用 input 函数，如：

＞＞＞x＝input（"x："）

x：

在这里，交互式解释器执行了 x＝input（"x："），Python 会打印出 x：，并以此作为新的提示符，输入 6 后按下回车键，就将 6 赋值给了 x。

10.2.3 常量和变量

1. 常量

（1）数字和表达式。

交互式 Python 解释器可以当作非常强大的计算器使用，绝大多数情况下，常用运算符的功能和计算器的功能相同。试试以下的例子：

加法运算：

＞＞＞2＋2

4

减法运算：

＞＞＞10－2

8

乘法运算：

＞＞＞8＊5

40

除法运算：

＞＞＞1/2

0.5

用于实现整数的操作符－双斜线//，就算是浮点数，双斜线也会予以整除：

＞＞＞1//2

0

＞＞＞1.0//2.0

0.0

取余运算符：%，x%y的结果为x除以y的余数：

＞＞＞9%3

0

幂(乘方)运算符：

＞＞＞2＊＊3

8

(2)长整数。

Python可以处理非常大的整数：

＞＞＞1000000000000000000000000000000000000000

1000000000000000000000000000000000000000

也可以对庞大的数字进行运算。

(3)十六进制和八进制。

在Phthon中，十六进制应该像下面这样书写：

＞＞＞OXAF

175

而八进制则是：

＞＞＞010

8

十六进制和八进制的首位数都是0。

2.变量

Python中的变量很好理解。变量基本上就是代表某值的名字。若希望用名字x代表3，只需要执行下面的语句：

＞＞＞x＝3

这样的操作称为赋值，数值3被赋值给了变量x。另一个说法就是：将变量x绑定到了值3上面。在变量被赋值之后，就可以在表达串使用变量：

＞＞＞x＊2

6

请注意，在使用变量之前，需要对其赋值。毕竟不代表任何值的变量也没有什么意义。

说明一下：变量名可以包括字母、数字和下划线(_)。变量不能以数字开头，所以area9是合法变量名，而9area不是。

10.2.4 Python数据类型

在Python中，基本数据类型主要可分为以下几种。

1.布尔类型

在Python中，可以直接用True、False表示布尔值(请注意大小写)，也可以通过布尔运算计算出来。如：

　＞＞＞True

True

　＞＞＞False

False

　＞＞＞8＞3

True

　＞＞＞6＞18

False

2. 整型（int）

在 Python 内部对整数的处理分为普通整数和长整数，普通整数长度为机器位长，超过这个范围的整数就自动作长整数处理，而长整数的范围几乎完全没限制。

Python 可以处理任意大小的整数，当然包括负整数，在程序中的表示方法和数学上的写法一模一样，如：1、1000、-9653、0 等。

3. 浮点型（float）

Python 的浮点数就是实数，类似 C 语言中的 double。在运算中，整数与浮点数运算的结果是浮点数。浮点数可以用数学写法，但对于很大或很小的浮点数，就必须用科学计数法表示，如 10 用 e 代替，1.23×10^9 写成 1.23e9 或 12.3e8 等。

整数和浮点数在计算机内部存储的方式是不同的，整数运算永远是精确的，而浮点数运算则可能会有四舍五入的误差。

4. 字符串

Python 字符串既可以用单引号也可以用双引号括起来，甚至还可以用三引号括起来。创建字符串很简单，只要为变量分配一个值即可。例如：

var1 = 'Hello World！'

var2 = "Python Runoob"

5. 列表（list）

列表是最常用的 Python 数据类型，用符号［］表示列表，中间的元素可以是任何类型，用逗号分隔，且列表的数据项不需要具有相同的类型。它用于顺序存储结构。

创建一个列表，只要把逗号分隔的不同的数据项使用方括号括起来即可。如：

list1 = ［'physics', 'chemistry', 1997, 2000］

list2 = ［1, 2, 3, 4, 5］

list3 = ［"a", "b", "c", "d"］

6. 元组

Python 的元组与列表类似，不同之处在于元组的元素不能修改。元组使用小括号，列表使用方括号。元组创建很简单，在括号中添加元素，并使用逗号隔开即可。如：

a1 = （'physics', 'chemistry', 2018, 2019）

a2 = （1, 2, 3, 4, 5）

7. 集合

集合是无序的，是不重复的元素集，类似于数学中的集合，可进行逻辑运算和算术运算。

8. 字典

字典是一种无序存储结构,包括关键字(key)和关键字对应的值(value)。字典的每个键值 key = >value 对用冒号":"分割,每个键值对之间用逗号","分割,整个字典包括在花括号{}中,如:

> > >dict = {'a': 1, 'b': 2, 'b': '3'}

键一般是唯一的,如果重复最后的一个键,值对会替换前面的,值不需要唯一。

10.3　程序的控制结构

程序的控制结构包含三种基本结构:顺序结构、选择结构和循环结构。

10.3.1　顺序结构

顺序结构是最简单的程序结构,程序执行时,从开始语句按顺序执行到结束语句。

【例 10 - 1】　已知圆的半径 r = 5.6,求圆的面积。

其 Python 程序如下:

```
import math
r = 5.6   #给变量 r 赋值
area = math. pi * r * r   #求圆的面积 area
print("area = ", area)   #输出圆的面积
```

这个简单程序的执行顺序是自上而下,依次执行。不过大多数情况下顺序结构都是作为程序的一部分,与其他结构(选择结构和循环结构)一起构成一个复杂的程序。

10.3.2　选择结构

使用顺序结构虽然能解决简单的输入、计算、输出等问题,但程序的功能很弱,不能先做判断再选择。如打篮球时,如果罚球进的加 1 分,如果在 3 分线内投的球就加 2 分,如果在 3 分线外投的球则加 3 分。生活中到处都有选择,这在实际求解问题中是大量存在的。那么,有选择就需要用到选择结构。

选择结构又称为分支结构,它根据给定的条件是否满足而决定程序的执行路线。在不同的条件下,执行不同的操作。

【例 10 - 2】　已知 a = 30,求 a 是奇数还是偶数?

流程图如图 10 - 1 所示。

其 Python 程序如下:

```
a = 30
if(a % 2 = = 0):
    print(a, " is even")
else:
    print(a, "is odd")
```

程序先判断 a 能否被 2 整除,如果能,输出这个数是偶数,如果不能,输出这个数是奇数。其中输出的结果是根据给定的条件是否满足,来决定程序执行的路线。这是典型的选择

结构。程序运行后,其输出结果为:30 is even。

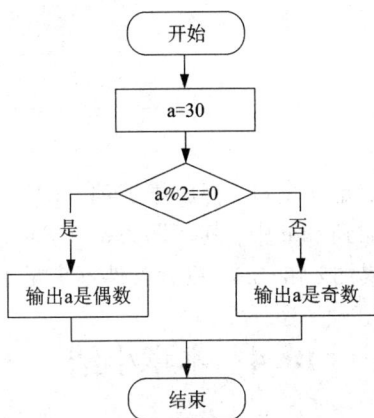

图 10 - 1 例 10 - 2 流程图

10.3.3 循环结构

循环结构是指在一定条件下重复执行某些操作的控制结构。在实际生活中,我们会遇到大量的按一定规律重复处理的问题。因此,需要重复执行某些语句,这时就要用到循环结构。

【例 10 - 3】 求 $1 + 2 + 3 + \cdots + 100$ 的和。

流程图如图 10 - 2 所示。

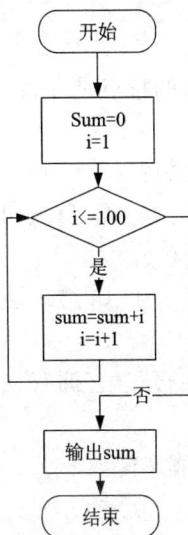

图 10 - 2 例 10 - 3 流程图

其 Python 程序如下:

```
sum = 0
i = 1
while i < = 100：
    sum = sum + i
    i = i + 1
print("sum =", sum)
```

定义变量 sum 存放累加和,定义变量 i 存放累加项。i 从 1 到 100,每次以 1 递增,则代码为 i = i + 1,并将每次的 i 累加到 sum 中,其代码为 sum = sum + i。而 while 后面的条件只要满足 i < = 100,就会一直循环累加 i 和 sum,只有条件不满足了,即 i > 100,才会停止循环。

10.4　本章小结

(1)程序设计语言简称编程语言,是人们用计算机解决问题的方法的具体体现,是人与计算机进行交流和通信的语言。

(2)目前来说,有两种主要的程序设计方法：结构化程序设计和面向对象程序设计。

(3)结构化程序设计方法的基本思路：自顶向下、逐步细化、模块化设计和结构化编码。

(4)介绍 Python 的编程基础,通过几个简单的案例说明顺序结构、选择结构、循环结构三种控制结构,并了解程序设计问题求解的过程。

思考题与习题

一、思考题

1. 常用的程序设计语言有哪些?

2. 结构化程序设计的思想是什么?

3. 程序的控制结构有哪三种? 各自的特点是什么?

二、选择题

1. 下面哪项不是结构化程序设计思想? (　　　)

A. 自下而上　　　　B. 模块化　　　　　C. 自顶向下　　　　D. 逐步细化

2. 以下不属于对象的基本特点的是(　　　)。

A. 分类性　　　　　B. 多态性　　　　　C. 继承性　　　　　D. 封装性

3. 以下说法不正确的是(　　　)。

A. Python 作为全球公认的"胶水语言",它拥有强大的第三方库,能够把用其他语言制作的各种模块很轻松地联结在一起。

B. Python 能够调用 C 语言的很多库文件。

C. Python 不具有开源的特性。

D. Python 语言能进行手机开发。

三、填空题

1. 两种主要的程序设计方法为：结构化程序设计和_____。

2. 结构化程序设计包含_____结构、_____结构、_____结构。

第 11 章 软件工程

软件工程是研究开发软件系统的学科，软件工程不仅覆盖了构建软件系统的相关技术问题，还包括指导开发团队、安排进度及预算等管理问题。软件工程不仅包括编写程序代码所涉及的技术，还包括所有对软件开发能够造成影响的问题。因而，软件工程是包括一系列概念、理论、模式、语言、方法及工具的综合性学科。

本章节阐述了产品实现技术主要涉及的软件系统开发相关问题，各小节呈模块化，有助于快速掌握软件工程的原则和方法。

【学习目标】

1. 了解软件工程的定义。

2. 熟悉软件生命周期的全过程。

3. 掌握 UML 建模语言。

11.1　软件工程概述

软件工程是一门研究系统、规范、合理化软件开发的学科。软件工程运用工程学的原则和方法重新制订了软件开发的流程和方案。软件开发技术主要包括软件开发方法、工具、环境等，软件开发管理则包括软件开发周期管理、开发人员管理、进度管理等内容。

软件工程发展至今，大致可以分为结构化软件工程(也称为传统软件工程)和面向对象软件工程(也称为现代软件工程)。

(1)结构化方法。

结构化软件工程围绕功能、数据和数据流展开分析和设计，以模块为中心，自顶向下、逐步求精完成软件设计，系统是实现模块功能的函数和过程的集合。这种方法主要包括面向过程需求分析、面向过程设计、面向过程编程、面向过程测试、面向过程管理等。面向过程方法的特点是程序的执行过程完全由程序控制，不由用户控制。其优点是简单实用，缺点是维护困难。

(2)面向对象方法。

面向对象软件工程则以对象为核心，将对象的属性和方法封装起来，形成信息系统的基本执行单位，再利用对象的继承特性，由基本执行单位派生出其他执行单位，从而产生许多新的对象，定义对象之间的交互将这些离散对象通过事件或消息连接起来，形成了软件系统。面向对象方法的特点是程序的执行过程不由程序员控制，完全由用户交互控制。其优点是易于维护，缺点是较难掌握。

无论是传统软件工程还是面向对象软件工程，它们都体现了一些共同的思想，这些思想主要有抽象、分解、分类、复用、一致性、确定性等。

结构化方法和面向对象方法之间的区别主要有处理问题的出发点不同、处理问题的基本单位和层次逻辑关系不同、数据处理方式与控制程序方式不同，具体如表 11 - 1 所示。

表 11 - 1　结构化方法和面向对象方法之间的区别

项目	传统结构化方法	面向对象方法
需求模型	面向功能的文档（用户需求说明书）需求变化，其功能变化，所以系统的基础不稳固	从用户和整体角度出发。使用系统抽象出用例图、活动图、获取需求，如需求变化，对象的性质相对功能稳定，系统基础稳定
分析模型	面向过程的数据流图 DFD、实体 - 关系图 ER、数据字典 DD 表示分析模型；功能分解，数据和功能、过程分开	把问题作为一组互相作用的实体，显式表示实体间的关系，数据模型和功能模型一致；类、对象图表示分析模型、状态、顺序、协作、活动图细化说明
设计模型	功能模块（SC 图），模块之间的连接，调用是模块的附属形式	类和对象的实现，类、对象的关联、聚集、继承等连接，连接规范和约束作为显示定义
实施模型	体系结构设计	构建图、配置图
测试模型	根据文档进行单元测试、集成测试、确认测试	单元测试采用类图，集成测试用事先图和交互图，确认测试采用用例图

组织实施软件工程项目要达到的目标有：开发成本较低；软件功能要达到用户要求并具有较好的性能；要有良好的可移植性；易于维护且维护费用较低；能按时完成并及时交付使用。

11.2　软件开发模型

软件开发模型是为了反映软件生存周期内各种工作应如何组织，以及软件生存周期各个阶段应如何衔接，需要用软件开发模型给出直观的图示表达。软件开发模型是软件工程思想的具体化，是实施于过程模型中的软件开发方法和工具，是在软件开发实践中总结出来的软件开发方法和步骤。总的说来，软件开发模型是跨越整个软件生存周期的系统开发、运作、维护所实施的全部工作和任务的结构框架。

软件工程的开发模型有许多，如瀑布模型、原型模型、螺旋模型、迭代模型、敏捷开发模型和面向对象的软件工程的开发模型等，其中以瀑布模型和面向对象开发模型为主。

1. 瀑布模型

瀑布模型的软件开发过程与软件生命周期是一致的，并且它由文档驱动，两相邻阶段之间存在因果关系，需要对阶段性的产品进行审批。瀑布模型如图 11 - 1 所示。

瀑布模型在大量的软件开发实践中也逐渐暴露出它的致命缺点，它假定用户的需求是不变的，因此缺乏灵活性，特别是无法解决软件需求不明确或不准确的问题。这些问题的存在给软件开发带来严重影响，最终可能导致开发出的软件并不是用户真正需要的软件。并且，

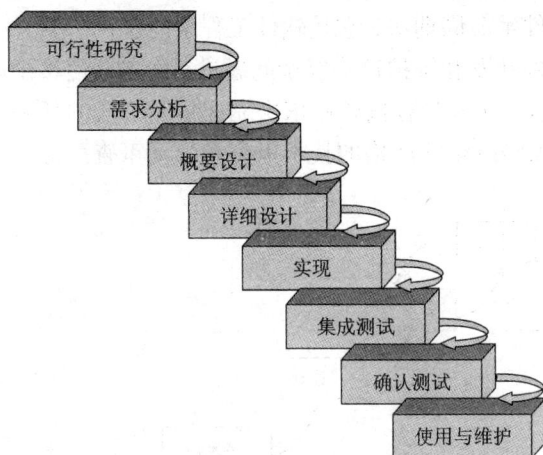

图 11-1   瀑布模型

由于瀑布开发模型具有顺序性和依赖性, 凡后一阶段出现的问题均需要通过前一阶段的重新确认来解决, 因此其付出的代价十分巨大。

2. 面向对象软件工程开发模型

近年来, 为了克服传统软件工程方法存在的复用性和可维护性差以及难以满足用户需要等缺点, 面向对象的思想越来越受到人们的欢迎和重视。面向对象的思想提倡运用人类的思维方式, 从现实世界中存在的事物出发来构造软件。它建立在 "对象" 概念的基础上, 以对象为中心, 以类和继承为迭代增量化模式构造机制, 由此设计和构造相应的软件系统。随着面向对象语言的发展和软件设计的需要, 面向对象分析和设计技术也迅速发展, 相继出现了许多面向对象软件开发工具, 特别是统一标准建模语言 UML 的提出, 把众多面向对象分析和设计方法综合成一种标准, 使面向对象的方法成为主流的软件开发方法。

面向对象开发模型在开发过程中主要包含面向对象分析 (OOA)、面向对象设计 (OOD)、面向对象实现 (OOP) 和面向对象测试 (OOT) 四个阶段。

面向对象分析的主要任务是识别问题域的对象, 分析它们之间的关系, 最终建立对象模型、动态模型和功能模型。面向对象设计是将面向对象分析的结果转换成逻辑的系统实现方案, 也就是说, 利用面向对象的观点建立求解域模型的过程。面向对象设计的具体工作有问题域的设计、人机交互设计、任务管理设计和数据管理设计等。面向对象实现的主要任务是把面向对象设计的结果利用某种面向对象的计算机语言予以实现。面向对象测试是应用面向对象思想保证软件质量和可靠性的主要措施。

11.3   软件的生命周期

软件工程是用工程、科学和数学的原则与方法研制、维护计算机软件的有关技术和管理方法。软件工程使软件开发变成了有组织、有计划和有标准的集体生产活动, 使之成为一项工程项目。软件生命周期的全过程依次划分为软件项目可行性分析、需求分析、总体设计与详细设计、编码、测试、维护等几个主要阶段。在软件工程项目中，实现软件开发工程化、系统化的基本方法就是软件生命周期法，它是软件工程学的基础。软件工程采用的生命周期方法就是从时间角度对软件开发和维护这个复杂问题进行分解，使每个阶段都有其相对独立的子任务，如图 11 - 2 所示。研发过程按顺序依次完成每个阶段的任务。每个阶段的开始和结束都有严格的标准，必须经过正式严格的技术审查和管理审查。

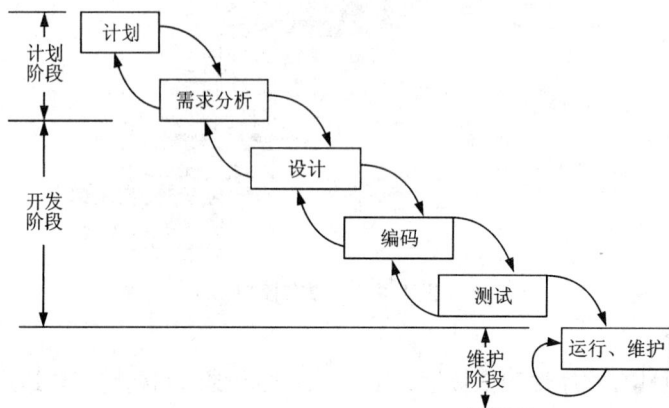

图 11 - 2　软件生命周期

1. 软件项目可行性分析

软件项目分析的目的不是解决问题，而是确定问题是否值得去解，研究在当前的具体条件下，开发新系统是否具备必要的资源和条件。软件项目分析是压缩简化了的系统分析和设计的过程，即在较高层次上以比较抽象的方式进行设计的过程。软件项目可行性分析应包括成本 - 效益分析、技术风险评价、系统配置、选择方案的标准、有关法律问题、用户使用的可能性及其他管理问题，其中，经济可行性分析、技术可行性分析及社会环境可行性分析尤为重要。

2. 需求分析

需求分析子阶段要回答的关键问题是"为了解决这个问题，目标系统必须做些什么？"

所谓的软件需求，就是把用户的"需求"变成系统开发的"需求"，或称为需求规范。需求分析的任务就是项目开发人员要清楚用户对软件系统的全部需求，并用"需求规格说明书"的形式准确地表达出来。"需求规格说明书"应包括对软件的功能需求、性能需求、环境约束和外部接口描述等。这些文档既是用户对软件系统逻辑模型的描述，也是下一步进行"设计"的依据。

3. 软件设计

软件设计又分为概要设计和详细设计。软件设计的主要任务是将需求分析转变为软件的表现形式。通过软件设计确定软件的总体结构、数据结构、用户界面和程序算法等细节。

（1）概要设计。概要设计子阶段要回答的关键问题是"应该如何宏观地解决这个问题？"

概要设计是建立软件系统的总体结构，包括软件系统结构设计和软件功能设计，也就是要确定软件系统包含的所有模块结构及其接口规范和调用关系，并且确定各个模块的数据结构和算法定义。概要设计的结果是提交概要设计说明书等文本和图表资料，这些资料是进行详细设计的依据。

（2）详细设计。详细设计子阶段要回答的关键问题是"应该如何具体地实现这个系统？"

详细设计的任务主要是确定软件系统模块结构中每一个模块完整而详细的算法和数据结构，此步骤不是编写程序代码，而是设计出程序的详细规格说明。详细设计后的结果是提交可编写程序代码的详细模块设计说明书。这些资料是编码工作的依据。

4.编码

编码子阶段的工作任务是写出正确、容易理解、容易维护的程序模块。由程序员依据模块设计说明书，用选定的程序设计语言对模块算法进行描述，即转换成计算机可以接受的程序代码，形成可执行的源程序。这步工作完成后需要提交的是最终软件系统的源程序代码文档。

5.测试

测试子阶段的关键任务是通过测试及相应的调试，使软件达到预定的要求，它是保证软件质量的重要手段。按照不同的层次要求，可细分为单元测试、综合测试、确认测试和系统测试等。为确保这一工作不受干扰，大型软件项目的测试往往由独立部门人员进行。测试工作的文档称为测试报告，包括测试计划、测试用例和测试结果等内容。这些文档的作用非常重要，是维护阶段能够正常进行的重要依据。

6.运行维护

在软件开发阶段结束后，软件系统经过确认达到了用户的要求，就可以交付用户使用。

一旦将软件产品交付用户使用，产品运行就开始了，其主要工作便是系统的维护。这个阶段的问题是"软件能否顺利地为用户进行服务？"软件系统在运行过程中，会受到系统内、外环境的变化及人为、技术、设备的影响，这时就需要软件能够适应这种变化，不断完善。开发人员要对软件进行维护，以保证软件正常、安全、可靠地运行，充分发挥其作用。

11.3.1　可行性分析

软件项目可行性分析主要对经济、技术及社会环境等要素进行分析。

1.经济可行性分析

包括估计项目的开发成本，估算开发成本是否会高于项目预期的全部利润，分析系统开发对其他产品或利润所带来的影响。

（1）成本－效益分析：软件的成本是指软件开发的成本。

（2）短期－长远利益分析：短期利益风险较小，容易掌握；但长远利益难以估计，风险较大。因此，要注重短期－长远利益分析，保证软件项目持续性发展。

2.技术可行性分析

技术可行性是最难决断和最关键的问题。根据客户提出的系统功能、性能及实现系统的各项约束条件，从技术的角度研究系统实现的可行性。由于系统分析和定义过程与系统技术可行性评估过程同时进行，这时系统目标、功能和性能的不确定性会给技术可行性论证带来许多困难。技术软件项目分析包括以下几项要求。

（1）为了保证在给定的时间内，开发出需求说明中所指出的软件功能和性能，要确定有无保证完成项目所需的技术。

（2）确定为了保证软件的质量、实时性的要求、在高风险条件下的软件正确性与精确性的要求的软件技术。

（3）在研究软件技术中，要保证软件的生产率，即确定保证软件的开发速度与软件质量的技术。

3. 社会环境可行性分析

社会环境的可行性主要包括政策与市场两项内容。

（1）政策。

政策对软件公司的发展影响极大，国家为了发展我国的软件行业，发布了多项政策，这些政策促进了软件行业的发展。

（2）市场。

未成熟市场：进入未成熟市场要冒很大风险，要尽可能估计潜在的规模，将在多长时间占领市场以及占有多少份额等。

成熟市场：如果进入成熟市场，风险不大，但要准备竞争。

将消亡的市场：不要进入即将消亡的市场。软件项目分析最根本的任务是对以后的研究行动路线提出建议：如果问题没有可行的解，应该建议停止这项工程的开发；如果问题值得解，应该推荐一个较好的解决方案，并且为工程制订一个初步的计划。

在进行软件项目分析时需要了解和分析现有的系统，并以概括的形式表达对现有系统的认识。进入设计阶段以后应该把设想的新系统的逻辑模型转变成物理模型，因此需要描绘未来的物理系统的概貌。软件项目可行性分析对现有系统做概括的物理模型描述，如用图形工具表示则更加直观、简洁。系统流程图是描绘物理系统的传统工具，它的基本思想是用图形符号以黑盒子形式描绘系统里面的每个部件（程序、文件、数据库、表格、人工过程等），系统流程图表达的是部件的信息流程，而不表示对信息进行加工处理的控制过程。

系统流程图是系统分析员、管理人员、业务操作人员相互交流的工具，系统分析员可直接在系统流程图上拟出可以实现计算机处理的部分，并能全面了解系统业务处理情况的过程，是系统分析员判断业务流程的合理性，以及做进一步分析的依据。

图 11-3 所示为某学生成绩管理系统业务流程：用户通过身份认证，进入查询界面，输入要查询的相关信息，通过学生数据库及成绩数据库进行查询，最终输出结果。

图中的每个符号定义了组成系统的一个部件，而并没有指明每个部件的具体工作过程。图中的箭头指定了系统中信息的流动（逻辑）路径。

11.3.2 需求分析

该阶段的主要工作是对待开发软件提出的需求进行分析并给出详细的定义。该阶段的输出为软件需求说明书及初步的系统用户手册。IEEE 软件工程标准中将需求定义为：用户为了解决问题或达到某些目标所需的条件或权能（capability），系统或部件为了满足合同、标准、规范或其他正式规定文档所规定的要求，而需要具备的条件或权能的文档化表述。软件的需求规格说明包括如下。

（1）用户需求。描述用户使用软件产品必须要完成的任务或者满足的条件。用户需求派生自业务需求，用户希望通过软件来达到业务上的目标或者满足业务上的要求。

（2）业务需求。反映组织或客户对业务的高层次的目标要求。业务需求通常来自项目投资者、实际用户的管理者或产品策划部门。开发软件都是为了达成某种业务目标。业务需求

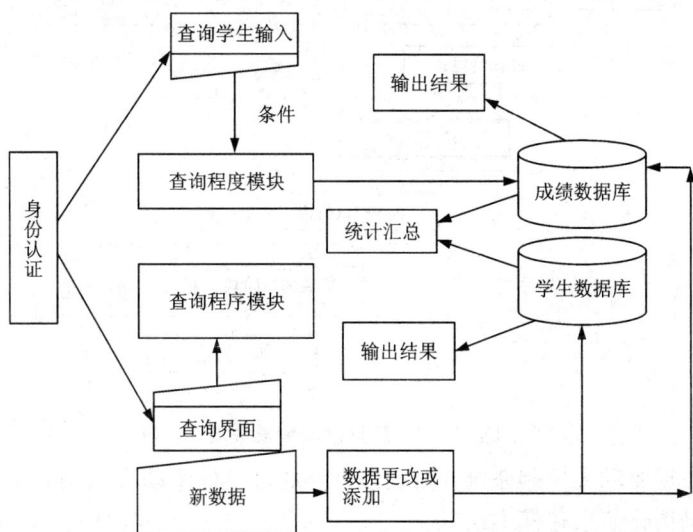

图 11 - 3　学生成绩管理信息系统业务流程图

一般在项目立项前就已给予定义。

（3）功能需求。定义设计开发人员必须实现的软件功能，使得用户能够通过软件来完成他们的任务，从而也满足了用户需求和业务需求。

（4）性能需求。指实现的软件系统功能应达到的技术指标，如响应时间、精度、用户数量、可扩展性等。

（5）约束与限制。指软件开发人员在设计和实现软件系统时的限制，如开发语言、数据库管理系统等。

一个在需求阶段出现的错误，在维护阶段修复它的成本约是需求阶段修复成本的 100 ~ 200 倍。出现这种修复成本急剧上升的原因是，如果需求错误在需求阶段就能发现，那么只需要重新进行规格说明，但如果直到维护阶段才发现，则需要重新进行规格说明、重新设计、重新编码、重新测试、重新建立文档等一系列工作，图 11 - 4 所示为软件出现缺陷时在不同阶段的修复成本。

因此，对于软件缺陷的发现和修复得越早，则成本越低。然而需求阶段出现的错误往往很难发现，经常会延续到后面的阶段。这就造成了为克服需求错误而付出的高昂代价，同时也说明了做好需求管理、减少需求错误的出现对于降低软件项目的成本至关重要。

模型是对现实世界的形状或状态的抽象模拟和简化，模型提供了系统的骨架和蓝图。

在需求分析阶段建立的模型主要有关联模型、行为模型、数据模型和面向对象模型等。

1. 关联模型

在需求获取和需求分析的早期，应该确定系统的边界、区分系统和系统环境等。当确定了系统边界之后，需求分析的一个活动就是定义系统与环境的关联关系，这是建立一个简单的架构模型的第一步。

2. 行为模型

行为模型描述了系统的总体行为，如数据流模型和状态机模型就可以表达行为模型。数

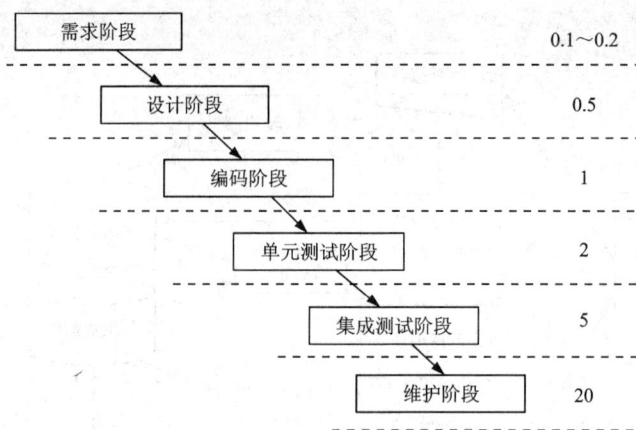

图 11-4 软件缺陷修复成本

据流模型是通过数据驱动来控制系统，而状态机是通过事件驱动来控制系统。数据流模型是一种广泛使用的结构化需求建模方法。

3. 数据模型

在需求分析阶段，使用实体关系图来描述系统中数据之间的关系，在设计阶段则使用实体关系图描述物理表之间的关系。实体关系图在描述实体之间对应关系时，只注重系统中的数据之间的关系，缺乏对系统功能的描述。如果将实体关系图与数据流图结合起来，则可以更准确地描述系统的需求。

数据模型中包含 3 种关联的信息：数据对象、数据对象的属性及数据对象彼此间相互连接的关系。实体关系图本身不属于结构化分析方法，但在实际工作中，为了描述数据间的关系，常常在结构化方法的基础上用实体关系图反映数据流(数据存储)之间的关系。

使用数据字典只能描述一个数据流或数据存储的数据项内容，无法对各个数据实体之间的关系进行清晰地描述。为了把用户数据要求清晰地表达出来，满足分析数据要求，分析人员经常使用实体关系(entity relationship，ER)图来描述现实世界中的实体及相互间的关系。

ER 图中包含实体、属性和联系 3 个基本成分。图中的实体用矩形表示，属性用椭圆表示，联系用菱形表示。实体是数据项的集合，它既可以是具体事务，也可以是抽象事物。

4. 面向对象模型

在软件开发过程中，面向对象方法是经常使用的方法。在采用面向对象方法时，在需求阶段建立对象模型，在设计阶段使用对象模型，在编码阶段使用面向对象语言编程。面向对象的建模典型工具是 UML。

结构化的需求建模方法的描述手段由三部分组成。

(1)一套分层的数据流图：主要说明系统由哪些部分组成以及各部分之间的联系。

(2)一本词典：为数据流图中出现的每个元素提供详细的说明。

(3)其他补充材料：具体的补充和修改文档的说明。

软件需求的逻辑模型给出软件要达到的功能和要处理数据之间的关系，而不是实现的细节，即明确目标系统做什么问题。例如，一个商店的销售处理系统要从顾客那里获取订单，系统读取订单的功能并不关心订单数据的物理形式和用什么设备读入，也就是说无须关心输入的机制，只是读取顾客的订单而已。类似地，系统中检查库存的功能只关心库存文件的数据结构，而不关心在计算机中的具体存储方式。软件需求的逻辑模型是软件设计的基础。

数据流图是描述数据处理过程的工具，数据流图从数据传递和加工的角度，以图形的方式刻画数据流从输入到输出的传输变换过程。数据流图是结构化系统分析的主要工具，它表示了系统内部信息的流向，并表示了系统的逻辑处理的功能。在数据流图中，应把具体的组织机构、工作场所、物质流等都去掉，仅剩下信息和数据存储、流动、使用及加工的情况。这有助于抽象地总结出信息处理的内部规律。数据流图把各种业务的处理过程联系起来考虑，形成一个总体，一个系统将有许多层次的流程图。

绘制数据流图的基本图形元素有 4 种，有时为了使数据流图便于在计算机上输入和输出，免去画曲线、斜线和圆的困难，常常使用对应的另一套符号，这两套符号完全等价，如图 11-5 所示。

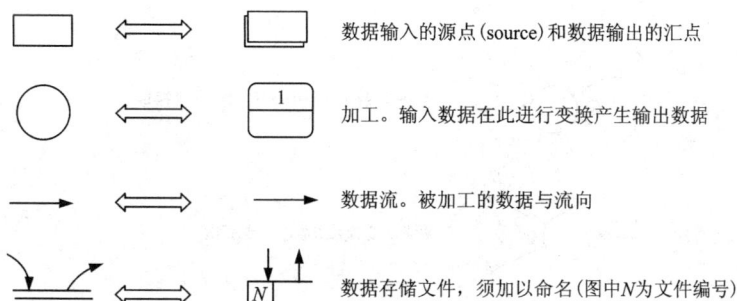

图 11-5 数据流图基本图形符号

在数据流图中，数据流是沿箭头方向传送数据的通道；加工是以数据结构或数据内容作为加工对象的文件在数据流图中起保存数据的作用，因而称为数据存储，所以它可以是数据库；指向文件的数据流可理解为写入文件或查询文件，从文件中引出的数据流可理解为从文件读取数据或得到查询结果。如果有两个以上数据流指向一个加工，或从一个加工中引出两个以上的数据流，它们之间的关系如图 11-6 所示。

为了表达数据处理过程的数据加工情况，用一个数据流图是不够的。为表达稍微复杂的实际问题，需要按照问题的层次结构进行逐步分解，并以分层的数据流图反映这种结构关系。先把整个数据处理过程暂且看成一个加工，它的输入数据和输出数据实际上反映了系统与外界环境的接口，这就是分层数据流图的顶层。但仅此一图并未表明数据的加工要求，需要进一步细化。

在多层数据流图中，可以把顶层流图、底层流图和中间层流图区分开来。顶层流图仅包含一个加工，它代表被开发系统。它的输入流是该系统的输入数据，输出流是系统的输出数据。顶层流图的作用在于表明被开发系统的范围，以及它和周围环境的数据交换关系。底层流图是指其加工不须再做分解的数据流图，其加工称为"原子加工"。中间层流图则表示其上层父图的细化。它的每一个加工都可以继续细化，并形成子图。中间层次的多少视系统的复杂程度而定。

画数据流图的基本步骤，概括地说，就是自外向内、自顶向下、逐层细化、完善求精。先找系统的数据源点与汇点，它们是外部实体，由它们确定系统与外界的接口；找出外部实体

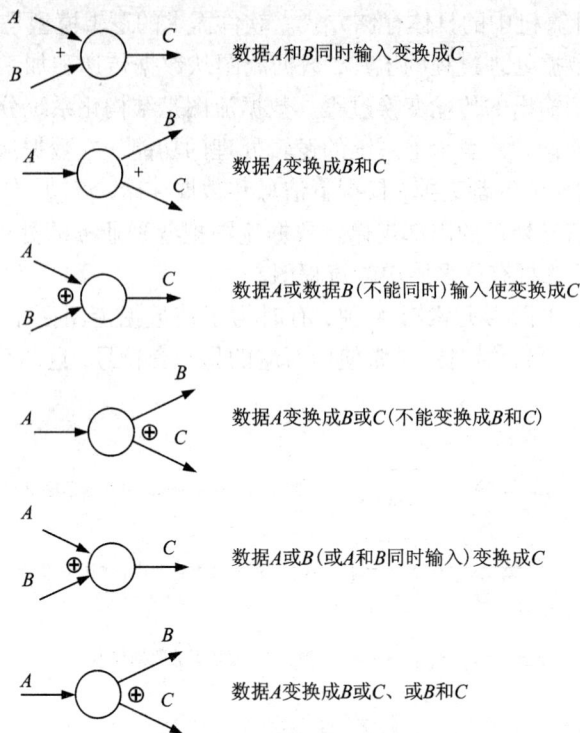

图 11-6　数据流图加工关系

的输出数据流与输入数据流;在图的边上画出系统的外部实体;从外部实体的输出数据流(即系统的源点)出发,按照系统的逻辑需要,逐步画出一系列逻辑加工,直到找到外部实体所需的输入数据流(即系统的汇点),形成数据流的封闭。

利用分层法绘制流程图需要涉及以下问题。

(1)编号的设置。子图的编号是父图相应的处理逻辑的编号。子图中处理逻辑编号由子图号、小数点与局部号组成。例如,图 11-7 中对应父图中的 3,其子图中的处理逻辑相应地用 3.1、3.2、3.3 表示。

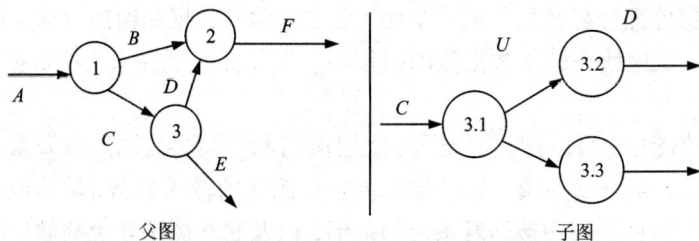

父图　　　　　　　　　子图

图 11-7　分层数据流图

(2)父图与子图的平衡。子图详细地描述父图中的处理逻辑,因而子图的输入、输出数据流应该同父图中处理逻辑的输入、输出数据流相一致。

(3)局部数据存储。局部数据存储在子图中出现的数据存储,可以不出现在父图中,画父图时只需画出处理逻辑之间的联系，不必画出各个处理逻辑内部的细节。

（4）处理逻辑的分解与分细的程度。分得太细，则层次太多；分得太粗，则达不到分层的目的。从管理的层次结构原理来看，在分解一层时一般不宜超过 7 个逻辑。一个处理逻辑分解到基本处理逻辑为止。基本处理逻辑能表达系统所有的逻辑功能和必要的数据输入与输出，这些功能与数据的描述能使用户清楚地理解，并且还能使以后的系统设计人员看到每一个处理逻辑，有一个明确的概念，并据此能设计程序模块实现这些逻辑功能。

（5）由左到右绘制数据流图。先从左侧开始标出外部实体，外部实体通常是系统主要的数据来源。然后画出由该外部实体产生的数据流和相应的处理逻辑。如果需要保存数据，则在数据流图上加上数据存储。最后画出接收系统输出信息的系统的外部实体。

（6）绘制数据流图时，可以先忽略枝节（次要）的信息。这一点相当重要且易被忽视，不要试图仅用一两层数据流图就想描述整个系统。这样不仅会使数据流图缺乏条理而给日后的使用造成不便，而且也容易在绘制时造成错误。绘制第 0 层与第 1 层的草图时，应该集中反映系统中主要的、正常的逻辑功能以及与之相关的数据交换，然后再将其余次要的处理逻辑补上，完成一张完整的数据流图。

（7）合理地命名。数据流图中对每一个元素都要命名，恰当地命名有助于数据流图的理解与阅读。为了避免引起错觉，应为每个元素所取的名字要能反映该元素的整体性内容，而不只是它的部分内容；每个元素的名字都能唯一地标识该元素。名字要有具体的含义，避免空洞。如果发现难以为某个数据流或处理逻辑命名时，这往往是数据流图分解不当的征兆，可重新分解。

例如：分析一家公司的营销系统。其采购部门每天需要按销售部门提供的订货单（需定的货物）向供应商采购货物。每种货物的数量都存放在数据存储货物库存中，销售和采购使每种货物数量发生的变化能够在此数据存储中及时被反映出来。而资金的汇总、核对等工作由其会计部门处理。这样此系统的顶层结构就大致可以分析出来。图 11-8 所示即为该系统的第一层数据流图。

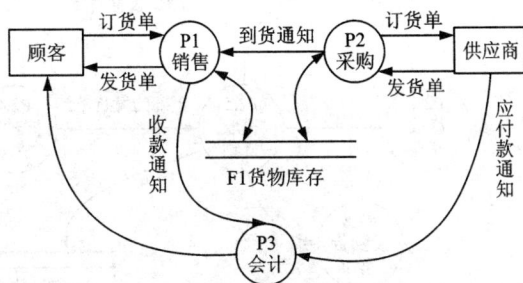

图 11-8 第一层数据流图

为了更加清晰地描述系统，可把顶层数据流图的 3 个主要加工步骤——销售、采购、会计再进行逐步分解，这样就形成了第二层数据流图。首先分析销售加工。先根据顾客的订货单和货物目录确定订货，在这期间要修改和维护货物目录和顾客两个数据存储。对于正当的订货，目前有货可发的则直接产生发货单准备发货；而如果暂时缺货则产生暂存订货单，等采购到所需的货物再产生发货单，如图 11-9 所示。按顾客要求发货后，要修改货物库存、销售历史和应收款账目这 3 个数据存储。对于库存和销售历史的变化要分别编写库存检索和库存销售报表提供给经理。其数据流图如图 11 - 10 所示。

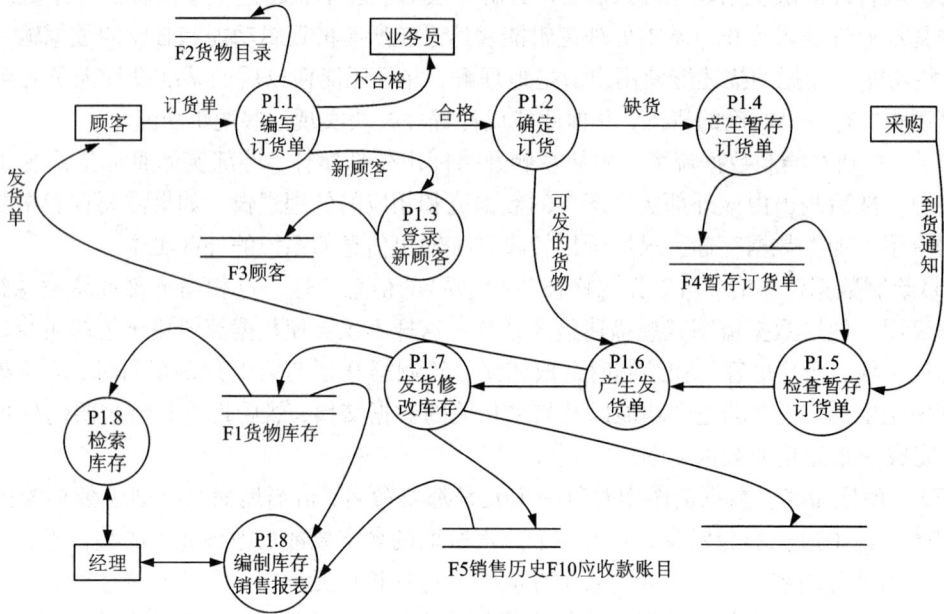

图 11 - 9　销售系统

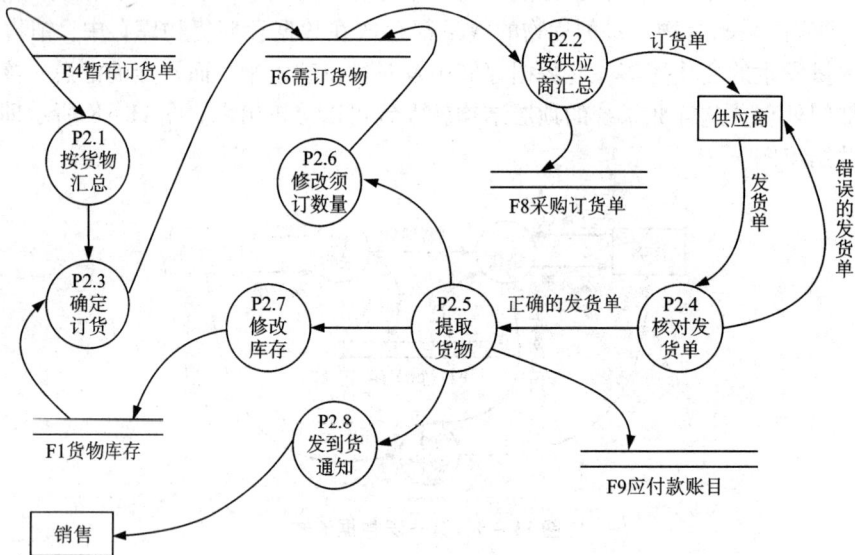

图 11 - 10　采购系统

最后的加工为会计。顾客付款后应得到收据，收款处理还应该修改数据存储：应收款账目。而对供应商的应付款通知进行核对后要进行付款处理。这个操作要修改另一数据存储：应付款账目。这时要根据应收款账目和应付款账目的修改情况进行修改总账目的处理，最后把总账目的变化情况编制成会计报表提交给经理。其数据流图如图 11 – 11 所示。

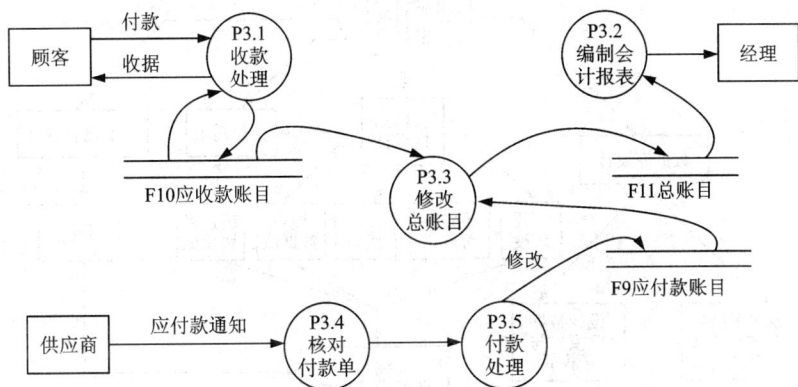

图 11 – 11　会计系统

　　以上两层 4 张数据流图一起组成了这家公司营销系统的分层数据流图。第二层的加工比第一层要细,并且大都为足够简单的"基本加工",故不必再进行分解了。

　　在描绘复杂的关系时,图形比文字叙述更优越,主要表现为形象与直观。需求分析阶段常使用的 3 种图形工具为层次框图、Warnier 图及 IPO 图。本节主要介绍层次框图。

　　层次框图用树形结构的一系列多层次的矩形框描述数据的层次结构。树形结构的顶层是一个单独的矩形框,它代表完整的数据结构。下面的各层矩形框代表这个数据的子集,最底层的各个框代表组成这个数据的实际数据元素(不能再分割的元素)。

11.3.3　软件设计

　　软件设计的主要任务是将需求分析转变为软件的表现形式,设计出总体的系统构架。包括数据结构、用户界面和程序算法等细节,分为概要设计和详细设计。

1. 概要设计

　　概要设计子阶段要回答的关键问题是"应该如何宏观地解决这个问题?"概要设计是建立软件系统的总体结构,包括软件系统结构设计和软件功能设计,也就是要确定软件系统包含的所有模块结构,以及接口规范和调用关系,并且确定各个模块的数据结构和算法定义。概要设计的结果是提交概要设计说明书等文本和图表资料,这些资料是进行详细设计的依据。

　　概要设计文档的内容主要包括:对需求分析阶段编写的用户手册进一步修订,对测试的计划、策略、方法和步骤提出明确的要求,对于项目开发计划给出系统目标、概要设计、数据设计、处理方式设计、运行设计和出错设计等,对于将要使用的数据库简介、进行数据模式设计和物理设计。概要设计过程如图 11 – 12 所示。

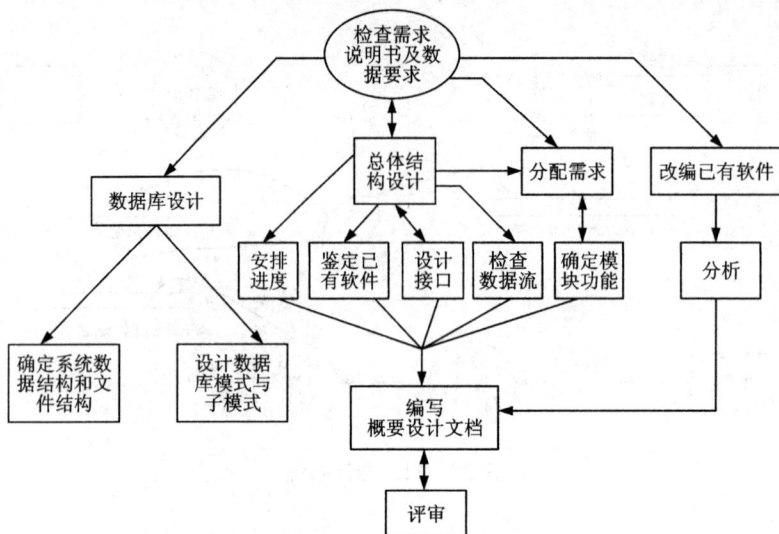

图 11 – 12　概要设计过程

2. 详细设计

详细设计子阶段要回答的关键问题是"应该如何具体地实现这个系统?"详细设计的任务主要是在总体设计的基础上,设计模块内部的结构,包括界面设计、算法设计、数据库的设计等。该阶段的输出为详细设计说明书。将确定软件系统模块结构中每一个模块完整而详细的算法和数据结构,此步骤不是编写程序代码,而是设计出程序的详细规格说明。详细设计后的结果是提交可编写程序代码的详细模块设计说明书。这些资料是编码工作的依据。

这一阶段的主要任务如下。

(1)为每个模块确定采用的算法,选择某种适当的工具表达算法的过程,写出模块的详细过程性描述。

(2)确定每一模块使用的数据结构。采用结构化设计方法,改善控制结构,降低程序的复杂程度,从而提高程序的可读性、可测试性、可维护性。

(3)确定模块接口的细节,包括对系统外部的接口和用户界面,对系统内部其他模块的接口,以及模块输入数据、输出数据及局部数据的全部细节。

在详细设计结束时,应该把上述结果写入详细设计说明书,并且通过复审形成正式文档,并交付给下一阶段(编码阶段)作为工作的依据。

(4)要为每一个模块设计出一组测试用例,以便在编码阶段对模块代码(即程序)进行预定的测试,模块的测试用例是软件测试计划的重要组成部分,通常应包括输入数据、期望输出等内容,负责详细设计的软件人员对模块的情况(包括功能、逻辑和接口)了解得最清楚,由他们在完成详细设计后提出对各个模块的测试要求。

在详细设计过程中,利用程序流程图是软件开发者最熟悉的一种算法表达工具,它能比较直观和清晰地描述过程的控制流程,易于学习掌握。因此,至今仍是软件开发者最普遍采用的一种工具。为使用流程图描述结构化程序,在流程图中只允许使用5种基本控制结构。

①顺序型

顺序型由几个连续的处理步骤依次排列构成，如图 11 - 13 所示。

②选择型

选择型是指由某个逻辑判断式的取值决定选择两个处理中的一个，如图 11 - 14 所示。

③多情况型选择

多情况型选择列举多种处理情况，根据控制变量的取值，选择执行其一，如图 11 - 15 所示。

④UNTIL 型循环

UNTIL 型循环是后判定型循环，重复执行某些特定的处理，直到控制条件成立为止，如图 11 - 16 所示。

⑤WHILE 型循环

WHILE 型循环是先判定型循环，在循环控制条件成立时，重复执行特定的处理步骤，如图 11 - 17 所示。

图 11 - 13　顺序结构　　　　图 11 - 14　选择结构　　　　图 11 - 15　多分支选择结构

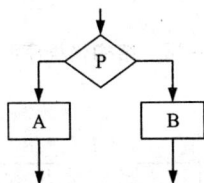

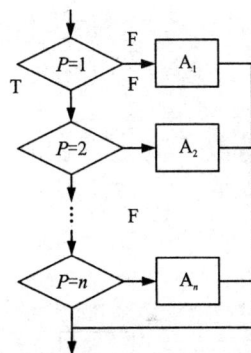

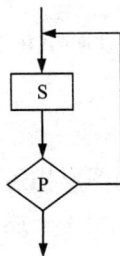

图 11 - 16　UNTIL 型循环　　　　　　图 11 - 17　WHILE 型循环

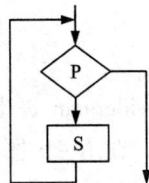

标准的结构化程序流程图如图 11 - 18 所示，其中已为我国国家技术监督局批准的一些程序流程图标准符号，如图 11 - 19 所示。

詳細設計階段要编写相应的詳細設計說明書，是程序运行过程的描述。主要内容包括：表示软件结构的圖表，对逐个模块的程序描述，包括算法和逻辑流程、输入/输出項、与外部接口等。除了应该保证程序的可靠性外，使将来编写出的程序的可读性好，容易理解，容易测试和容易修改、维护是詳細设计的最重要的目标。

本节将重点介绍 N - S 和 PAD 两种图形工具。

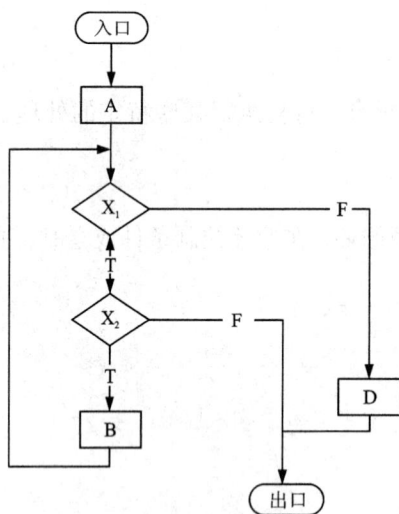

图 11 - 18　结构化程序流程图

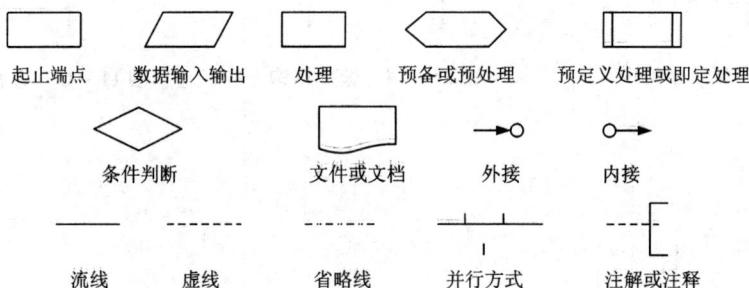

图 11 - 19　标准程序流程图的规定符号

Nassi 和 Shneiderman 提出了一种符合结构化程序设计原则的图形描述工具，称为盒图，又简称 N - S 图。在 N - S 图中，为了表示 5 种基本控制结构，规定了下述 5 种图形构件。

●顺序型

在顺序型中，先执行 A，后执行 B。如图 11 - 20 所示。

●选择型

在选择型结构中，若为单分支，如果条件 P 成立，则可执行 T 下面的内容 S1，当条件 P 不成立时，则执行 F 下面的内容 S2，S2 可为空，如图 11 - 21 所示。

图 11 - 20　顺序型结构

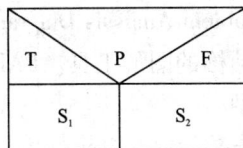

图 11 - 21　选择型结构

若为多分支选择，则应用多出口的判断图形表示，P 为控制条件，根据 P 的取值，相应地执行其值下面的各框内容，如图 11 - 22 所示。

例如：将图 11 - 18 所示的程序流程图转化为 N - S 图的结果，如图 11 - 23 所示。

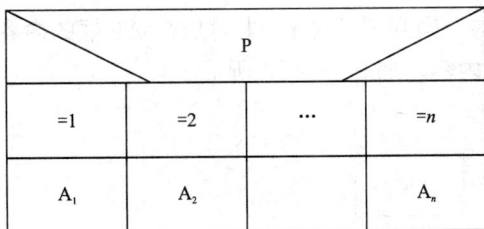

图 11 - 22　多分支选择型

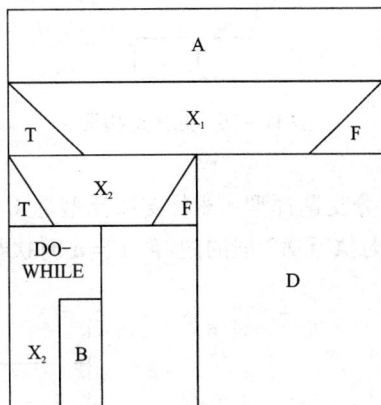

图 11 - 23　多分支 N - S 图

● 循环型

WHILE 重复型：在 WHILE 重复型循环结构中，先判断 P 的值，再执行 S。其中 P 是循环条件，S 是循环体，如图 11 - 24 所示。

UNTIL 重复型：在 UNTIL 重复型循环结构中，先执行 S，再判断 P 的值，如图 11 - 25 所示。

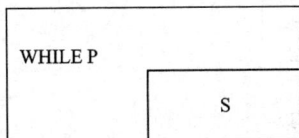

图 11 - 24　WHILE 型循环结构

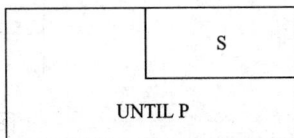

图 11 - 25　UNTIL 型循环结构

N - S 图的特点如下。

(1)图形清晰、准确。

(2)控制转移不能任意规定，必须遵守结构化程序设计原则。

(3)很容易确定局部数据和全局数据的作用域。

(4)容易表现嵌套关系和模块的层次结构。

PAD(Problem Analysis Diagram)是由日本日立公司提出。它是用结构化程序设计思想表现程序逻辑结构的图形工具。PAD 也设置了 5 种基本控制结构的图示，并允许递归调用。

- 顺序型

按顺序先执行 A，再执行 B。如图 11 - 26 所示。

- 选择型

单分支选择型：判断条件为 P 的选择型结构。当 P 为真值时执行上面的 S_1 框中的内容，P 取假值时执行下面的 S_2 框中的内容。如果这种选择型结构只有 S_1 框，没有 S_2 框，则表示该选择结构中只有 THEN 后面有可执行语句，没有 ELSE 部分。具体如图 11 - 27 所示。

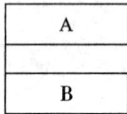

图 11 - 26　顺序结构图

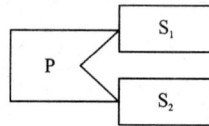

图 11 - 27　选择结构图

多分支选择型：多分支选择型是 CASE 型结构。当判定条件 P = 1 时执行 A1 框的内容，P = 2 时执行 A2 框的内容，P = n 时执行 An 框的内容。如图 11 - 28 所示。

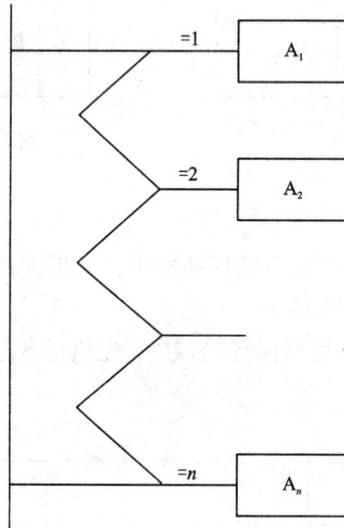

图 11 - 28　多分支选择结构

- 循环型

分为 WHILE 重复型和 UNTIL 重复型。

循环判断条件为 P，循环体为 S。循环判断条件框的右端为双纵线，表示该矩形域是循环条件，以区别于一般的矩形功能域。如图 11 - 29 所示。

对应流程图图 11 - 18 给出了相应的 PAD 图，如图 11 - 30 所示。

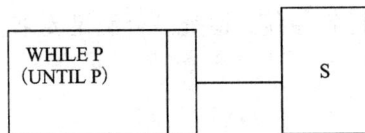

图 11 - 29 循环型结构

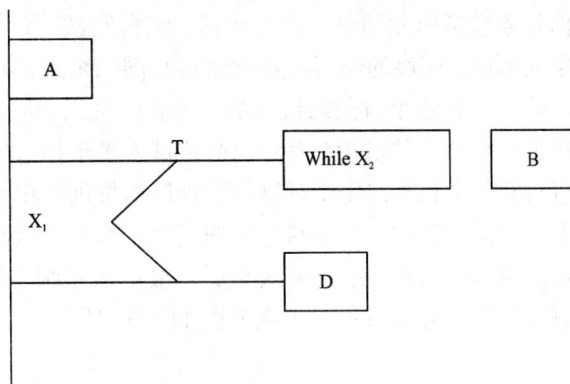

图 11 - 30 PAD 图例

11.3.4 编码

由程序员依据模块设计说明书，将设计模型映射为代码，形成可执行的源程序，利用编程语言，将人类的思想转变为能被计算机理解和执行的程序，这步工作完成后需要提交的是最终软件系统的源程序代码文档。该阶段的输出为程序代码。

阅读程序是软件开发和维护过程中的一个重要组成部分，程序的可阅读性和可理解性非常重要。编码要以清晰第一，效率第二，虽然编码的目的是产生程序，但是为了提高程序的可维护性，源代码也需要实现文档化。源程序文档化包括选择标识符(变量和标号)的名字、安排注释以及程序的视觉组织等，具体内容为：

(1)符号名的命名：符号名即标识符，包括模块名、变量名、常量名、标号名、子程序名以及数据区名、缓冲区名等。这些名字应能反映它所代表的实际内容，应有一定实际意义，使其能够见名知意，有助于理解程序的功能和增强程序的可读性，如平均值用 Average 表示、和用 Sum 表示、总量用 Total 表示。

(2)程序的注释：程序中的注释是程序员和程序阅读者之间通信的重要手段。注释能够帮助阅读者理解程序，并为后续测试和维护提供明确的指导信息。注释分为序言性注释和功能性注释。序言性注释通常位于每个程序模块的开头部分，它给出程序的整体说明，对于理解程序具有引导作用；功能性注释在源程序中，用以描述其后的语句或程序段是在做什么工作，也就是解释下面要"做什么"，或是执行了下面的语句将会如何。

(3)标准的书写格式：应用统一的、标准的格式来书写源程序清单，有助于改善可读性。

编码安全对于提高软件质量和可靠性的重要环节，通常采取避开错误和容错技术。避开错误技术是进行质量管理、实现产品应有质量所不可少的技术，也就是软件工程中所讨论的先进的软件分析和开发技术和管理技术。但是，无论使用多高水平的避开错误技术，也无法做到毫无错误，这就需要采用容错技术，实现容错的主要手段是冗余和防错程序设计。

11.3.5 测试

测试子阶段的关键任务是通过测试及相应的调试，使软件达到预定的要求，它是保证软件质量的重要手段。测试的内容是不断验证已有系统的功能，排除错误，完善系统。该阶段的具体任务包括单元测试、集成测试、综合测试等，在编写出每个模块之后就对它做测试，称为单元测试，模块的编写者和测试者是同一个人，编码和单元测试在软件生命周期中属于同一个阶段。在这个阶段结束之后，对软件系统还应该进行各种综合测试，这是软件生命周期中的另一个独立的阶段，由专门的测试人员承担这项工作，输出为测试报告。

进行软件测试，首先要对每一个程序模块进行单元测试，消除程序模块内部在逻辑上和功能上的错误。其次对照软件设计进行集成测试，检测和排除子系统在系统结构上的错误。

最后再对照需求，进行确认测试。最后从系统全体出发运行系统，检查是否满足要求。软件测试与软件开发过程的关系如图 11－31 所示。

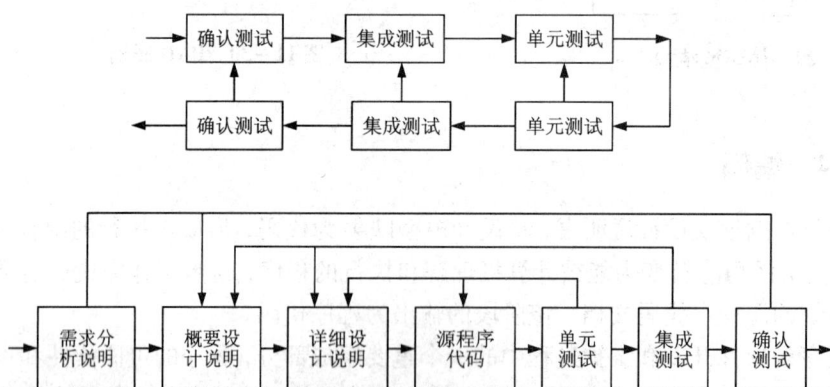

图 11－31　软件测试与软件开发过程的关系

测试方法分为黑盒测试和白盒测试。

1. 黑盒测试

它是对软件的功能和界面的测试，其目的是发现软件需求或者设计规格说明中的错误，所以又称其为功能测试，是一种基于用户观点出发的测试。在测试期间，把被测程序看作一个黑盒子，测试人员并不清楚被测程序的源代码或者该程序的具体结构，不需要对软件的结构有深层的了解，而是只知道该程序输入和输出之间的关系，依靠能够反映这一关系的功能规格说明书，来确定测试用例和推断测试结果的正确性。

黑盒测试仅在程序接口处进行测试，只检查被测程序功能是否符合规格说明书的要求，程序是否能适当地接收输入数据并产生正确的输出信息。黑盒测试可用于证实被测软件功能的正确性和可操作性。黑盒测试有两种基本方法，即通过测试和失败测试，先进行通过测试。在进行通过测试时，实际上是确认软件能做什么，而不会去考验其能力如何。软件测试员只运用最简单、最直观的测试用例。失败测试或迫使出错测试，是指采取各种手段来寻找软件缺陷，如为了破坏软件而设计和执行的测试用例。在失败测试进行之前，检测软件基本功能是否能够实现。在确信软件的正确运行之后，就可以进行失败测试。

设计测试用例时，通常一个源代码程序的路径是用于处理一定数值范围内的所有数值，那么除了边界值以外，在边界值范围以内的所有数值在测试中对于检测软件缺陷的作用相同，因此可以把这一类的数看成等价的，进行测试时，可以从每个等价类中只取一组数据作为测试数据，这样选取的测试数据最有代表性，而且最有可能发现程序逻辑中的错误，避免了测试数据的冗余。

等价类分为有效等价类和无效等价类两种类型。有效等价类是指对于程序的规格说明来说是合理的输入数据构成的集合。利用有效等价类可检验程序是否实现了规格说明中所规定的功能和性能。无效等价类与有效等价类的定义相反。设计测试用例时，要同时考虑这两种等价类。因为软件不仅要能接收合理的数据，也要能经受不合理数据的考验，这样的测试才能确保软件具有更高的可靠性和坚固性。

按照从等价类中选取用例的多少，可以把等价类测试分为弱等价类测试、强等价类测试、弱健壮等价类测试和强健壮等价类测试。软件测试常用的一个方法是把测试工作按同样的形式划分。对数据进行软件测试，就是检查用户输入的信息、返回结果及中间计算结果是否正确。实践表明，输入域的边界值比中间的值更加容易发现错误。实践证明，大量的错误发生在输入或输出范围的边界上，而不是在输入范围的内部。因此针对各种边界情况设计测试用例，可以查出更多的错误。边界值分析的基本思想是使用最小值、略高于最小值、正常值、略低于最大值和最大值作为输入变量值。

2. 白盒测试

白盒测试要求测试人员全面了解程序内部逻辑结构，以检查程序处理过程的细节为基础，对程序中尽可能多的逻辑路径进行测试，检验内部控制结构和数据结构是否有错、实际的运行状态与预期是否一致。在白盒测试中，测试人员必须从检查程序的内部结构以及从程序的逻辑入手，从而得出测试数据。白盒测试的主要方法有程序结构分析、逻辑覆盖、程序插装、域测试、符号测试和路径分析等。

在被测程序中尽可能将每一条可执行语句都进行检测，而且每个判定的每种可能结果都应该至少执行一次，也就是每个判定的分支都至少执行一次。也可在程序特定部位借助插入操作(语句)把程序执行过程中发生的一些重要事件记录下来，如语句执行次数、变量值的变化情况、指针的改变等。

白盒测试比黑盒测试成本高，需要在测试计划前产生源代码，在确定合适的数据和软件是否正确方面需要花费更多的工作量，并且无法检测代码中遗漏的路径和数据敏感性错误，对于规格的正确性也无法验证。

在检测过程中，两种测试方式相辅相成，白盒测试只考虑测试软件产品，它不保证完整的需求规格是否被满足。而黑盒测试只考虑测试需求规格，它不保证实现的所有部分是否被测试到。黑盒测试会发现遗漏的缺陷，指出规格的哪些部分没有被完成。而白盒测试会发现逻辑方面的缺陷，指出哪些实现部分是错误的。

灰盒测试就是介于白盒测试和黑盒测试之间的测试，最常见的灰盒测试是集成测试，在软件系统底层进行的测试为单元测试或模块测试，单元经过测试，底层软件缺陷被找出并修复之后，就将这些单元组合在一起，对模块的组合过程就是测试过程，其顺序关系如图 11-32 所示。

软件测试的一个致命缺陷是测试的不完全、不彻底性。由于对任何程序只能进行少量的有限测试，在发现错误时能说明该程序有问题，但未发现错误时，也不能说明该程序无错误。

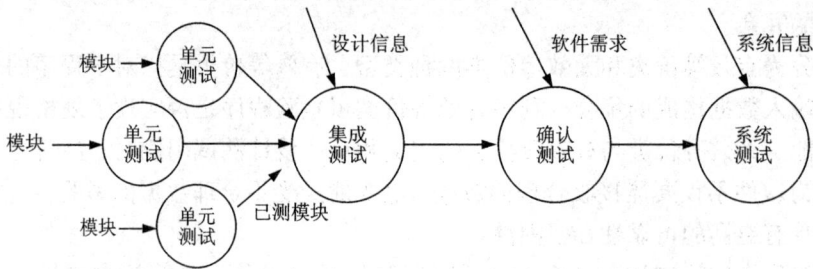

图 11 –32　软件测试步骤

11.3.6　维护

产品在使用中对发现的错误进行修改或者针对变化的需求对软件进行修改。具体包括四种类型的维护：改正性维护、适应性维护、完善性维护以及预防性维护。其中，改正性维护主要对运行中发现的软件错误进行修正，适应性维护主要为了适应变化了的软件工作环境而进行适当的变更，完善性维护主要根据用户的需求改进或扩充软件使它更完善，预防性维护则主要为将来维护活动预先做好准备。

如果软件配置的唯一成分是程序代码，那么维护活动相当困难。由于没有内部文档，评价工作很难进行。如果软件结构、数据结构、系统接口、性能和设计约束等特点不清楚，程序代码就很难搞清楚。如果没有保存测试记录，回归测试就无法进行。所以改变程序代码所引起的后果将难以确定。不仅浪费了人力和物力，还影响了维护人员的积极性。这是不使用软件工程方法开发软件的结果。

如果有一个完整的软件配置，维护就可以从评价设计文档开始；根据文档来确定该软件的结构特性、性能特性及接口特性；改正或修改可能带来的影响，并且准备一个处理方法；然后修改设计，进行评审，编写新的源程序代码和进行回归测试；最后交付使用。使用软件工程的方法开发的软件，虽然不能保证维护没有问题，但可以减少维护的工作量，并提高质量。

软件可维护性是努力追求的一个基本特性。在软件工程每一阶段的复审中，可维护性都是重要的指标。软件维护活动完成之后也要进行复审，正式的可维护性复审放在测试完成之后，称为配置复审。目的是保证配置成分的完整、协调、易于理解且便于修改。

11.3.7　软件项目管理

与其他产品开发一样，软件开发不仅取决于所采用的技术、方法和工具，还决定于计划与管理的水平。两方面相辅相成，缺一不可。软件管理的主要功能如下。

（1）制订计划。规定待完成的任务、要求、资源、人力和进度等。

（2）建立项目组织。为实施计划，保证任务的完成，需要建立分工明确的责任机构。

（3）配备人员。任用各种层次的技术人员和管理人员。

（4）指导。鼓励和动员软件人员完成所分配的工作。

软件项目的第一个任务是确定软件的工作范围，即软件的用途及对软件的要求。其中主要包括软件的功能、性能、接口和可靠性等 4 个方面。计划人员必须使用管理人员和技术人员都能理解的无二义性的语言来描述工作范围。

对于软件功能的要求，在某些情况下要进行求精细化，以便能够提供更多的细节，因为成本和进度的估算都与功能有关。软件的性能包括处理时间的约束、存储限制以及依赖于机器的某些特性。要同时考虑功能和性能，才能做出正确的估计。

接口分为硬件、软件和人 3 类。

• 硬件：指执行该软件的硬件，如中央处理机和外部设备，以及由该软件控制的各种间接设备，如各种机器和显示设备等。

• 软件：指已有的而且必须与新开发软件连接的软件，如数据库、子程序包和操作系统等。

• 人：指通过终端或输入/输出设备使用该软件的操作人员。

在这三种情况下，都要详细地了解通过接口的信息传递。计划人员还要考虑各个接口的性质及复杂程度，以确定对开发资源、成本和进度的各种影响。软件项目计划的第二个任务是对完成该软件项目所需的资源进行估算。我们可把软件开发所需的资源画成一个金字塔，那么在塔的底部是用于支持软件开发的工具，即软件工具及硬件工具；在塔的高层则是最基本的资源——人。

为了使开发项目能够在规定的时间内完成，而且不超过预算，成本估计和管理控制是关键。对于一个大型的软件项目，由于项目的复杂性，开发成本的估算不是一件简单的事，要进行一系列的估算处理，IBM 模型是成本估算模型的经典模型。

11.4 UML 建模

11.4.1 UML 建模概述

UML(unified modeling language)为面向对象软件设计提供统一的、标准的、可视化的建模语言。适用于描述以用例为驱动、以体系结构为中心的软件设计的全过程。

UML 的定义包括 UML 语义和 UML 表示法两个部分。

UML 语义：UML 对语义的描述使开发者能在语义上取得一致认识，消除了因人而异的表达方法所造成的影响。

UML 表示法：UML 表示法定义 UML 符号的表示方法，为开发者或开发工具使用这些图形符号和文本语法为系统建模提供了标准。

UML 模型图中包括事物、关系，事物是 UML 模型中最基本的构成元素，是具有代表性的成分的抽象，通过关系把事物紧密联系在一起，最终构成了图。

1. UML 事物

UML 包含 4 种事物：构件事物、行为事物、分组事物和注释事物。

(1)构件事物：UML 模型的静态部分，描述概念或物理元素，它包括以下几项内容。

类：具有相同属性、相同操作、相同关系、相同语义的对象的描述。如图 11 - 33 所示。

接口：描述元素的外部可见行为，即服务集合的定义说明。如图 11 - 34 所示。

组件：组件是物理上可替换的系统部分，它实现了一个接口集合。在一个系统中，可能会遇到不同种类的组件,如 COM 或 JAVA BEANS。如图 11-35 所示。

用例:代表一个系统或系统的一部分行为,是一组动作序列的集合。如图 11-36 所示。

活动类:活动类是这种类,它的对象有一个或多个进程或线程。活动类和类很相像,只是它的对象所代表的元素其行为和其他元素是同时存在的。如图 11-37 所示。

协作:描述了一组事物间的相互作用的集合。如图 11-38 所示。

节点:运行时存在的物理元素。如图 11-39 所示。

此外,参与者(图 11-40)、信号应用、文档库、页表等都是上述基本事物的变体。

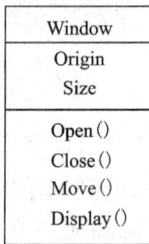

图 11-33　类

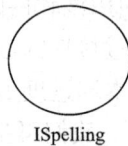

图 11-34　接口

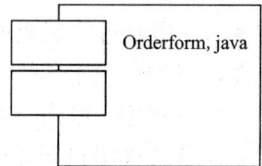

图 11-35　组件

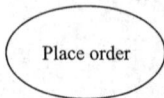

图 11-36　用例

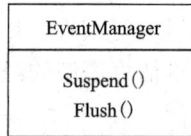

图 11-37　活动类

图 11-38　协作

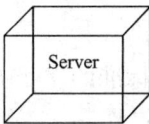

图 11-39　节点

图 11-40　参与者

图 11-41　状态机

(2)行为事物:UML 模型图的动态部分,描述跨越空间和时间的行为。

交互:实现某功能的一组构件事物之间的消息的集合,涉及消息、动作序列、链接。

状态机:描述事物或交互在生命周期内响应事件所经历的状态序列,如图 11-41 所示。

(3)分组事物:UML 模型图的组织部分,描述事物的组织结构。把元素组织成组的机制。

(4)注释事物:UML 模型的解释部分,用来对模型中的元素进行说明、解释,对元素进行约束或解释。

2. UML 关系

UML 中有 4 种关系符号,分别如下。

(1)依赖(dependency):是两个事物之间的语义关系,其中一个事物(独立事物)发生变化会影响到另一个事物(依赖事物)的语义,符号表示如图 11-42。

(2)关联(association)：是一种结构关系，它指明一个事物的对象与另一个事物的对象间的联系，符号表示如图 11 – 43。

(3)泛化(generalization)：是一种特殊/一般的关系，也可以看作是常说的继承关系，符号表示如图 11 – 44。

(4)实现(realization)：是类元之间的语义关系，其中的一个类元指定了由另一个类元保证执行的契约，符号表示如图 11 – 45。

图 11 – 42 依赖　　图 11 – 43 关联　　图 11 – 44 泛化　　图 11 – 45 实现

3. 用例图

用例模型描述的是外部执行者所理解的系统功能。用例模型用于需求分析阶段，它的建立是系统开发者和用户反复讨论的结果，表明了开发者和用户对需求规格达成的共识。在UML 中，一个用例模型用若干个用例图描述，用例图的主要元素是用例和执行者。

在用例图中，在一个系统开发前，必定首先要确定系统的用户，系统的用户就是系统的参与者，参与者可以感受到的系统服务或功能单元叫用例，任何用例都不能在缺少参与者的情况下独立存在。同样，任何参与者也必须有与之关联的用例，所以识别用例的最好方法就是从分析系统参与者开始。

为了减少模型维护的工作量，保证用例模型的可维护性和一致性，可以在用例之间抽象出包含(include)、扩展(extend)和泛化(generalization)等关系。

(1)包含关系是指用例可以简单地包含其他用例具有的行为，并把它所包含的用例行为作为自身行为的一部分，如图 11 – 46 所示。

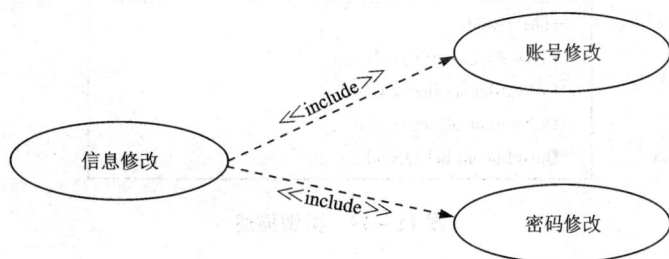

图 11 – 46 包含关系

(2)扩展关系是指在一定条件下，把新的行为加入已有的用例中。获得的新用例称为扩展用例(extension)，原有的用例称为基础用例(base)，如图 11 – 47 所示。

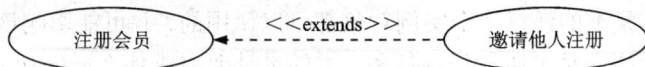

图 11 – 47 扩展关系

（3）泛化关系是指一个父用例可以被特化形成多个子用例，而父用例和子用例之间的关系就是泛化关系，如图 11 – 48 所示。

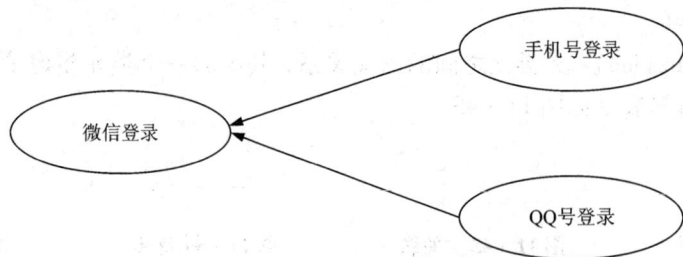

图 11 – 48　泛化关系

4. 类图

类图以反映类的结构（属性、操作）以及类之间的关系为主要目的，描述了软件系统的结构，是一种静态建模方法。是面向对象方法的核心，类图中的"类"与面向对象语言中的"类"的概念是对应的，是对现实世界中的事物的抽象。类从上到下分为三部分，分别是类名、属性和操作。其基本结构如图 11 – 49 所示。

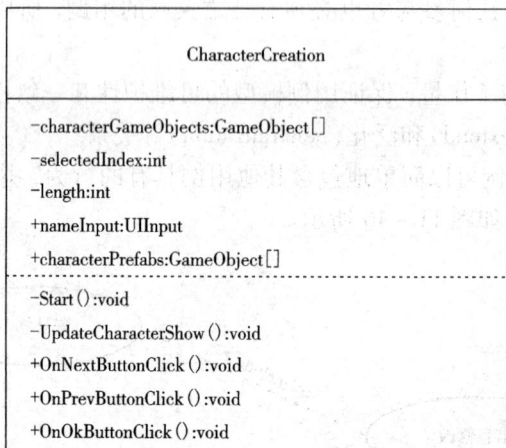

图 11 – 49　类图描述

类是具有相同属性、操作、关系的对象集合的总称。在 UML 中，类用矩形表示。

（1）名称：每个类都必须有一个名字，用来区分其他的类。类名是一个字符串，称为简单名字。路径名字是在类名前加包含类的包名为前缀。

（2）属性：属性是指类的特性，类可以有任意多个属性，也可以没有属性。在类图中属性只要写上名字就可以了，也可以在属性名后跟上类型甚至默认值。

（3）操作：操作是类的任意一个实例对象都可以调用的，并可能影响该对象行为的实现。

（4）职责：职责指的是类所担任的任务，类的设计要完成什么样的功能，要承担的义务。一个类可以有多种职责，设计好的类一般至少有一种职责，在定义类的时候，将类的职责分解成为类的属性和方法。

类之间的关系包括关联、聚合、泛化、实现以及依赖。

（1）关联关系。关联关系描述了类的结构之间的关系。具有方向、名字、角色和多重性等信息。一般的关联关系语义较弱。但聚合和组合两种关系语义较强。

（2）聚合关系。它是特殊关联关系，指明一个聚集（整体）和组成部分之间的组合关系。

（3）泛化关系。泛化关系在面向对象中一般称为继承关系，存在于父类与子类、父接口与子接口之间。

（4）实现关系。实现关系对应于类和接口之间的关系。

（5）依赖关系。它描述了一个类的变化对依赖于它的类产生影响的情况。有多种表现形式，例如绑定（bind）、友元（friend）等。

5. 时序图

时序图用来表示用例中的行为顺序。当执行一个用例行为时，时序图中的每条消息对应了一个类操作或状态机中引起转换的事件。时序图展示对象之间的交互，这些交互是在场景或用例的事件流中发生的。时序图属于动态建模，其在消息序列上，也就是说，描述消息是如何在对象间发送和接收的。表示了对象之间传送消息的时间顺序。浏览时序图的方法是：

从上向下查看对象间交换的消息。时序图只是帮助把类图中的方法调用关系展现出来，起到辅助完成类图开发的作用。能够精确描述类或成员的生命周期，然后按照时序图抽取类。

如图 11-50 所示为客户网上购物时序图。

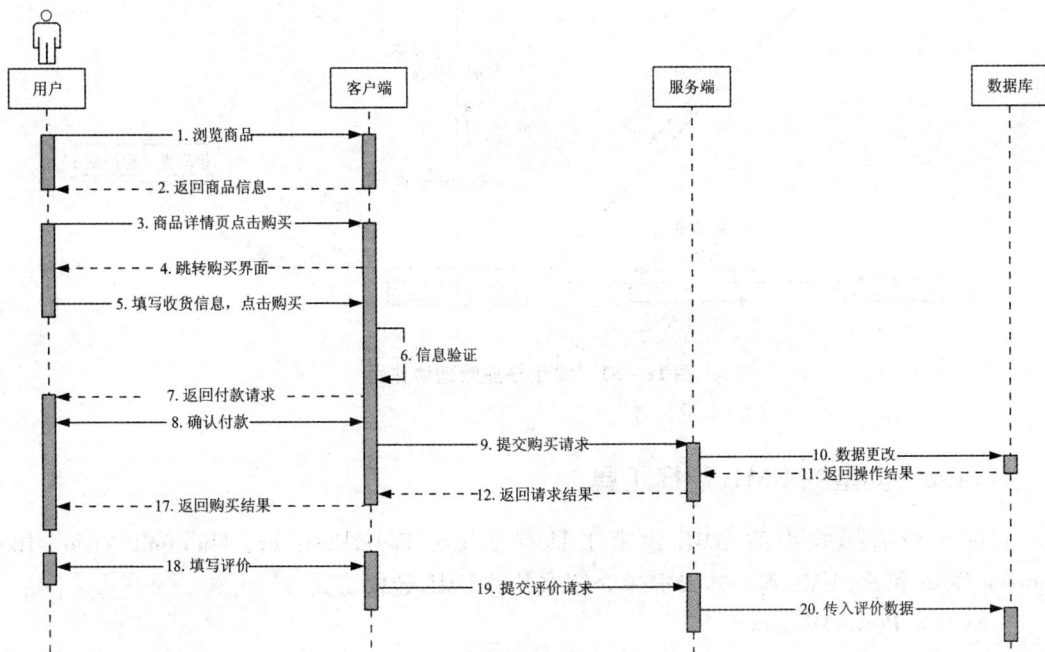

图 11-50　网上购物时序图

6. 协作图

协作图是一种交互图,强调发送和接收消息的对象之间的组织结构,说明系统的动态情况。协作图主要描述协作对象间的交互和链接,显示对象、对象间的链接以及对象间如何发送消息。协作图可以表示类操作的实现。如学生毕业管理协作图如图 11 – 51 所示。

协作图中的事物包括参与者、对象和消息流,具体解释见表 11 – 2。

表 11 – 2　协作图的具体事物及解释

事物名称	解释
参与者	发出主动操作的对象,负责发送初始消息,启动一个操作。
对象	对象是类的实例,负责发送和接收消息,与顺序图中的符号相同,冒号前为对象名,冒号后为类名。
消息流(由箭头和标签组成)	箭头指示消息的流向,从消息的发出者指向接受者。标签对消息作说明,其中,顺序号指出消息的发生顺序,并且指明了消息的嵌套关系;冒号后面是消息的名字。

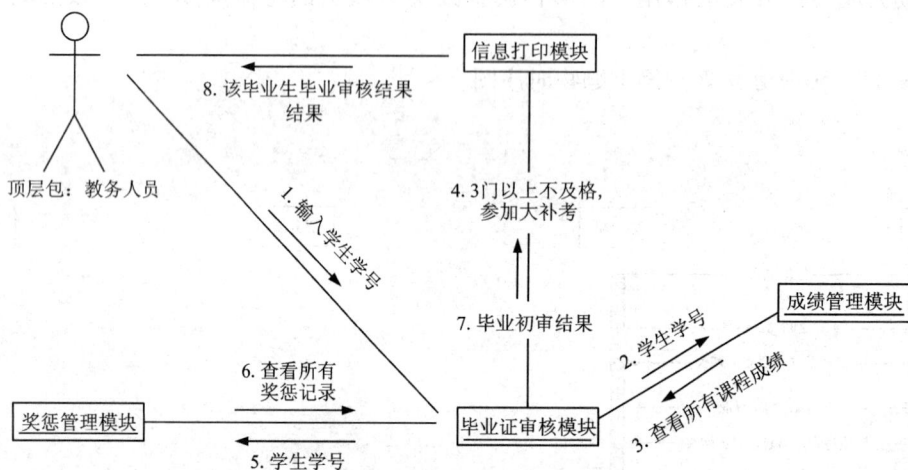

图 11 – 51　学生毕业管理协作图

11.4.2　典型的 UML 建模工具

目前比较有影响力的 UML 建模工具有 Sybase PowerDesigner、Microsoft Visio、IBM Rational Rose 和 StarUML 等。本节简单介绍这几种 UML 建模工具。

1. Sybase PowerDesigner

Sybase PowerDesigner 是一款功能强大的集成化建模工具。在最新版本的 PowerDesigner 6.5 中完善了企业架构建模功能,如图 11 – 52 为 PowerDesigner 的界面图。在 PowerDesigner 中支持了 12 种 UML 模型图:用例图、类图、组合结构图、对象图、包图、组件图、部署图、通信图、序列图、状态图、活动图和交互概览图。

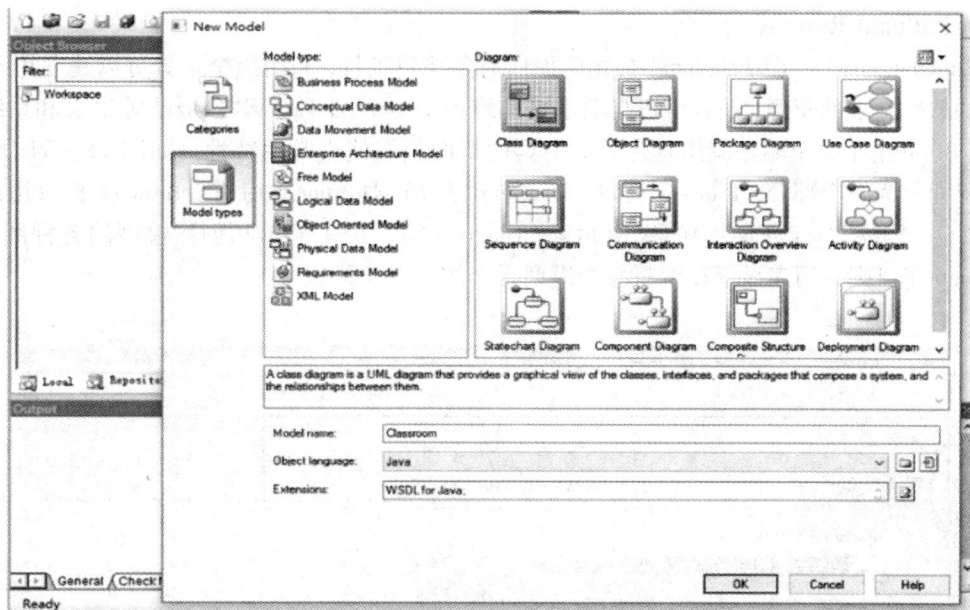

图 11 – 52　PowerDesigner 界面图

2. Microsoft Visio

　　Visio 是 Microsoft 公司的产品，是一种绘图软件。Visio 2002 之后的版本，开始支持 UML 语言，可以作为面向对象的可视化建模工具，图 11 – 53 是 Visio 2013 版本所支持的 UML 建模的界面。用 Visio 进行建模的缺点是其所支持的 UML 模型图比较少。

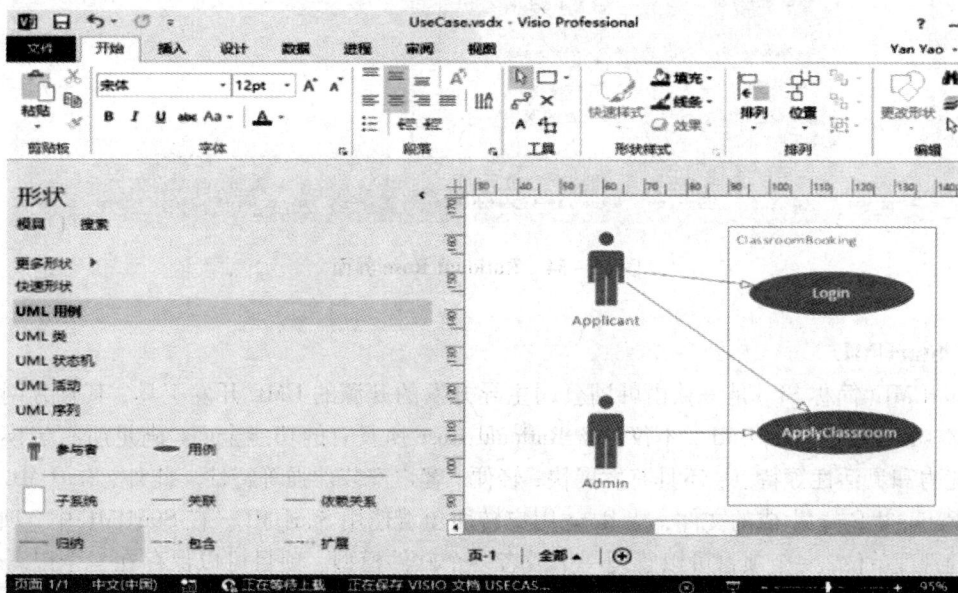

图 11 – 53　Visio 2013 界面

3. Rational Rose

Rational Rose 是美国 Rational 公司的面向对象建模工具，利用这个工具可以建立用 UML 描述的软件系统的模型，而且可以自动生成和维护 C + + 、Java、VB、Oracl 等语言和系统的代码。Rose 是个菜单驱动应用程序，用工具栏帮助我们使用常用特性。如图 11 - 54 所示，它的界面分为三个部分：Browser 窗口、Diagram 窗口和 Document 窗口。Browser 窗口用来浏览、创建、删除和修改模型中的模型元素；Diagram 窗口用来显示和创作模型的各种图；而 Document窗口则是用来显示和编写各个模型元素的文档注释。

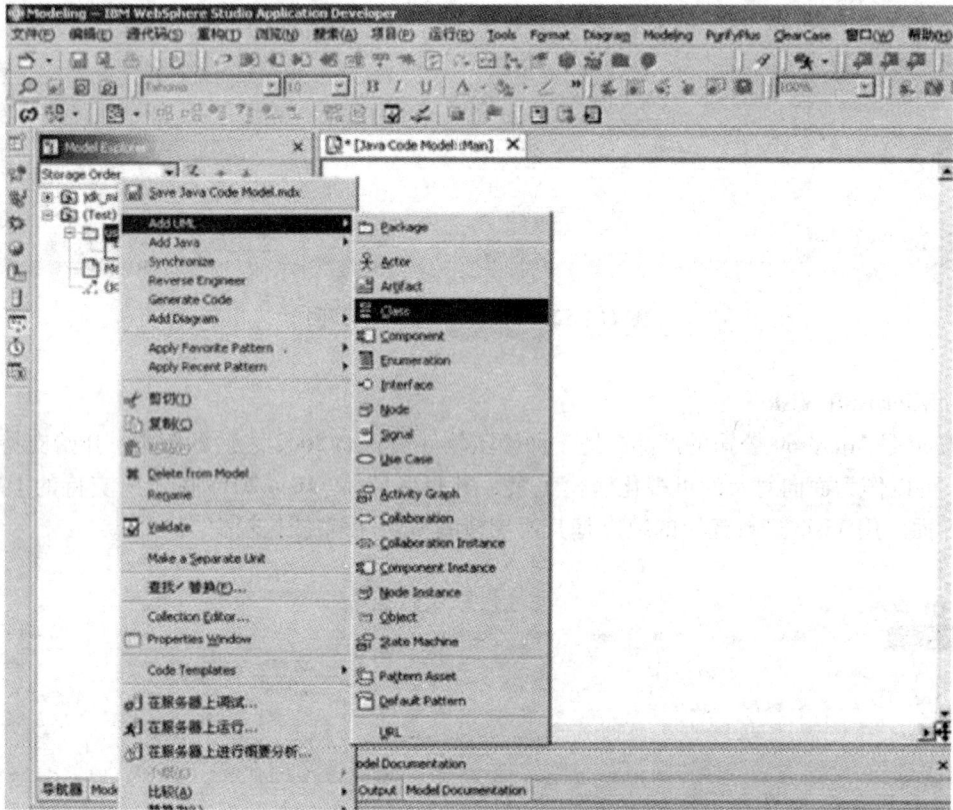

图 11 - 54　Rational Rose 界面

4. StarUML

StarUML(简称 SU) 是一款由韩国公司主导开发的开源的 UML 开发工具，其官方网站为 http：//staruml.io。StarUML，不仅包含 Rational Rose 所具有的功能全面、满足所有建模环境需求能力和灵活性等特点，还具有发展快、轻便、客户安装性强等特性。此外，StarUML 可以读取 Rational Rose 生成的文件，让 Rose 用户转而免费使用 StarUML。在 StarUML 中，项目是基本的管理单位，一个项目可以管理一个或者多个软件模型。项目可以保存在一个以. xml 或者. uml 为扩展名的文件中，该文件包含了项目中所有模型(model)、视图(view)和图(digram)的信息。StarUML 提供了类图、用例图、顺序图、通信图、状态图、活动图、组件图、部署图和组合结构图等 11 种模型图的绘制方法。图 11 -55 所示为 StarUML5.0 版本的功能界面。

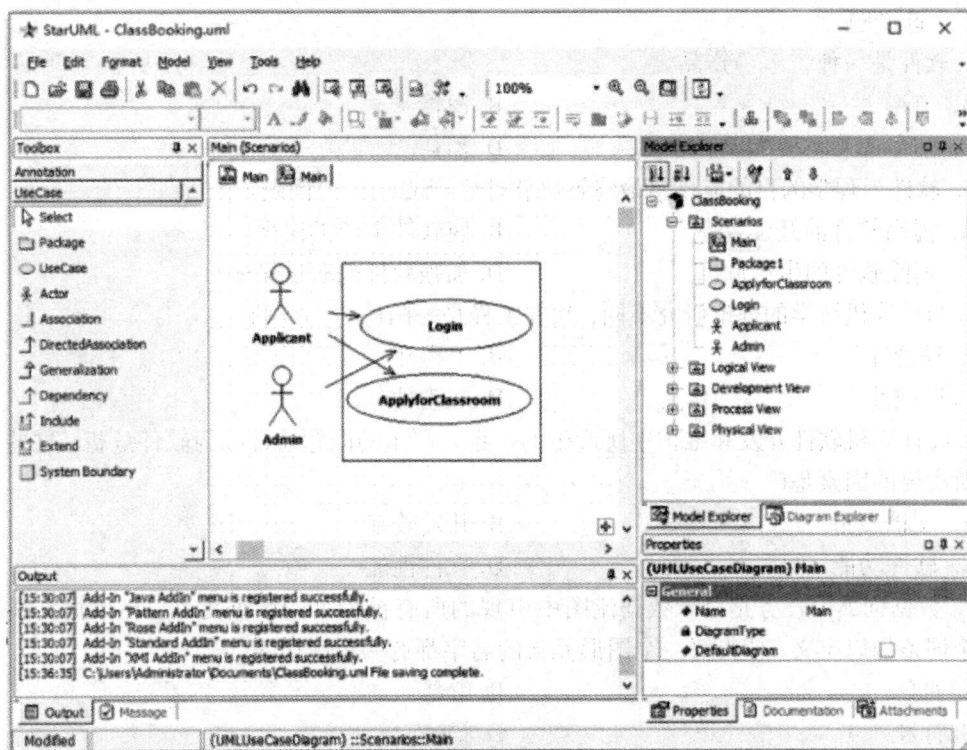

图 11 - 55   StarUML 界面

11.5   本章小结

本章节重点介绍了软件开发方法学、软件工具和软件开发环境，良好的软件工具可促进方法学的研制，而先进的软件开发方法能改进工具，软件工具的集成构成软件开发环境。应把软件作为工程产品来处理，按计划、分析、设计、实现、测试、维护的周期来进行生产，采用工程化方法和途径来开发与维护软件。软件工程正是从管理和技术两方面研究如何更好地开发和维护计算机软件的一门新兴学科。

思考题与习题

一、简答题

1.什么叫软件生命周期？简述软件开发模型。

2.选择一个系统(如人事档案管理系统、图书管理系统、医院监护系统、足球俱乐部管理系统、财务管理系统、学生成绩管理系统、飞机订票系统等)，用SA方法对它进行分析，画出系统的分层 DFD 图，并建立相应的数据词典。

3.任选一种排序(从小至大)算法，分别用流程图、N - S 图、PAD 图语言描述其详细过程。

二、选择题

1. 软件是一种(　　)产品。

A. 有形　　　　　　　　　　B. 逻辑

C. 物质　　　　　　　　　　D. 消耗

2. 软件工程学的目的应该是最终解决软件生产的(　　)问题。

A. 提高软件的开发效率　　　B. 使软件生产工程化

C. 消除软件的生产危机　　　D. 加强软件的质量保证

3. 与计算机科学的理论研究不同，软件工程是一门(　　)学科。

A. 理论性　　　　　　　　　B. 工程性

C. 原理性　　　　　　　　　D. 心理性

4. 在计算机软件开发和维护中所产生的一系列严重的问题通常称为软件危机，这些问题中相对次要的因素是(　　)。

A. 文档质量　　　　　　　　B. 开发效率

C. 软件功能　　　　　　　　D. 软件性能

5. 数据词典的任务是对于数据流图中出现的所有被命名的数据元素，在数据词典中作为一个词条加以定义，使得每一个图形元素的名字都有一个确切的(　　)。

A. 对象　　　　　　　　　　B. 解释

C. 符号　　　　　　　　　　D. 描述

6. 由于软件生产的复杂性和高成本性，使大型软件的生存出现危机，软件危机的主要表现包括(　　)。

①生产成本过高　②需求增长难以满足　③进度难以控制　④质量难以保证

A. ①②　　　　　　　　　　B. ②③

C. ④　　　　　　　　　　　D. 全部

7. 软件工程方法学中的软件工程管理是其中的一个重要内容，它包括软件管理学和软件工程经济学，它要达到的目标是(　　)。

A. 管理开发人员，以开发良好的软件

B. 采用先进的软件开发工具，开发优秀的软件

C. 消除软件危机，达到软件生产的规模效益

D. 以基本的社会经济效益为基础，工程化生产软件

8. 软件工程方法学的目的是使软件生产规范化和工程化，而软件工程方法得以实施的主要保证是(　　)。

A. 硬件环境　　　　　　　　B. 开发人员的素质

C. 软件开发工具和软件开发的环境　D. 软件开发的环境

9. 有关计算机程序功能、设计、编制、使用的文字或图形资料称为(　　)。

A. 软件　　　　　　　　　　B. 文档

C. 程序　　　　　　　　　　D. 数据

10. 软件工程是一种(　　)分阶段实现的软件程序开发方法。

A. 自顶向下　　　　　　　　B. 自底向上

C. 逐步求精　　　　　　　　D. 面向数据流

三、填空题

1. 结构化分析方法（SA）是一种面向_____需求分析方法。

2. 作为一门交叉学科，软件工程具有很强的综合性，它涉及_____、_____、_____、_____等领域。

3. 软件工程要用工程科学中的观点来进行_____、_____、_____。

4. 计算机程序及其说明程序的各种文档称为_____。计算任务的处理对象和处理规则的描述称为_____。有关计算机程序功能、设计、编制、使用的文字或图形资料称为_____。

5. 数据流图和_____共同构成系统的逻辑模型

6. 需求分析中，对算法的简单描述记录在_____中。

7. 软件开发环境的目标是提高_____和_____。因而理想的软件开发环境应是能支持整个软件生存期阶段的开发活动，并能支持各种处理模型的_____，同时实现这些开发方法的_____。

8. _____是指为支持计算机软件的开发、维护、模拟、移植或管理而研制的程序系统。

9. 软件工具的发展特点是软件工具由单个工具向_____方向发展。重视_____的设计，不断地采用新理论和新技术。软件工具的商品化推动了软件产业的发展，而软件产业的发展又增加了对软件工具的需求，促进了软件工具的商品化进程。

10. 按软件开发环境的演变趋向分类，可分为_____环境、_____环境、_____环境。

第12章　人工智能基础

本章探讨计算机科学的一个分支：人工智能。人工智能是当前的热门研究领域，已经上升为国家战略，取得了一些令人惊讶的成绩，还有着无限的发展潜力。可以这么说，今天的科学幻想很可能就是明天的现实。

【学习目标】

1. 了解人工智能的概念。
2. 了解人工智能的发展史。
3. 了解人工智能的应用领域及发展前景。

12.1　智能及其本质

根据霍华德·加德纳的多元智能理论，人类的智能可以分成八个范畴。

(1)语言智能：指有效地运用口头语言或文字表达自己的思想并理解他人，用言语表达和欣赏语言深层内涵的能力。

(2)逻辑智能：指有效地计算、测量、推理、归纳、分类，并进行复杂数学运算的能力。

(3)空间智能：指准确感知视觉空间及周围一切事物，并且能把所感觉到的形象以图画的形式表现出来的能力。

(4)肢体运作智能：指善于运用整个身体来表达思想和情感、灵巧地运用双手制作或操作物体的能力。

(5)音乐智能：指能够敏锐地感知音调、旋律、节奏、音色等的能力。

(6)人际智能：指能很好地理解别人和与人交往的能力。

(7)自我认知智能：指善于自我认识和自知之明，并据此做出适当行为的能力。

(8)自然认知智能：指善于观察自然界中的各种事物，对物体进行辨别和分类的能力。

12.2　人工智能的概念

12.2.1　人工智能的定义

人工智能(artificial intelligence，AI)，是研究、开发用于模拟、延伸和扩展人的智能的理论、方法、技术及应用系统的一门新的技术科学。

通俗地讲，我们可以把人工智能定义为：用人工的方法在机器(计算机)上实现的智慧，或者说人类使机器具有类似人的智能。

人工智能是计算机学科的一个分支,20 世纪 70 年代以来被称为世界三大尖端技术(空间技术、能源技术、人工智能)之一,也被认为是 21 世纪三大尖端技术(基因工程、纳米科学、人工智能)之一。这是因为近 30 年来它获得了迅速的发展,在很多学科领域都得到了广泛应用,并取得了丰硕的成果,人工智能已逐步成为一个独立的分支,无论在理论和实践上都已自成一个系统。

人工智能是研究使计算机来模拟人的某些思维过程和智能行为(如学习、推理、思考、规划等)的学科,主要包括计算机实现智能的原理、制造类似于人脑智能的计算机,使计算机能实现更高层次的应用。人工智能将涉及计算机科学、心理学、哲学和语言学等学科。可以说,自然科学和社会科学的几乎所有学科,其范围已远远超出了计算机科学的范畴。人工智能与思维科学的关系是实践和理论的关系,人工智能是处于思维科学的技术应用层次,是它的一个应用分支。从思维观点来看,人工智能不仅限于逻辑思维,还要考虑形象思维、灵感思维才能促进人工智能的突破性的发展。

12.2.2　脑智能和群智能

要研究人工智能,当然要涉及什么是智能,但这是一个难以准确回答的问题,因为关于智能,至今还没有一个确切的公认的定义。下面我们就对此进行一些讨论。

我们知道,人的智能源于人脑。但由于人脑是由数以亿计(大约 850 亿个)的神经元组成的复杂的、动态的巨大系统,其奥秘至今还未完全被揭开,因而也就导致了人们对智能的模糊认识。但从整体功能来看,人脑的智能表现还是可以辨识出来的,如学习、发现、创造等能力就是明显的智能表现。进一步分析可以发现,人脑的智能及其发生过程都是在其心理层面上可见的,即以某种心理活动和思维过程表现的,也就是说,智能是可以在宏观心理层次上定义和研究的。基于这一认识,我们把脑(主要指人脑)的这种宏观心理层次的智能表现称为脑智能(brain intelligence,BI)。

另外,人们发现一些生物群落或者更一般的生命群体的群体行为或者社会行为,也表现出一定的智能,如蚂蚁群、蜜蜂群、鸟群、鱼群等。在这些群体中,个体的功能并不复杂,但它们的群体行为却表现出相当的智慧,如蚂蚁觅食时总会走最短路径,蚁巢和蜂巢结构的科学性。现在人们把这种由群体行为所表现出的智能称为群智能(swarm intelligence,SI)。

可以看出,群智能是有别于脑智能的,事实上,它们属于不同层次的智能。脑智能是一种个体智能(individual intelligence,II),而群智能是一种系统智能(system intelligence,SI),或者说社会智能(social intelligence,SI)

当然,如果用群的眼光来考察大脑,则脑中的神经网络其实也就是由神经细胞组成的细胞群。当我们在进行思维时,大脑中的相关神经元只是在各负其责,各司其职,至于它们在传递什么信息甚至在做什么,神经元自己则并不知道。然而由众多神经元所组成的群体——神经网络却具有自组织、自学习、自适应等智能表现,而且正是微观生理层次上神经元的低级的群智能才形成了宏观心理层次上高级的脑智能。这就是说,对于人脑来说,宏观心理(或者语言)层次上的脑智能与神经元层次上的群智能有着密切的关系(但二者之间的具体关系如何却仍然是个谜,这个问题的解决可能需要借助于系统科学)。

如今人们对自然智能的机理还未完全弄清楚,这就导致了对于智能的多种说法。譬如有人说(脑)智能的基础是知识(因为没有知识的智能是不可想象的),有人说(脑)智能的关键是思维(因为知识是由思维产生的),还有人说智能取决于感知和行为,认为智能是在系统与周围环境不断"刺激-反应"的交互中发展和进化的。对此本书不想多加评论。脑智能就是发现规律、运用规律的能力,或者说发现知识、运用知识的能力;而群智能则多表现为自组织、自学习、自适应、自寻优等能力。进一步来讲,如果从解决问题的角度定义,智能就是自主解决问题的能力。

互联网大脑模型的定义中提到:"机器智能和群体智能是驱动互联网大脑的云反射弧对世界产生反应的根本动力",但如何在模型中反映这一机制,一直没有很好的解决办法。第五版的模型架构,对进一步分析人工智能如何影响科技生态、混合智能如何在互联网中的形成将会有更为深刻的启发。图12-1为第五版互联网大脑模型。

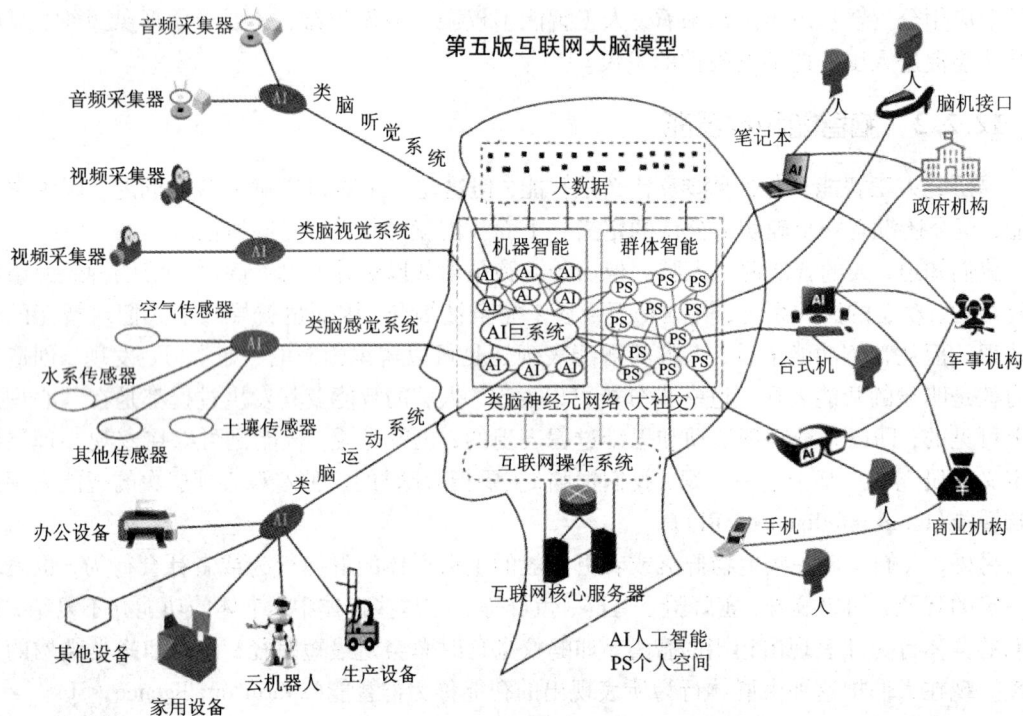

图12-1 第五版互联网大脑模型

12.2.3 符号智能和计算智能

我们知道,智能可分为脑智能和群智能。那么,通过模拟、借鉴脑智能和群智能就可以研究和实现人工智能。事实上,现在所称的符号智能(symbolic intelligence,SI)和计算智能(computational intelligence,CI)就是这样形成的。

(1)符号智能。符号智能就是符号人工智能,也就是所说的传统人工智能或经典人工智能,它是模拟脑智能的人工智能。符号智能以符号形式的知识和信息为基础,主要通过逻辑推理,运用知识对问题进行求解。符号智能的主要内容包括知识获取(knowledge acquisition,KA)、知识表示(knowledge representation,KR)、知识组织与管理、知识运用等技术,这些构成了所谓的知识工程(knowledge engineering，KE)以及基于知识的智能系统等。

(2)计算智能。计算智能就是计算人工智能，它是模拟群智能的人工智能。计算智能以数值数据为基础，主要通过数值计算，运用算法对问题进行求解。计算智能的主要内容包括神经计算(neural computation，NC)、进化计算(evolutionary computation，EC)、遗传算法(genetic algorithm，GA)、进化规划(evolutionary planning，EP)、进化策略(evolutionary strategies，ES)等、免疫计算(immune computation)、粒群计算(particle swarm algorithm，PSA)、蚁群算法(ant colony algorithm，ACA)、自然计算(natural computation，NC)、人工生命(artificial life，AL)等。计算智能主要研究各类优化搜索算法，是当前人工智能学科中一个十分活跃的分支领域。

12.3　人工智能的发展史

12.3.1　人工智能发展概述

人工智能历史可以追溯到古希腊，在古希腊故事书中，就已出现智能物品。

公元前4世纪的希腊故事中，青铜人Talo融入智能机器想法，许多机械模型建造中出现一些智能想法。亚里士多德的三段论逻辑，是第一次正式地演绎推理系统。西班牙神学家发明了非数学机器。阿拉伯发明家设计了一个可编程仿真的机器人、一艘可承载四名机械音乐家的船只。

15世纪，可移动印刷发明，古藤堡圣经印刷。时钟是第一台现代化测量仪器，最初用车床生产。

16世纪，钟表匠把工艺延伸到创造机械动物或新奇事物，例如能够行走的狮子机械。

17世纪，笛卡尔提出，动物很像复杂机器。帕斯卡发明第一台机械数字计算机，霍布斯和利维坦出版一本书，包含了机械组合理论。1662—1666年，莫兰爵士设计算术机器，莱布尼茨改进帕斯卡的机器，创造出一种叫做步骤计算机的机器(图12-2)，可以做乘法和除法运算，通过演算可以机械决定论点。

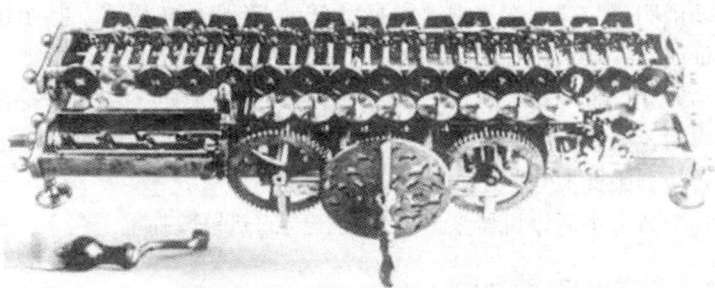

图12-2　莱布尼茨的计算机

19世纪，第一台可编织的织机、可编程的机械计算机器出现。乔治布尔发明了一种二元代数，提出某些思想规律。后来弗雷格、罗素、塔斯基、哥德尔等继续开发。

20 世纪上半叶，罗素和白石出版数学原理书，对形式逻辑进行革命。1912 年第一个电脑游戏创造棋盘机器人。

到了 20 世纪四五十年代，数学家和计算机工程师已经开始探讨用机器模拟智能的可能。1950 年，艾伦·图灵在他的论文《计算机器与智能》中提出了著名的图灵测试。在图灵测试中，一位人类测试员通过文字与密室里的一台机器和一个人自由对话。如果测试员无法分辨与之对话的两个实体谁是人、谁是机器，则参与对话的机器就被认为通过测试。虽然图灵测试的科学性受到过质疑，但是它在过去数十年一直被广泛当作测试机器智能的重要标准，对人工智能的发展产生了极为深远的影响。

1951 年夏天，当时普林斯顿大学数学系的一位 24 岁的研究生马文·闵斯基（图 12 - 3）建立了世界上第一个神经网络机器 SNARC。在这个只有 40 个神经元的小网络里，人类第一次模拟了神经信号的传递，这项开创性的工作为人工智能奠定了深远的基础。由于在人工智能领域的一系列奠基性的贡献，闵斯基在 1969 年获得计算机科学领域的最高奖——图灵奖。如图 12 - 3 所示。

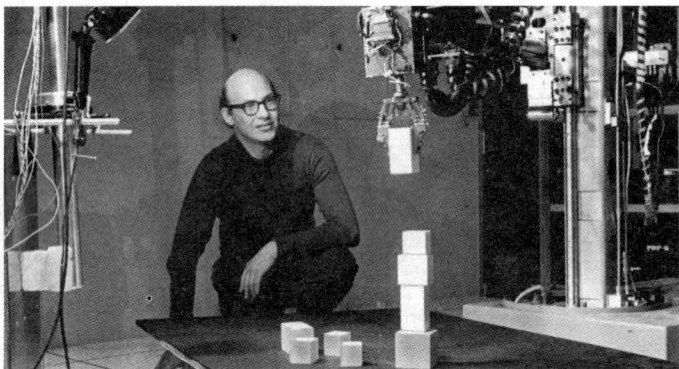

图 12 - 3　马文·闵斯基

1955 年，艾伦·纽厄尔（Allen Newel）、赫伯特·西蒙（Herbert Simon）和克里夫肖（Cliff Shaw）建立了一个名为"逻辑理论家"（ogic theorist）的计算机程序来模拟人类解决问题的技能。这个程序成功证明了一部大学数学教科书里 52 个定理中的 38 个，甚至还找到了比教科书中更加完美的证明。这项工作开创了一种日后被广泛应用的方法：搜索推理（reasoning）。

1956 年，闵斯基、约翰·麦卡锡、克劳德·香农和纳撒尼尔·罗切斯特在美国的达特茅斯学院组织了一次讨论会。这次会议提出："学习和智能的每一个方面都能被精确地描述，人们可以制造一台机器来模拟它"。

这次会议为这个致力于通过机器来模拟人类智能的新领域确定了名字——人工智能。

12.3.2　人工智能的发展方向

人工智能将呈现出如下四个主要发展趋势。

（1）人工智能技术进入大规模商用阶段，人工智能产品全面进入消费级市场。

中国通信巨头华为已经发布了自主研发的人工智能芯片并将其应用在旗下的智能手机产

品中，苹果公司推出的 iPhone X 也采用了人工智能技术实现面部识别等功能，三星最近发布的语音助手 Bixby 则从软件层面对长期以来停留于"你问我答"模式的语音助手做出升级。人工智能借由智能手机已经越来越深入人们的生活。

在人形机器人市场，日本的软银公司研发的人形情感机器人 Pepper 从 2015 年 6 月份开始每月面向普通消费者发售 1000 台，每次都被抢购一空。人工智能机器人背后隐藏着的巨大商业机会同样让国内创业者陷入狂热，经粗略统计，目前国内人工智能机器人团队超过100 家。图灵机器人 CEO 俞志晨相信："未来几年，人们将会像挑选智能手机一样挑选机器人。"

零售巨头沃尔玛去年开始与机器人公司 Five Elements 合作，将购物车升级为具备导购和自动跟随功能的机器人。中国的零售企业苏宁也与一家机器人公司合作，将智能机器人引入门店用于接待和导购。餐饮巨头肯德基也曾与百度合作，在餐厅引入机器人度秘来实现智能点餐。情感机器人 Pepper 也开始出现在软银的各大门店，软银移动业务负责人认为商业领域智能机器人将很快进入快速发展期。

人工智能在商业服务领域的全面应用，正为人工智能的大规模商用打开一条新的出路。

（2）基于深度学习的人工智能的认知能力将达到人类专家顾问级别。

"认知专家顾问"在 Gartner 的报告中被列为未来 2~5 年被主流采用的新兴技术，这主要依赖于机器深度学习能力的提升和大数据的积累。

过去几年，人工智能技术之所以能够获得快速发展，主要源于三个元素的融合：性能更强的神经元网络、价格低廉的芯片以及大数据。其中神经元网络是对人类大脑的模拟，是机器深度学习的基础，对某一领域的深度学习将使得人工智能逼近人类专家顾问的水平，并在未来进一步取代人类专家顾问。当然，这个学习过程也伴随着大数据的获取和积累。

事实上，在金融投资领域，人工智能已经有取代人类专家顾问的迹象。在美国，从事智能投资顾问的不仅仅是 Betterment、Wealth Front 这样的科技公司，老牌金融机构也察觉到了人工智能对行业带来的改变。高盛和贝莱德分别收购了 Honest Dollar 与 Future Advisor，苏格兰皇家银行也曾宣布用智能投资顾问取代 500 名传统理财师的工作。

国内一家创业团队目前正在将人工智能技术与保险业相结合，在保险产品数据库基础上进行分析和计算搭建知识图谱，并收集保险语料，为人工智能问答系统做数据储备，最终连接用户和保险产品。这对目前仍然以销售渠道为驱动的中国保险市场而言显然是个颠覆性的消息，它很可能意味着销售人员的大规模失业。

关于人工智能的学习能力，凯文·凯利曾形象地总结道："使用人工智能的人越多，它就越聪明。人工智能越聪明，使用它的人就越多。"就像人类专家顾问的水平很大程度上取决于服务客户的经验一样，人工智能的经验就是数据以及处理数据的经验。随着使用人工智能专家顾问的人越来越多，未来 2~5 年人工智能有望达到人类专家顾问的水平。

（3）人工智能实用主义倾向显著，未来将成为一种可购买的智慧服务。

俄罗斯的人工智能机器人尤金首次通过了著名的图灵测试，又见证了谷歌的 AlphaGo 和 Master 接连战胜人类围棋冠军，尽管这些史无前例的事件隐约让我们知道人工智能技术已经发展到了一个很高的水平，但由于其太过浓厚的"炫技"色彩，也让公众对人工智能技术产生了很多质疑。

事实上，大多数人在谈到人工智能时，首先想到的问题便是："它究竟能够做什么？""它到底能够用在什么地方?""它能够为人类解决哪些问题?"在人工智能技术的应用方面,中国的互联网企业似乎表现得更加实用主义一些。将主要精力投向人工智能领域的百度几乎把人工智能技术应用到了旗下的所有产品和服务中,雄心勃勃展开 NASA 计划的阿里巴巴也致力于将技术推向"普惠"。

人工智能与不同产业的结合正使其实用主义倾向愈发显著,这让人工智能逐步成为一种可以购买的商品。吴恩达博士曾把人工智能比作未来的电能,"电"在今天已经成为一种可以按需购买的商品,任何人都可以通过花钱将电带到家中。你可以用电来看电视,也可以用电来做饭、洗衣服,未来还可以用购买到的人工智能来打造一个智能的家居系统。

反过来,不同产业对人工智能技术的应用也加剧了人工智能的实用主义倾向。比如特斯拉公司就专门拿人工智能技术来提升自动驾驶技术,地图导航软件就专门拿人工智能技术来为用户规划出行路线。它们更加关注的是人工智能技术到底能为我的公司和我的用户带来什么。

说到底,人工智能是一个实用主义的东西。越来越多的医疗机构用人工智能来诊断疾病,越来越多的汽车制造商开始使用人工智能技术研发无人驾驶汽车,越来越多的普通人开始使用人工智能作出投资、保险等决策。这意味着人工智能已经走出"炫技"阶段,未来将真正进入实用阶段。

(4)人工智能技术将严重冲击劳动密集型产业,改变全球经济生态。

许多科技界的大佬一方面受益于人工智能技术,一方面又对人工智能技术发展过程中存在的威胁充满担忧。比尔·盖茨、埃隆·马斯克斯、蒂芬·霍金等都曾对人工智能的发展做出警告。尽管目前看来对人工智能取代甚至毁灭人类的担忧还为时尚早,但毫无疑问人工智能正在抢走各行各业劳动者的饭碗。

人工智能可能引发的大规模失业是当下最为紧迫的一个问题。阿里巴巴董事会主席马云曾在一场大数据峰会上说:"如果我们继续以前的教学方法,我可以保证,三十年后我们的孩子们将找不到工作。"阿里巴巴在电商领域的对手——京东集团董事局主席刘强东则信誓旦旦地表示:"五年后,给你送货的都将是机器人。"事实上,机器人抢走人类劳动者饭碗的事情已经在全球上演。硅谷一家新兴的机器人保安公司 Knightscope 目前已和 16 个国家签约使用其公司生产的 K5 监控机器人,其中包括中国。K5 将主要用于商场、停车场等公共场所,可以自动巡逻并能够识别人脸和车牌,K5 每小时的租金约为 7 美金。这意味着原本属于人类保安的酬劳现在要被机器人抢走。

未来 2~5 年,人工智能导致的大规模失业将率先从劳动密集型产业开始。如制造业,在主要依赖劳动力的阶段,其商业模式本质上是赚取劳动力的剩余价值。而当技术成本低于雇佣劳动力的成本时,显然劳动力会被无情淘汰,制造企业的商业模式也将随之发生改变。再比如物流行业,目前大多数企业都实现了无人仓库管理和机器人自动分拣货物,接下来无人配送车、无人机也很有可能取代一部分物流配送人员的工作。

中国目前正处于从劳动密集型产业向技术密集型产业过渡的过程中,难免会受到人工智能技术的冲击,而经济相对落后的东南亚国家和地区因为廉价的劳动力优势仍在,受人工智能技术的冲击较小。据世界经济论坛 2016 年的调研数据预测,到 2020 年,随着机器人与人工智能的崛起,将导致全球 15 个主要工业化国家 510 万个就业岗位的流失,且多以低成本、劳动密集型的岗位为主。

人工智能终将改变世界，而由其导致的大规模失业和全球经济结构的调整，显然也属于"改变"的一部分，我们都将亲眼见证这一切。

12.3.3　人工智能历史上的大事件

人工智能在过去的发展中经历过寒冬，也有过春天。此期间不容错过的十大关键事件，见证着人工智能是如何走到今天的。

1. 人工智能的诞生：达特茅斯会议(Dartmouth Conference)

时间：1956 年 8 月。

2006 年，正值达特茅斯会议 50 年，当事人重聚达特茅斯。摩尔、麦卡锡、明斯基、赛弗里奇、所罗门诺夫在达特茅斯学院的这次头脑风暴上，计算机科学家约翰·麦卡锡说服了与会者接受"人工智能"作为该领域的名称。因此，这次会议也被认为是人工智能正式诞生的标志(图 12 - 4)。

影响：这几位年轻的学者讨论的是当时计算机尚未解决，甚至尚未展开研究的问题，包括人工智能(AI)、自然语言处理和神经网络等。也正是在这场会议上，人工智能这个词首次被提出，并逐渐成为一门学科。

图 12 - 4　达特茅斯会议主要成员

2. 机器学习和完整的人工智能系统概念的诞生

时间：1959 年。

在这一年里，IBM 公司的计算机专家阿瑟·塞缪尔(Arthur Lee Samuel)创造了"机器学习"一词，在他的文章中指出："给电脑编程，让它能通过学习比编程者更好地下跳棋。"塞缪尔基于其理论研究成果所编制的下棋程序是世界上第一个有自主学习功能的游戏程序，曾在西洋跳棋比赛中一举夺魁。同一年，约翰·麦卡锡发表文章 *Programs with Common Sense*，提出了"adivece taker"概念，文章描述的假想程序可以被看成是第一个完整的人工智能系统。

影响：机器学习概念诞生，得益前辈们在这个领域的研究，才让 DeepMind 公司在 60 年后成功开发了围棋 AI，打败了人类棋手。机器学习也因此成为人工智能领域里最为重要的研究分支之一。

3. 人机首次对话

时间：1966 年。

美国麻省理工学院(MIT)人工智能实验室的约瑟夫·维森鲍姆(Joseph Weizenbaum)在这

一年开发了最早的自然语言聊天机器人 ELIZA，能够模仿临床治疗中的心理医生。ELIZA 的实现技术是通过关键词匹配规则对输入进行分解，而后根据分解规则所对应的重组规则来生成回复。简而言之，就是将输入语句类型化，再翻译成合适的输出。虽然 ELIZA 很简单，但维森鲍姆本人对 ELIZA 的表现感到吃惊。

影响：近年来，人机对话交互技术成为人工智能的热点领域。众多科技公司相继推出了人机对话技术相关产品，并将人机对话交互技术作为其公司的重点研发方向。目前比较知名的产品有谷歌的 Google Assistant 和苹果的 Siri 等。Siri 评价道，ELIZA 是一位心理医生，是她的启蒙老师。

4. 日本造成第一个人形机器人

时间：1973 年。

日本早稻田大学造出第一个人形机器人 WABOT - 1，它由肢体控制系统、视觉系统和对话系统组成。WABOT - 1 这个庞然大物会说日语，能抓握重物，通过视觉和听觉感应器感受环境。对出生于 1973 年的它来说已算不错了。到了 1980 年，早稻田大学更新其设计，研制出了 WABOT - 2，第二代能够与人沟通，阅读乐谱并演奏电子琴。

影响：人形机器人的诞生，满足了许多人对机器人的最初想象，也为未来机器人的设计和开发奠定了基础。不过，人工智能发展到 20 世纪 70 年代，由于研究者对于项目难度评估不足，导致承诺无法兑现，让人们当初对人工智能的乐观期望遭到了严重打击，人工智能遭遇打击，研究经费被转移到了那些目标明确的项目上。

5. AI 寒冬来临

时间：1984 年。

在 1984 年的年度 AAAI(美国人工智能协会是人工智能领域的主要学术组织之一。该协会主办的年会 AAAI 是人工智能重要的学术会议之一)会议上，人工智能专家罗杰·单克(Roger Schank)和马文·明斯基警告"AI 之冬"即将到来。预测 AI 泡沫破灭，投资资金也将如 20 世纪 70 年代中期那样减少。

影响：正如两位人工智能专家所预言的，在他们发出警告后 3 年，确实发生了 AI 泡沫的破灭。20 世纪 80 年代末期，美国国防高级研究计划局(Defense Advanced Research Projects Agency，简称 DARPA)的新任领导认为人工智能并不是"下一个浪潮"，让人工智能从狂热追捧中一步步走向冷静，人工智能的研究也再次遭遇经费危机。

6."深蓝"战胜人类国际象棋冠军

时间：1997 年 5 月。

1997 年 5 月，在纽约，卡斯帕罗夫输掉了一场六局制比赛，对手是 IBM 的深蓝(Deep Blue)，当时世界上最强大的国际象棋计算机。关于这场比赛，至今仍有许多争议。首先，"深蓝"的设计者有机会事先根据卡斯帕罗夫的战略和风格以及所有的公开对局对深蓝的程序进行针对性的改编。而卡斯帕罗夫就无法了解"深蓝"的历史记录，因为"深蓝"在每次对决之后就会被微调，所以他完全就是在盲下。其次，人们忘记了，深蓝挑战赛分两场，而卡斯帕罗夫赢得了 1996 年在费城举行的第一场。在两场比赛之间，IBM 重新编码了它的计算机，于是卡斯帕罗夫指控 IBM 作弊。

影响：IBM 的"深蓝"通过"穷举法(brute force)"或者说暴力计算的方式，在计算游戏步数的能力比人类强太多。输掉比赛后，卡斯特罗夫也承认：机器在游戏领域占上风，是因为人类会犯错误。这次人类的失败，也引发了人们新的思考，在国际象棋上赢了人类后，机器下一个争夺的领域会是什么？会是围棋吗？（图 12-5）

图 12-5　"深蓝"战胜人类国际象棋冠军

7. ImageNET 数据库建立，最终帮助 AI 认出了猫

时间：2006—2009 年。

2006 年，当时刚刚出任伊利诺伊大学香槟分校计算机教授的李飞飞发现，整个学术圈和人工智能行业都在苦心研究同一个概念：通过更好的算法来制定决策，但却并不关心数据。

她意识到这种方法的局限：如果使用的数据无法反映真实世界的状况，即便是最好的算法也无济于事。于是她的解决方案是建设更好的数据集。这是一个大型注释图像的数据库，旨在帮助视觉对象识别软件进行研究。

影响：由李飞飞带头制作的数据集名为 ImageNet，它作为论文于 2009 年发布时，还只能以海报的形式缩在迈阿密海滩大会的角落里，但很快就成了一场年度竞赛：看看究竟哪种算法能以最低的错误率识别出其中的图像所包含的物体。很多人都将此视作当今这轮人工智能浪潮的催化剂。2017 年，优胜者的识别率从 71.8% 提升到 97.3%，超过了人类，并证明了更庞大的数据可以带来更好的决策。

8. IBM 超级计算机"沃森"Watson 在智力问答比赛中战胜人类

时间：2011 年。

作为"深蓝"的后辈，Watson 是 IBM 推出的超级计算机，这台以 IBM 创始人命名的超级电脑在 2011 年参加了美国著名智力节目《危机边缘》（*Jeopardy*！这档节目可以理解为我国的《开心辞典》+《幸运 52》），是真正地与人类同场竞技。最终 Watson 赢得了比赛，获得了奖金。

影响：要参加这种智力比赛，拥有更多更快的核心计算是必需的，一块单核 CPU，要回答一道普通 Jeopardy！题需要的计算量大约要花 2 小时，而 Watson 平均只用 3 秒。硬件上的升级并不一定能战胜人类，有时候对于一台电脑来说，能听懂题目也许是个更大的挑战。

9. AlphaGo 横空出世，战胜围棋顶级棋手

时间：2016 年 3 月。

在 AlphaGo 出现前，人们普遍认为机器想要在围棋领域战胜人类至少还要 10 年时间。但这一假定在 2016 年 3 月韩国的一家酒店被打破了。这个由英国初创公司 DeepMind 研发的围棋 AI 以 4∶1 的比分赢了人类职业棋手九段李世石。到了 2017 年 5 月，升级后的 AlphaGo

又在乌镇战胜了当时围棋第一人柯洁九段。AlphaGo 的棋艺增长迅速，势如破竹。战胜柯洁后，DeepMind 仍未停下研发脚步，随后又推出了 AlphaGo zero 版本，做到了无师自通，甚至还可以通过"左右手互博"提高棋艺。图 12 – 6 为 AlphaGo 战胜围棋高手柯洁。

图 12 – 6　AlphaGo 横空出世，战胜围棋顶级棋手

影响：AlphaGo 的出现让世人对人工智能的期待再次提升到前所未有的高度，在它的带动下，人工智能迎来了最好的发展时代。而对于希望利用人工智能推动人类社会进步为使命的 DeepMind 来说，围棋并不是 AlphaGo 的终极奥义，他们的目标始终是要利用 AlphaGo 打造通用的、探索宇宙的终极工具。

10. 上海举办 2018 世界人工智能大会

时间：2018 年 9 月 17—9 月 19 日。

经历过 62 年的发展，人工智能已经成为新一轮产业变革的核心驱动力，正在对世界经济、社会进步和人类生活产生极其深刻的影响。正如 62 年前，美国达特茅斯会议的那场头脑风暴讨论会一样，2018 年上海世界人工智能大会将集聚全球人工智能领域最具影响力的科学家和企业家，以及相关政府的领导人，围绕人工智能领域的技术前沿、产业趋势和热点问题发表演讲和进行高端对话，打造世界顶尖的人工智能合作交流平台。

影响：2018 年，上海向全球人工智能界发出邀约，请各界有识之士齐聚上海，共同探讨新一代人工智能的发展愿景。本次大会以"人工智能赋能新时代"为主题，以"国际化、高端化、专业化、市场化"为特色，最权威的观点和共识，最前沿的新技术、新产品、新应用、新理念将在这次的大会上讨论发生，为应对人类发展面临的共同难题、创造人类美好生活汇聚"中国方案"和"世界智慧"。

12.4　人工智能的主要内容

12.4.1　搜索与求解

在求解一个问题时，一般会涉及两个方面的内容：一是该问题的表示，如果一个问题找不到一个合适的表示方法，就谈不上对它求解；二是选择一种相对合适的求解方法。在人工智能中，问题求解的基本方法有搜索法、归约法、归结法、推理法及产生式等。由于绝大多数需要用人工智能方法求解的问题缺乏直接求解的方法，因此，搜索不失为一种求解问题的一般方法。搜索求解方法的应用非常广泛，例如在下棋等游戏软件中。

（1）从初始状态出发的正向搜索，也称为数据驱动。

正向搜索是从问题给出的条件——一个用于状态转换的操作算子集合出发的。搜索的过程为应用操作算子从给定的条件中产生新条件，再用操作算子从新条件产生更多的新条件，这个过程一直持续到有一条满足目的要求的路径产生为止。数据驱动就是用问题给定数据中的约束知识指导搜索，使其沿着那些已知是正确的线路前进。

（2）从目的状态出发的逆向搜索，也称为目的驱动。

逆向搜索是先从想达到的目的入手，看哪些操作算子能产生该目的以及应用这些操作算子产生目的时需要哪些条件，这些条件就成为我们要达到的新目的，即子目的。逆向搜索就通过反向的连续的子目的不断进行，直至找到问题给定的条件为止。这样就找到了一条从数据到目的的操作算子所组成的链。

根据搜索过程中是否运用与问题有关的信息，可以将搜索方法分为启发式搜索和盲目搜索。所谓盲目搜索（blind search）是指在对特定问题不具有任何有关信息的条件下，按固定的步骤（依次或随机调用操作算子）进行的搜索，它能快速地调用一个操作算子。

所谓启发式搜索（heuristic search）则是考虑特定问题领域可应用的知识，动态地确定调用态，提高搜索效率。操作算子的步骤，优先选择较适合的操作算子，尽量减少不必要的搜索，以求尽快地到达结束状态，提高搜索效率。

在盲目搜索中，由于没有可参考的信息，只要能匹配的操作算子都需运用，这会搜索出更多的状态，生成较大的状态空间显示图；而启发式搜索中，运用一些启发信息，只采用少量的操作算子，生成较小的状态空间显示图，就能搜索到一个解答，但是每使用一个操作算子便需做更多的计算与判断。启发式搜索一般要优于盲目搜索，但不可过于追求更多的甚至完整的启发信息。

12.4.2　知识与推理

人类的智能活动主要是获得并运用知识。知识是智能的基础。为了使计算机具有智能，能模拟人类的智能行为，就必须使它具有知识。但知识需要用适当的模式表示出来才能存储到计算机中去，因此，知识的表示成为人工智能中一个十分重要的研究课题。

1. 知识的概念

知识是人们在长期的生活及社会实践中、在科学研究及实验中积累起来的对客观世界的认识与经验。人们把实践中获得的信息关联在一起，就形成了知识。一般来说，把有关信息关联在一起所形成的信息结构称为知识。信息之间有多种关联形式，其中用得最多的一种是用"如果……则……"表示的关联形式。它反映了信息间的某种因果关系。例如，在我国北方，人们经过多年的观察发现，每当冬天要来临的时候，就会看到一群群的大雁向南方飞去，于是把"大雁向南飞"与"冬天就要来临了"这两个信息关联在一起，就得到了这样的知识：如果大雁向南飞，则冬天就要来临了。

知识反映了客观世界中事物之间的关系，不同事物或者相同事物间的不同关系形成了不同的知识。例如，"雪是白色的"是一条知识，它反映了"雪"与"白色"之间的一种关系。又如"如果头痛且流涕，则有可能患了感冒"是一条知识，它反映了"头痛且流涕"与"可能患了感冒"之间的一种因果关系。在人工智能中,把前一种知识称为"事实",而把后一种知识,即用"如果……则……"关联起来所形成的知识称为"规则"。在下面将对它们作进一步介绍。

知识表示(knowledge representation),就是将人类知识形式化或者模型化。实际上就是对知识的一种描述,或者说是一组约定,一种计算机可以接受的用于描述知识的数据结构。

目前已经提出了许多知识表示方法,如一阶谓词逻辑、产生式、框架、状态空间、人工神经网络、遗传编码等。已有知识表示方法大都是在进行某项具体研究时提出来的,有一定的针对性和局限性,应用时需根据实际情况作适当的改变,有时还需要把几种表示模式结合起来。在建立一个具体的智能系统时,究竟采用哪种表示模式,目前还没有统一的标准,也不存在一个万能的知识表示模式。

2. 推理的概念

人们在对各种事物进行分析、综合并最后做出决策时,通常是从已知的事实出发,通过运用已掌握的知识,找出其中蕴涵的事实,或归纳出新的事实。这一过程通常称为推理,即从初始证据出发,按某种策略不断运用知识库中的已知知识,逐步推出结论的过程称为推理。

在人工智能系统中,推理是由程序实现的,称为推理机。已知事实和知识是构成推理的两个基本要素。已知事实又称为证据,用以指出推理的出发点及推理时应该使用的知识;而知识是使推理得以向前推进,并逐步达到最终目标的依据。例如,在医疗诊断专家系统中,专家的经验及医学常识以某种表示形式存储于知识库中。为病人诊治疾病时,推理机就是从存储在综合数据库中的病人症状及化验结果等初始证据出发,按某种搜索策略在知识库中搜寻可与之匹配的知识,推出某些中间结论,然后再以这些中间结论为证据,在知识库中搜索与之匹配的知识,推出进一步的中间结论,如此反复进行,直到最终推出结论,即病人的病因与治疗方案为止。

12.5　人工智能的应用

12.5.1　自然语言理解

目前人们在使用计算机时,大多是用计算机的高级语言(如 C、Java 等语言)编制程序来告诉计算机"做什么"以及"怎么做"的。这对计算机的利用带来了诸多不便,严重阻碍了计算机应用的进一步推广。如果能让计算机"听懂""看懂"人类语言(如汉语、英语等),那将使计算机具有更广泛的用途,特别是大大推进机器人技术的发展。自然语言理解(natural language understanding)就是研究如何让计算机理解人类自然语言,是人工智能中十分重要的一个研究领域。它是研究能够实现人与计算机之间用自然语言进行通信的理论与方法。具体地说,它要达到如下三个目标。

①计算机能正确理解人们用自然语言输入的信息,并能正确回答输入信息中的有关问题的内容。

②对输入的自然语言信息,计算机能够产生相应的摘要,能用不同词语复述输入信息。

③计算机能把用某一种自然语言表示的信息自动翻译为同信息,并用另一种自然语言表示。关于自然语言理解的研究可以追溯到 20 世纪 50 年代初期,当时由于通用计算机的出

现，人们开始考虑用计算机把一种语言译成另一种语言的可能性，在此之后的 10 多年中，机器翻译一直是自然语言理解中的主要研究课题。起初，主要是进行"词对词"的翻译，当时人们认为翻译工作只要进行查词典"及简单的"语法分析"就可以了，即对一篇要翻译的文章，首先通过查词典找出两种语言间的对应词，然后经过简单的语法分析调整词序就可以实现翻译。出于这一认识，人们把主要精力用于在计算机内构造不同语言对照关系的词典上。但是这种方法并未达到预期的效果，以致闹出了一些阴差阳错、颠三倒四的笑话。

进入 20 世纪 70 年代后，一批采用语法 – 语义分析技术的自然语言理解系统脱颖而出，在语音分析的深度和难度方面都比早期的系统有了长足的进步。这期间，有代表性的系统主要有维诺格拉得（T. Winograd）于 1972 年研制的 SHRDLU，伍得（W. Wods）于 1972 年研制的 LUNAR，夏克（R. Schank）于 1973 年研制的 MARCIE Y 等。其中，SHRDLU 是一个在"积木世界"中进行英语对话的自然语言理解系统，系统模拟一个能操作桌子上一些玩具积木的机器人手臂，用户通过与计算机对话命令机器人操作积木块，如让它拿起、放下某个积木等。LUNAR 是一个用来协助地质学家查找、比较和评价阿波罗 – 11 飞船带回来的月球岩石和土壤标本化学分析数据的系统，是第一个实现了用普通英语与计算机对话的人机接口系统。MARGIE 是夏克根据概念依赖理论建成的一个心理学模型，目的是研究自然语言理解的过程。

进入 20 世纪 80 年代后，更强调知识在自然语言理解中的重要作用，1990 年 8 月在赫尔辛基召开的第 13 届国际计算机语言学大会上，首次提出了处理大规模真实文本的战略目标，并组织了"大型语料库在建造自然语言系统中的作用"、"词典知识的获取与表示"等专题讲座，预示着语音信息处理的一个新时期的到来。

近 10 年来，在自然语言理解的研究中，一个值得注意的事件是语料库语言学（opus Linguisties）的崛起，它认为语言学知识来自语料，人们只有从大规模语料库中获取理解语言的知识，才能真正实现对语言的理解。目前，基于语料库的自然语言理解方法还不成熟，正处于研究之中，但它是一个应引起重视的研究方向。

12.5.2　难题求解

人工智能的第一个大成就是发展了能够求解难题的下棋程序。通过研究下棋程序，人们发明了人工智能中的搜索策略及问题归约技术。搜索尤其是状态空间搜索和问题归约，已经成为一种十分重要而又非常有效的问题求解手段，也是人工智能研究中的一个重要方面。人工智能中的许多概念，如归约、推断、决策和规划等，都与问题求解有关。

关于问题求解研究及问题表示空间的研究、搜索策略的研究和归约策略的研究，目前有代表性的问题求解程序就是下棋程序。计算机下棋程序涉及中国象棋、国际象棋和跳棋等，已达到国际锦标赛的水平。1991 年 8 月在悉尼举行的第 12 届国际人工智能联合会议上，IBM 公司研制的 Deep Thought2 计算机系统就与澳大利亚国际象棋冠军约翰森举行了一场人机对抗赛，结果以 11 平局告终：1997 年 5 月 IBM 公司研制的 IBM 超级计算机"深蓝"在美国纽约曼哈顿与当时人类国际象棋世界冠军——苏联人卡斯帕罗夫对弈 6 盘，结果"深蓝"获胜。尽管计算机下棋程序具有很高的水平，但还有一些未解决的问题、比如人类棋手所具有的但尚不能明确表达的能力，如围棋象棋大师们洞察棋局的能力。这些问题正是人工智能问题求解下一步所要解决的。

12.5.3 自动定理证明

自动定理证明是人工智能中最先进行研究并得到成功应用的一个研究领域，同时它也为人工智能的发展起到了重要的推动作用。实际上，除了数学定理证明以外，医疗诊断、信息检索、问题求解等许多非数学领域问题，都可以转化为定理证明问题。

定理证明的实质是证明由前提 P 得到结论 Q 的永真性。但是，要直接证明 P→Q 的永真性一般来说是很困难的。通常采用的方法是反证法。在这方面海伯伦（Herbrand）与鲁宾逊（Robinson）先后进行了卓有成效的研究，提出了相应的理论及方法，为自动定理证明奠定了理论基础。尤其是鲁宾逊提出的归结原理使定理证明得以在计算机上实现，对机器推理做出了重要贡献。我国吴文俊院士提出并实现的几何定理机器证明"吴氏方法"，是机器定理证明领域的一项标志性成果。

12.5.4 自动程序设计

自动程序设计包括程序综合与程序正确性验证两个方面的内容。程序综合用于实现自动编程，即用户只需告诉计算机要"做什么"，无须说明"怎样做"，计算机就可自动实现程序的设计。程序正确性的验证是要研究出一套理论和方法，通过运用这套理论和方法就可证明程序的正确性。目前常用的验证方法是穷举法，即用一组已知其结果的数据对程序进行测试，如果程序的运行结果与已知结果一致，就认为程序是正确的。这种方法对于简单程序来说可以实现，但对于一个复杂系统来说就很难行得通。因为复杂程序中存在着纵横交错的复杂关系，形成难以计数的通路，用于测试的数据即便很多，也难以保证对每一条通路都能进行测试，这就不能保证程序的正确性。程序正确性的验证至今仍是一个比较困难的课题，有待进一步研究。

12.5.5 机器翻译

机器翻译技术的发展一直与计算机技术、信息论、语言学等学科的发展紧密相随。从早期的词典匹配，到词典结合语言学专家知识的规则翻译，再到基于语料库的统计机器翻译，随着计算机计算能力的提升和多语言信息的爆发式增长，机器翻译技术逐渐走出象牙塔，开始为普通用户提供实时便捷的翻译服务。

机器翻译，又称为自动翻译，是利用计算机将一种自然语言（源语言）转换为另一种自然语言（目标语言）的过程。它是计算语言学的一个分支，是人工智能的终极目标之一，具有重要的科学研究价值。

同时，机器翻译又具有重要的实用价值。随着经济全球化及互联网的飞速发展，机器翻译技术在促进政治、经济、文化交流等方面起到越来越重要的作用。

12.5.6 智能控制

智能控制就是把人工智能技术引入控制领域，建立智能控制系统。自从国际知名美籍华裔科学家傅京孙（K. S. Fu）在 1965 年首先提出把人工智能的启发式推理规则用于学习控制系统以来，国内外众多的研究者投身于智能控制系统的研究，并取得了一些成果。经过 20 多年的努力，到 20 世纪 80 年代中期，智能控制新学科的形成条件已经逐渐成熟。1985 年 8 月，

IEEE 在美国纽约召开了新一届智能控制学术讨论会。会上集中讨论了智能控制原理和智能控制系统的结构。1987 年 1 月，在美国费城 IEEE 控制系统学会和计算机学会联合召开了智能控制国际学术讨论会。会议展示出智能控制的长足进展，也说明了高新技术的发展要求重新考虑自动控制科学及其相关领域。这次会议表明，智能控制已作为一门新学科，出现在国际科学舞台上。

智能控制具有两个显著的特点。

①智能控制是同时具有知识表示的非数学广义世界模型和传统数学模型混合表示的控制过程，也往往是含有复杂性、不完全性、模糊性或不确定性以及不存在已知算法的过程，并以知识进行推理，以启发来引导求解过程。

②智能控制的核心在高层控制，即组织级控制，其任务在于实际环境或过程进行组织，即决策与规划，以实现广义问题求解。

智能控制系统的智能可归纳为以下几方面。

①先验智能。有关控制对象及干扰的先验知识，可以从一开始就考虑到控制系统的设计中。

②反应性智能。在实时监控、辨识及诊断的基础上，对系统及环境变化的正确反应能力。③优化智能。包括对系统性能的先验性优化及反应性优化。

④组织与协调智能。表现为对并行耦合任务或子系统之间的有效管理与协调。

智能控制的开发，目前主要有以下途径。

①基于专家系统的专家智能控制。

②基于模糊推理和计算的模糊控制。

③基于人工神经网络的神经网络控制。

④综合以上三种方法的综合型智能控制。

12.5.7 智能管理

智能管理是现代管理科学技术发展的新动向。智能管理是人工智能与管理科学、系统工程、计算机技术及通信技术等多学科互相结合、互相渗透而产生的一门新学科。

智能管理就是把人工智能技术引入管理领域，建立智能管理系统，研究如何提高计算机管理系统的智能水平，以及智能管理系统的设计理论、方法与实现技术。

智能管理系统是在管理信息系统、办公自动化系统、决策支持系统的功能集成和技术集成的基础上，应用人工智能专家系统、知识工程、模式识别、人工神经网络等方法和技术，进行智能化、集成化、协调化，进而设计和实现的新一代的计算机管理系统。

12.5.8 智能决策

智能决策就是把人工智能技术引入决策过程，建立智能决策支持系统。智能决策支持系统是在 20 世纪 80 年代初提出来的。它是决策支持系统与人工智能(特别是专家系统中知识及知识处理的特长)的结合，既可以进行定量分析，又可以进行定性分析，能有效地解决半结构化和非结构化的问题。从而扩大了决策支持系统的范围，提高了决策支持系统的能力。

智能决策支持系统是在传统决策支持系统的基础上发展起来的，传统决策支持系统再加上相应的智能部件就构成了智能决策支持系统。智能部件可以有多种模式，如专家系统模式、知识库模式等。专家系统模式是把专家系统作为智能部件，这是目前比较流行的一种模式。该模式适合于以知识处理为主的问题，但它与决策支持系统的接口比较困难。知识库系统模式是以知识库作为智能部件。在这种情况下，决策支持系统就是由模型库、方法库、知识库、数据库组成的四库系统。这种模式接口比较容易实现，其整体性能也较好。

一般来说，智能部件中可以包含如下一些知识。

①建立决策模型和评价模型的知识。

②如何形成候选方案的知识。

③建立评价标准的知识。

④如何修正候选方案，从而得到更好候选方案的知识。

⑤完善数据库，改进对它的操作及维护知识。

12.5.9 智能通信

智能通信就是把人工智能技术引入通信领域，建立智能通信系统。智能通信就是在通信系统的各个层次和环节上实现智能化。例如，在通信网的构建、网管与网控、转接、信息传输与转接等环节，都可实现智能化。这样，网络就可运行在最佳状态，具有自适应、自组织、自学习、自修复等功能。

12.5.10 智能仿真

智能仿真(intelligence simulation)，是指所有基于仿真的智能系统研究，主要包括人工智能的仿真研究、智能通讯仿真、智能计算机的仿真研究、智能控制系统仿真、数据挖掘和知识发现、智能体、认知和模式识别等。

12.5.11 智能人机接口

智能人机接口一般又简称为智能接口，是为了建立和谐的人机交互环境，在和谐的条件下实现智能，以智能的目的实现和谐，使人与计算机之间的交互能够像人与人之间的交流一样自然、方便，它对于改善人机交互的友好性，从而提高人们对信息系统的应用水平，以及促进相关产业的发展都具有重要意义。

与一般人机接口相比较，智能接口(intelligent interface)的含义包括以下内容。

①它是最终用户、领域专家和知识工程师与知识源之间的中间媒介；

②它包含计算机硬件和软件；

③具有智能特性，即能实现中间人专家所能完成的相同功能。

这个定义表明，首要的关键问题是识别和描述专家在信息处理中的认知功能、所用的知识和技能，然后才能发展模拟这些功能的软件。一般来说，智能接口具有以下特征。

①具有智能特性：应用人工智能技术(如知识表示、语言理解、推理和学习等)模拟专家处理信息的认知功能，有效地执行若干认知活动，如问题分析、信息分类模式发现、结构化模型、决策处理等；能够从用户模型和领域模型推导知识、解释提问和补充回答以及提供启发式策略指导用户。

②具有丰富的知识，如专家知识和用户知识等。

③具有较强的自然语言通讯和图形显示功能。

12.5.12 模式识别

模式识别(pattern recognition)是一门研究对象描述和分类方法的学科。分析和识别的模式可以是信号、图像或者普通数据。

模式是对一个物体或者某些其他感兴趣实体定量的或者结构的描述,而模式类是指具有某些共同属性的模式集合。用机器进行模式识别的主要内容是研究一种自动技术,依靠这种技术,机器可以自动地或者尽可能少地需要人工干预地把模式分配到它们各自的模式类中去。

传统的模式识别方法有统计模式识别和结构模式识别等类型。近年来迅速发展的模糊数学及人工神经网络技术已经应用到模式识别中,形成模糊模式识别、神经网络模式识别等方法,展示了巨大的发展潜力。

12.5.13 数据挖掘与数据库中的知识发现

随着计算机技术的快速发展,信息化社会已经到来,智慧城市、物联网、传感器以及互联网等的应用已经成为人们日常生活和社会生活中的一部分。除了互联网不断地产生着大量的数据外,在智慧城市建设中,从交通信号到汽车、医疗设备等也都会不断地产生大量的数据。这些数据所涉及的信息量规模巨大到无法通过目前主流软件工具,在合理时间内撷取、管理、处理并整理成可用于企业经营决策的知识。大数据呈现出 4V 特点:volume(体量大),velocity(需要实时快速处理),variety(数据种类多样性),value(价值密度低)。如何采集获取、组织存储、检索过滤、分析处理以及展示呈现等都需要深入的研究。大数据的分析与挖掘已经成为人工智能的新兴研究领域。

12.5.14 机器博弈

诸如下棋、打牌、战争等一类竞争性的智能活动称为博弈(game playing)。下棋是一个斗智的过程,不仅要求参赛者具有超凡的记忆能力、丰富的下棋经验,而且要求有很强的思维能力,能对瞬息万变的随机情况迅速地做出反应,及时采取有效的措施。对于人类来说,博弈是一种智能性很强的竞争活动。

人工智能研究博弈的目的并不是为了让计算机与人进行下棋、打牌之类的游戏,而是通过对博弈的研究来检验某些人工智能技术是否能实现对人类智慧的模拟,促进人工智能技术的深入研究。正如俄罗斯人工智能学者亚历山大·克隆罗得所说,"象棋是人工智能中的果蝇",将象棋在人工智能研究中的作用类比于果蝇在生物遗传研究中作为实验对象所起的作用。

12.5.15 智能机器人

机器人是指可模拟人类行为的机器。人工智能的所有技术几乎都可以在它身上得到应用,因此,它可作为人工智能理论、方法、技术的实验场地。反过来,对机器人的研究又可大大地推动人工智能研究的发展。

自 20 世纪 60 年代初研制出尤尼梅特和沃莎特兰这两种机器人以来,机器人的研究已经历了从低级到高级的三代发展历程。

(1)程序控制机器人(第一代)。第一代机器人是程序控制机器人,它完全按照事先装入到机器人存储器中的程序安排的步骤进行工作。程序的生成及装入有两种方式，一种是由人根据工作流程编制程序并将它输入到机器人的存储器中；另一种是"示教－再现"方式，所谓"示教"是指在机器人第一次执行任务之前，由人引导机器人去执行操作，即教机器人去做应做的工作，机器人将其所有动作一步步地记录下来，并将每一步表示为一条指令，示教结束后机器人通过执行这些指令以同样的方式和步骤完成同样的工作（即再现）。如果任务或环境发生了变化，则要重新进行程序设计。这一代机器人能成功地模拟人的运动功能，它们会拿取和安放、会拆卸和安装、会翻转和抖动，能尽心尽职地看管机床、熔炉、焊机、生产线等，能有效地从事安装、搬运、包装、机械加工等工作。目前国际上商品化、实用化的机器人大都属于这一类。这一代机器人的最大缺点是它只能刻板地完成程序规定的动作，不能适应变化了的情况，一旦环境情况略有变化（如装配线上的物品略有倾斜），就会出现问题。更糟糕的是它会对现场的人员造成危害，由于它没有感觉功能，有时会出现机器人伤人的情况。日本就曾经出现过机器人把现场的一个工人抓起来塞到刀具下面的情况。

（2）自适应机器人（第二代）。第二代机器人的主要标志是自身配备有相应的感觉传感器，如视觉传感器、触觉传感器、听觉传感器等，并用计算机对其进行控制。这种机器人通过传感器获取作业环境、操作对象的简单信息，然后由计算机对获得的信息进行分析、处理、控制机器人的动作。由于它能随着环境的变化而改变自己的行为，故称为自适应机器人。目前，这一代机器人也已进入商品化阶段，主要从事焊接、装配、搬运等工作。第二代机器人虽然具有一些初级的智能，但还没有达到完全"自治"的程度，有时也称这类机器人为人－眼协调型机器人。

（3）智能机器人（第三代）。这是指具有类似于人的智能的机器人，即它具有感知环境的能力，配备有视觉、听觉、触觉、嗅觉等感觉器官，能从外部环境中获取有关信息；具有思维能力，能对感知到的信息进行处理，以控制自己的行为；具有作用于环境的行为能力，能通过传动机构使自己的"手""脚"等肢体行动起来，正确、灵巧地执行思维机构下达的命令。目前研制的机器人大都只具有部分智能，真正的智能机器人还处于研究之中，但其现在已经迅速发展为新兴的高技术产业。

12.5.16 专家系统

专家系统是人工智能中最重要、最活跃的应用领域之一，它实现了人工智能从理论研究走向实际应用、从一般推理策略探讨转向运用专门知识的重大突破。一般来说，专家系统是一个智能计算机程序系统，其内部具有大量专家水平的某个领域知识与经验，能够利用人类专家的知识和解决问题的方法来解决该领域的问题。

专家系统通常由人机交互界面、知识库、推理机、解释器、综合数据库和知识获取6个部分构成。其中尤以知识库与推理机相互分离而别具特色。

知识库用来存放专家提供的知识。专家系统的问题求解过程是通过知识库中的知识来模拟专家的思维方式的，因此，知识库是专家系统质量是否优越的关键所在，即知识库中知识的质量和数量决定着专家系统的质量水平。一般来说，专家系统中的知识库与专家系统程序是相互独立的，用户可以通过改变、完善知识库中的知识内容来提高专家系统的性能。推理机针对当前问题的条件或已知信息，反复匹配知识库中的规则，获得新的结论，以得到问题的求解结果。在这里，推理方式可以有正向和反向推理两种。人机界面是系统与用户进行交流时的界面。通过该界面，用户输入基本信息，回答系统提出的相关问题，系统输出推理结果及相关的解释等。综合数据库专门用于存储推理过程中所需的原始数据、中间结果和最终结论，往往是作为暂时的存储区。解释器能够根据用户的提问，对结论和求解过程做出说明，因而使专家系统更具有人情味。知识获取是专家系统知识库是否优越的关键，也是专家系统设计的"瓶颈"问题，通过知识获取，既可以扩充和修改知识库中的内容，还可以实现自动学习功能。

专家系统的基本工作流程是，用户通过人机界面回答系统的提问，推理机将用户输入的信息与知识库中各个规则的条件进行匹配，并把被匹配规则的结论存放到综合数据库中。最后，专家系统将得出的最终结论呈现给用户。

发展专家系统的关键是表达和运用专家知识，即来自人类专家的并已被证明对解决有关领域内的典型问题有用的事实和过程。专家系统和传统的计算机程序最本质的不同之处在于专家系统所要解决的问题一般没有算法解，并且经常要在不完全、不精确或不确定的信息基础上做出结论。

专家系统可以解决的问题一般包括解释、预测、诊断、设计、规划、监视、修理、指导和控制等。高性能的专家系统也已经开始从学术研究进入实际应用研究。随着人工智能整体水平的提高，专家系统也获得了发展。正在开发的新一代专家系统有分布式专家系统和协同式专家系统等。在新一代专家系统中，不但采用基于规则的方法，而且采用基于模型的原理。

12.6　人工智能的发展现状及前景

人工智能学科自 1956 年诞生至今已走过五十多个年头，理论和技术日益成熟，应用领域也不断扩大，某些领域已取得了相当的进展。

随着人工智能技术的不断发展，目前主要呈现出如下特点。

（1）多种途径齐头并进，多种方法协作互补。

（2）新思想、新技术不断涌现，新领域、新方向不断开拓。

（3）理论研究更加深入，应用研究更加广泛。

（4）研究队伍日益壮大，社会影响越来越大。

随着网络计算和网络技术的快速发展，人类社会已经走进了信息时代。随着分布式人工智能、Internet 及数据挖掘、智能系统之间的不断交互与通信及智能 Agent 之间的紧密合作，尤其是最近出现的云计算、物联网技术的发展，人工智能必将面临新的机遇和挑战，同时也必将会为人工智能谱写新的历史篇章。

12.7　本章小结

本章首先讨论了什么是人工智能。简单地说，人工智能就是让计算机具有像人一样的智能。人工智能作为一门学科，经历了孕育、形成和发展几个阶段，并且还在不断地发展。对人工智能不同的看法导致了不同的人工智能研究方法。主要的研究方法有符号主义、联结主义和行为主义，这 3 种途径各有千秋，将其集成和综合已经成为人工智能研究的趋势。

人工智能研究和应用领域十分广泛，包括问题求解、机器学习、专家系统、自动定理证明、自然语言处理、模式识别、机器视觉、机器人学、人工神经网络、智能控制、数据挖掘和人工生命等，并且随着科学技术的发展，人工智能的研究会越来越深入地走上稳健的发展道路。

思考题与习题

一、思考题

1. 什么是人工智能？它的发展过程经历了哪些阶段？

2. 人工智能研究的基本内容有哪些？

3. 人工智能有哪些主要的研究领域？

二、选择题

1. 被誉为"人工智能之父"的科学家是(　　　)。

A. 明斯基　　　　　　　　　　　B. 图灵

C. 麦卡锡　　　　　　　　　　　D. 冯·诺依曼

2. 人工智能的目的是让机器能够(　　)，以实现某些脑力劳动的机械化。

A. 具有智能　　　　　　　　　　B. 和人一样工作

C. 完全代替人的大脑　　　　　　D. 模拟、延伸和扩展人的智能

3. AI 是(　　)的英文缩写。

A. Automatic Intelligence　　　　　B. Artifical Intelligence

C. Automatic Information　　　　　D. Artifical Information

4. 人类智能的特性表现在(　　)4 个方面。

A. 聪明、灵活、学习、运用

B. 能感知客观世界的信息、能通过思维对获得的知识进行加工处理、能通过学习积累知识、增长才干和适应环境变化、能对外界的刺激做出反应并传递信息

C. 感觉、适应、学习、创新

D. 能捕捉外界环境信息，能利用外界的有利因素，能传递外界信息，能综合外界信息进行创新思维

5. 人工智能的目的是让机器能够(　　)，以实现某些脑力劳动的机械化。

A. 具有智能　　　　　　　　　　B. 和人一样工作

C. 完全代替人的大脑　　　　　　D. 模拟、延伸和扩展人的智能

6. 下列关于人工智能的叙述，不正确的是(　　　)。

A. 人工智能技术与其他科学技术相结合极大地提高了应用技术的智能化水平

B. 人工智能是科学技术发展的趋势

C. 因为人工智能的系统研究是从 20 世纪 50 年代才开始的，非常新，所以十分重要

D. 人工智能有力地促进了社会的发展

7. 人工智能研究的一项基本内容是机器感知。以下叙述中的(　　　)不属于机器感知的领域。

A. 使机器具有视觉、听觉、触觉、味觉和嗅觉等感知能力

B. 使机器具有理解文字的能力

C. 使机器具有能够获取新知识、学习新技巧的能力

D.使机器具有听懂人类语言的能力

8.自然语言理解是人工智能的重要应用领域，以下叙述中的(　　)不是它要实现的目标。

　　A.理解别人讲的话

　　B.对自然语言表示的信息进行分析概括或编辑

　　C.欣赏音乐

　　D.机器翻译

9.为了解决如何模拟人类的感性思维，例如视觉理解、直觉思维、悟性等，研究者找到一个重要的信息处理的机制是(　　)。

　　A.专家系统　　　　　　　　　　　B.人工神经网

　　C.模式识别　　　　　　　　　　　D.智能代理

10.专家系统是一个复杂的智能软件，它处理的对象是用符号表示的知识，处理的过程是(　　)的过程。

　　A.思维　　　　　　　　　　　　　B.思考

　　C.推理　　　　　　　　　　　　　D.递推

11.进行专家系统的开发通常采用的方法是(　　)。

　　A.逐步求精　　　　　　　　　　　B.实验法

　　C.原型法　　　　　　　　　　　　D.递推法

12.在专家系统的开发过程中使用的专家系统工具一般分为专家系统的(　　)和通用专家系统工具两类。

　　A.模型工具　　　　　　　　　　　B.外壳

　　C.知识库工具　　　　　　　　　　D.专用工具

13.专家系统是以(　　)为基础，以推理为核心的系统。

　　A.专家　　　　　　　　　　　　　B.软件

　　C.知识　　　　　　　　　　　　　D.解决问题

14.(　　)是专家系统的重要特征之一。

　　A.具有某个专家的经验　　　　　　B.能模拟人类解决问题

　　C.看上去像一个专家　　　　　　　D.能解决复杂的问题

15.一般的专家系统都包括(　　)个部分。

　　A.4　　　　　　　B.2　　　　　　　C.8　　　　　　　D.6

16.人类专家知识通常包括(　　)两大类。

　　A.理科知识和文科知识　　　　　　B.书本知识和经验知识

　　C.基础知识和专业知识　　　　　　D.理论知识和操作知识

第13章

计算机文化与信息道德

随着社会信息化程度的不断提高，计算机对社会的生产生活产生了重要的影响，使人们的思想观念发生了重要的变化，计算机文化已经成为影响人类社会生活的一种重要文化形态。信息技术促进了人类社会的进步，但也带来了一些负面影响。在信息社会中，我们要利用计算机改变世界，也要学会使用信息道德来规范自己的言行。

【学习目标】

1. 了解计算机文化的含义及其影响。
2. 了解计算思维的概念及其影响。
3. 了解计算机文化中的社会责任。
4. 掌握知识产权相关知识。

13.1　计算机文化

在"互联网＋"的浪潮下，计算机文化已经渗透到社会的各个领域，人类的工作、生活已经深深地打上了计算机的烙印。计算机文化所带来的思想观念的转变、社会物质条件的改善以及计算机文化教育的普及，将有利于人类社会的发展和进步。

13.1.1　计算机文化概述

过去我们扫盲主要是使教育对象具有"能写会算"的基本功。国外把它归纳为3R，即：读、写、算。现在针对信息化社会的要求又提出要培养在计算机上"能写会算"的人，国外把它称为计算机素养，又归纳出新的3R，即：读计算机的书、写计算机程序、取得计算机实际经验。这概括了国外计算机扫盲的基本要求。随着计算机教育的普及与"互联网＋"模式的广泛推进，一个更深层次的问题出现了：计算机文化正成为人们关注的热点。

1. 文化的内涵

文化不是一种个体特征，而是具有相同社会经验、受过相同教育的许多人所共有的心理程序。文化在精神方面包括语言、文字、思想、心态、道德、传统、宗教信仰、风俗习惯等，在物质方面也渗透到了生产、生活、住房、饮食、交通、旅游、娱乐、体育等领域。

人类文化的发展与传播文化的媒体技术关系极大。早在1968年，美国一位计算机科学家就设想过未来的计算机将成为"超级媒体"或"超级纸张"，并希望它能像活字印刷术那样对人类社会产生革命性的冲击。计算机的发展证实了他的预言。在计算机的支持下，无纸贸易、无纸办公、无纸新闻、无纸出版正在成为现实。

2. 计算机文化

对于计算机文化,西摩尔·帕勃特(S. Paperet)认为,真正的计算机文化不是知道怎样使用计算机,而是知道什么时候使用计算机是合适的。国外的文艺作品,尤其是好莱坞电影在渲染与计算机相关的文化中居于主导地位。

世界正在经历由 a 到 b 的转变,即原子(atom)时代向比特(bit)时代的变革,计算机科学与技术的进步在其中无疑起着关键性的作用。经过 70 多年的发展,计算机技术的应用领域几乎无所不在,计算机已成为人们工作、生活、学习不可或缺的重要组成部分,并由此形成了独特的计算机文化。

所谓计算机文化,就是人类社会的生存方式因使用计算机而发生根本性变化而产生的一种崭新文化形态,这种崭新的文化形态可以体现为:①计算机理论及其技术对自然科学、社会科学的广泛渗透表现的丰富文化;②计算机的软、硬件设备,作为人类所创造的物质设备丰富了人类文化的物质设备品种;③计算机应用介入人类社会的方方面面,从而创造和形成的科学思想、科学方法、科学精神、价值标准等成为一种崭新的文化观念。

计算机文化来源于计算机技术,正是后者的发展,孕育并推动了计算机文化的产生和成长;而计算机文化的普及,又反过来促进了计算机技术的进步与计算机应用的扩展。

在云计算、物联网及"互联网+"的时代,作为计算机文化的一个重要组成部分,网络文化已成为人们生活的一部分,深刻地影响着人们的生活,同样,也给我们带来了前所未有的挑战。信息时代是互联网的时代,娴熟地驾驭互联网将成为人们工作生活的重要手段。互联网、物联网、云计算与智能化的结合极大地丰富了计算机文化的内涵,让每一个人都能领略计算机文化的无穷魅力,体验计算机文化的浩瀚。

如今,计算机文化已成为人类现代文化的一个重要的组成部分,完整准确地理解计算科学与工程及其社会影响,已成为新时代青年人的一项重要任务。

3. 计算机文化的形成

自第一台微型计算机于 1975 年问世以来,至今不到 50 年,个人计算机已经全面普及并在世界各地运行。PC 机在美国家庭的普及率已超过 70%,在中国,PC 机的销售量以每年约 20% 的速度增长。据 CNNIC 的统计数据表明,截至 2018 年 12 月,我国网民规模达 8.29 亿人,互联网普及率达 59.6%;我国手机网民规模达 8.17 亿人,网民通过手机接入互联网的比例高达 98.6%。

除此以外,每年还有上百万的单片机装入汽车、微波炉、洗衣机、电话和电视机中。一个计算机大普及的时代已经揭开了序幕,并由此形成了独具魅力的计算机文化。

当然,计算机文化既带来了知识精华的传播,也造成了污秽糟粕的泛滥,例如网络上传播的不健康的文化就应该坚决取缔。

总之,随着计算机及其网络技术的发展,特别是国家提出把"信息化水平大幅提升"纳入全面建成小康社会的目标之一,要求我们不能单纯把计算机技术当作科学技术问题来研究,还应该将其当作一种重大的文化现象来探讨,做到兴利除弊,因势利导。

4. 计算机文化素养

计算机的普及和计算机文化的形成及发展,对社会产生了深远的影响。网络技术的飞速发展,使互联网渗透到人们工作、生活的各个领域,成为人们获取信息、享受网络服务的重要来源。随着"互联网+"经济时代的到来,人们对计算机及其所形成的计算机文化有了更加全面的认识。以计算机技术为核心的现代信息技术正在全方位地向人类社会的各个领域渗透，并影响着人们的思维方式、学习方式和工作方式。因此，为更好地适应现代社会的学习和工作需求，我们每个人都应该具备基本的计算机文化素养，那么该如何衡量一个人是否具备良好的计算文化素养呢？一般说来，主要从以下五个方面考虑。

（1）准确、简明、规范地用计算机科学术语表述问题。

（2）能运用计算与计算机概念、原理和思维方法求解问题。

（3）能通过现实世界中的现象和过程发现问题，运用计算机科学方法建模。

（4）具有良好的科学态度与创新精神，敏感于新思想、新概念、新方法，紧跟学科发展前沿，把握学科动向。

（5）能在使用计算机技术过程中恪守社会道德准则，使计算机技术为社会带来积极影响和正面作用。

大学生应该培养健康的计算文化素质，树立积极、正面、高尚的世界观，价值观和伦理道德观念，努力使计算机更好地为我们的专业学习服务。

13.1.2 计算机技术对社会的影响

由于计算机带给现代社会的变化之大，是人类历史上任何一门科学所没有过的，因此社会对计算机技术的讨论从来就没有停止过。计算机技术对社会的影响、计算机对生活环境的影响、计算机与人类健康问题等，深刻影响和改变着今天的社会，计算机文化逐渐成为对人类社会的进步和发展影响巨大的一种文化。

1. 计算机技术的影响

自第一台计算机诞生至今，它的广泛应用不仅为社会带来了巨大的经济效益，同时也对人类社会生活的诸多方面产生了深远的影响，它把社会及其成员带入了一个全新的生存与发展的技术和人文环境中。这些影响，无论是正面的还是负面的，都需要直面应对，是无法回避的。可以这么说，人们的生活的内容已经离不开信息技术了。

（1）有效推动社会生产力的巨大发展。

将计算机技术与网络技术的创新成果与经济社会各领域深度融合，推动技术进步、效率提升和组织变革，提升实体经济创新力和生产力，形成更广泛的以互联网为基础设施和创新要素的经济社会发展新形态。

（2）法律问题。

在计算机信息技术和网络没有普及之前，法律是建立在传统的人与人、人与社会、人与自然的关系协调之上的。在计算机出现、普及应用之后，计算机科学的进步不但改变了社会的形态，也模糊了过去存在的许多差别。法律上，知识产权问题变得更为敏感；伦理上，传统的社会行为被颠覆；管理上，出现了许多不确定的、难以界定的新问题。这就要求人们在道德上自律，共同创建良好的生活环境，将计算机技术发展所带来的负面影响降到最低。

（3）道德延伸到网络虚拟世界。

计算机网络的发展，让人们接触到了虚拟世界——接触的人和事遍布于世界的每一个角落，可以和网上的陌生人无拘无束地聊天，真假信息遍布整个网络。这就需要我们使用全球化的道德规范来净化网络生活，制止不良事态的扩大，将现实生活中的道德需要延伸、补充到网络世界中来。

(4)工作方式和学习方式的变化。

计算机技术的普及、互联网与各行各业的融合、移动互联的快速发展，使得这个时代人们的工作与学习方式产生了日新月异的变化，越来越多的人依靠文字、数据、信息谋生。"互联网＋"教育的深度融合使教育事业焕发出新的活力，不仅改变了固有的教学模式和学习方式，更是激发了新层面的学习观念。

(5)日常生活的变化。

计算机技术改变了我们的日常生活。淘宝网、京东商城、当当网、亚马逊等电子商务网站已经成为人们生活中不可或缺的一部分，网上理财、移动购物、移动支付已经成为流行的生活方式。不但如此，新的语言也被创造出来，这就是"网络俚语"。在一些被叫做"网民"的群体中，其使用的网络俚语是大多数人所不理解的，而这个群体正以惊人的速度扩张。在社会生活的各个方面，信息技术已经无处不在，涵盖了现代工业、企业管理、科学研究等各个领域。

2. 计算机与环境

计算机和环境保护都是当今热门话题，看起来这两者并没有多大的联系，事实上，越来越多的人意识到了计算机和环境保护之间的密切关系。计算机的诞生给人类带了巨大效益和便利，但同时对环境、对人类自身健康也造成了一定的危害。如何使人们在享受计算机文明的同时，也尽可能少地付出环境污染的代价呢？因而创造一个真正的绿色计算机世界就成了人们的追求目标。

3. 计算机与人类健康

计算机的发展为人类的工作、学习、生活等提供了极大的便利，包括医学使用计算机为医院管理和临床服务，改进医疗过程，研究和制造新的医疗设备，改善人类健康环境等积极因素。然而随着计算机的快速普及，"计算机病"也开始发生并引起人们的关注。

13.2　计算科学与计算思维

计算机文化影响了社会，也改变了人类的思维活动和行为方式。计算、计算科学、计算机学科、计算思维被越来越多的人理解和接受，一些新型的交叉学科的出现，给教育、社会和生活带来了一场新的变革。

13.2.1　计算与计算科学

1. 计算意义

"计算"是人类基本的思维活动和行为方式，也是人们认识世界与改造世界的基本方法。随着计算机的诞生和计算机科学技术的发展，计算技术作为现代技术的标志，已成为世界各国许多经济增长的主要动力，计算领域也已成为一个极其活跃的领域。"计算"作为一门学科是在上个世纪末才为人们真正认识的，这要归功于美国计算机学会(简称 ACM)和美国电气与电子工程师学会计算机分会(简称 IEEE – CS)组成的联合攻关组成员的艰苦卓绝的工作。目前，计算学科正以令人惊异的速度发展，并大大延伸到传统的计算机科学的边界之外，成为一门范围极为宽广的学科。如今，"计算"已不再是一个一般意义上的概念，而是"各门科学研究的一种基本视角、观念和方法，并上升为一种具有世界观和方法论特征的哲学范畴"。

　　随着计算机日益广泛而深刻的运用，计算这个原本专门的数学概念已经泛化到了人类的整个知识领域，并上升为一种极为普适的科学概念和哲学概念，成为人们认识事物、研究问题的一种新视角、新观念和新方法。一些哲学家和科学家开始从计算的视角审视世界，科学家们不仅发现大脑和生命系统可被视作计算系统，而且发现整个世界事实上就是一个计算系统。

　　计算的观念在当今已经渗透到宇宙学、物理学、生物学乃至经济学和社会科学等诸多领域。计算不仅成为人们认识自然、生命、思维和社会的一种普适的观念和方法，而且成为一种新的世界观。

2. 计算科学

　　什么是计算科学呢？计算科学由简单的计数的诞生开始发展，最早记载是公元前 3000 年古埃及的结绳计数，后来又出现了古代中国，古代罗马等一些早期文明发明的计数方法；到中世纪，开始出现机械式计算工具，以欧洲的英国、法国、德国为代表；近代出现电子计数使计算科学发展到一个空前稳定的时期，计算科学得到了广泛的应用。

　　计算科学(computational science)是一个与数学模型构建、定量分析方法以及利用计算机来分析和解决科学问题相关的研究领域。在实际应用中，计算科学主要应用于对各个科学学科中的问题，进行计算机模拟和其他形式的计算。

13.2.2　计算机科学与计算机学科

　　计算机是一种人类进步的有着巨大意义的智慧产物，它最初用于简单的数学计算，后来再经过发展，它逐渐向成熟化发展，被应用在生活的各个方面，开始的它只解决问题(数学问题)的本身，后发展为解决问题(生活问题)的终端，但又向着解决问题(生活问题)本身发展(智能化)。它是一种进行算术和逻辑运算的机器。

　　计算机科学是研究计算机及其周围各种现象和规律的科学，亦即研究计算机系统结构、程序系统、人工智能(AI)以及计算本身的性质和问题的学科。计算机科学是一门包含各种各样与计算和信息处理相关主题的系统学科，从抽象的算法分析、形式化语法等，到更具体的主题如编程语言、程序设计、软件和硬件等。计算机科学分为理论计算机科学和实验计算机科学两个部分。在数学文献中所说的计算机科学，一般是指理论计算机科学。实验计算机科学还包括有关开辟计算机新的应用领域的研究。

　　计算机科学的大部分研究是基于"冯·诺依曼计算机"和"图灵机"的，它们是绝大多数实际机器的计算模型。作为此模型的开山鼻祖，邱奇–图灵论题(Church–Turing Thesis)表明，尽管在计算的时间、空间效率上可能有所差异，现有的各种计算设备在计算的能力上是等同的。尽管这个理论通常被认为是计算机科学的基础，可是科学家也研究其他种类的机器，如在实际层面上的并行计算机和在理论层面上概率计算机、oracle 计算机和量子计算机。在这个意义上来讲，计算机只是一种计算的工具，著名的计算机科学家 Dijkstra 有一句名言："计算机科学之关注于计算机并不甚于天文学之关注于望远镜。"

　　作为一个学科，计算机科学涵盖了从算法的理论研究和计算的极限，到如何通过硬件和软件实现计算系统。CSAB(以前被叫做 Computing Sciences Accreditation Board)，由 Association for Computing Machinery(ACM)和 IEEE Computer Society(IEEE–CS)的代表组成，确立了计算机科学学科的 4 个主要领域：计算理论、算法与数据结构、编程方法与编程语言，以及计算机元素与架构。CSAB 还确立了其他一些重要领域，如软件工程、人工智能、计算机网络与通信、数据库系统、并行计算、分布式计算、人机交互、计算机图形学、操作系统，以及数值和符号计算。

尽管计算机科学的名称里包含计算机这几个字，但实际上计算机科学相当数量的领域都不涉及计算机本身的研究。设计、部署计算机和计算机系统通常被认为是非计算机科学学科的领域。例如，研究计算机硬件被看作是计算机工程的一部分，而对于商业计算机系统的研究和部署被称为信息技术或者信息系统。然而，现如今也越来越多地融合了各类计算机相关学科的思想。计算机科学研究也经常与其他学科交叉，比如心理学、认知科学、语言学、数学、物理学、统计学和经济学。

计算机科学被认为比其他科学学科与数学的联系更加密切，一些观察者说计算就是一门数学科学。早期计算机科学受数学研究成果的影响很大，在某些学科，例如数理逻辑、范畴论、域理论和代数中，也不断有有益的思想交流。

13.2.3 计算思维

1. 计算思维的定义

计算思维这个概念是美国卡内基·梅隆大学计算机科学系主任周以真教授给出并定义：计算思维是运用计算机科学的基础概念进行问题求解、系统设计，以及人类行为理解等涵盖计算机科学之广度的一系列思维活动。

计算思维是运用计算的基础概念去求解问题、设计系统和理解人类行为的一种方法，是一类解析思维。它综合运用了数学思维（求解问题的方法）、工程思维（设计、评价大型复杂系统）和科学思维（理解可计算性、智能、心理和人类行为）。它如同所有人都具备的"读、写、算"能力一样，是必须具备的思维能力。

计算思维吸取了问题解决所采用的一般数学思维方法，现实世界中巨大复杂系统的设计与评估的一般工程思维方法，以及复杂性、智能、心理、人类行为的理解等的一般科学思维方法。其优点在于，计算思维建立在计算过程的能力和限制之上，由人和机器执行。计算方法和模型使人们敢于去处理那些原本无法由个人独立完成的问题求解和系统设计。

计算思维最根本的内容，即其本质（essence）是抽象（abstraction）和自动化（automation）。计算思维中的抽象完全超越物理的时空观，并完全用符号来表示，其中，数字抽象只是一类特例。与数学和物理科学相比，计算思维中的抽象显得更为丰富，也更为复杂。数学抽象的最大特点是抛开现实事物的物理、化学和生物学等特性，而仅保留其数量和空间的特征。

计算思维具有以下特性：概念化而不是程序化。计算思维是一种根本技能，是每一个人为了在现代社会中发挥职能所必须掌握的。刻板的技能意味着简单的机械重复。计算思维是人的思维，不是计算机的思维。计算思维是人类求解问题的一条途径，但决非要使人类像计算机那样的思考。计算思维是数学和工程思维的互补与融合。计算思维是思想，不是人造物，计算思维面向所有人，所有地方。当计算思维真正融入人类活动的整体时，它作为一个问题解决的有效工具，人人都应当掌握，处处都会被使用。就教学而言，计算思维作为一个问题解决的有效工具，应当在所有地方，所有学校的课堂教学中得到应用。

2. 计算思维与计算机

计算机科学是计算的学问——什么是可计算的？怎样去计算？在科学研究手段方面，计算科学已经和理论科学、实验科学并列成为推进社会文明进步和科技发展的三大手段。不难发现，现在几乎所有领域的重大成就无不得益于计算科学的支持。事实上，当今任何一项被称为"高科技"的项目或专业、职业，无一不是与计算机紧密结合的。例如，在物理学、经济学等领域里，传统的手段是数学表达，而今天已经大量地使用计算机模拟。在许多情况下，使用计算机不但能够精确地表示且具有更宽泛的表达。因此，计算机模拟的认识论范围要比解析数学模型的认识论范围宽泛得多。不可否认的是，即使数学家的研究也离不开计算机了，且计算机能力是综合"理论"与"实验"之间鸿沟的桥梁。计算科学已经成为和数理方法、实验方法、统计方法一起成为现代科学研究的重要方法。

计算思维虽然有着计算机科学的许多特征，但是计算思维本身却并不是计算机科学的专属。实际上，即使没有计算机，计算思维也在逐步地发展，并且有些内容与计算机也没有关系。但是，正是计算机的出现，给计算思维的研究和发展带来了根本性的变化。由于计算机对于信息和符号的快速处理能力，使得许多原本只是理论可以实现的过程变成了实际可以实现的过程。可以说，计算机的出现和发展强化了计算思维的意义和作用。

13.2.4　新型交叉学科

计算思维对于计算机学科的发展产生了深远的影响，计算机的出现给计算思维的研究和发展带来了根本性的变化，计算机学科作为主要研究计算思维的概念、方法和内容的学科，同样得到了快速的发展。随着数据规模和问题复杂度的不断提升，出现了许多传统学科无法解决的问题，因此许多学科开始学习和利用计算思维，出现了众多"计算 + X"的新兴交叉学科。这些新兴学科结合计算思维和传统学科的优势，极大地促进了传统学科的发展。计算社会学、计算生物学、计算经济学和计算广告学等都是这些新兴学科的代表。

13.3　信息道德

随着信息化程度的不断提高，人类获取信息的主要手段转向通过计算机、智能移动设备和网络来获取。在计算机、智能移动设备给人类带来极大便利的同时，也不可避免地造成了一些社会问题，同时对我们提出了一些道德规范要求。

13.3.1　信息道德的定义

1. 道德的内涵和功能

道德(morality)，是一种社会意识形态，是人们共同生活及其行为的准则和规范，是一定社会里调整人与人、人与社会之间行为规范的总和。道德不是一种制度化的规范，它通过教育和社会舆论的力量和习惯传统势力发挥作用，运用各种标准评价和协调人们的行为。

2. 信息道德

信息道德(information morality)是指在信息领域中用以规范人们相互关系的思想观念与行为准则。信息道德是指在信息的采集、加工、存储、传播和利用等信息活动各个环节中，用来规范其间产生的各种社会关系的道德意识、道德规范和道德行为的总和。它通过社会舆论、传统习俗等，使人们形成一定的信念、价值观和习惯，从而使人们自觉地通过自己的判断规范自己的信息行为。

信息道德作为信息管理的一种手段，与信息政策、信息法律有密切的关系，它们各自从不同的角度实现对信息及信息行为的规范和管理。信息道德以其巨大的约束力在潜移默化中规范人们的信息行为，信息政策和信息法律的制定和实施必须考虑现实社会的道德基础，所以说，是信息政策和信息法律建立和发挥作用的基础；而在自觉、自发的道德约束无法涉及的领域，以法制手段调节信息活动中的各种关系的信息政策和信息法律则能够发挥充分的作用；信息政策弥补了信息法律滞后的不足，其形式较为灵活，有较强的适应性，而信息法律则将相应的信息政策、信息道德固化为成文的法律、规定、条例等形式，从而使信息政策和信息道德的实施具有一定的强制性，更加有法可依。信息道德、信息政策和信息法律三者相互补充、相辅相成，共同促进各种信息活动的正常进行。

3. 信息道德的特点

信息道德没有明确的制定主体，它是一种道德手段，是依靠社会舆论和内心信念形成的一种行为规范，并没有一个明确的制定主体。

信息道德执行手段独特。由于制定主体的不同，信息政策、信息法律和信息道德的执行手段也有所不同。信息道德的执行并没有任何机构或者组织来管理，它依靠社会舆论和社会评价以及人们内心的信念、传统习惯和价值观来维持。通过人们内在的道德来自觉实现，其约束力具有很大的弹性。

信息道德作用范围广泛，它的建设对于世界各国来说，都是一个需要继续努力的重要课题。我们不仅仅要加强全社会的信息伦理道德的教育，更应该致力于全民的信息伦理道德建设，从而提高信息行为主体的文明意识和道德水平，使他们能够更好地在信息社会中自爱、自律，为共同促进信息社会的发展而努力。

信息道德功能的发挥也是多方面的，对人们的信息意识的形成、信息行为的发生有很多教育功能，通过舆论、习惯、传统，特别是良心，培养人们良好的信息道德意识、品质和行为，从而提高人们信息活动的精神境界和道德水平。

13.3.2　网络道德

1. 网络道德概述

当今各种信息通过网络得到交换，随着网络信息的膨胀，网络中出现了大量不道德的信息和获取有用信息的不道德的行为。目前网络秩序的管理很大程度上要依赖于网络道德约束人们在网络中的所作所为。

网络道德则可以说是随着计算机技术、互联网技术等现代信息技术的出现才开始诞生的。网络道德，是在计算机信息网络领域调节人与人、人与社会特殊利益关系的道德价值观念和行为规范。从网络伦理的特点来看，一方面，它作为与信息网络技术密切联系的职业伦理和场所境遇伦理，反映了这一高新技术对人们道德品质和素养的特定要求，体现出人类道德进步的一种价值标准和行为尺度。遵守一般的、普遍的计算机网络道德，是当今世界各国从事信息网络工作和活动的基本"游戏规则"，是信息网络社会的社会公德。另一方面，它作为一种新型的道德意识和行为规范，受一定的经济、政治制度和文化传统的制约，具有一定的民族性和特殊性。

2. 网络道德行为

互联网的发展，使得一个全新的网络社会开始产生并逐渐繁荣，成为人们物质生活社会之外的另一个虚拟生活社会。更为重要的是，网络社会在人们生活和社会发展中的趋势是不容置疑的。它对人们的工作、学习、生活的意义日趋重要，对社会经济、政治、文化发展的影响也逐日提升。但是，在网络社会中知识产权、个人隐私、信息安全、信息共享等各种问题也纷纷出现，使得传统的社会伦理道德在网络空间中显得苍白无力。为了规范和管理网络社会中的各种关系，伦理道德的手段被引入其中。目前，网络道德的研究和实践已经引起国内外的普遍重视。目前比较严重的网络道德行为主要有知识产权、网络文化侵略、网络犯罪、信息污染等。

3. 隐私权和公民自由

在信息网络时代，个人隐私由信息技术系统采集、检索、处理、重组、传播等信息处理，使某些人更容易获得他人机密及信息，个人隐私面临空前威胁。保护个人隐私是一项社会基本伦理要求，是人类文明进步的一个重要标志。如何界定个人隐私的范畴，如何切实保护个人隐私等问题，成为网络时代需要面对的问题。

网络自由是指网络主题通过因特网运用各种网络工具以各种语言形式表达自己的思想和观点的自由。网络环境是随着计算机信息网络的兴起而出现的一种人类交流信息、知识、情感的生存环境。网络隐私权，主要指"公民在网上享有的私人生活安宁与私人信息依法受到保护，不被他人非法侵犯、知悉、搜集、复制、公开和利用的一种人格权；也指禁止在网上泄露某些与个人有关的敏感信息，包括事实、图像以及毁损的意见等"。网络隐私权是隐私权在网络空间中的体现，它是伴随着互联网技术的普及而产生的一个新的难题，网络技术的发展使得对个人隐私的保护比传统隐私保护更为困难。

隐私保护，已成为关系到现代社会公民在法律约束下的人身自由及人身安全的重要问题。隐私保护技术措施主要有防火墙、数据加密技术、匿名技术、P3P 技术，以及 Cookies 管理等五种类型。

13.3.3　计算机职业道德

1. 职业道德

职业道德，就是同人们的职业活动紧密联系的符合职业特点所要求的道德准则、道德情操与道德品质的总和。

职业道德的含义包括以下 8 个方面。

(1) 职业道德是一种职业规范，受社会普遍的认可。

(2) 职业道德是长期以来自然形成的。

(3) 职业道德没有确定形式，通常体现为观念、习惯、信念等。

(4) 职业道德依靠文化、内心信念和习惯，通过员工的自律实现。

(5) 职业道德大多没有实质的约束力和强制力。

(6) 职业道德的主要内容是对员工义务的要求。

(7) 职业道德标准多元化，代表了不同企业可能具有不同的价值观。

(8) 职业道德承载着企业文化和凝聚力，影响深远。

2. 计算机职业道德

不同行业有不同的职业道德标准。在计算机的使用中，存在着种种道德问题，所以各个计算机组织都制定了自己的道德规范。

(1)美国计算机学会。

美国计算机学会(ACM)对其成员制定了《ACM 道德和职业行为规范》,要求其成员无论是在本学会中还是在学会外都必须遵守,其中几条基本规范也是所有专业人员必须遵守的。

①为人类和社会做贡献。

②不伤害他人。

③诚实并值得信赖。

④公正,不歧视他人。

⑤尊重产权(包括版权和专利)。

⑥正确评价知识财产。

⑦尊重他人隐私。

⑧保守机密。

(2)电气和电子工程师学会。

电气和电子工程师协会(IEEE)是一个美国的电子技术与信息科学工程师的协会,是目前世界上最大的非营利性专业技术学会,它是一个工程师的组织,并不局限于计算机方面,因此它的道德规范涉及的范围比计算机要求更广泛,其道德规范如下:

①始终如一地以公众的安全、健康和财产作为工程决议的出发点,并及时公布那些可能危及公众和环境的要素。

②在任何情况下都要避免真实存在的或可察觉的利益冲突,并且在他们出现时要及时地告知受害方。

③在发表声明或者对现有数据进行评估的时候,要诚实、不浮夸。

④拒绝各种形式的贿赂。

⑤提高对技术、应用及各种潜在后果的了解。

⑥保持并提高自己的技术竞争力,只有在经过培训和实践取得资格,或者在有关限制安全公开的条件下,才替他人承担技术性任务。

⑦探索、接受和提出技术工作的真实评价,承认并改正错误,正确评价他人的贡献。

⑧不因他人的种族、宗教、性别、残疾和国籍而出现不公平待遇。

⑨不以恶意的行为来影响他人的身体、财产、声誉和职业。

⑩在工作中,协助同时并监督工程师遵守该规范。

(3)计算机道德学会。

计算机道德学会成立于 20 世纪 80 年代,由 IBM 公司、Brookings 学院及华盛顿神学联盟等共同建立,是一个非盈利组织,旨在鼓励人们从事计算机工作时多多考虑道德方面的问题。

①不使用计算机伤害他人。

②不干预他人的计算机工作。

③不偷窃他人的计算机文件。

④不使用计算机进行盗窃。

⑤不使用计算机提供伪证。

⑥不使用自己未购买的私人软件。

⑦没有被授权或没有给予适当补偿的情况下,不使用他人的计算机资源。

⑧不窃取他人的知识成果。

⑨考虑你编写的程序或设计的系统对社会造成的影响。

⑩在使用计算机时，替他人设想并尊重他人。

（4）软件工程师道德规范。

1998 年 IEEE – CS（IEEE 计算机协会）和 ACM 联合特别工作组在对多个计算学科和工程学科规范进行广泛研究的基础上提出了《软件工程资格和专业规范》。

准则 1：产品。软件工程师应尽可能确保他们开发的软件对于公众、雇主、客户以及用户是有用的，在质量上是可接受的，在时间上要按期完成并且费用合理，同时无错。

准则 2：公众。从职业角色来说，软件工程只应该按照与公众的安全、健康和福利相一致的方式发挥作用。

准则 3：判断。在与准则 2 保持一致的情况下，软件工程师应该尽可能地维护他们职业判断的独立性并保护判断的声誉。

准则 4：客户和雇主。软件工程师的工作应该始终与公众的健康、安全和福利保持一致，他们应该总是以职业的方式担当他们的客户或雇主的忠实代理人和委托人。

准则 5：管理。具有管理和领导职能的软件工程师应该公平行事，应使得并鼓励他们所领导的人履行自己的和集体的义务，包括本规范中要求的义务。

准则 6：职业。软件工程师应该在职业的各个方面提高他们职业的正直性和声誉，并与公众的健康、安全和福利要求保持一致。

准则 7：同事。软件工程师应该公平地对待所有与他们一起工作的人，并应该采取积极的步骤支持社团的活动。

准则 8：本人。软件工程师应该在他们的整个职业生涯中，努力增加他们从事自己的职业所应该具有的能力。

（5）网络用户道德规范。

Internet 成了一项社会公共设施，与其他公共设施相比，它没有统一的管理机构，没有能力强化某些规则和标准，同时使用它的人们相对匿名，且可能伪装，这就需要制定一些相关的道德规范来规范人们在 Internet 上的行为。

①不能利用邮件服务作连锁邮件、垃圾邮件或分发给任何未经允许接收信件的人。

②不能传输任何非法的、骚扰性的、中伤他人的、辱骂性的、恐吓性的、伤害性的、庸俗性的、淫秽的信息资料。

③不能传输任何教唆他人构成犯罪行为的资料。

④不能传输道德规范不允许或涉及国家安全的资料。

⑤不能传输任何不符合地方、国家和国际法律、道德规范的资料。

⑥不得未经许可而非法进入其他电脑系统。

13.3.4 计算机犯罪

随着计算机技术的不断发展，违法犯罪也同时大量滋生，这就需要我们对日益猖獗的计算机网络违法加以限制、约束。计算机网络空间内的犯罪往往与信息紧密相连。

1. 计算机犯罪的概念

在学术研究上关于计算机犯罪迄今为止尚无统一的定义。随着计算机技术的飞速发展，计算机在社会中的应用领域不断扩大,计算机犯罪的类型和领域也不断地增加和扩展,从而使"计算机犯罪"这一术语随着时间的推移而不断获得新的涵义。

计算机犯罪的概念是 20 世纪五六十年代在美国等信息科学技术比较发达的国家首先提出的。国内外对计算机犯罪的定义都不尽相同。美国司法部从法律和计算机技术的角度将计算机犯罪定义为:因计算机技术和知识起了基本作用而产生的非法行为。欧洲经济合作与发展组织的定义是:在自动数据处理过程中,任何非法的、违反职业道德的、未经批准的行为都是计算机犯罪行为。

一般来说,计算机犯罪可以分为两大类:使用了计算机和网络新技术的传统犯罪和计算机与网络环境下的新型犯罪。前者例如网络诈骗和勒索、侵犯知识产权、网络间谍、泄露国家秘密以及从事反动或色情等非法活动等,后者比如未经授权非法使用计算机、破坏计算机信息系统、发布恶意计算机程序等。

与传统的犯罪相比,计算机犯罪更加容易,往往只需要一台连到网络上的计算机就可以实施。计算机犯罪在信息技术发达的国家里发案率非常高,造成的损失也非常严重。据估计,美国每年因计算机犯罪造成的损失高达几十亿美元。

2. 计算机犯罪的特点

计算机犯罪是指利用计算机作为犯罪工具进行的犯罪活动,例如,利用计算机网络窃取国家机密、盗取他人信用卡密码、传播复制黄色作品等。计算机犯罪有其不同于其他犯罪的以下特点。

与传统犯罪相比,计算机犯罪具有以下特点。

(1)犯罪的成本低,传播迅速,传播范围广。如利用黑客程序的犯罪,只要几封电子邮件,被攻击者一打开,就完成了。因此,不少犯罪分子越来越喜欢用因特网来实施犯罪,而且计算机网络犯罪的受害者范围很广,受害者可能是全世界的人。

(2)犯罪的手段隐蔽性高。由于网络的开放性、不确定性、虚拟性和超越时空性等,犯罪手段看不见、摸不着,破坏性波及面广,但犯罪嫌疑人的流动性却不大,证据难以确定,使得计算机网络犯罪具有极高的隐蔽性,增加了计算机网络犯罪案件的侦破难度。

(3)犯罪行为具有严重的社会危害性。随着计算机的广泛普及、IT 的不断发展,现代社会对计算机的依赖程度日益加深,大到国防、电力、金融、通信系统,小到机关的办公网络、家庭计算机都是犯罪侵害的目标。

(4)犯罪的智能化程度越来越高。犯罪分子大多具有一定学历,受过较好教育或专业训练,了解计算机系统技术,对实施犯罪领域的技能比较娴熟。

要在打击计算机犯罪活动中占得先机、取得胜利,就必须从道德、法制、科技、合作等多方面全线出击,严格执法、发展科技、注重预防、加强合作,动员一切可以动员的力量,做到"未雨绸缪,犯则必惩",积极主动地开展计算机犯罪的预防活动,增强对网络破坏者的打击处罚力度。

13.4 信息技术中的知识产权

计算机网络中蕴涵着的大量信息往往具有巨大的价值,他们是研制人或开发团体脑力、体力、财力付出的结果,加之电脑网络信息传播的虚拟性和便捷性,法律有必要对这些具有知识产权特征的信息予以保护。

13.4.1　知识产权基础

1. 知识产权的概念与特点

知识产权英文全称 intellectual property，这个词可以翻译为智慧财产权、智力成果权，是指由个人或组织创造的无形资产，指"权利人对其所创作的智力劳动成果所享有的专有权利"，与有形资产一样，它也应该享有专有权利。知识产权即知识财产权、知识所有权，又被称为精神产权、智力成果权。

知识产权通常是指各国法律所赋予智力劳动成果的创造人对其创造性的智力劳动成果所享有的专有权利。知识产权是一个发展的概念，其内涵和外延随着社会经济文化的发展也在不断拓展和深化。

2. 知识产权的性质和特征

从知识产权的本质来看，它是一种私权，法律上属于民事权利，是一种无形财产权，知识产权共同特征如下。

(1) 专有性。知识产权具有垄断性、独占性和排他性的特点，没有法律规定或知识产权人的许可，任何人不得擅自使用知识产权所有人的智力成果，否则就是侵权。

(2) 地域性。知识产权只在授予或确认其权利的国家和地区发生法律效力，受到法律保护。

(3) 时间性。知识产权只在法律规定的期限内受到法律的保护，一旦超过法律规定的有效期限，该权利就依法丧失，相关的知识产品就进入公共领域，成为全社会的共同财富。

上述三个特点是目前学术界所公认的知识产权的特点，还有学者概括出知识产权的其他特点，如知识产权的法律确认性、知识产权的可复制性、知识产权内容具有财产权和人身权的双重属性等。

3. 知识产权的分类

广义的知识产权包括一切人类智力创作的成果，其中包括了发明、实用新型、外观设计、文学艺术作品、计算机软件、工商业标记、商誉、商业秘密、植物新品种、集成电路图设计等等。

狭义的或传统的知识产权一般包括著作权(包括邻接权)、商标权和专利权三个部分。一般而言可以将其分为两类：一类是著作权(邻接权)；一类是工业产权，主要指商标和专利权。

(1) 工业产权。根据保护工业产权巴黎公约第一条的规定，工业产权包括专利、实用新型、工业品外观设计、商标、服务标记、厂商名称、产地标记或原产地名称、制止不正当竞争等项内容。此外，商业秘密、微生物技术、遗传基因技术等也属于工业产权保护的对象。

专利权是依法授予发明创造者或单位对发明创造成果独占、使用、处分的权利。如计算机软件专利权。

商标权是人们依法对所使用的商标享有的专有权利。

(2) 著作权。著作权(也称为版权)是指作者对其创作的作品享有的人身权和财产权，是公民、法人或非法人单位按照法律享有的对自己文学、艺术、自然科学、工程技术等作品的专有权。人身权包括发表权、署名权、修改权和保护作品完整权等；财产权包括作品的使用权和获得报酬权。著作权保护的对象包括：文学、科学和艺术领域内的一切作品，不论其表现形式或方式如何。著作权与专利权、商标权有时有交叉情形，这是知识产权的一个特点。

著作权所涵盖的一般作品包括文字作品，口述作品，音乐、戏剧、曲艺、舞蹈、杂技作品，美术、建筑作品，摄影作品，电影作品和以类似摄制电影的方法创作的作品，工程设计图、产品设计图、地图、示意图等图形作品和模型作品，计算机软件等。

4. 计算机中的知识产权

计算机软件是脑力劳动的创造性产物，是一种商品，一种财产，和其他的著作一样，受《著作权法》的保护。软件版权是授予一个程序的作者唯一享有复制、发布、出售、更改软件等诸多权利。购买版权或者获得授权（license）并不是成为软件的版权所有者，而仅仅是得到了使用这个软件的权利。如果将购买的软件拷贝到机器或者备份到软盘或其他存储介质上，这是合法的；但如果把购买的软件让他人拷贝就不是合法的了，除非得到版权所有人的许可。

商业软件一般除了版权保护外，同样享有"许可证保护"。软件许可证是一种具有法律效力的"合同"，在安装软件时经常会要求认可使用许可——"同意"它的条款，则继续安装，"不同意"，则退出安装，它是计算机软件提供合法保护常见方法之一。

对网络软件还有多用户许可问题。在一个单位或者是机构的网络里使用的软件，一般不需要为网络的每一个用户支付许可费用。多用户许可允许多人使用同一个软件，如电子邮件软件就可以通过多用户许可证解决使用问题。

由于计算机信息可以在网络上轻易复制和传播，因此加强知识产权的保护非常重要。按照不同的保护方式，知识财产可分为商业机密、版权和专利。自 1978 以来，我国基本确定了符合中国国情并达到国际先进水平的知识产权保护制度，制订了多部相关法律，使知识产权保护成为现实。我国现行的针对知识产权的立法包括：①著作权方面立法；②专利方面立法；③商标方面立法；④反不正当竞争方面立法；⑤其他有关知识产权的立法。

计算机软件可以适用的针对知识产权制定的法律法规主要有：《著作权法》《著作权法实施条例》《软件条例》《专利法》《专利法实施细则》《商标法》《商标法实施细则》《反不正当竞争法》《关于禁止侵犯商业秘密行为的若干规定》等。

当然，并不是所有作品都受著作权法保护，著作权法不予保护的对象主要有：①违禁软件。违禁软件这里是指因内容违反法律而被禁止发行、传播的软件。认定软件内容是否合法的依据是有关行政部门管理的行政法规。②不适于用著作权保护的对象。法律、法规、国家机关的决议、决定、命令和其他具有立法、行政、司法性质的文件，以及官方正式译文。开发软件所用的思想、处理过程、操作方法或者数学概念等。

13.4.2　计算机著作权

1. 计算机软件作品的著作权

计算机作品著作权的主体是指享有著作权的人。计算机作品著作权的主体包括公民、法人和其他组织。

计算机作品著作权的客体是指著作权法保护的计算机软件著作权的范围（受保护的对象）。著作权法保护的计算机软件是指计算机程序（源程序和目标程序）及其有关文档（程序设计说明书、流程图、用户手册等）。

计算机软件作品著作权人享有的专有权利包括发表权、署名权、修改权、复制权、发行权、出租权、信息网络传播权、翻译权和应当由软件著作权人享有的其他权利。

2. 计算机软件受著作权法保护的条件

（1）独立创作。

受保护的作品必须由开发者独立开发创作，复制或抄袭他人开发的软件均不能获得著作权。一个程序的功能设计往往被认为是程序的思想概念，根据著作权法不保护思想概念的原则，任何人可以设计具有类似功能的另一件软件作品。

（2）可被感知。

受著作权法保护的作品应当是固定在载体上的作者创作思想的一种实际表达。如果作者的创作思想未表达出来不可以被感知，就不能得到著作权法的保护。因此，《计算机软件保护条例》规定，受保护的软件必须固定在某种有形物体上，如固定在存储器或磁盘、磁带等计算机外部设备上，也可以是其他的有形物，如纸张等。

（3）逻辑合理。

计算机运行过程实际上是按照预先安排不断对信息随机进行的逻辑判断智能化过程。逻辑判断功能是计算机系统的基本功能。受著作权法保护的计算机软件作品必须具备合理的逻辑思想，并以正确的逻辑步骤表现出来。

3. 软件著作权的主客体

软件著作权的客体是指著作权法保护的计算机软件。主要包含两方面内容：计算机程序、计算机软件文档及相关数据。

对于软件著作权的主体，我国法律原则上规定"谁开发谁享有著作权"，即软件著作权属于软件开发者。除了"谁开发谁享有著作权"一般原则之外，法律还规定了以下几种特殊情况。

（1）合作开发。两个以上单位、公民共同提供物质技术条件所进行的开发。

与一般合作作品不同，合作开发的计算机软件，其著作权的享有以书面协议为根据，即允许当事人以书面协议约定著作权的归属；如果没有书面协议，合作开发的软件可以分割使用的，开发者对各自开发的部分可以单独享有著作权，但行使著作权时不得扩展到合作开发的软件的整体著作权；合作开发的软件不能分割使用的，由合作开发者协商一致行使。如不能协商一致，又无正当理由，任何一方不得组织他人行使除转让权以外的其他权利，但所得收益应合理分配给所有合作开发者。

（2）委托开发。著作权的归属由委托人与受托人签订书面协议确定；如无书面协议或在协议中未作明确规定，其著作权属于受托者。

（3）指定开发。是为完成上级单位或政府部门下达的任务开发的软件，其著作权的归属由项目任务书或合同规定，如项目任务书中或合同未作明确规定，软件著作权属于接受任务的单位。

（4）职务开发。公民在任职期间所开发的软件，如是执行本单位工作的结果，即针对本职工作中明确指定的工作目标所开发的，或者是从事本职工作活动所预见的结果，或自然的结果，则该软件的著作权属于该单位。

（5）非职务开发。公民所开发的软件如果不是执行本职工作的结果，并与其在单位从事的工作内容无直接联系，同时又未使用单位的物质技术条件，则该软件的著作权属于开发者自己。

4. 软件著作权的期限

计算机软件著作权自软件开发完成之日起产生，不同性质的群体和组织所持有的软件的著作权的期限不一样。

（1）自然人的计算机软件著作财产权保护期，是自然人终生及其死亡后 50 年，截至自然人死亡后第 50 年的 12 月 31 日；如果计算机软件是自然人合作开发的，则保护期截至最后死亡的自然人死亡后第 50 年的 12 月 31 日。

（2）法人等组织的计算机软件著作财产权保护期为 50 年，截至计算机软件首次发表后第 50 年的 12 月 31 日，但计算机软件自开发完成之日起 50 年内未发表的法律不再保护，但是，计算机软件开发者人格利益的保护没有期间限制。

5. 自由软件和共享软件

（1）自由软件。

自由软件也叫做源代码开放软件。一个程序能被称为自由软件，被许可人还可以自由分发副本，而不管这个副本是经过更改或未更改过的，可以免费收取发行费的方式给予任何其他人。被许可人不用为能否使用该软件而申请或付费。

（2）共享软件。

共享软件也叫试用软件，是美国微软公司的 R. Wallace 在 20 世纪 80 年代提出来的，严格意义上它是介于商业软件与自由软件之间的一种形式。在发行方式上，共享软件的复制品也可以通过网络在线服务、BBS 或者从一个用户传给另一个用户等途径自由传播。这种软件的使用说明通常也以文本文件的形式与程序一起提供。这种试用性质的软件通常附有一个用户注意事项，其内容是说明权利人保留对该软件的权利，因此试用软件受著作权保护。

6. 侵犯软件著作权的行为

我国对软件著作权保护已经建立起比较完备的法律，以下列举了 10 类常见的侵犯著作权行为。

（1）未经软件著作权人的许可而发表或者登记其软件。

（2）将他人开发的软件当作自己的软件发表或者登记。

（3）未经合作者的同意将与他人合作开发的软件当作自己独立完成的软件发表或者登记。

（4）在他人开发的软件上署名或者更改他人开发的软件上的署名。

（5）未经软件著作权人的许可，修改、翻译其软件。

（6）未经软件著作权人的许可，复制或部分复制其软件。

（7）未经软件著作权人同意，向公众发行、出租、通过信息网络传播软件著作权人的软件。

（8）故意避开或者破坏著作权人为保护其软件著作权而采取的技术措施。

（9）故意删除或者改变软件权利管理电子信息。

（10）转让或者许可他人行使著作权人的软件著作权。

13.4.3　网络知识产权

移动互联与线下经济联系日益紧密，并推动消费模式向资源共享化、设备智能化和场景多元化发展。因为网络无时差、无国界、无地域限制，对网络里面的各种知识、言论及相关知识产权的保护显得尤为重要。因此，网络知识产权问题，已经成为网络中最为敏感的问题之一。

网络知识产权最主要的特征是知识产权的数字化和网络化。网络技术进步加速了信息的流通，充分实现了信息资源共享，促进了科学文化的传播交流。在网络环境下，作品的创作、传播、使用通常是以数字化的形式进行的，任何作品都可以很容易地被数字化，自然也就便利了侵权行为的发生，增加了保护著作权人合法权益的难度，引发了一些现行知识产权管理制度所无法解决的问题。

从知识产权保护的角度上看，网络上传播的信息可以分为作品类信息和非作品类信息。作品类信息主要指经智力加工过的信息产品，如各类研究作品、计算机程序作品、数据库作品、多媒体作品等；非作品类信息主要指未经智力加工过的信息产品，如社会、经济、军事等事实类信息。只有作品类信息才存在网络知识产权保护问题。

在网络环境下，各种类型的信息缤纷复杂，有受版权保护的，有不受版权保护的，有保护已期满的，这类信息很难区分和辨别，是业界的技术难题。因此，很有必要建立一个同网络管理相结合的、既合理又方便可行的知识产权管理制度，来实施网络知识产权保护。

信息网络的日趋国际化，使得网络知识产权问题越来越突出，涉及法律、技术、道德、社会环境、信仰等方面诸多复杂问题，这有待于国际社会进一步认识和共同探讨。

13.5　信息技术中的法律与法规

信息时代出现了一些前所未有的法律问题，但是法律还没有跟上技术的发展。现在，世界各国面临的一个共同难题就是如何制定和完善网络相关的法律法规。法律与道德是计算机社会中抑止不规范、不文明以及非法活动行为的两个不同侧面。道德是从精神层面对人类活动产生影响与约束，而法律（法规）则对人类活动起着强制性的约束作用。由于计算机中犯罪现象及非法活动近年来有上升趋势，因此从国际上到国内都陆续制定了一些专门用于计算机的法律与法规，除了有关知识产权保护的法律法规外，还包括如何在计算机空间里保护公民的隐私，如何规范网络言论，如何保障网络安全等。

13.5.1　信息安全法律法规

1994 年，我国颁布了第一部有关信息网络安全的行政法规《中华人民共和国计算机信息系统安全保护条例》。

随着信息技术的发展，我国逐步形成了法律法规、行政法、部门规章和地方法规构成的计算机犯罪法律政策体系。法律法规主要包括《中华人民共和国宪法》、《中华人民共和国刑法》、《中华人民共和国治安管理处罚条例》等。该类立法为计算机法律体系奠定了良好的基础。行政法有国务院于 1991 年 6 月 4 日发布的《计算机软件保护条例》，于 1994 年 2 月 18日发布的《中华人民共和国计算机信息系统安全保护条例》等法规。部门规章有由原国家邮电部于 1996 年 4 月 9 日发布的《计算机信息网络国际联网出入口信道管理办法》和《中国公用计算机互联网国际联网管理办法》，公安部、中国人民银行于 1998 年 8 月 31 日联合发布的《金融机构计算机信息系统安全保护工作暂行规定》等法规。地方法规主要是全国各地结合本地实际，制定的一系列针对计算机犯罪的地方法规，如《山东省计算机信息系统安全管理办法》《重庆市计算机信息系统安全保护条例》等。

全国人大于 2016 年 11 月 7 日正式通过《中华人民共和国网络安全法》，不仅明确了"保障网络安全，维护网络空间主权和国家安全"的立法目的，而且标志着我国网络空间安全治理进入一个有法可依的时代。

13.5.2　隐私保护的法律基础

1）世界各国的隐私保护

在保护隐私安全方面，目前世界上可供利用和借鉴的政策法规有：《世界知识产权组织版权条约》（1996 年）、美国《知识产权与国家信息基础设施白皮书》（1995 年）、美国《个人隐私权和国家信息基础设施白皮书》（1995 年）、欧盟《欧盟隐私保护指令》（1998 年）、加拿大的《隐私权法》（1983 年）等。

2）我国网络隐私的保护

我国在制定《侵权责任法》时，在该法第二条将隐私权以列举的方式规定在其中。但并没有得到确切解释，因此，在适用过程中无法解决诸如网络个人信息保护等问题。基于此情况，2012 年 12 月 28 日，全国人大常委会出台了《关于加强网络信息保护的决定》，拓展了隐私权的适用空间，将网络上的个人信息保护作为重点加以规定，除此之外在已有的法律法规中，涉及隐私保护的有以下规定。

《宪法》第 38 条、第 39 条和第 40 条分别规定：中华人民共和国公民的人格尊严不受侵犯，禁止用任何方式对公民进行非法侮辱、诽谤和诬告陷害。中华人民共和国的公民住宅不受侵犯，禁止非法搜查或者非法侵入公民的住宅。中华人民共和国的通信自由和通信秘密受法律的保护，除因国家安全或者追究刑事犯罪的需要，公安机关或者检察机关依照法律规定的程序对通信进行检查外，任何组织或者个人不得以任何理由侵犯公民的通信自由和通信秘密。

《民法通则》第 100 条和第 101 条规定：公民享有肖像权，未经本人同意，不得以获利为目的使用公民的肖像，公民、法人享有名誉权，公民的人格尊严受到法律保护，禁止用侮辱、诽谤等方式损害公民、法人的名誉。

在宪法原则的指导下，我国刑法、民事诉讼法、刑事诉讼法和其他一些行政法律法规分别对公民的隐私权保护作出了具体的规定，如刑事诉讼法第 112 条规定：人民法院审理第一审案件应当公开进行，但是有关国家秘密或者个人隐私的案件不公开审理。

目前，我国出台的有关法律法规也涉及了计算机网络和电子商务等中的隐私权保护。

（1）《计算机信息网络国际联网安全保护管理办法》第 7 条规定：用户的通信自由和通信秘密受法律保护。任何单位和个人不得违反法律规定，利用国际联网侵犯用户的通信自由和通信秘密。

（2）《计算机信息网络国际联网管理暂行规定实施办法》第 18 条规定：用户应当服从接入单位的管理，遵守用户守则；不得擅自进入未经许可的计算机，篡改他人信息；不得在网络上散发恶意信息，冒用他人名义发出信息，侵犯他人隐私；不得制造传播计算机病毒及从事其他侵犯网络和他人合法权益的活动。

（3）《中华人民共和国网络安全法》的出台将为公民个人隐私保护"撑腰"。

13.6 本章小结

本章介绍了计算机文化的概念与社会影响、计算科学与计算思维；对信息道德、网络道德、计算机著作权的相关知识作了介绍；并如何保护自己的隐私和公民自由做了讲解。

通过本章的学习，应该能够理解和掌握以下内容。

(1) 了解计算机技术对社会的影响程度，计算机文化的相关概念

(2) 在信息世界中，要注意自己的行为规范。

(3) 网络环境下，如何维护个人的合法权益以及个人的行为约束。

(4) 信息社会中知识产权的保护意识。

思考题与习题

一、思考题

1. 什么是计算机文化？计算机文化的形成过程是怎样的？

2. 什么是网络文化？因特网对社会的影响是怎样的？

3. 计算机技术给我们的生活带来了哪些变化？

4. 什么是信息道德？信息道德教育的特点有哪些？

5. 什么是网络道德？

6. 什么是知识产权？计算机著作权有哪些保护方式？

二、选择题

1. 下列关于计算机软件版权的说法，正确的是(　　)。

A. 计算机软件受法律保护是多余的

B. 正版软件太贵，软件能复制就不必购买

C. 受法律保护的计算机软件不能随便复制

D. 正版软件只要能解密就能随便复制

2. 下列行为违反计算机使用道德的是(　　)。

A. 不随意删除他人的计算机信息　　　　B. 随意使用盗版软件

C. 维护网络安全，抵制网络破坏　　　　D. 不浏览不良信息，不随意约会网友

3. 下列不是信息技术的消极影响的是(　　)。

A. 信息泛滥　　　　　　　　　　　　B. 信息加速

C. 信息污染　　　　　　　　　　　　D. 信息犯罪

三、填空题

1. 保证信息安全，即保证信息的 _____、_____、_____、_____不被破坏。

2. 计算机病毒有_____、_____、_____、_____、_____、_____等显著特征。

3. 加密系统是由_____、_____、_____共同组成的。

4. 知识产权具有_____、_____、_____等特性。

参考文献

[1]徐洁馨，左正康.计算机系统导论[M].2 版.北京：中国铁道出版社，2016.

[2]刘强，等.大学计算机[M].3 版.北京：高等教育出版社，2017.

[3]黄正洪，等.信息技术导论[M].北京：人民邮电出版社，2017.

[4]J Glenn Brookshear，等.计算机科学概论[M].12 版.北京：人民邮电出版社，2017.

[5]李廉，王士弘.大学计算机教程——从计算到计算思维[M].2 版.北京：高等教育出版社，2016.

[6]陈国良，王志强，等.大学计算机——计算思维视角[M].2 版.北京：高等教育出版社，2014.

[7]战德臣，等.大学计算机——计算与信息素养[M].2 版.北京：高等教育出版社，2014.

[8]陆汉权.计算机科学基础[M].2 版.北京：电子工业出版社，2015.

[9]董荣胜.计算机科学导论：思想与方法[M].3 版.北京：高等教育出版社，2015.

[10]刘金岭，宗慧.计算机导论[M].2 版.北京：人民邮电出版社，2018.

[11]黄国兴，等.计算机导论[M].3 版.北京：清华大学出版社，2013.

[12]杨月江，等.计算机导论［M].北京：清华大学出版社，2014.

图书在版编目（CIP）数据

信息技术导论／周立前，刘强主编. —长沙：
中南大学出版社，2019.9
ISBN 978 – 7 – 5487 – 3740 – 7

Ⅰ.①信… Ⅱ.①周… ②刘… Ⅲ.①电子计算机—
高等学校—教材 Ⅳ.①TP3

中国版本图书馆 CIP 数据核字（2019）第 202826 号

信息技术导论
XINXI JISHU DAOLUN

周立前　刘　强　主编

□责任编辑	邓立荣		
□责任印制	易红卫		
□出版发行	中南大学出版社		
	社址：长沙市麓山南路		邮编：410083
	发行科电话：0731 – 88876770		传真：0731 – 88710482
□印　　装	长沙印通印刷有限公司		

□开　本	787×1092　1/16	□印张 20.5	□字数 525 千字	
□版　次	2019 年 9 月第 1 版	□2019 年 9 月第 1 次印刷		
□书　号	ISBN 978 – 7 – 5487 – 3740 – 7			
□定　价	58.00 元			